Computer and Embedded System Architecture

计算机与嵌入式系统架构

任保全　詹杰　李洪钧
刘述钢　刘琼　贺乾格 ◎ 编著

人民邮电出版社
北京

图书在版编目（CIP）数据

计算机与嵌入式系统架构 / 任保全等编著. -- 北京：人民邮电出版社，2021.3
ISBN 978-7-115-55516-8

Ⅰ. ①计… Ⅱ. ①任… Ⅲ. ①微型计算机－系统设计 Ⅳ. ①TP360.21

中国版本图书馆CIP数据核字(2020)第241623号

内 容 提 要

本书将微型计算机原理的基础性与嵌入式系统的先进性结合在一起，从计算机基础知识入手，全面介绍微型计算机的基本组成和原理，内容包括微处理器结构、寻址方式和指令系统、汇编语言程序设计、输入/输出接口方式、微型计算机与外部设备的数据传输方式、中断技术和总线技术、可编程定时器/计数器、串/并行接口技术、存储器设计技术、A/D 与 D/A 转换技术等。嵌入式系统的内容包括嵌入式系统概述、嵌入式系统硬件基础、单片机结构与工作原理、单片机最小系统应用基础、ARM 嵌入式微处理器及接口技术等。

本书可作为计算机科学与技术、软件工程、电子信息工程、电气工程及其自动化、通信与电子类专业的学生教材，也可作为相关领域工程技术人员的参考书。

◆ 编　　著　任保全　詹　杰　李洪钧　刘述钢　刘　琼　贺乾格
责任编辑　李　萌
责任印制　陈　犇

◆ 人民邮电出版社出版发行　　北京市丰台区成寿寺路 11 号
邮编　100164　　电子邮件　315@ptpress.com.cn
网址　https://www.ptpress.com.cn
北京七彩京通数码快印有限公司印刷

◆ 开本：787×1092　1/16
印张：24.5　　　　2021 年 3 月第 1 版
字数：581 千字　　　　2024 年 8 月北京第 10 次印刷

定价：98.00 元

读者服务热线：(010)53913866　印装质量热线：(010)81055316
反盗版热线：(010)81055315
广告经营许可证：京东市监广登字 20170147 号

前言

微型计算机原理课程对于掌握现代计算机的基本概念和技术以及学习后续相关计算机课程，如计算机网络、嵌入式系统等，均具有重要意义。而当前嵌入式技术已经在消费电子、工业控制、信息家电、交通管理、仪器仪表、武器装备等各个领域得到了广泛应用，成为当今 IT 应用领域最热门、最有发展前途的技术之一。编写本书的主要指导思想是正确地处理微型计算机原理的基础性和嵌入式系统的先进性，重视并遵循教学规律，体现基础性、系统性、实用性和先进性的统一。

微型计算机原理和嵌入式系统存在较紧密的衔接关系，在目前教学学时大量压缩的情况下，容易在教学内容上出现重复和遗漏。将微型计算机原理与嵌入式系统中的硬件课程进行整合，在系统讲述微型计算机基本理论和原理的同时，突出嵌入式系统应用的技术性、实用性和前沿性，可满足本科教学“质量工程”的需要，改善后续 EDA 设计、ARM、DSP 等课程的学习效果。

本书特别注意阐明基本概念、方法以及应用中的注意事项，内容简明扼要、深入浅出，融入了多名作者多年教学与工程实践的经验与体会。本书知识点全面，既介绍 8086 微处理器的硬件结构，又介绍嵌入式芯片的硬件结构，有利于学生对这两种处理器进行比较学习，并对当前实用的接口技术进行了较为全面的介绍，有利于学生创新设计。本书在编写时，以必需、够用为原则，突出重点，注重培养学生的操作技能和分析问题、解决问题的能力。

本书由军事科学院系统工程研究院任保全高级工程师、湖南科技大学物理与电子科学学院詹杰教授组织完成，任保全负责全书的设计和统稿，军事科学院系统工程研究院李洪钧助理研究员参与了讨论、分工编写工作。詹杰编写第 1、10 章，湖南科技大学物理与电子科学学院刘述钢博士编写第 6、8、9、11 章，湖南科技大学物理与电子科学学院刘琼博士编写第 5、7、11 章，湖南科技科技大学物理与电子科学学院贺乾格讲师编写第 2、3、4、12 章，任保全、詹杰、李洪钧对全书进行了审阅。

吴伶锡、唐云等老师对本书的编写提出了宝贵的建议，慧艳、任述红、李丹丹、沈婉慧子、肖晓莉、梁玲等研究生协助完成了本书的图表和部分文字工作，在此向他们表示诚挚的谢意。同时本书得到了国家自然科学基金（61875054）、复杂系统仿真总体重点实验室基金（XM2020XT1004）、通信网信息传输与分发技术重点实验室基金（6142104190315）的资助。

由于编者水平有限，书中难免有不足和错误之处，敬请广大读者批评指正。

作　者

2020年9月于湖南科技大学

目 录

第 1 章　微型计算机基础

1.1　数字信号

在自然界中存在许多物理量，它们在时间和数值上均是离散的，也就是说，它们的变化在时间上不连续，总是在一系列离散的瞬间发生，这类物理量被称为数字量，用来表示数字量的信号被称为数字信号。数字信号在电路中往往表现为突变的电压或电流，数字信号如图 1-1 所示，该信号有以下两个特点。

① 信号只有两个电压值，+5 V 和 0 V，也常被称为逻辑电平，分别表示逻辑 1 和逻辑 0。

② 信号从高电平变为低电平或者从低电平变为高电平以脉冲波形的方式表现。数字信号波形与脉冲波形的区别只是表达方式不同，前者用逻辑电平表示，后者用电压值表示。

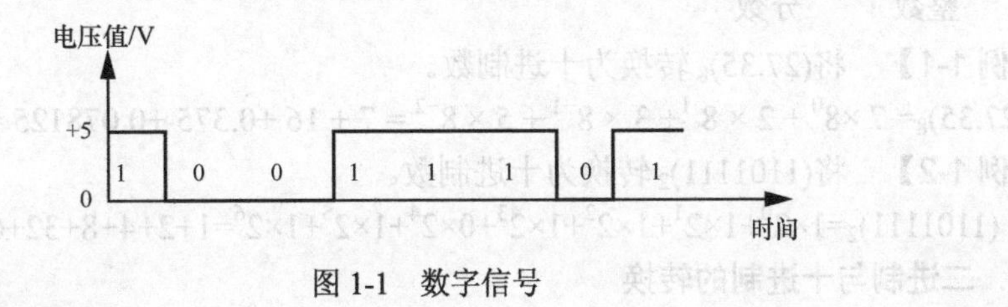

图 1-1　数字信号

1. 数字信号的优点

数字信号的优点很多，首先它抗干扰的能力特别强。数字信号只有 0、1 两个状态，它的值通过阈值判断。即使混入了其他干扰信号，只要干扰信号的值不超过阈值范围，就可以再现原来的信号；即使干扰信号的值超过阈值范围且出现了误码，只要采用一定的编码技术，也很容易将出错的信号检测出来并加以纠正。因此，与模拟信号相比，数字信号在传输过程中具有更高的抗干扰能力和更远的传输距离，且失真幅度小。

数字信号便于进行各种逻辑和算术运算。所谓逻辑运算，就是按照逻辑规则进行逻辑推理和逻辑判断。在现代技术的信号处理中，数字信号发挥的作用越来越大，复杂的信号处理几乎都离不开数字信号；或者说，只要解决问题的方法能用数学公式表示，就能用计算机来处理代表物理量的数字信号。

数字信号便于存储。现在流行的 CD 和 MP3 唱盘、VCD 和 DVD 视盘及电脑光盘都是用数字信号来存储信息的。此外，数字信号还可以兼容电话、电报、数据和图像等多类信息的传送，能在同一条线路上传送电话、有线电视、多媒体等多种信息。

数字信号还便于加密和纠错，具有较强的保密性和可靠性。

2．数字信号的表示方法

通常把脉冲的出现和消失分别用 1 和 0 来表示，这样一串脉冲就变成一串由 1 和 0 组成的数码，这样的信号就是数字信号，数字信号在时间和数值上是离散的、不连续的。典型的数字信号在电路中通常表现为只有高电平和低电平跳变的电压或电流。

数字信号只有两个离散值，即高电平和低电平，是一种二值信号。常用数字 0 和 1 分别表示低电平和高电平。数字信号的 0 和 1 没有大小之分，只代表两种对立的状态，称为逻辑 0 和逻辑 1，也称为二值数字逻辑。图 1-1 所示为用电压值表示数字信号的例子，其中 0 V 表示二进制 0，+ 5 V 表示二进制 1。

1.2　数制的转换、运算与编码

数字可以用不同的基数表示，如十进制数 $356 = 6 + 50 + 300 = 6\times10^0 + 5\times10^1 + 3\times10^2$，356 的基数为 10，这是较常见的十进制。

通常，数字可以表示为$(a_5\,a_4\,a_3\,a_2\,a_1\,a_0\,.a_{-1}\,a_{-2}\,a_{-3})_r$，其中 r 是数字的基数，a_i 必须小于 r。

式（1-1）可将给定基数的数字转换为十进制数

$$(\underbrace{a_5a_4a_3a_2a_1a_0}_{\text{整数}}\underbrace{.a_{-1}a_{-2}a_{-3}}_{\text{分数}})_r=(a_0\times r^0+a_1\times r^1+a_2\times r^2+a_3\times r^3+\cdots+a_{-1}\times r^{-1}+a_{-2}\times r^{-2}+a_{-3}\times r^{-3})_{10} \quad (1\text{-}1)$$

【例 1-1】　将$(27.35)_8$转换为十进制数。

$(27.35)_8= 7\times8^0 + 2\times8^1+ 3\times8^{-1} + 5\times8^{-2} = 7 + 16 +0.375 +0.078125 =(23.453\ 125)_{10}$

【例 1-2】　将$(1101111)_2$转换为十进制数。

$(1101111)_2=1\times2^0+1\times2^1+1\times2^2+1\times2^3+0\times2^4+1\times2^5+1\times2^6=1+2+4+8+32+64=(111)_{10}$

1．二进制与十进制的转换

（1）二进制数转换为十进制数

式（1-2）代表任意二进制数。

$$(a_5a_4a_3a_2a_1a_0.a_{-1}a_{-2}a_{-3})_2 \quad (1\text{-}2)$$

其中，a_i 为二进制数或位（0 或 1），式（1-2）可以通过式（1-1）转换为十进制数为

$$(\underbrace{a_5a_4a_3a_2a_1}_{\text{整数}}\underbrace{a_0.a_{-1}a_{-2}a_{-3}}_{\text{分数}})_2=(a_0\times2^0+a_1\times2^1+a_2\times2^2+a_3\times2^3+\cdots+a_{-1}\times2^{-1}+a_{-2}\times2^{-2}+a_{-3}\times2^{-3})_{10}=$$

$$(a_0+2a_1+4a_2+8a_3+16a_4+32a_5+\frac{1}{2}\times a_{-1}+\frac{1}{4}\times a_{-2}+\frac{1}{8}\times a_{-3})_{10} \quad (1\text{-}3)$$

【例 1-3】　将$(110111.101)_2$转换为十进制数。

$(110111.101)_2=1\times2^0+1\times2^1+1\times2^2+0\times2^3+1\times2^4+1\times2^5+1\times2^{-1}+0\times2^{-2}+1\times2^{-3}=(55.625)_{10}$

或

$$\begin{array}{ccccccccc} 32 & 16 & 8 & 4 & 2 & 1 & \frac{1}{2} & \frac{1}{4} & \frac{1}{8} \\ 1 & 1 & 0 & 1 & 1 & 1\,. & 1 & 0 & 1 \end{array}$$

$$32 + 16 + 0 + 4 + 2 + 1 + \frac{1}{2} + 0 + \frac{1}{8}$$

二进制数是基数为 2 的数，由 0 和 1 表示。二进制数字 0 或 1，称为比特。8 位为一个字节，不同的计算机系统对字的定义不同，在 8086 微机系统中，4 个字节为一个字。

（2）十进制整数转换为二进制数

将十进制整数转换为二进制数，需将整数部分不断地除以 2（2 表示二进制基数），得到一个商数和一个余数（0 或 1），直到被除数的商数变为 0 为止。第一个余数是二进制数的最低有效位。

【例 1-4】 将十进制数 34 转换为二进制数。

	商数	余数
$\frac{34}{2}$	17	$0 = a_0$
$\frac{17}{2}$	8	$1 = a_1$
$\frac{8}{2}$	4	$0 = a_2$
$\frac{4}{2}$	2	$0 = a_3$
$\frac{2}{2}$	1	$0 = a_4$
$\frac{1}{2}$	0	$1 = a_5$

因此，$(34)_{10}=(100010)_2$

（3）十进制小数转换为二进制数

十进制数字表示为$(0.XY)_{10}$，可以转换成基数为 2 的表示式为$(0.a_{-1}\,a_{-2}\,a_{-3}\cdots)_2$。

小数乘以 2，取整数部分为 a_{-1}，分数部分继续乘以 2，分离出整数部分为 a_{-2}，持续该过程直到被乘数为零或达到所需的精度为止。

【例 1-5】 将十进制数 0.35 转换为二进制数。

$0.35\times2=0.7=0+0.7$，则 $a_{-1}=0$

$0.7\times2=1.4=1+0.4$，则 $a_{-2}=1$

$0.4\times2=0.8=0+0.8$，则 $a_{-3}=0$

$0.8\times2=1.6=1+0.6$，则 $a_{-4}=1$

$0.6\times2=1.2=1+0.2$，则 $a_{-5}=1$

则$(0.35)_{10} = (0.01011)_2$

十六进制的基数为 16，具有 16 个码元（0～9 及 A～F）。表 1-1 为十进制数对应的二进制和十六进制等效值。

表 1-1　十进制数对应的二进制和十六进制等效值

十进制	二进制（基数为 2）	十六进制（基数为 16）
0	0000	0
1	0001	1
2	0010	2
3	0011	3
4	0100	4
5	0101	5
6	0110	6
7	0111	7
8	1000	8
9	1001	9
10	1010	A
11	1011	B
12	1100	C
13	1101	D
14	1110	E
15	1111	F

2．二进制与十六进制的转换

表 1-1 可用于十六进制与二进制之间的相互转换。

【例 1-6】　将$(001010011010)_2$转换为十六进制数。

从右向左每 4 位为一组，通过使用表 1-1，每个 4 位组可以转换为其十六进制等效值。

0010　1001　1010

2　9　A

则得到的十六进制数是$(29A)_{16}$。

【例 1-7】　将$(3D5)_{16}$转换为二进制数。

通过使用表 1-1，二进制的结果是

3　D　5

0011　1101　0101

得到的二进制数是$(001111010101)_2$。

1.3　计算机中的数值表示

1.3.1　机器数和真值

1．机器数

一个数在计算机中的二进制表示形式，称为该数的机器数。机器数是带符号数，数

的最高位存放符号，正数为 0，负数为 1。

如计算机字长为 8 位，十进制数+3 转换成二进制就是 00000011；如果是十进制数−3，则转换成二进制为 10000011。此时的 00000011 和 10000011 就是机器数。

2．真值

因为机器数的第一位是符号位，所以其形式值不等于真正的数值。如上面的带符号数 10000011，其最高位 1 代表负，其真正数值是−3 而不是形式值 131（10000011 转换成十进制等于 131）。所以，为区别起见，将带符号位的机器数对应的真正数值称为机器数的真值。

例如，00000001 的真值=+0000001=+1，10000001 的真值=−0000001=−1

1.3.2　原码、反码、补码

在计算机中，对一个数进行存储要使用一定的编码方式。机器存储一个具体数字的编码方式包括原码、反码、补码。

1．原码

原码就是符号位加上真值的绝对值，即用第一位表示符号，其余位表示值。如 8 位二进制数为

$$[+1]_{原}=00000001\ [-1]_{原}=10000001$$

因为第一位是符号位，所以 8 位二进制数的取值范围就是

$$[11111111, 01111111]，即[-127,127]。$$

原码是我们最容易理解和计算的表示方式。

2．反码

反码的表示方法：正数的反码是其本身；负数的反码是在其原码的基础上，符号位不变，其余各位取反。举例如下。

$$[+1]=[00000001]_{原}=[00000001]_{反}\ [-1]=[10000001]_{原}=[11111110]_{反}$$

如果一个反码表示的是负数，我们无法直观地看出它的数值，通常要将其转换成原码再计算其数值。

3. 补码

补码的表示方法：正数的补码是其本身；负数的补码是在其原码的基础上，符号位不变，其余各位取反，最低位加 1（即在反码的基础上加 1）。

$$[+1]=[00000001]_{原}=[00000001]_{反}=[00000001]_{补}$$

$$[-1]=[10000001]_{原}=[11111110]_{反}=[11111111]_{补}$$

对于一个补码表示的负数，我们也无法直观地看出其数值，通常也需要将其转换成原码再计算其数值。

1.3.3　原码、反码、补码的关系

计算机可以用 3 种编码方式表示一个数。对于正数，3 种编码方式的结果都相同；对于负数，原码、反码和补码完全不同。

原码是可被人脑直接识别并用于计算的表示方法，为何还设计反码和补码？

在计算时，我们会根据符号位，选择对真值区域进行加减。但对于计算机，加法、减法、乘法已经是最基础的运算，需要尽量简单的设计，而让计算机辨别符号位会使计算机的基础电路设计变得十分复杂，于是有了让符号位也参与运算的方法。根据运算法则，减去一个正数等于加上一个负数，即 1−1=1+(−1)=0，所以机器可以只有加法而没有减法，使计算机的运算设计更加简单。但如果用原码表示，让符号位参与计算，减法将会出错，所以计算机内部不使用原码表示一个数。为了解决原码做减法出错的问题，出现了反码。

例如计算十进制的表达式 1−1=0。

1−1=1+(−1)=[00000001]$_{原}$+[10000001]$_{原}$=[00000001]$_{反}$+[11111110]$_{反}$=[11111111]$_{反}$=[10000000]$_{原}$=−0

用反码来计算减法，方案可行，但在“0”这个特殊的数值上，会出现+0 和−0 以及[00000000]$_{原}$和[10000000]$_{原}$两个编码。补码的出现，解决了“0”的符号以及两个编码的问题，具体如下。

1−1=1+(−1)=[00000001]$_{原}$+[10000001]$_{原}$=[00000001]$_{补}$+[11111111]$_{补}$=[00000000]$_{补}$=[00000000]$_{原}$

0 用[00000000]$_{补}$表示，没有了−0 的问题，而且可以用[10000000]$_{补}$表示−128。

(−1)+(−127)=[10000001]$_{原}$+[11111111]$_{原}$=[11111111]$_{补}$+[10000001]$_{补}$=[10000000]$_{补}$

−1−127 的结果应该是−128，用补码方式运算后，[10000000]$_{补}$就是−128。但需注意，因为实际上是使用以前的−0 的补码来表示−128，所以−128 并没有原码和反码表示。（对−128 的补码表示[1000 0000]$_{补}$算出来的原码是[00000000]$_{原}$，这是不正确的）。

使用补码不仅解决了 0 的符号以及存在两个编码的问题，而且还能够多表示一个最低数，这就是为什么 8 位二进制，使用原码或反码表示的范围为[−127, +127]，而使用补码表示的范围为[−128, 127]。编程中常用的 32 位 int 类型，可以表示的范围是[-2^{31}, $2^{31}-1$]。

1.4 常用编码方案

1.4.1 BCD 码

在日常生活中，我们使用十进制数字，二进制编码十进制（Binary-Coded Decimal，BCD）采用 4 位二进制码来表示十进制数中的 0~9 这 10 个数码。BCD 码有很多种形式，如 8421 码、余 3 码、5421 码和 2421 码等，其中，8421 码应用最为广泛，它与十进制的对应关系见表 1-2。

【例 1-8】 将 345 转换为 BCD 码。

根据表 1-2，345 对应的 BCD 码为（001101000101）。

【例 1-9】 将 BCD 码（010100010010）转换为十进制数，从右向左每 4 位分隔开，并用 BCD 码替换对应的十进制数，结果为 512。

表 1-2　BCD 码与十进制的对应关系

十进制	BCD 码（8421 码）
0	0000
1	0001
2	0010
3	0011
4	0100
5	0101
6	0110
7	0111
8	1000
9	1001

1.4.2　ASCII 码

由于计算机只能识别二进制数字（0 或 1），因此必须将所有信息（如数字、字母和符号）表示为二进制数。一种常用的字符信息编码是美国信息交换标准编码（American Standard Code for Information Interchange，ASCII）。

在 ASCII 码中，每个字符都有一个 7 或 8 位二进制数组合的表示形式，其中最高有效位用于奇偶校验位。表 1-3 为 ASCII 码及对应的十六进制值。十六进制 00～1F 以及 7F 对应的字符是控制字符，为不可打印字符，如 NUL、SOH、STX、ETX、ESC、DLE 等。

表 1-3　ASCII 码及对应的十六进制值

二进制	十六进制	字符	二进制	十六进制	字符	二进制	十六进制	字符	二进制	十六进制	字符
0000000	00	NUL	0100000	20	SP	1000000	40	@	1100000	60	‘
0000001	01	SOH	0100001	21	!	1000001	41	A	1100001	61	a
0000010	02	STX	0100010	22	“	1000010	42	B	1100010	62	b
0000011	03	ETX	0100011	23	#	1000011	43	C	1100011	63	c
0000100	04	EOT	0100100	24	$	1000100	44	D	1100100	64	d
0000101	05	ENQ	0100101	25	%	1000101	45	E	1100101	65	e
0000110	06	ACK	0100110	26	&	1000110	46	F	1100110	66	f
0000111	07	BEL	0100111	27	’	1000111	47	G	1100111	67	g
0001000	08	BS	0101000	28	(	1001000	48	H	1101000	68	h
0001001	09	HT	0101001	29	)	1001001	49	I	1101001	69	i
0001010	0A	LF	0101010	2A	*	1001010	4A	J	1101010	6A	j
0001011	0B	VT	0101011	2B	+	1001011	4B	K	1101011	6B	k
0001100	0C	FF	0101100	2C	,	1001100	4C	L	1101100	6C	l

（续表）

二进制	十六进制	字符	二进制	十六进制	字符	二进制	十六进制	字符	二进制	十六进制	字符
0001101	0D	CR	0101101	2D	-	1001101	4D	M	1101101	6D	m
0001110	0E	SO	0101110	2E	.	1001110	4E	N	1101110	6E	n
0001111	0F	SI	0101111	2F	/	1001111	4F	O	1101111	6F	o
0010000	10	DLE	0110000	30	0	1010000	50	P	1110000	70	p
0010001	11	DC1	0110001	31	1	1010001	51	Q	1110001	71	q
0010010	12	DC2	0110010	32	2	1010010	52	R	1110010	72	r
0010011	13	DC3	0110011	33	3	1010011	53	S	1110011	73	s
0010100	14	DC4	0110100	34	4	1010100	54	T	1110100	74	t
0010101	15	NAK	0110101	35	5	1010101	55	U	1110101	75	u
0010110	16	SYN	0110110	36	6	1010110	56	V	1110110	76	v
0010111	17	ETB	0110111	37	7	1010111	57	W	1110111	77	w
0011000	18	CAN	0111000	38	8	1011000	58	X	1111000	78	x
0011001	19	EM	0111001	39	9	1011001	59	Y	1111001	79	y
0011010	1A	SUB	0111010	3A	:	1011010	5A	Z	1111010	7A	z
0011011	1B	ESC	0111011	3B	;	1011011	5B	[	1111011	7B	{
0011100	1C	FS	0111100	3C	<	1011100	5C	\	1111100	7C	|
0011101	1D	GS	0111101	3D	=	1011101	5D	]	1111101	7D	}
0011110	1E	RS	0111110	3E	>	1011110	5E	^	1111110	7E	~
0011111	1F	US	0111111	3F	?	1011111	5F	_	1111111	7F	DEL

【例 1-10】 将单词“Network”转换为二进制，并以十六进制显示结果。

通过使用表 1-3，每个字符由 7 位二进制数组合表示，结果如下。

N	e	t	w	o	r	k
1001110	1100101	1110100	1110111	1101111	1110010	1101011

以十六进制显示结果为

4E	65	74	77	6F	72	6B

1.4.3 Unicode

Unicode 是一种新的编码标准，共有 3 种具体实现方式，分别为 UTF-8、UTF-16 和 UTF-32。其中，UTF-8 占用 1～4 个字节，UTF-16 占用 2 或 4 个字节，UTF-32 占用 4 个字节。用于表示大多数语言（如希腊语、阿拉伯语、中文和日语）中的字符和数字。ASCII 码使用 7 或 8 位二进制数组合表示拉丁语中的每个字符，一共可表示 256 个字符，但不支持数学符号和科学符号。Unicode 使用 16 位二进制数组合时，可以表示 65 536 个字符或符号。Unicode 中的字符由 16 位二进制数组合表示，相当于十六进制的 4 位数字。例如，Unicode 中的字符 B 用十六进制表示是 U0042（U 表示 Unicode）。ASCII 码在$(00)_{16}$

到$(7F)_{16}$之间表示。为了将 ASCII 码转换为 Unicode，在 ASCII 码的左侧添加两个 0，因此，表示 ASCII 字符的 Unicode 在$(0000)_{16}$到$(007F)_{16}$之间。

1.4.4　非 ASCII 码

英语用 128 个符号编码就够了，但是表示其他语言时，128 个符号是不够的。我国于 1980 年制定了 GB1988—80《信息处理交换用七位编码字符集》，除了用人民币符号¥代替美元符号$外，其余代码与 ASCII 码相同。当然，除了国家标准 GB1988—80，我国还制定了 GB2312《信息交换用汉字编码字符集 基本集》，使用两个字节表示一个汉字，所以理论上最多可以表示 65 536 个符号。

1.5　数字电路基础

集成电路（Integrated Circuit，IC）的基本组件是由晶体管构成的逻辑门。在数字系统中，存在 3 种基本逻辑运算，分别为 AND（与）、OR（或）和 NOT（非）。

1.5.1　逻辑门

1．与门

如果 XY =Z，Z =1，则 X =1 且 Y =1，否则 Z=0。其中，X 和 Y 是开关，Z 是灯，X = 0、Y = 0 意味着开关断开，灯灭时 Z=0，灯亮时 Z=1。与逻辑运算可用图 1-2 所示电路表示，2 输入与门真值表见表 1-4，表 1-4 说明了图 1-2 的操作。

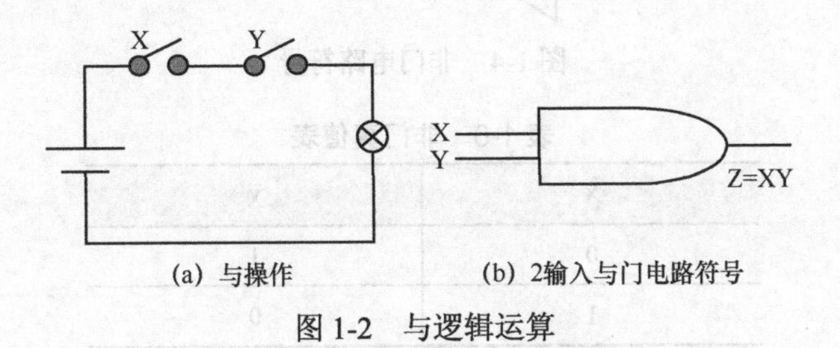

图 1-2　与逻辑运算

表 1-4　2 输入与门真值表

X	Y	XY
0	0	0
0	1	0
1	0	0
1	1	1

2．或门

如果 X+Y=Z，Z =1，则 X=1 或 Y=1。

或逻辑运算可以用图 1-3 所示电路表示，在图 1-3 中，当两个开关关闭时灯熄灭，当至少有一个开关关闭时灯亮。2 输入或门真值表见表 1-5。

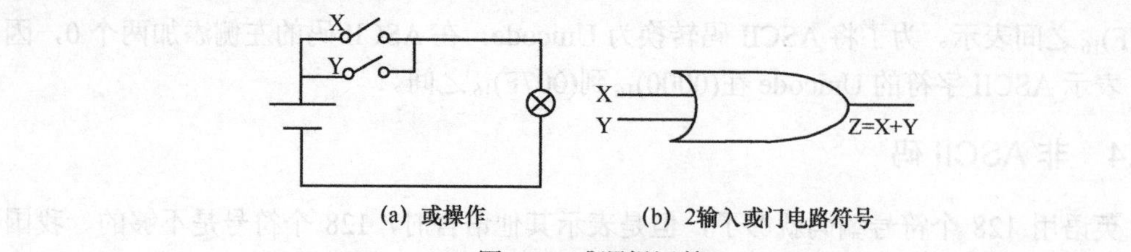

(a) 或操作　　(b) 2输入或门电路符号

图 1-3　或逻辑运算

表 1-5　2 输入或门真值表

X	Y	X+Y
0	0	0
0	1	1
1	0	1
1	1	1

3. 非门

非逻辑运算执行补码运算，将 1 转换为 0，0 转换为 1，也称为反相器，非 X 由 $\overline{X}$ 表示。非门电路符号如图 1-4 所示，非门真值表见表 1-6。

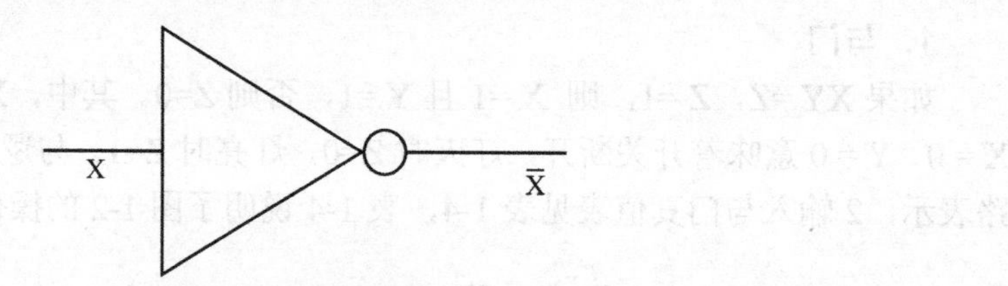

图 1-4　非门电路符号

表 1-6　非门真值表

X	$\overline{X}$
0	1
1	0

4. 与非门

2 输入与非门电路符号如图 1-5 所示，与非门也可由与门和非门构建，2 输入与非门真值表见表 1-7。

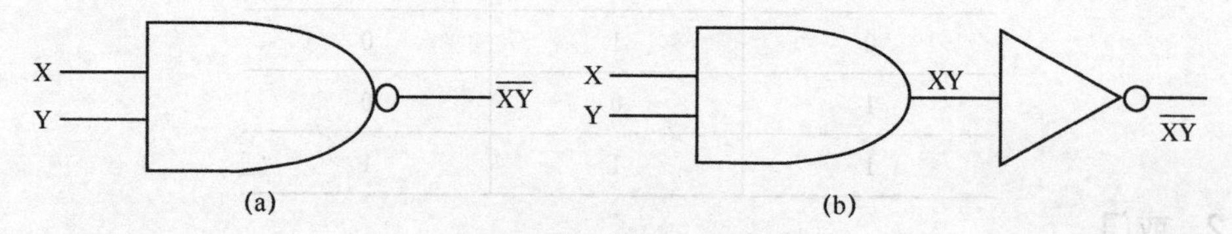

图 1-5　2 输入与非门电路符号

表 1-7　2 输入与非门真值表

X	Y	$\overline{XY}$
0	0	1
0	1	1
1	0	1
1	1	0

5．或非门

2 输入或非门电路符号如图 1-6 所示，或非门由或门和非门组成，2 输入或非门真值表见表 1-8。

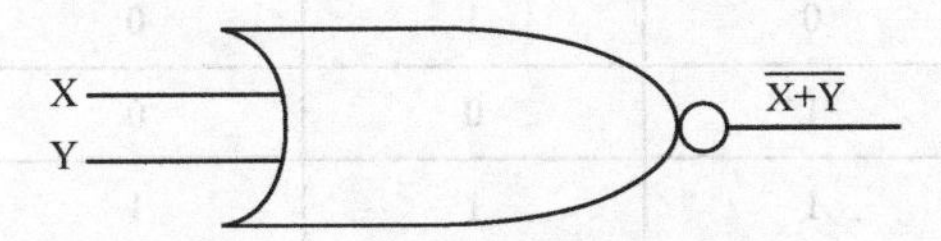

图 1-6　2 输入或非门电路符号

表 1-8　2 输入或非门真值表

X	Y	$\overline{X+Y}$
0	0	1
0	1	0
1	0	0
1	1	0

6．异或门

2 输入异或门电路符号如图 1-7 所示，异或门由⊕表示，2 输入异或门真值表见表 1-9。

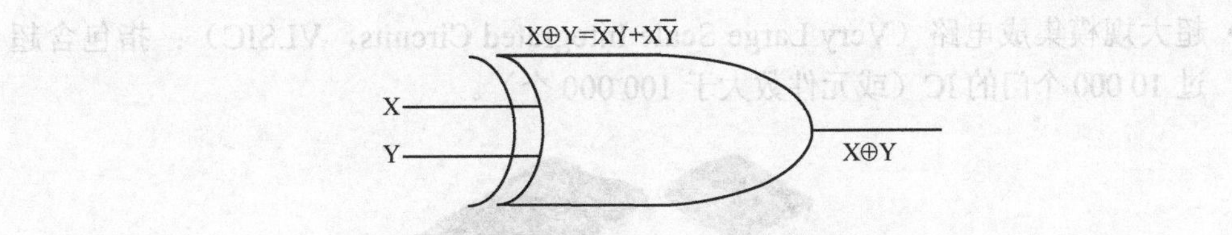

图 1-7　2 输入异或门电路符号

表 1-9　2 输入异或门真值表

X	Y	X⊕Y
0	0	0
0	1	1
1	0	1
1	1	0

7．同或门

2 输入同或门电路符号如图 1-8 所示，同或门用⊙和 XNOR 表示，2 输入同或门真值表见表 1-10。

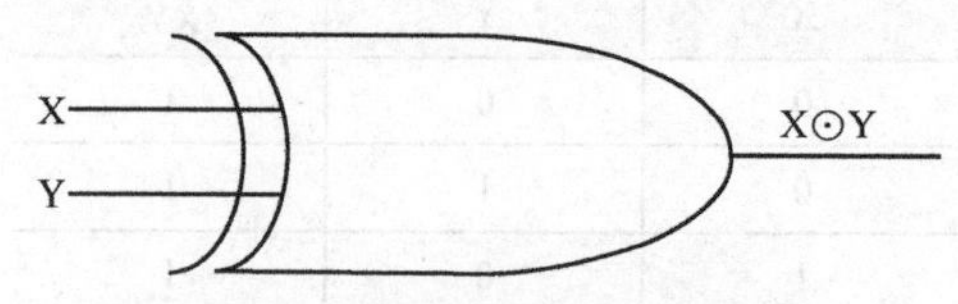

图 1-8　2 输入同或门电路符号

表 1-10　2 输入同或门真值表

X	Y	X⊙Y
0	0	1
0	1	0
1	0	0
1	1	1

1.5.2　IC 分类

晶体管是 IC 的基本组件，晶体管和 IC 如图 1-9 所示。晶体管就像是集成电路中的开关，一个集成电路由 100 个至数百万个晶体管制成。

IC 根据门数可分为以下几类。

- 小规模集成电路（Small Scale Integrated Circuits，SSIC）：指少于 10 个门的 IC（或元件数小于 100 个）。
- 中等规模集成电路（Medium Scale Integrated Circuits，MSIC）：指包含 10～100 个门的 IC（或元件数为 100～999 个）。
- 大规模集成电路（Large Scale Integrated Circuits，LSIC）：指包含 100～10 000 个门的 IC（或元件数为 1 000～99 999 个）。
- 超大规模集成电路（Very Large Scale Integrated Circuits，VLSIC）：指包含超过 10 000 个门的 IC（或元件数大于 100 000 个）。

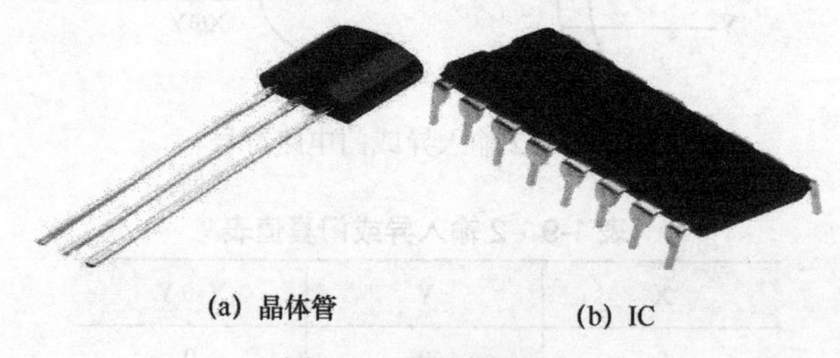

(a) 晶体管　　(b) IC

图 1-9　晶体管和 IC

1.5.3　寄存器

寄存器是保存中央处理器（Central Processing Unit，CPU）内部信息的可读/可写存储器。寄存器的每一位由一个 D 触发器构成，D 触发器如图 1-10 所示，D 触发器真值表见表 1-11。

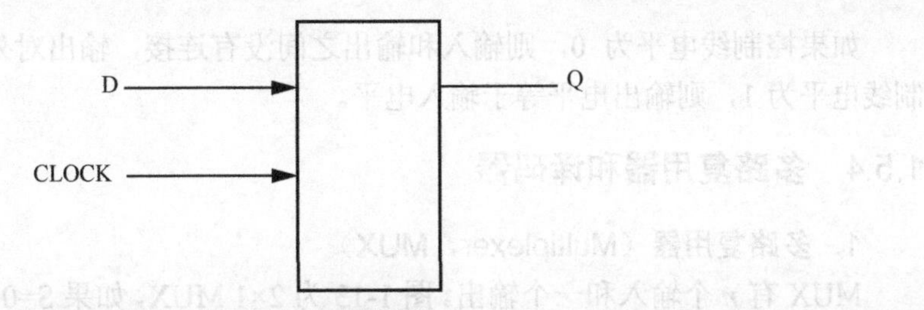

图 1-10 D 触发器

表 1-11 D 触发器真值表

CLOCK	D	Q
CK	0	0
CK	1	1

1. D 触发器操作

如图 1-10 所示，如果 D 触发器的输入是 D=0，施加时钟脉冲（CLOCK）后输出 Q 为 0；如果 D=1，则施加时钟脉冲后输出 Q 为 1。施加时钟脉冲后，数据将被存储在 D 触发器中。寄存器使用多个具有公共时钟脉冲的 D 触发器，4 位寄存器如图 1-11 所示。

如果一个寄存器有 32 个 D 触发器，且它们使用同一个公共时钟，那么该寄存器被称为 32 位寄存器。

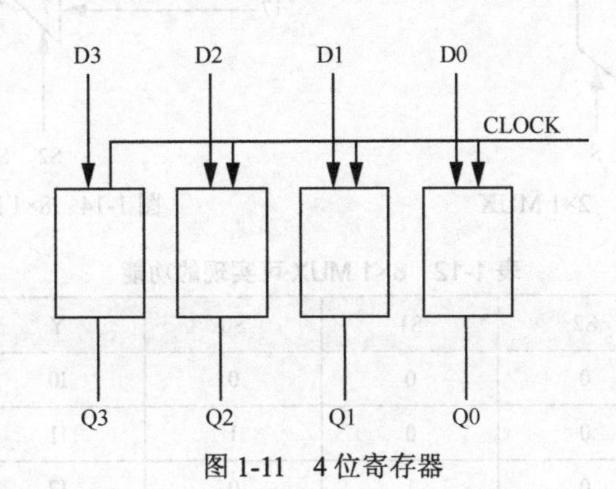

图 1-11 4 位寄存器

2. 三态门器件

普通的门电路只有两种输出状态——高电平和低电平，三态门器件则有第 3 种状态——高阻态。三态门器件示意如图 1-12 所示，控制线控制三态门器件的操作。

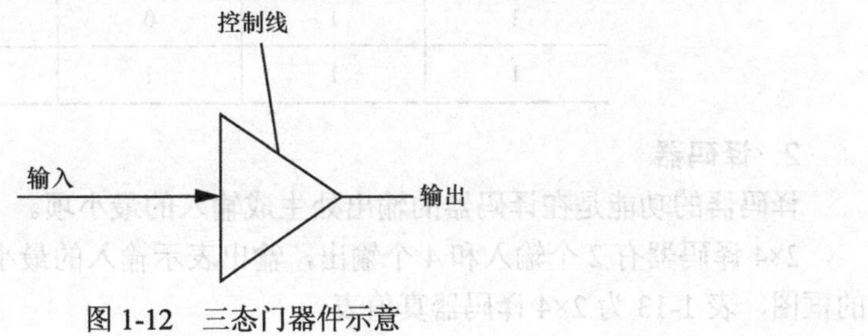

图 1-12 三态门器件示意

如果控制线电平为 0，则输入和输出之间没有连接，输出对外呈现高阻态。如果控制线电平为 1，则输出电平等于输入电平。

1.5.4 多路复用器和译码器

1. 多路复用器（Multiplexer，MUX）

MUX 有 *n* 个输入和一个输出。图 1-13 为 2×1 MUX，如果 S=0，输出为 A，如果 S=1，则输出为 B。图 1-14 为 8×1 MUX，表 1-12 为 8×1 MUX 可实现的功能，S2、S1、S0 为 MUX 的输入切换选择。

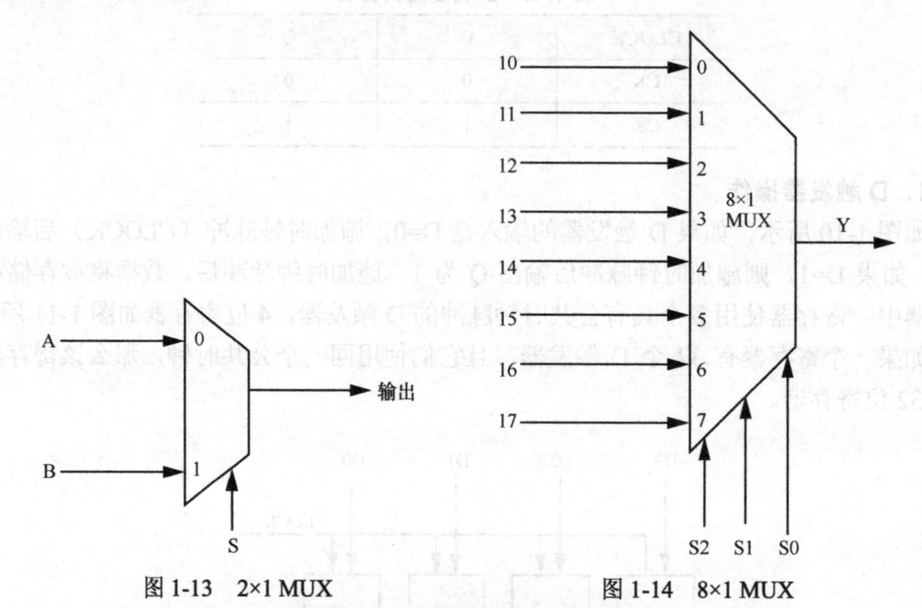

图 1-13　2×1 MUX　　　图 1-14　8×1 MUX

表 1-12　8×1 MUX 可实现的功能

S2	S1	S0	Y
0	0	0	I0
0	0	1	I1
0	1	0	I2
0	1	1	I3
1	0	0	I4
1	0	1	I5
1	1	0	I6
1	1	1	I7

2. 译码器

译码器的功能是在译码器的输出处生成输入的最小项。

2×4 译码器有 2 个输入和 4 个输出，输出表示输入的最小项。图 1-15 为 2×4 译码器的框图，表 1-13 为 2×4 译码器真值表。

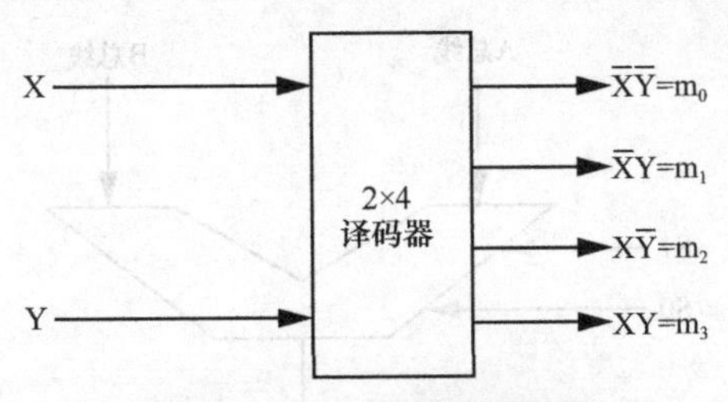

图 1-15　2×4 译码器的框图

表 1-13　2×4 译码器真值表

XY	m_0	m_1	m_2	m_3
01	0	1	0	0
10	0	0	1	0
11	0	0	0	1

1.6　计算机体系结构

计算机体系结构定义了计算机系统的设计思路和功能。微型计算机的组件被设计为可以彼此交互，并且这种交互在整个系统的运行中起着重要的作用。

1.6.1　微型计算机的组成

标准微型计算机由 CPU、总线、存储器、并行输入/输出（Input/Output，I/O）接口、串行 I/O 接口、可编程中断和直接存储器访问（Direct Memory Access，DMA）等部分组成，图 1-16 为微型计算机的组成。

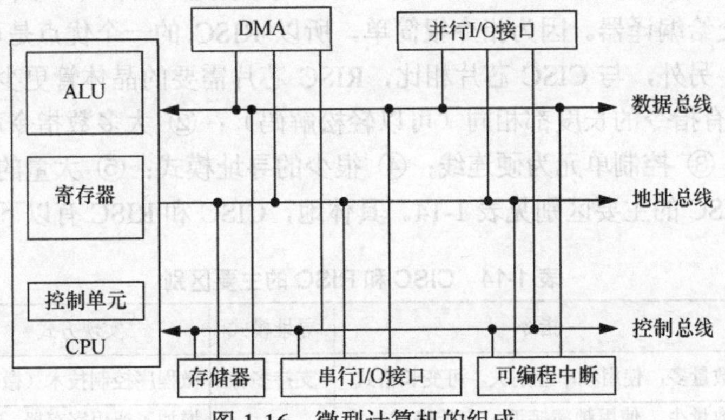

图 1-16　微型计算机的组成

CPU 是计算机的“大脑”，负责接收各输入设备的数据，将数据处理成信息并传送至存储器和输出设备。CPU 主要由算术逻辑单元（Arithmetic and Logic Unit，ALU）、寄存器和控制单元构成。

ALU 的功能是执行算术运算，如加法、减法、乘法、除法以及与、或、非等逻辑运算，ALU 示意如图 1-17 所示。

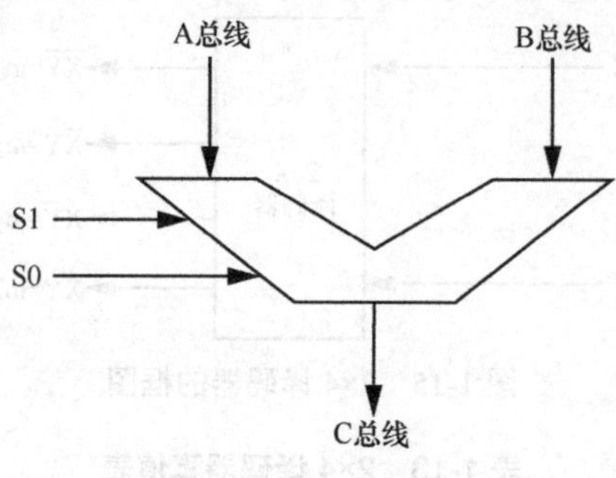

图 1-17 ALU 示意

控制单元的功能是控制 I/O 设备，产生控制信号给计算机的其他组件，如读/写信号、执行指令等。信息从内存传输到寄存器，然后寄存器将信息传递给 ALU 进行算术或逻辑运算。

微处理器与 CPU 的功能一样。如果将 ALU、寄存器和控制单元封装在一个 IC 中，则该单元被称为微处理器，否则该单元被称为 CPU。在本书中不对两者进行区别。

1.6.2 CPU 架构

目前，CPU 主要有两种架构：复杂指令集计算机（Complex Instruction Set Computer，CISC）和精简指令集计算机（Reduced Instruction Set Computer，RISC）。

CISC 以 Intel 公司、AMD 公司的 X86 CPU 为代表。80×86 CPU 也称作 CISC，包含了早期 Intel 公司 CPU 的指令。CISC 的主要特点有：①大量的指令；②多种寻址模式；③可变长度的指令；④大多数指令可以操纵内存中的操作数；⑤控制单元微程序（微码）。

RISC 以 Acorn 公司的 ARM、IBM 公司的 IBM Power 为代表，其设计的初衷是针对 CISC CPU 复杂的弊端，选择一些可以在单个 CPU 周期完成的指令，以降低 CPU 的复杂度，将复杂性交给编译器。因为指令很简单，所以 RISC 的一个优点是可以非常快地执行它们的指令。另外，与 CISC 芯片相比，RISC 芯片需要的晶体管更少。RISC 的主要特点有：① 所有指令的长度都相同（可以轻松解码）；② 大多数指令可在一个机器时钟周期内执行；③ 控制单元为硬连线；④ 很少的寻址模式；⑤ 大量的寄存器。

CISC 和 RISC 的主要区别见表 1-14。具体地，CISC 和 RISC 有以下区别。

表 1-14 CISC 和 RISC 的主要区别

指令系统类型	指令	寻址模式	实现方式	其他
CISC	数量多，使用频率差别大，可变长格式	支持多种	微程序控制技术（微码）	研制周期长
RISC	数量少，使用频率接近，定长格式，大部分为单周期指令，操作寄存器，只有 Load/Store 操作内存	支持方式少	增加了通用寄存器，硬布线逻辑控制为主，适合采用流水线	优化编译，有效支持高级语言

① 指令系统：RISC 设计者把主要精力放在经常使用的指令上，尽量使它们具有简单高效的特色，对不常用的功能，常通过组合指令来完成，因此，在 RISC 上实现特殊功能时，效率可能较低，需要利用流水线技术和超标量技术来改进和弥补；CISC 的指令系统比较丰富，有专用指令来完成特定的功能,因此，处理特殊任务效率较高。

② 存储器操作：RISC 对存储器操作有限制，使控制简单化；而 CISC 的存储器操作指令多，操作直接。

③ 程序：RISC 汇编语言程序一般需要较大的内存空间，实现特殊功能时程序复杂，不易设计；而 CISC 汇编语言程序编程相对简单，科学计算及复杂操作的程序设计相对容易，效率较高。

④ 中断：RISC 在指令执行的适当地方可以响应中断；而 CISC 只能在一条指令执行结束后响应中断。

⑤ CPU：RISC 架构的 CPU 包含较少的单元电路，因而面积小、功耗低；而 CISC 架构的 CPU 包含丰富的电路单元，因而功能强、面积大、功耗大。

⑥ 设计周期：RISC 微处理器结构简单、布局紧凑、设计周期短，且易于采用最新技术；CISC 微处理器结构复杂、设计周期长。

⑦ 用户使用：RISC 微处理器结构简单，指令规整，性能容易把握，易学易用；CISC 微处理器结构复杂，功能强大，实现特殊功能容易。

⑧ 应用范围：由于 RISC 指令系统的确定与特定的应用领域有关，故 RISC 更适合专用机；而 CISC 则更适合通用机。

1.6.3 计算机总线

计算机总线是计算机各部件之间传递信息的基本通道，一般由多条连线组成，传输同一类信息。微型计算机最常见的总线是地址总线、数据总线和控制总线。

1. 地址总线

地址总线用于传输地址的信息。地址通常由 CPU 提供，所以地址总线一般为单向传输。地址总线通过 2^n 定义存储器 IC 中可寻址位置的数量，其中 n 为地址总线的数量。如果地址总线由 3 条线组成，则有 2^3=8 个可寻址的存储单元，如图 1-18 所示。地址总线的数量直接决定了 CPU 可以访问的最大存储单元数。

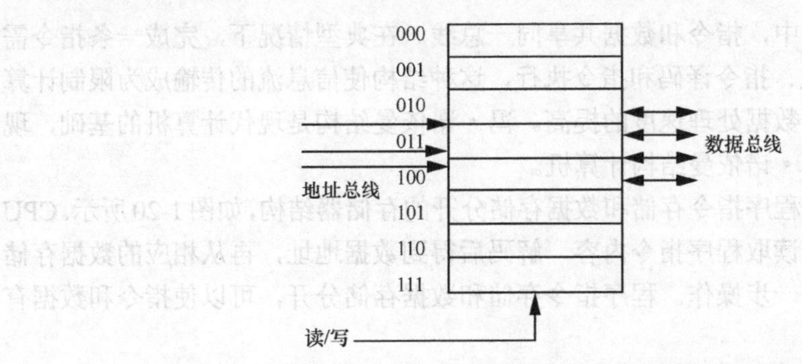

图 1-18　具有 3 条地址线和 4 条数据线的存储器

2. 数据总线

数据总线用于传递数据信息。此处的“数据”为广义数据，既可以是一般意义上的数据（如送往打印机的打印数据），也可以是指令代码（如将磁盘上的程序加载到内存），还可以是状态或控制信息（如外部设备送往 CPU 的状态信息）。数据总线可双向传输，CPU 既可以向其他部件发送数据，也可以接收来自其他部件的数据。

3. 控制总线

控制总线用于传送控制信号。如 CPU 向内存或 I/O 接口电路发出的读/写信号、I/O 接口电路向 CPU 发送的用于同步工作的联络信号等。部分控制信号如下。

读信号：从存储器或 I/O 设备读取信息。

写信号：用于将数据写入存储器。

中断：表示一个中断请求。

总线请求：用于设备向计算机请求使用总线。

总线允许：授予请求设备使用计算机总线的权限。

I/O 读/写：用于读取或写入 I/O 设备。

1.6.4 CPU 结构

Architecture 表示架构、结构，这个词用于 CPU 的时候有两层意思：CPU 架构，指大的层面，分为两类—— CISC 和 RISC；CPU 结构，层面较小，指 CPU 接受和处理信号的方式及其内部元件的组织方式。目前，CPU 结构主要有两种类型：冯・诺依曼结构和哈佛结构。

冯・诺依曼结构又称为普林斯顿（Princetion）体系结构，如图 1-19 所示。1945 年，冯・诺依曼首先提出了“存储程序”的概念和二进制原理，后来，在这种概念和原理的基础上设计的电子计算机系统统称为“冯・诺依曼结构”计算机。

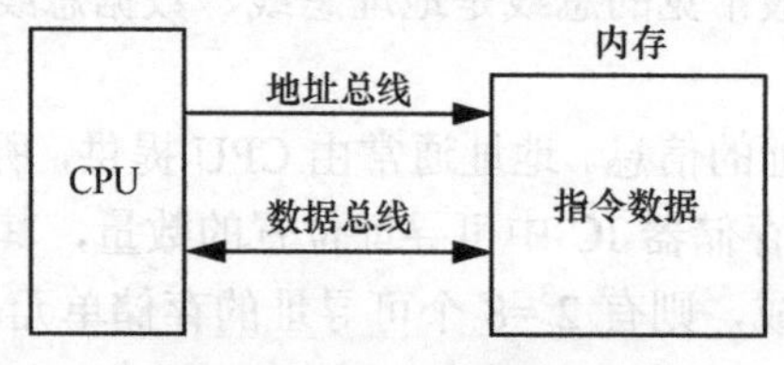

图 1-19　冯・诺依曼结构

在冯・诺依曼结构中，指令和数据共享同一总线。在典型情况下，完成一条指令需要 3 个步骤：指令获取、指令译码和指令执行，这种结构使信息流的传输成为限制计算机性能的瓶颈，影响了数据处理速度的提高。冯・诺依曼结构是现代计算机的基础，现在大多数计算机仍是冯・诺依曼结构计算机。

哈佛结构是一种将程序指令存储和数据存储分开的存储器结构，如图 1-20 所示。CPU 首先从程序指令存储器读取程序指令内容，解码后得到数据地址，再从相应的数据存储器读取数据，并进行下一步操作。程序指令存储和数据存储分开，可以使指令和数据有不同的数据宽度。

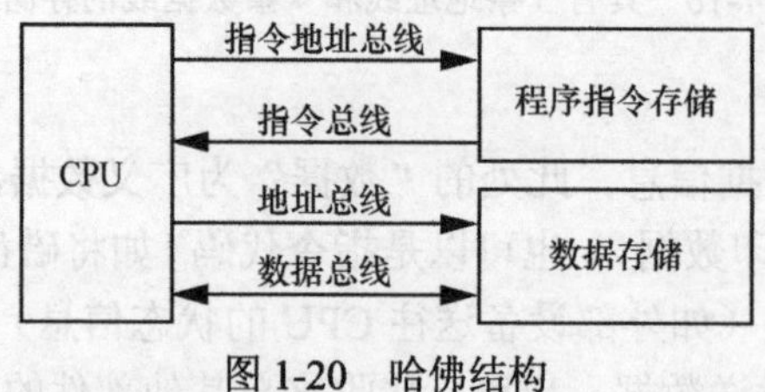

图 1-20　哈佛结构

哈佛结构的微处理器通常具有较高的执行效率。由于程序指令和数据指令是分开组织和存储的，所以执行指令时可以预先读取下一条指令。但哈佛结构复杂，对外围设备的连接与处理要求高，十分不适合外围存储器的扩展。所以，早期通用 CPU 难以采用这种结构。目前，使用哈佛结构的 CPU 有很多，除了 Microchip 公司的 PIC 系列芯片，还有 Motorola 公司的 MC68 系列、Zilog 公司的 Z8 系列、ATMEL 公司的 AVR 系列和 ARM 公司的 ARM9、ARM10 和 ARM11 等。

两种结构的最大区别是程序空间和数据空间是否为一体。早期的微处理器大多采用冯·诺依曼结构，典型代表是 Intel 公司的 X86 微处理器，取指令和取操作数都在同一总线上，通过分时服务的方式进行。缺点是在高速运行时，不能同时取指令和取操作数，从而形成了传输过程的瓶颈。哈佛结构由于芯片内部程序空间和数据空间分开，允许同时取指令和取操作数，从而大大提高了运算能力，典型应用以 DSP 和 ARM 为代表。

在结合两者特点的基础上出现了改进型哈佛结构，如图 1-21 所示，其结构特点为：① 使用两个独立的存储器（程序存储器和数据存储器），分别存储指令和数据，每个存储器都不允许指令和数据并存；② 具有一条独立的地址总线和一条独立的数据总线，利用公用地址总线访问两个存储器，公用数据总线则被用来完成程序存储器或数据存储器与 CPU 之间的数据传输；③ 两条总线由程序存储器和数据存储器分时复用。

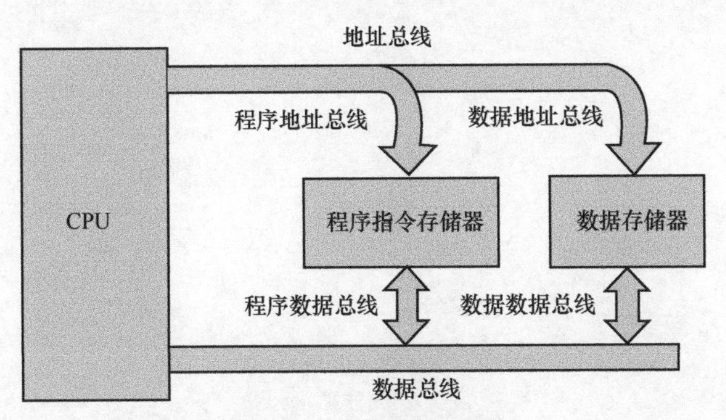

图 1-21　改进型哈佛结构

改进型哈佛结构应用范围很广。虽然 51 单片机的程序指令存储和数据存储是分开的，但总线是分时复用的，所以属于改进型哈佛结构。现代的处理器虽然从外部总线上看为冯·诺依曼结构，但是由于内部缓存的存在，已经类似改进型哈佛结构。

思　考　题

1. 将单词“LOGIC”转换为 ASCII 码，然后用十六进制表示每个字符。
2. 列出微型计算机的组件。
3. 解释 CPU 的功能。
4. 列出 ALU 的功能。
5. 控制单元的功能是什么？

6. 解释地址总线和数据总线的功能。
7. 并行接口的应用是什么？
8. 串行接口的应用是什么？
9. 解释 CISC 和 RISC 之间的区别。解释冯·诺依曼结构与哈佛结构之间的区别。
10. 触发器、寄存器和存储器之间有什么关系？
11. 微型计算机总线由哪 3 个部分组成?它们各自的功能是什么？
12. 微型计算机采用总线结构有什么优点？
13. 锁存器和寄存器有什么不同？

第 2 章　8086 微处理器

2.1　8086 微处理器结构

2.1.1　8086 微处理器内部结构

8086 微处理器（简称 8086）是 Intel 公司于 1978 年 6 月 8 日推出的第 3 代第一款 16 位微处理器，采用 3.2 μm 高性能金属氧化物半导体（High Performance Metal-Qxide-Semiconductor，HMOS）工艺制造，芯片上有 2.9 万个晶体管，使用单一的+5 V 电源，时钟频率为 4.77～10 MHz。

8086 有 16 根数据总线和 20 根地址总线，它既能处理 16 位数据，也能处理 8 位数据，可寻址的内存空间为 1 MB。8086 没有包含浮点运算单元（Float Point Unit，FPU），可以通过外接数学协处理器 8087 增强浮点运算能力。

8086 内部结构如图 2-1 所示，按功能分为两个部分：总线接口单元（Bus Interface Unit，BIU）和指令执行单元（Execution Unit，EU）。

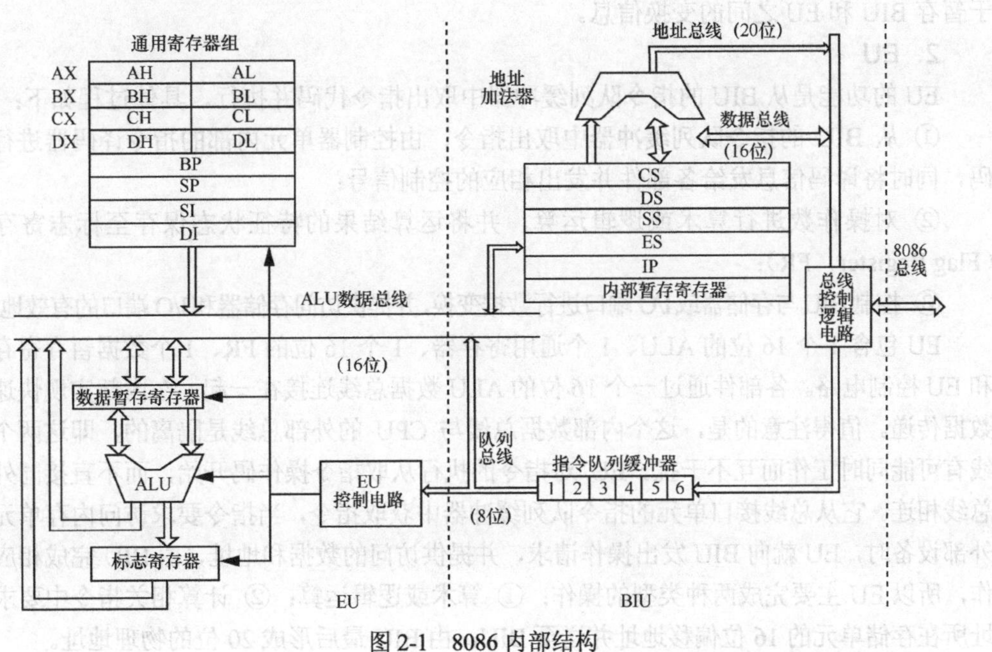

图 2-1　8086 内部结构

1．BIU

BIU 的功能是根据 EU 的请求，负责完成 CPU 与存储器、I/O 设备之间的数据传送，具体任务如下。

- 负责从存储器的指定单元取出指令送至指令队列排队，或直接送至 EU 执行。
- 负责从存储器的指定单元或外部设备端口取出指令规定的操作数传送给 EU，或者将 EU 的操作结果传送到指定的存储单元或外部设备端口。
- 计算并形成访问存储器的 20 位物理地址。

总之，BIU 的主要功能是负责完成 CPU 执行指令时全部外部总线（引脚）上的信息传送操作，而所有的这些外部总线上的信息传送操作都必须有正确的地址和适当的控制信号。

BIU 内部有 4 个段寄存器（Segment Register），分别是代码段（Code Segment，CS）寄存器、数据段（Data Segment，DS）寄存器、堆栈段（Stack Segment，SS）寄存器和附加段（Extra Segment，ES）寄存器，还有 1 个 20 位地址加法器（Address Adder）、1 个指令队列（Instruction Queue）缓冲器、1 个 16 位的指令指针（Instruction Pointer，IP）寄存器和总线控制逻辑（Bus Control Logic）电路。

段寄存器和地址加法器实现存储器 16 位逻辑地址到 20 位物理地址的转换，逻辑地址由 16 位段基址（段寄存器给出）与 16 位段内偏移地址（指令给出）两个部分组成，转换方法为段基址左移 4 位加上偏移地址，形成 20 位物理地址。

8086 的指令队列为 6 字节，当 EU 正在执行指令且不需要占用总线时，BIU 会自动预取下一条或几条指令操作，将所取得的指令按先后顺序存入指令队列缓冲器排队，然后再由 EU 按顺序执行。当 EU 执行转移、调用和返回指令时，指令队列缓冲器自动清空指令，并要求 BIU 从新的地址重新开始取指令，新取指令将填入指令队列缓冲器。

IP 总是存放 EU 要执行的下一条指令的偏移地址，该寄存器不开放给用户使用。

总线控制逻辑电路用于产生外部总线操作时的相关控制信号，而内部暂存寄存器用于暂存 BIU 和 EU 之间的变换信息。

2．EU

EU 的功能是从 BIU 的指令队列缓冲器中取出指令代码并执行，具体过程如下：

① 从 BIU 的指令队列缓冲器中取出指令，由控制器单元内部的指令译码器进行译码，同时将译码信息发给各部件并发出相应的控制信号；

② 对操作数进行算术或逻辑运算，并将运算结果的特征状态保存至标志寄存器（Flag Register，FR）；

③ 控制BIU与存储器或I/O端口进行数据变换，并提供访问存储器和I/O端口的有效地址。

EU 包含 1 个 16 位的 ALU、1 个通用寄存器、1 个 16 位的 FR、1 个数据暂存寄存器和 EU 控制电路。各部件通过一个 16 位的 ALU 数据总线连接在一起，在内部实现快速的数据传递。值得注意的是，这个内部数据总线与 CPU 的外部总线是隔离的，即这两个总线有可能同时工作而互不干扰。EU 对指令的执行从取指令操作码开始，而不直接同外部总线相连。它从总线接口单元的指令队列缓冲器中获取指令，当指令要求访问内存单元或外部设备时，EU 就向 BIU 发出操作请求，并提供访问的数据和地址，由 BIU 完成相应操作，所以 EU 主要完成两种类型的操作：① 算术或逻辑运算；② 计算相关指令中要求寻址所在存储单元的 16 位偏移地址并送至 BIU，由 BIU 最后形成 20 位的物理地址。

EU 各组成部分的功能如下。

ALU 可用于进行算术逻辑运算，也可按照指令的寻址方式算出寻址单元的 16 位偏移地址。ALU 只能运算但不能寄存数据，在运算时，数据先送到数据暂存寄存器，再经 ALU 运算处理。运算结果经过内部数据总线送回至累加器（AX）、其他寄存器或存储单元。

FR 用于反映 CPU 最后一次运算结果的状态特征或存放控制标志。

数据暂存寄存器协助 ALU 完成运算，暂时存放参与运算的数据。

通用寄存器组包括 4 个 16 位寄存器（AX、BX、CX、DX）、2 个 16 位地址指针（BP、SP）、2 个变址寄存器（SI、DI）。具体的将在第 2.1.3 节介绍。

EU 控制电路是控制定时与状态的逻辑电路，接收从 BIU 指令队列缓冲器取来的指令，经过指令译码形成各种定时控制信号，对 EU 各部件实现特定的定时操作。

2.1.2　8086 程序执行流程

早期的 8 位微处理器中，程序的执行由取指令和执行指令这两个动作的反复循环来完成，取指令期间，CPU 必须等待，其执行过程如图 2-2 所示，而 8086（BIU 与 EU）的执行过程如图 2-3 所示。

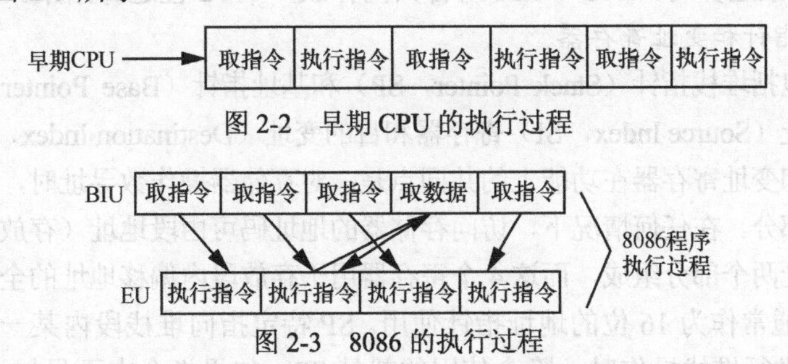

图 2-2　早期 CPU 的执行过程

图 2-3　8086 的执行过程

首先，EU 向 BIU 提出总线申请，BIU 响应请求，将第一条指令经指令队列缓冲器后直接送至 EU 执行，EU 将该指令译码，发出相应的控制信息。数据在 ALU 中进行运算，运算结果保留在 FR 中。当 EU 从指令队列缓冲器中取走指令、指令队列缓冲器中出现空字节时，BIU 即从内存取出后续的指令代码放入队列；当 EU 需要数据时，BIU 根据 EU 给出的地址，从指定的内存单元或外部设备取数据供 EU 使用；当运算结束时，BIU 将运算结果送入指定的内存单元或外部设备。当指令队列为空时，EU 就等待，直到有指令为止。若 BIU 正在取指令，EU 发出访问总线请求，则必须等 BIU 取指令完毕后请求才能得到响应，一般情况下，程序按顺序进行，当遇到跳转指令时，BIU 使指令队列复位，从新地址取出指令，并立即传给 EU 去执行。

8086 的突出优点：BIU 和 EU 两个部分按流水线方式并行工作，即取指令和执行指令可以重叠。在 EU 执行指令的过程中，BIU 可以取出多条指令送至指令队列缓冲器排队，当 EU 执行完一条指令后，可以立即执行下一条指令，减少了 CPU 等待取指令所需要的时间，提高了运算速度，降低了对存储器存取速度的要求。

2.1.3　8086 的寄存器结构

CPU 中的各寄存器、存储器、I/O 端口是进行编程基本活动的地方，大部分指令都在寄存器中实现对操作数的预定功能，熟练掌握 CPU 内部寄存器的结构和功能非常重要。

8086 内部有 14 个 16 位寄存器，按功能可分为 3 类：8 个通用寄存器、4 个段寄存器和 2 个控制寄存器。

1．通用寄存器

通用寄存器可分为两组：数据寄存器、地址指针和变址寄存器。

（1）数据寄存器

数据寄存器包括 AX、BX、CX 和 DX 4 个 16 位的寄存器，每一个又可根据需要将高 8 位和低 8 位当作两个独立的 8 位寄存器使用。16 位寄存器主要用于存放 CPU 的常用数据，也可用来存放地址。8 位寄存器（AH/AL、BH/BL、CH/CL、DH/DL）只能用于存放数据。上述 4 个寄存器一般作为通用寄存器使用，但它们又有各自的习惯用法。

AX（Accumulator）称为累加器，所有的 I/O 指令都使用该寄存器与外部设备的接口传送信息。

BX（Base）称为基址寄存器，在计算内存地址时常用来存放基址。

CX（Count）称为计数寄存器，在循环和串操作指令中用作计数器。

DX（Data）称为数据寄存器，在寄存器寻址的 I/O 指令中，存放 I/O 端口的地址。在作 16 位乘除法运算时，DX 与 AX 组合共同存放一个 32 位运算结果。

（2）地址指针和变址寄存器

地址指针包括堆栈指针（Stack Pointer，SP）和基址指针（Base Pointer，BP），变址寄存器包括源变址（Source Index，SI）寄存器和目的变址（Destination Index，DI）寄存器。

地址指针和变址寄存器在功能上的共同点是：对存储器操作数寻址时，可形成 20 位物理地址的组成部分。在任何情况下，访问存储器的地址码可由段地址（存放在段寄存器中）和段内偏移地址两个部分组成，而这 4 个寄存器用于存放段内偏移地址的全部或一部分。

SP 和 BP 通常作为 16 位的地址指针使用。SP 特定指向堆栈段内某一存储单元（字）的偏移量。当进行堆栈操作时，隐含使用的就是 SP。如果指令中不另加说明，用 BP 作地址指针时，它也指向堆栈段内的某一存储单元，这时其段地址由段寄存器 SS 提供。

SI 和 DI 用来存放段内偏移地址的全部或一部分，常见于字符串操作指令。

设置地址指针和变址寄存器是因为在程序执行过程中，经常需要到存储器中存取操作数，为了给出被寻址单元的地址，在指令中必须设置要访问操作数所保存的存储单元的偏移地址，存储器的地址一般都比较长，如果存储单元的地址完全由指令中的地址码来表示，则必然加长指令的长度。因此，通常不采用在指令中直接给出存储器偏移地址的方法，一般将存放指令操作数存储单元的偏移地址放置在某个专用寄存器，并给出能够用来存放存储器偏移地址的寄存器编码，这样指令就不用给出存储器偏移地址，只需给出寄存器编码。

通用寄存器编码为 2～3 位，所以采用这种方法给出操作数地址大大缩短了指令的长度，此外还可以方便地通过修改寄存器内容达到修改地址的目的，提高了指令寻址的灵活性。

综上所述，通用寄存器主要用于暂存 CPU 执行程序的常用数据或地址，以便减少 CPU 在运行程序中通过外部总线访问存储器或 I/O 设备来获得操作数的次数，从而可以加快 CPU 的速度。它们是设置在 CPU 工作现场的小型快速“存储器”。

2．段寄存器

8086 共有 4 个 16 位段寄存器（CS、SS、DS 和 ES），它们的功能是存放 CPU 当前可以访问的 4 个逻辑段的段基址。程序可以从 4 个段寄存器给出的逻辑段存取代码和数

据，若要从其他段而不是当前段存取信息，程序必须首先改变对应的段寄存器内容，将其设置成所要存取的段基址。

设置段寄存器是由于在8086中需要用20位的物理地址访问1 MB的存储空间，但是8086内部数据的直接处理能力和寄存器只有16位，只能直接提供16位地址，寻址存储空间最大为64 KB。如何用16位数据处理能力实现20位地址寻址呢？这里用16位的段寄存器和16位的偏移地址巧妙地解决了这一问题。详见第2.3节。

段寄存器不仅使存储空间扩大到1 MB，而且为信息按特征分段存储带来了方便。存储器中的信息可分为程序、数据和计算机状态等，为了操作方便，存储器可相应地划分为程序区（用来存储程序的指令代码）、数据区（用来存储原始数据、中间结果和最终结果）和堆栈区（用来存储需要压入堆栈的数据或状态信息）。

段寄存器的分工：CS划定并控制程序代码区，DS和ES控制数据区，SS控制堆栈区。

3. 控制寄存器

（1）IP

IP用于控制程序中指令的执行顺序，正常运行时，IP含有BIU要取的下条指令的偏移地址。一般情况下，每取一次指令代码，IP就会自动加1，从而保证指令的顺序执行。IP实际上是指令机器码存放单元的地址指针，IP的内容可以被转移类指令强制改写。当需要改变程序的执行顺序时，只要改写IP的内容就可以了。需特别注意，用户程序不能直接访问IP。

（2）标志寄存器

标志寄存器是一个16位寄存器，8086只用了其中的9位，这9位包括6个状态标志和3个控制标志。

① 状态标志

状态标志记录了ALU操作结果的特征标志，如结果是否为0、是否有进位或错位、是否有溢出等，这些标志常常作为条件转移指令的测试条件控制程序的运行。状态标志寄存器如图2-4所示。

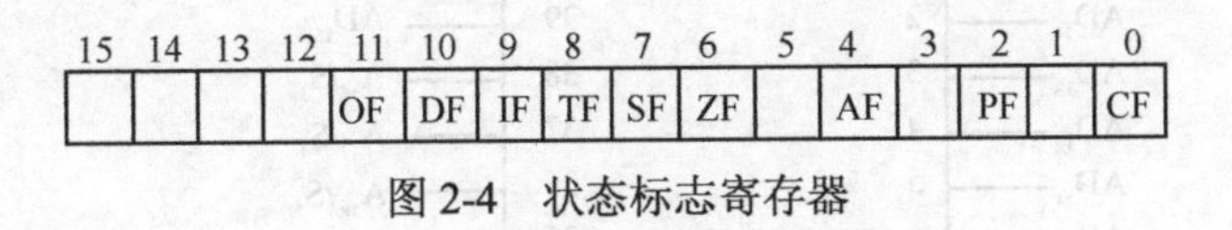

图2-4 状态标志寄存器

状态标志用6位来反映EU执行算术或逻辑运算以后的结果特征。这6位都是逻辑值，判断结果为逻辑真时，其值为1；判断结果为逻辑假时，其值为0。具体如下。

进位标志（Carry Flag，CF）：CF=1表示指令执行结果在最高位产生一个进位或借位；CF=0表示无进位或借位产生。

奇偶标志（Parity Flag，PF）：PF=1表示结果低8位中有偶数个1；PF=0表示结果低8位中有奇数个1。

辅助进位标志（Auxiliary Flag，AF）：AF=1表示结果的低4位产生一个进位或借位；AF=0表示结果的低4位无进位或借位产生。

0标志（Zero Flag，ZF）：ZF=1表示运算结果为0；ZF=0表示运算结果不为0。

符号标志（Sign Flag，SF）：SF=1表示运算结果为负数，即结果的最高位为1；SF=0表示运算结果为正数，即结果的最高位为0。

溢出标志（Overflow Flag，OF）：OF=1 表示运算结果产生溢出；OF=0 表示运算结果无溢出。运算结果超出了计算机所能表示数的范围会得出错误的结果，这种情况称为溢出，如字节运算的结果超出了−128～+127 的范围。产生错误结果的原因是溢出时数值的有效位占据了符号位。溢出产生的条件为最高位与次高位不同时产生进位或借位。

② 控制标志

控制标志是一种用于控制 CPU 工作方式或工作状态的标志，设置控制标志后便对其后面的操作产生控制作用。控制标志共有 3 个，具体如下。

跟踪标志（Trap Flag，TF）：TF=1 表示 CPU 按跟踪方式执行指令，TF=0 表示 CPU 正常执行指令。

中断允许标志（Interrupt Flag，IF）：IF=1 表示打开可屏蔽中断，此时 CPU 可以响应可屏蔽中断请求；IF=0 表示关闭可屏蔽中断，此时 CPU 不响应可屏蔽中断请求。

方向标志（Direction Flag，DF）：DF=1 表示串操作过程中地址会递减；DF=0 表示串操作过程中地址会递增。

2.2 8086 的引脚及功能

2.2.1 8086 的引脚功能

8086 采用 HMOS 工艺制造，40 个引脚采用双列直插式封装（Dual Inline-Pin Package，DIP）。8086 的引脚分布如图 2-5 所示。其中，24～31 引脚根据 8086 工作模式不同而定义不同，其引脚信号可归纳为公共引脚信号、最小工作模式下的引脚信号和最大工作模式下的引脚信号 3 类。

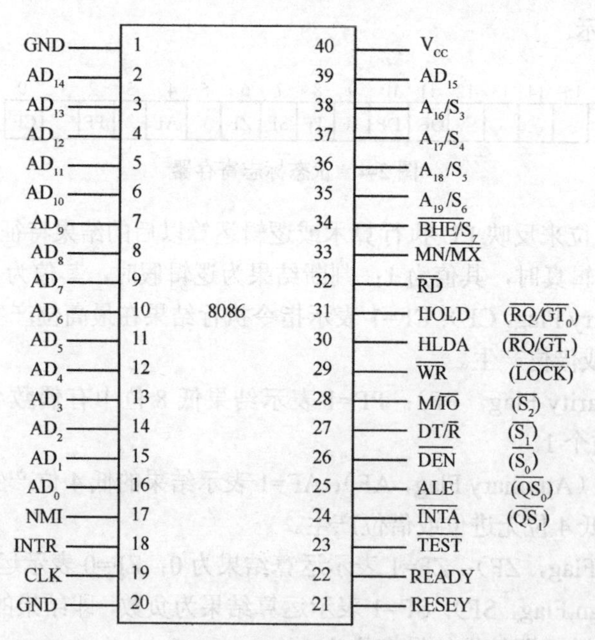

图 2-5 8086 的引脚分布

1. 公共引脚信号

（1）AD_0～AD_{15}（Address/Data）：地址/数据分时复用总线，三态、双向。在总线周期的 T_1 状态，输出访问存储器或 I/O 端口的地址信息；在总线周期的 T_2～T_4 状态，传送数据信息。

（2）A_{16}/S_3～A_{19}/S_6（Address/Status）：地址/状态分时复用线，三态输出。在总线周期的 T_1 状态，输出访问存储器的最高 4 位的地址，与 AD_0～AD_{15} 一起构成 20 位地址码，访问 I/O 端口时 A_{16}～A_{19} 无效。在总线周期的其他状态（T_2～T_4），输出状态信息。状态信号 S_3～S_6 的作用如下。S_6 恒为 0，表示 8086 当前与总线相连。S_5 表明 IF 的当前设置，如果 IF=1，则 S_5=1，表示当前允许可屏蔽中断请求；如果 IF=0，则 S_5=0，表示当前禁止一切可屏蔽中断请求。S_3 和 S_4 状态的组合指出当前正在使用哪个段寄存器，具体规定见表 2-1。当系统总线处于“保持响应”周期时，A_{16}/S_3～A_{19}/S_6 被置为高阻状态。

表 2-1　S_3 和 S_4 的状态编码

S3	S4	意义
0	0	正在使用 ES
1	0	正在使用 SS
0	1	正在使用 CS
1	1	正在使用 DS

（3）$\overline{BHE}/S_7$（Bus High Enable/Status）：高 8 位数据总线允许/状态复用线，三态输出。$\overline{BHE}$ 在总线周期的 T_1 状态输出，低电平有效，用来表示当前高 8 位数据总线 D_8～D_{15} 上数据有效。该引脚和地址线 A_0 配合表示数据总线上的状态，其含义见表 2-2。S_7 在 8086 中未定义，作为备用状态信号。

表 2-2　$\overline{BHE}$ 和 AD_0 编码的含义

$\overline{BHE}$	AD0	数据总线使用情况
0	0	16 位数据总线上进行字节传送
0	1	高 8 位数据总线上进行字节传送
1	0	低 8 位数据总线上进行字节传送
1	1	无效

（4）$MN/\overline{MX}$（Minimum/Maximum Mode Control）：最小/最大模式控制信号，输入。当 $MN/\overline{MX}$ 接高电平时，8086 在最小模式下工作，系统的控制信号全部由 8086 提供；当 $MN/\overline{MX}$ 接低电平时，8086 在最大模式下工作，8086 发出的控制信号经总线控制器进行变换和组合后作为系统的控制信号。

（5）$\overline{RD}$（Read）：读信号，三态输出，低电平有效。$\overline{RD}$ 为低电平时，表示 8086 正在对存储器或 I/O 端口进行读操作。

（6）$\overline{TEST}$：测试信号，输入，低电平有效。$\overline{TEST}$ 与等待（WAIT）指令配合使用。当 8086 执行 WAIT 指令时，8086 处于空转等待状态，每 5 个时钟周期检测一次 $\overline{TEST}$ 引脚。当测得$\overline{TEST}$=1，则8086继续处于空转等待状态；当测得$\overline{TEST}$=0，就会退出等待状态，继续执行下一条指令。$\overline{TEST}$用于多处理器系统，实现8086主CPU与其他协处理器之间的同步协调功能。

（7）READY：准备就绪信号，输入，高电平有效。这是一个用来使8086和低速的存储器或I/O设备之间实现速度匹配的信号。当READY为高电平时，表示内存或I/O设备的数据已准备就绪，可以立即进行一次数据传输。8086在每个总线周期的T_3状态对READY引脚进行检测，若检测到READY=1，则总线周期按正常时序进行读/写操作，不需要插入等待状态T_W；若检测到READY=0，则表示存储器或I/O设备工作速度慢，没有准备好数据，则8086在T_3和T_4之间自动插入一个或几个等待状态T_W来延长总线周期，直到检测到READY为高电平后，才使8086退出等待状态进入T_4状态，完成数据传送。

（8）RESET：复位信号，输入，高电平有效。RESET信号至少要保持4个时钟周期的高电平，才能停止8086的现行操作，完成内部的复位过程。在复位状态，8086内部的寄存器初始化，除CS=FFFFH外，包括IF在内的其余各寄存器的值均为0。因此，复位后将从逻辑地址FFFFH:0000H（即物理地址FFFF0H）处开始执行程序。一般在该地址放置一条转移指令，以转到程序真正的入口地址。

（9）NMI（Non-Maskable Interrupt）：非屏蔽中断请求信号，输入，上升沿有效。NMI中断请求不受IF的控制，只要在该引脚上出现一个由低到高的跳变信号，在当前指令结束后8086立即进行非屏蔽中断请求处理。NMI中断通常用于系统紧急情况的处理，如系统电源掉电等。

（10）INTR（Interrupt Request）：可屏蔽中断请求信号，输入，高电平有效。8086在每个指令周期的最后一个T状态检测INTR是否有效，一旦检测到此引脚为高电平，并且IF=1，则8086在当前指令周期结束后转入INTR中断响应周期进行中断处理。

（11）CLK（Clock）：系统时钟信号，输入。CLK提供了8086和总线控制的基本定时脉冲。8086的CLK由时钟发生器8284产生。

（12）V_{CC}：电源电压，输入。8086采用的电源为5 V±10%。

（13）GND：地线，输入。

以上32个引脚信号是8086在最小模式和最大模式工作时都要用到的公共信号，还有8个引脚（24～31）是双功能引脚信号，在不同模式下有不同的名称和定义。

2．最小工作模式下的引脚信号

（1）$\overline{WR}$（Write）：写信号，三态输出，低电平有效。当$\overline{WR}$为低电平，表示8086正在对存储器或I/O端口进行写操作。

（2）M/$\overline{IO}$（Memory/Input and Output）：存储器和I/O设备的选择信号，三态输出。这是8086在进行数据传送时自动产生的输出信号，用来表示当前访问的是存储器还是I/O设备。当M/$\overline{IO}$为高电平时，表示与存储器进行数据传送；当M/$\overline{IO}$为低电平时，表示与I/O设备进行数据传送。

（3）DT/$\overline{R}$（Data Transmit/Receive）：数据发送/接收控制信号，三态输出。该信号用来控制数据总线上数据传送的方向，通常作为数据总线缓冲器的控制信号。当DT/$\overline{R}$为

高电平时，8086向存储器或I/O设备发送数据；当DT/$\overline{R}$为低电平时，8086从存储器或I/O设备接收数据。

（4）$\overline{DEN}$（Data Enable）：数据允许信号，三态输出，低电平有效。当地址/数据总线上传送的是数据信息时，$\overline{DEN}$信号有效，可作为数据总线缓存器的选通信号。

（5）ALE（Address Latch Enable）：地址锁存允许信号，三态输出，高电平有效。当地址/数据总线上传送的是地址信息时，ALE信号有效，可作为地址锁存器的选通信号，利用它的下降沿，将地址/数据总线上输出的地址信息进行锁存，在8086访问存储器期间使该地址保持有效。

（6）$\overline{INTA}$（Interrupt Acknowledge）：中断响应信号，三态输出，低电平有效。$\overline{INTA}$是对INTR的响应信号。当INTR=1且IF=1时，8086响应INTR请求，向请求设备发送连续的两个$\overline{INTA}$中断响应周期信号，表明8086进入了INTR中断处理过程。

（7）HOLD（Hold Request）：总线保持请求信号，输入，高电平有效。在最小工作模式中，当除8086以外的其他总线控制器要求占用总线时，可通过此引脚向CPU发送请求占用总线的信号。例如，系统中的DMA控制器就是通过此引脚向CPU申请使用系统总线的。

（8）HLDA（Hold Acknowledge）：总线保持响应信号，输出，高电平有效。该信号是对HOLD的响应信号。当CPU检测到HOLD为高电平，且CPU允许其他设备占用总线时，则在当前总线周期结束时，输出HLDA，作为对HOLD的响应，并立将使总线置为高阻状态，CPU放弃对总线的控制权。当获得总线使用权的控制器用完总线，使HOLD变为低电平，表示放弃对总线的控制权。CPU检测到HOLD变为低电平后，会将HLDA变为低电平，恢复对总线的控制。

3．最大工作模式下的引脚信号

（1）$\overline{RQ}/\overline{GT}$（Request/Grant）：总线请求输入/总线请求输出允许信号，双向，低电平有效。这两个信号是最大模式系统中主CPU 8086和其他协处理器（如8087、8089）之间交换总线使用权的联络控制信号。$\overline{RQ}$为总线请求输入信号，$\overline{GT}$为总线请求输出允许信号。$\overline{RQ}/\overline{GT_0}$和$\overline{RQ}/\overline{GT_1}$是两个同类型的信号，表示可同时连接两个协处理器，其中$\overline{RQ}/\overline{GT_0}$的优先级高于$\overline{RQ}/\overline{GT_1}$。

（2）$\overline{LOCK}$：总线封锁信号，三态输出，低电平有效。当$\overline{LOCK}$为低电平时，表明此时CPU不允许其他总线主控设备占用总线。$\overline{LOCK}$信号由指令前缀$\overline{LOCK}$产生。当含有前缀$\overline{LOCK}$的指令在执行时，$\overline{LOCK}$引脚输出低电平封锁总线；当含有前缀$\overline{LOCK}$的指令执行完成，$\overline{LOCK}$引脚变为高电平，撤销对总线的封锁。此外，在CPU处于2个$\overline{INTA}$中断响应周期期间，$\overline{LOCK}$信号会自动变为有效的低电平，以防止其他总线控制器在中断响应过程中占用总线而使一个完整的中断响应过程被间断。

（3）$\overline{S_0}$、$\overline{S_1}$、$\overline{S_2}$（Bus Cycles Status）：总线周期状态信号，三态输出，低电平有效。在最大工作模式下，这3个信号组合起来指出当前总线周期所进行的操作类型，见表2-3。最大工作模式系统中的总线控制器8288就是利用这些状态信号产生访问存储器和I/O端口的控制信号。

表 2-3 $\overline{S_0}$、$\overline{S_1}$、$\overline{S_2}$ 组合产生的总线控制功能

$\overline{S_0}$	$\overline{S_1}$	$\overline{S_2}$	经总线控制器 8288 产生的控制信号	操作功能
0	0	0	$\overline{INTA}$	中断响应
1	0	0	$\overline{IORC}$	读 I/O 端口
0	1	0	$\overline{IOWC}$ $\overline{AIOWC}$	写 I/O 端口
1	1	0	无	暂停
0	0	1	$\overline{MDRC}$	取指令
1	0	1	$\overline{MDRC}$	读内存
0	1	1	$\overline{MWTC}$ $\overline{AMWC}$	写内存
1	1	1	无	无效状态

当$\overline{S_0}$、$\overline{S_1}$、$\overline{S_2}$中至少有一个信号为低电平时，每一种组合都对应了一种具体的总线操作，因而称之为有效状态。这些总线操作都发生在前一个总线周期的 T_4 状态和下一个总线周期的 T_1、T_2 状态期间。在总线周期的 T_3（包括 T_W）状态，且 READY 为高电平时，$\overline{S_0}$、$\overline{S_1}$、$\overline{S_2}$ 3 个信号同时为高电平（即 111），此时一个总线操作过程将要结束，而另一个新的总线周期还未开始，通常称为无效状态。而在总线周期的最后一个 T_4 状态，$\overline{S_0}$、$\overline{S_1}$、$\overline{S_2}$ 中任何一个或几个信号的改变都意味着下一个新的总线周期的开始。

（4）$\overline{QS_0}$、$\overline{QS_1}$（Instruction Queue Status）：指令队列状态信号，输出$\overline{QS_0}$、$\overline{QS_1}$两个信号用来指示 CPU 内的指令队列的当前状态，以使外部（主要是协处理器 8087）对 CPU 内指令队列的动作进行跟踪。$\overline{QS_0}$、$\overline{QS_1}$ 的组合与指令队列状态的对应关系见表 2-4。

表 2-4 $\overline{QS_0}$、$\overline{QS_1}$ 的组合与指令队列状态的对应关系

$\overline{QS_0}$	$\overline{QS_1}$	指令队列状态
0	0	无操作，未从指令队列取指令
1	0	从指令队列取出当前指令第一个字节（操作码字节）
0	1	指令队列为空，由于执行转移指令，队列重新装填
1	1	从指令队列取出指令后续字节

2.2.2 8086 的最小模式和最大模式

为了适应各种场合，8086 有两种工作方式：最小模式和最大模式。两种工作模式由 MN/$\overline{MX}$ 引脚定义：当 MN/$\overline{MX}$ 接高电平时，8086 在最小模式下工作；当 MN/$\overline{MX}$ 接低电平时，8086 在最大模式下工作。

最小模式是指系统只有 8086 一个微处理器。在这种系统中，8086 直接产生所有的总线控制信号，系统所需的外加总线控制逻辑部件最少。

最大方式是指系统含有两个或多个微处理器，其中一个为主处理器 8086，其他的称为协处理器，它们是协同主处理器来工作的。与 8086 相配的协处理器有两个：一个是专用于数值运算的协处理器 8087，系统有了此协处理器后，数值运算速度会大幅度提高；

另一个是专用于 I/O 操作的协处理器 8089，加入 8089 处理器会提高主处理器的效率，大大减少 I/O 操作占用主处理器的时间。在最大模式下工作时，控制信号通过 8288 总线控制器提供。

在不同的工作模式下，部分引脚（24～31）会有不同的功能。

2.3　8086 的存储器结构

2.3.1　存储器组织与数据存储格式

计算机的存储器组织与数据存储格式是由微处理器的地址线和数据线决定的。8086 的数据线是 16 位，可进行 8 位和 16 位数据传送。地址线是 20 位，按字节组织地址，每一个字节为一个存储单元，每一个存储单元分配一个地址，因此 20 位地址线可寻址的存储空间为 1 MB（2^{20} 字节），地址范围为 00000H～FFFFFH。

8086 的存储器组织如图 2-6 所示。将 1 MB 存储空间分为两个 512 KB 的存储体，分别称为奇地址存储体和偶地址存储体。偶地址存储体与数据线 D0～D7 相连，每个存储单元的地址为偶数地址；奇地址存储体与数据线 D8～D15 相连，每个存储单元的地址为奇数地址。这样，CPU 既可以单独对其中的一个存储体读/写 8 位数据，也可以对存储体中相邻的两个字节单元读/写 16 位数据。

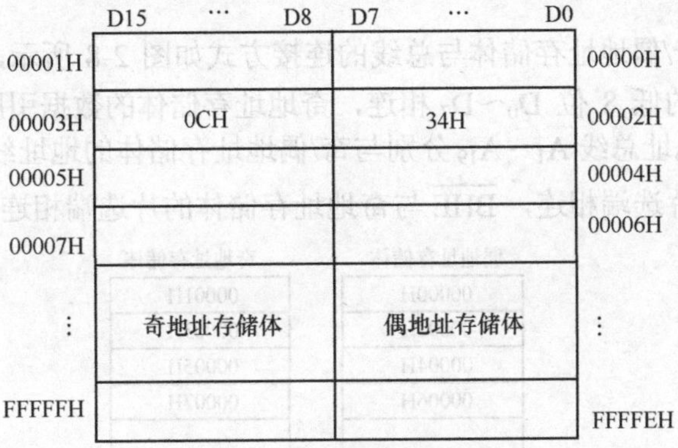

	D15 … D8	D7 … D0	
00001H			00000H
00003H	0CH	34H	00002H
00005H			00004H
00007H			00006H
⋮	奇地址存储体	偶地址存储体	⋮
FFFFFH			FFFFEH

图 2-6　8086 的存储器组织

在存储器中，数据存放的格式因 CPU 的不同而不同。在 8086 指令系统中，有字节和字两种操作指令数据。对于字节数据，一个数据占用一个存储单元，有一个唯一对应的地址。对于字数据，一个数据占用相邻的两个存储单元，规定低地址单元存放低 8 位数据，高地址单元存放高 8 位数据，并且把两个地址中较小的地址作为该字的地址。

例如在图 2-6 中，00002H 单元存的数据是 34H，00003H 单元存放的数据是 0CH，如果把这两个数据作为字节数据处理，一个数据对应一个地址，地址单元中的数据可表示为(00002H)=34H 和(00003H)=0CH。如果把这两个数据作为字数据处理，两个地址中数值较小的地址作为该字的地址，可表示为(00002H)=0CH34H。

8086 在最小和最大工作模式之下与存储器的电路连接方式不同。在最小工作模式下，所有的控制信号都是由 8086 提供的；在最大工作模式下，需要增加总线控制器 8288，部分控制引脚由 8288 提供。图 2-7 是 8086 在最小工作模式下与存储器的连接示意，其中，AD_0～AD_{15} 为地址/数据分时复用引脚，在总线周期的 T_1 时刻传输地址信息，在 T_2～T_4 时刻传输数据信息，A_{16}～A_{19} 在总线周期的 T_1 时刻提供另外 4 个地址信息。ALE 提供数据锁存允许控制信号，$\overline{BHE}$ 提供高 8 位数据总线允许信号，$\overline{RD}$ 和 $\overline{WR}$ 提供读/写控制信号，M/$\overline{IO}$ 提供存储器和 I/O 设备的选择信号，DT/$\overline{R}$ 提供数据发送/接收控制信号，$\overline{DEN}$ 提供数据允许信号。

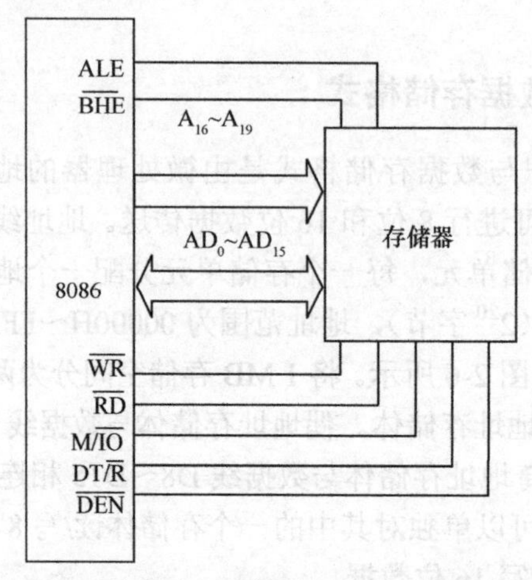

图 2-7　8086 在最小工作模式下与存储器的连接示意

在 8086 中，奇/偶地址存储体与总线的连接方式如图 2-8 所示，偶地址存储体的数据引脚与数据总线的低 8 位 D_0～D_7 相连，奇地址存储体的数据引脚与数据总线的高 8 位 D_8～D_{15} 连接，地址总线 A_1～A_{19} 分别与奇/偶地址存储体的地址线相连，地址总线 A_0 与偶地址存储体的片选端相连，$\overline{BHE}$ 与奇地址存储体的片选端相连。

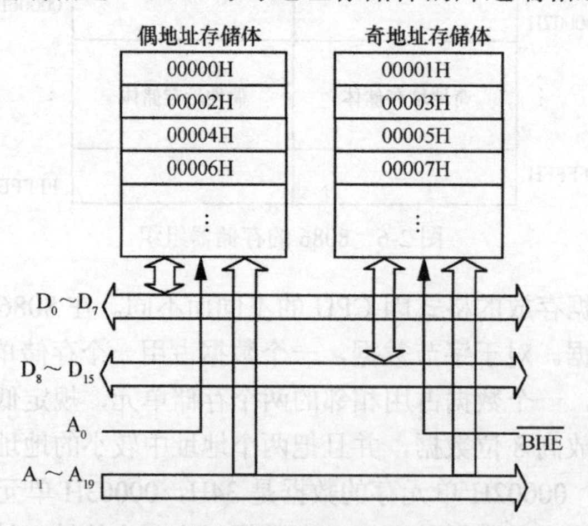

图 2-8　奇/偶地址存储体与总线的连接方式

8086 可以一次性从存储器读取 8 位或者 16 位数据，数据的读/写方式决定了 $\overline{BHE}$ 以及 A_0 地址线的电平，$\overline{BHE}$ 和 A_0 与数据读/写方式的关系见表 2-5。当 BHE 和 A_0 都为低

电平时，奇/偶地址存储体都被选中，可以一次从存储体读/写 16 位数据；当 $\overline{BHE}$ 为低电平且 A_0 为高电平时，奇地址存储体被选中，从 AD_8～AD_{15} 引脚读写 8 位数据；当 $\overline{BHE}$ 为高电平且 A_0 为低电平时，偶地址存储体被选中，从 AD_0～AD_7 引脚读写 8 位数据。

表 2-5　$\overline{BHE}$ 和 A_0 与数据读/写方式的关系

$\overline{BHE}$	A0	操作	数据线
0	0	从存储器读/写 16 位数据	D0～D15
0	1	从奇存储器读/写 8 位数据	D8～D15
1	0	从偶存储器读/写 8 位数据	D0～D7
1	1	非法操作	无

若读/写的是 8 位数据，无论数据存储在奇地址存储体还是偶地址存储体，都只需要一个总线周期。但若读/写的是 16 位数据，则需要一个或两个总线周期，取决于字的地址是奇地址还是偶地址。若是偶地址字，则只需要一个总线周期，低 8 位数据（存储在偶地址）和高 8 位数据（存储在奇地址）同时传输到数据总线，这是较好的 16 位数据存储方式。若是奇地址字，8086 需要两个总线周期才能够完成读/写操作，在第一个总线周期，低 8 位数据（存储在奇地址）传输到数据总线 D_8～D_{15}，在第二个总线周期，高 8 位数据（存储在偶地址）传输到数据总线 D_0～D_7。

2.3.2　存储器分段结构

由于 8086 的内部结构是 16 位总线，在访问存储器时，无法直接提供存储器的 20 位物理地址。因此，在存储器寻址中，将 1 MB 的内存空间分段使用，即将 1 MB 的存储空间分为若干个逻辑段，每个逻辑段的容量≤64 KB。根据段内存放的信息不同，可将内存空间分为代码段（存放程序）、数据段（存放数据）、堆栈段（存放需要保存的信息）和附加段（存放数据）。一个程序可定义一个或多个逻辑段，代码段是必需的，其他段可根据需要选择。

对于 8086 来说，因其内部只有 4 个段寄存器（CS、DS、SS、ES），所以一个程序当前最多能访问 4 个段，即一个代码段、一个数据段、一个堆栈段和一个附加段。每个段都是独立寻址的逻辑单位，它们可以在存储器的任意位置定义或浮动，段与段之间可以邻接、间隔、部分重叠或完全重叠。

对 1 MB 的内存空间采用分段管理后，存储器的地址有物理地址和逻辑地址之分。物理地址是由 8086 的 20 位地址线输出的 20 位地址码形成的、访问存储器的实际地址，一个存储单元对应一个唯一的物理地址。逻辑地址是对应逻辑段的一种地址表示形式，它由段基值和段内偏移地址两个部分组成，通常表示为，段基值：偏移地址。在程序设计中，段基值由相应的段寄存器提供，偏移地址由指令中的寻址方式提供。

段基值是指某逻辑段的 20 位起始地址中的高 16 位地址的值。系统隐含约定：从 0 地址开始，每 16 个字节为一小节，段的起始地址必须从任一小节的边界开始。也就是说，段的起始地址能被 16 整除，最低 4 位的值固定为“0”，即段的 20 位起始地址的格式可表示为：XXXXXXXXXXXX 0000B，把其中的高 16 位的值称为段基值。如果(DS)=1B2CH，则该数据段的起始地址为1B2C0H；如果(CS)=4025H，则该代码段的起始地址为40250H。在段基值的低4位补上4个0构成段的20位起始地址，可保证每段的起始地址必须从任一小节的边界开始。

偏移地址是指逻辑段内某个存储单元距离该段起始地址之间的距离，用字节数表示。因为每个段的容量最大为64 KB，故偏移地址的范围为0000H～FFFFH，段起始地址的偏移地址为0000H。如偏移地址为0010H，则表示该地址距离段起始地址有16个字节，偏移地址由指令中操作数的寻址方式确定。

需要说明的是，因为程序所定义的逻辑段允许在1 MB存储空间内浮动，且段的大小可以是64 KB范围内的任意多个字节，因此逻辑段之间允许有重叠，这样一个存储单元的物理地址可以属于一个逻辑段，也可以同时属于几个逻辑段，所以对于同一个存储单元，物理地址是唯一的，而逻辑地址并不唯一。

图2-9在1 MB的存储空间内定义了4个逻辑段，即代码段从01000H（CS指示）地址开始，堆栈段从120C0H（SS指示）开始，数据段从20100H（DS指示）开始，附加段从405A0H（ES指示）开始。如果在内存数据段20100H～20103H单元中依次存放的数据是20H、4BH、56H、9AH，其数据存储格式将如图2-10所示。已知(DS)=2010H，则这4个数据对应的逻辑地址分别是2010H:0000H、2010H:0001H、2010H:0002H和2010H:0003H。

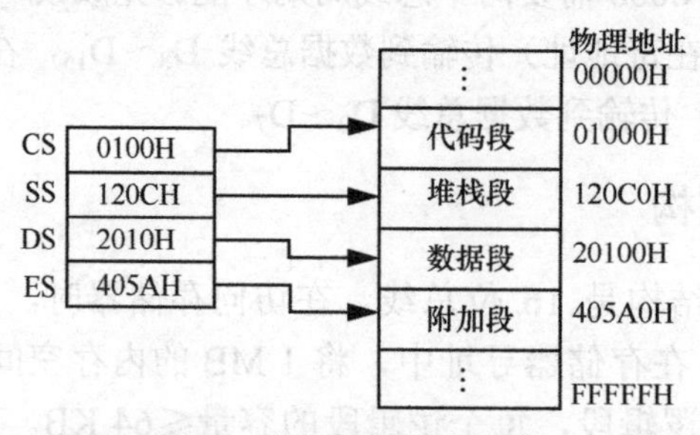

图2-9 存储器的分段结构

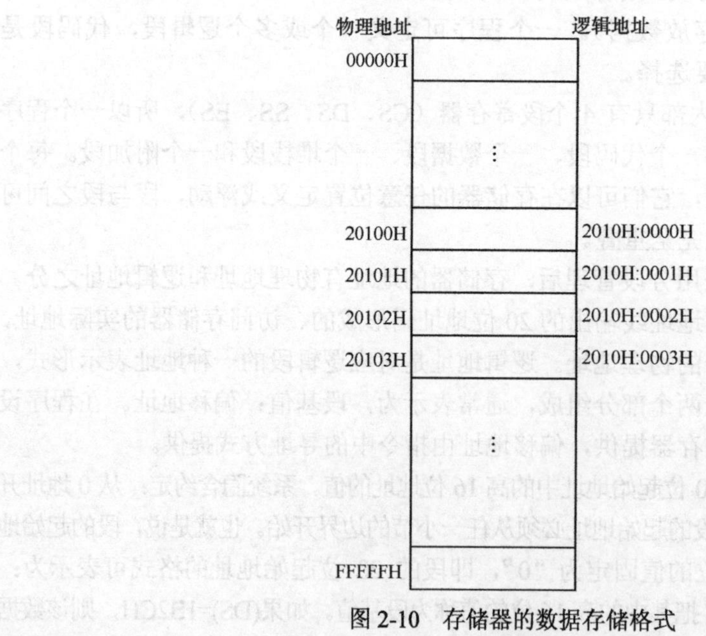

图2-10 存储器的数据存储格式

2.3.3　逻辑地址与物理地址的转换

在 8086 中，外部地址信号为 20 位，而 CPU 内部的数据线和寄存器都是 16 位，那么如何将内部形成的 16 位地址信息转换为外部存储器的 20 位物理地址呢？为了解决这个问题，在 BIU 中设置了一个 20 位的地址加法器，在执行指令的过程中，由地址加法器完成 20 位物理地址的运算。地址加法器的工作原理如图 2-11 所示。

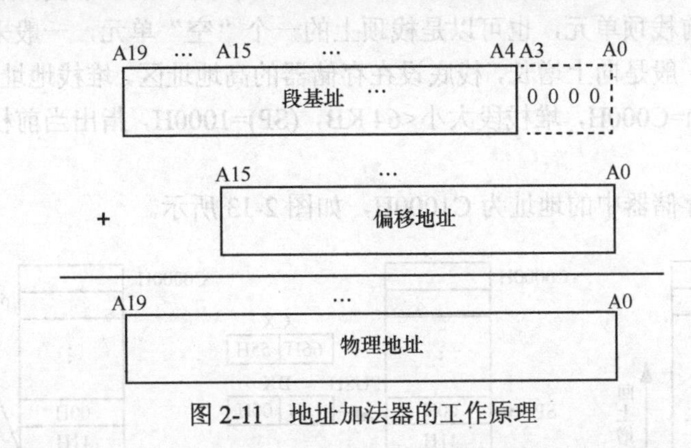

图 2-11　地址加法器的工作原理

将 16 位段基值左移 4 位，相当于在低 4 位补上 4 个“0”，形成 20 位段的起始地址，再加上欲访问段内某单元的 16 位偏移地址就形成了该单元的 20 位物理地址。由 BIU 总线控制电路的地址总线（A19～A0）将该地址信号送至存储器进行存储单元的选择。由此可见，20 位物理地址可表示为

物理地址=段基址×10H+偏移地址

在执行指令时，16 位段基值由段寄存器（CS、DS、SS、ES）提供，16 位偏移地址由当前执行的指令提供，CPU 自动完成 20 位物理地址的运算。

在汇编程序设计中，必须很好地掌握有关存储器组织与分段的一些概念，以便能有效地利用存储器空间，编写出高质量的程序。

【例 2-1】　设某数在数据段的逻辑地址为 1800H:1234H，求该数据的物理地址。

物理地址的形成如图 2-12 所示，结果为 19234H。

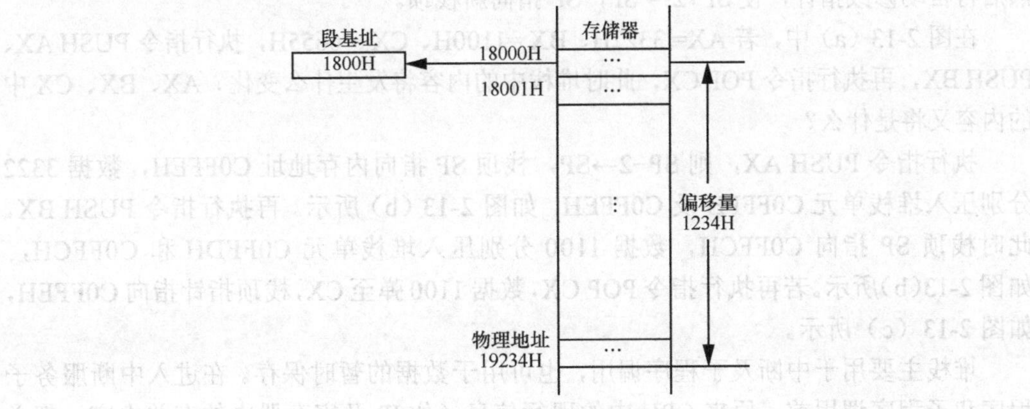

图 2-12　物理地址的形成

8086访问存储器时，物理地址的计算是在BIU中由地址加法器来完成的。

2.3.4 堆栈

堆栈是指在存储器中开辟的一个区域，用来存放需要暂时保存的数据。堆栈段是由定义语句在存储器中定义的一个段，它可以在存储器1 MB空间内任意浮动，堆栈段容量小于或等于64 KB。段基值由SS指定，栈顶由SP指定，由于堆栈构成方式不同，SP指向的可以是当前栈顶单元，也可以是栈顶上的一个“空”单元，一般采用前者。堆栈的地址增长方式一般是向上增长，栈底设在存储器的高地址区，堆栈地址由高向低增长。

假如当前(SS)=C000H，堆栈段大小<64 KB，(SP)=1000H，指出当前栈顶在存储器中的位置。

当前栈顶在存储器中的地址为C1000H，如图2-13所示。

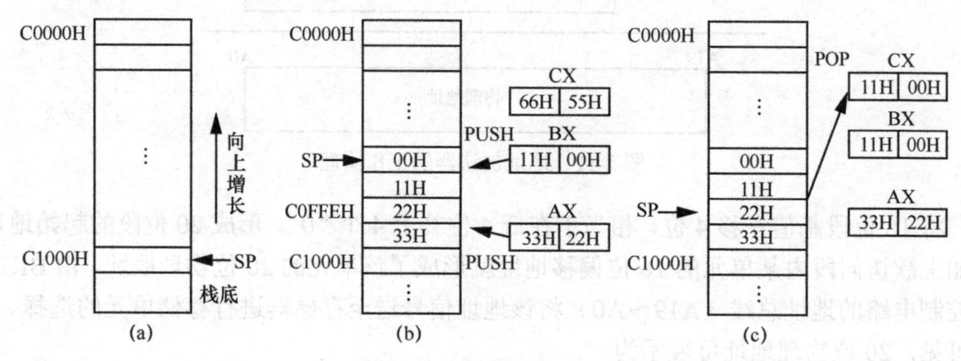

图2-13 堆栈操作示意

堆栈的工作方式是先进后出，用入栈指令（PUSH）和出栈指令（POP）可将数据压入堆栈和从堆栈中弹出，栈顶指针SP的变化由CPU自动管理。堆栈以字为单位进行操作，堆栈中的数据项按低字节在偶地址、高字节在奇地址的次序存放，这样可保证每访问一次堆栈就能压入或弹出一个字。当执行PUSH指令时，CPU自动修改指针SP−2→SP，使SP指向新栈顶，然后将低位数据压入SP单元，高位数据压入（SP+1）单元。当执行POP指令时，CPU先将当前栈顶SP（低位数据）和SP+1（高位数据）中的内容弹出，然后再自动修改指针，使SP+2→ SP，SP指向新栈顶。

在图2-13（a）中，若AX= 3322H、BX =1100H、CX = 6655H，执行指令PUSH AX、PUSH BX，再执行指令POP CX，此时堆栈中的内容将发生什么变化？AX、BX、CX中的内容又将是什么？

执行指令PUSH AX，则SP−2→SP，栈顶SP指向内存地址C0FFEH，数据3322分别压入堆栈单元C0FFFH及C0FFEH，如图2-13（b）所示。再执行指令PUSH BX，此时栈顶SP指向C0FFCH，数据1100分别压入堆栈单元C0FFDH和C0FFCH，如图2-13(b)所示。若再执行指令POP CX，数据1100弹至CX，栈顶指针指向C0FFEH，如图2-13（c）所示。

堆栈主要用于中断及子程序调用，也可用于数据的暂时保存。在进入中断服务子程序和子程序调用前，原来CPU中的现行信息（如IP及寄存器中的有关内容）都必

须保存，在中断服务子程序和子程序调用结束返回主程序时，又必须恢复原来保存的信息，这些均由堆栈操作来完成。其中IP的入栈和出栈由CPU自动管理，而一些寄存器中内容的保存及恢复，需要用户利用指令PUSH、POP来完成。由于堆栈操作先进后出的特点，一定要注意如下两点。

① 先进入的内容要后弹出，保证返回寄存器的内容不发生错误。如以下命令

```
PUSH AX
PUSH BX
PUSH CX
POP CX
POP AX
POP BX
```

会引起AX与BX内容发生交换，而CX的内容保持不变。

② PUSH和POP的指令要成对使用，否则会造成返回主程序的地址出错。如以下命令

```
PUSH AX
PUSH BX
PUSH CX
POP CX
POP BX
RET
```

由于少弹出一个数，使CPU返回主程序时，取出的返回地址是原来AX中的内容，从而使整个程序执行出错。

2.4 8086 I/O结构

2.4.1 I/O接口的功能及基本结构

I/O设备是计算机系统的重要组成部分，称为外部设备或I/O设备，用于计算机输入/输出信息。常见的I/O设备有键盘、鼠标、显示器、打印机、软驱、硬驱、光驱、可移动盘、扫描仪、绘图仪、数据采集器和调制解调器等。这些设备不仅结构、特性和工作方式不同，而且传送的电平、数据格式和速度差异很大，给CPU交换信息带来了许多不便。因此，I/O接口就是用来解决CPU和I/O设备之间信息交换问题的，通过它使CPU与I/O设备协调一致地工作。

I/O接口种类繁多，并且适用的场合也不同，适用场合有数据通信、数据格式转换、电平转换、系统定时/计数和DAM传送等。I/O接口的各种功能归纳如下。

① 数据缓冲：实现高速CPU与慢速外部设备的速度匹配。

② 信号转换：实现数字量与模拟量的转换、串行与并行格式转换和电平转换。

③ 中断控制：实现CPU与外部设备并行工作和故障自动处理等。

④ 定时计数：实现系统定时和外部事件计数及控制。

⑤ DAM 传送：实现存储器与 I/O 设备之间直接交换信息。

一个典型的 I/O 接口电路的基本结构如图 2-14 所示，它通常包括数据寄存器、控制寄存器、状态寄存器、数据缓冲器和读/写控制逻辑。

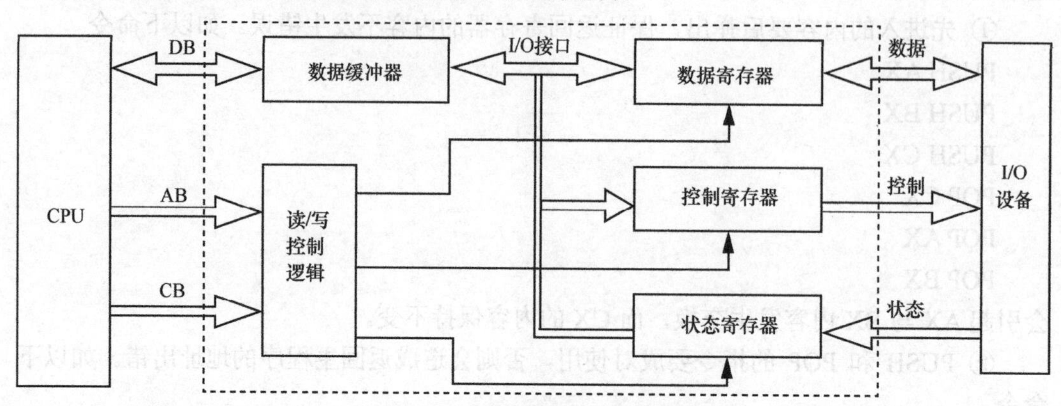

图 2-14　I/O 接口电路的基本结构

2.4.2　I/O 端口的编址方式

通常把 I/O 接口电路中能被 CPU 直接访问的寄存器或某些特定的器件称为端口。一个 I/O 接口可能有几个端口，如命令端口、状态端口、数据端口等。那么如何确定这些端口的地址呢？在微机中通常采用如下两种 I/O 端口的编址方式。

（1）I/O 端口与存储器统一编址

在这种编址方式中，将存储器地址空间的一部分作为 I/O 端口空间。也就是说，把 I/O 接口中可以访问的端口看作存储器的一个存储器单元，纳入统一的存储器地址空间，为每一个端口分配一个存储器地址，CPU 可以用访问存储器的方式来访问 I/O 端口。这种编址方式的优点是不用专门设置访问端口的指令，访问存储器的指令都可以用于访问端口；缺点是由于端口占用了存储器空间的一部分地址，使得存储器的实际存储空间减少。在单片机系统中，多数采用这种编址方法。

（2）I/O 端口与存储器单独编址

为了提高存储器空间的利用率，将存储器与 I/O 端口分为两个独立的地址空间进行编址，并设置了专用的 I/O 指令对 I/O 端口进行访问，如 8086 就采用了这种编址方式。I/O 端口可采用 8 位地址进行编址，端口地址范围为 0～255，也可以采用 16 位地址进行编址，端口地址范围为 0～65 535，使用专用于访问 I/O 端口的指令（IN 和 OUT）访问 I/O 设备。

2.4.3　I/O 的控制方式

I/O 的控制方式是指 CPU 与外部设备交换数据时可以采用的数据传送方法，下面简要介绍 3 种基本数据传送控制方式的工作原理。

1．查询方式

查询方式是通过执行 I/O 查询程序来完成数据传送的，其流程图如图 2-15 所示。工

作原理是 CPU 启动外部设备工作后，不断地读取外部设备的状态信息进行测试，查询外部设备是否准备就绪，若外部设备准备好，则可以进行数据传送，否则，CPU 继续读取外部设备的状态信息进行查询等待，直到外部设备准备好。

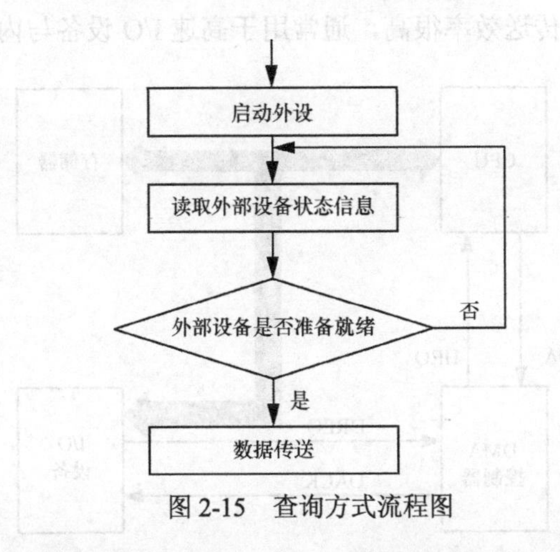

图 2-15　查询方式流程图

查询方式的特点是不需要额外的硬件支持，但由于 CPU 与外部设备工作不同步，在执行数据传送的过程中，需要 CPU 不断地读取外部设备的状态进行查询等待，致使 CPU 的利用率较低，倘若 CPU 按这种方式与多个外部设备传送数据，就需要周期性地依次查询每个外部设备的状态，浪费的时间更多，CPU 的利用率更低。因此，这种方式适合于工作不太繁忙的系统。

2．中断方式

中断方式实际上是一种硬件和软件相结合的技术，中断请求和处理依赖于中断控制逻辑，而数据传送则是通过执行中断服务程序来实现。这种方式的特点是在外部设备工作期间，CPU 无需等待，可以处理其他任务，CPU 与外部设备可以并行工作，提高了系统的使用效率，同时又能满足实时信息处理的需要。但是数据传送仍需要通过执行程序来完成。

3．DMA 方式

采用中断方式可以提高 CPU 的利用率，但是有些 I/O 设备（如磁盘、光盘等）需要高速而又频繁地与存储器进行成批数据的存取或交换，此时中断方式已不能满足速度方面的要求。而 DMA 方式可以在存储器与外部设备之间开辟一条高速数据通道，使外部设备与存储器之间可以直接进行批量数据传送。

实现 DMA 传送，要求 CPU 让出系统总线的控制权，然后由专用硬件设备（DMA 控制器）来控制外部设备与存储器之间的数据传送。

DMA 方式的工作原理示意如图 2-16 所示。DMA 控制器一端与外部设备连接，另一端与 CPU 连接，由它控制存储器与高速 I/O 设备之间直接进行数据传送。其工作过程是：若 I/O 设备与存储器之间需要传送一批数据，先由 I/O 设备向 DMA 控制器发送请求信号（DMA Request，DREQ），再由 DMA 控制器向 CPU 发送请求占用总线的信号（Hold Request，HRQ），CPU 响应 HRQ 后向 DMA 控制器回送一个 HLDA，随后 CPU 将总线控制权交给 DMA 控制器，再由 DMA 控制器回送请求设备应答信号（DMA Acknowledge，

DACK）。此时，DMA 控制器掌握总线控制权，由它控制存储器与 I/O 设备之间直接传送数据，当一批数据传送完毕，DMA 控制器再把总线控制权退还给 CPU。由此可见，这种传送方式的特点是数据传送的过程由 DMA 控制器参与工作，不需要 CPU 的干预。DMA 方式对批量数据的传送效率很高，通常用于高速 I/O 设备与内存之间的数据传送。

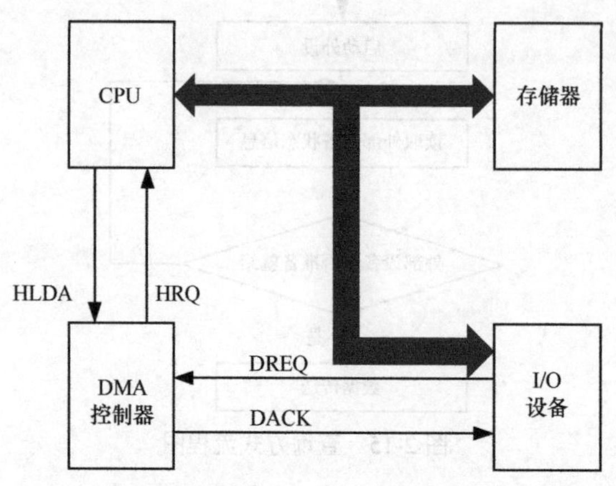

图 2-16　DMA 方式的工作原理示意

思考题

1. 微型计算机系统总线由哪 3 个部分组成？它们各自的功能是什么？
2. 什么是最小工作模式？什么是最大工作模式？
3. 8086 中地址加法器的重要性体现在哪里？

第3章 8086的指令系统

3.1 8086指令的特点

指令是计算机能够识别和执行的操作命令，由二进制数0和1组成。每条指令的编码格式由机器指令系统规定。通常，一条指令包含操作码（Operation Code）和操作数两部分内容，格式如图3-1所示。

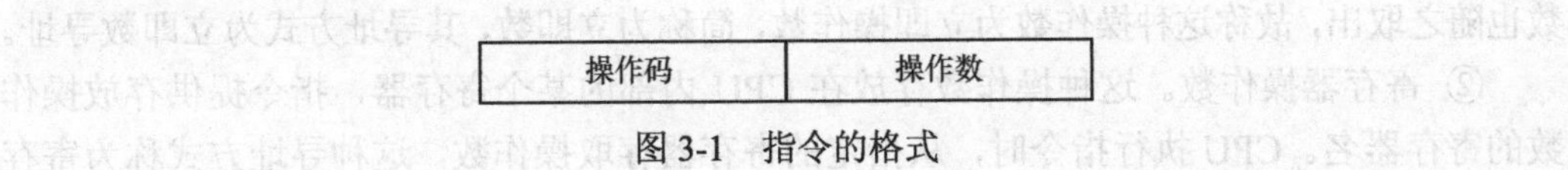

图3-1 指令的格式

操作码用来说明指令操作的性质与功能，常用OP表示。操作码是指令不可缺少的部分，通常由1～2个字节组成，机器通过译码电路来识别指令。操作数用于提供指令中要处理的数据或数据所在的地址信息。

指令的编码格式随CPU的不同而有所差异，8086采用变字节指令格式，指令由1～16个字节组成，如图3-2所示。一条指令通常由6个字段组成，字段1为前缀字段，字段2～6为基本字段。

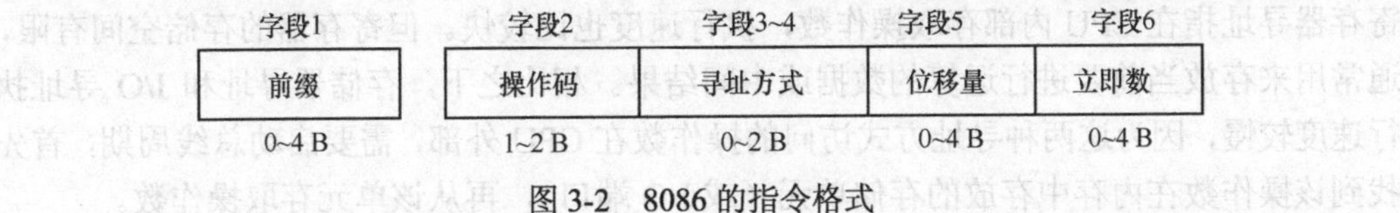

图3-2 8086的指令格式

下面简要说明各个字段的含义。

前缀字段为可选字段，用于修改指令操作的某些属性。常用的前缀有段超越前缀、操作数宽度前缀、串操作重复前缀、总线锁定前缀等。每个前缀的编码为1个字节，在一条指令前可同时使用多个指令前缀，指令前缀过多使指令长度超过16字节会导致指令非法。

操作码字段为必选字段，由1～2个字节组成。在一般情况下，指令的第一个或前两个字节为操作码部分，它的编码格式在系统设计时已确定，不允许用户修改。

寻址方式字段由2个字节组成，规定了操作数的寻址方式，包括操作数的长度、采用的寻址方式、操作数的存放位置等。

位移量字段（Disp）：当寻址方式中有位移量时，指令包含此字段。其长度为 1、2 或 4 个字节，通常用带符号数（补码）表示。

立即数字段（Data）：当寻址方式是立即数寻址时，指令包含此字段。其长度为 1、2 或 4 个字节，立即数为带符号数，在指令中用补码形式存储。

从上面各字段的含义可知，除操作码字段为必选字段外，其他各字段都是可选字段，可根据不同的寻址方式选用。

3.2 8086 的寻址方式

3.2.1 寻址方式说明

寻址方式是指指令提供操作数的方法。操作数是执行指令时的操作对象，根据操作数存放位置的不同，指令中的操作数分为以下几种。

① 立即操作数。这种操作数包含在指令中，存放在代码段，在取指令的同时，操作数也随之取出，故称这种操作数为立即操作数，简称为立即数，其寻址方式为立即数寻址。

② 寄存器操作数。这种操作数存放在 CPU 内部的某个寄存器，指令提供存放操作数的寄存器名。CPU 执行指令时，从指定的寄存器存取操作数，这种寻址方式称为寄存器寻址。

③ 存储器操作数。这种操作数存放在内存储器，如数据段和附加段都是用来存储数据的。CPU 对存储器操作数进行操作时，指令提供操作数在存储器中存放的地址，这种寻址方式称为存储器寻址。

④ I/O 端口操作数。这种操作数存放在 I/O 接口的端口，CPU 通过 I/O 接口与 I/O 设备交换信息，这种寻址方式称为 I/O 寻址。

由以上分析可知，立即数寻址在取指令的同时就取得操作数，执行指令的速度最快。寄存器寻址指在 CPU 内部存取操作数，执行速度也比较快。但寄存器的存储空间有限，通常用来存放当前要进行运算的数据或中间结果。相比之下，存储器寻址和 I/O 寻址执行速度较慢，因为这两种寻址方式访问的操作数在 CPU 外部，需要启动总线周期，首先找到该操作数在内存中存放的存储单元（或 I/O 端口），再从该单元存取操作数。

确定存储器操作数地址的方式比较复杂，在不同的 CPU 指令系统中有不同的规定。在 8086 中，程序采用的是逻辑地址方式，即内存单元的地址由段基值和偏移地址两个部分组成。在实模式下，段基值由段寄存器提供，偏移地址由指令提供。在执行指令时，由 BIU 中的地址加法器求出物理地址，即：物理地址=段基值×10H+偏移地址。

段基值在段定义之后便可确定，通常由系统分配，而偏移地址则由指令中的寻址方式确定。8086 指令系统规定了多种偏移地址的寻址方式，它们由基址寄存器、变址寄存器、比例因子和位移量组成。

这 4 个部分称为偏移地址 4 元素。一般将这 4 种元素按某种计算方法组合形成的偏移地址称为有效地址（Effective Address，EA）。它们的组合方式和计算方法为：EA=基址+(变址×比例因子)+位移量。

采用 16 位寻址时，用 BX 和 BP 作为基址寄存器，SI 和 DI 作为变址寄存器，位移量为 8 位或 16 位，比例因子为 1，可省略。

采用 32 位寻址时，32 位的通用寄存器都可以作为基址寄存器或变址寄存器（ESP 不用于变址，ESP 为原 SP 在 32 位模式下的寄存器名，其他寄存器名前加 E 的含义同理），位移量为 8 位、16 位和 32 位，比例因子可选择 2、4 或 8。

这 4 种元素可优化组合出 9 种存储器寻址方式，加上立即数寻址和寄存器寻址，共有 11 种寻址方式。它们对应的 EA 见表 3-1。

表 3-1　11 种寻址方式及对应的 EA

寻址方式	EA	说明
立即数寻址	立即数	操作数在代码段
寄存器寻址	通用寄存器	操作数在 CPU 内部
直接寻址	EA=直接地址	操作数在内存的数据段、附加段或堆栈段
寄存器间接寻址	EA=(基址或变址)	
寄存器相对寻址	EA=(基址或变址)+位移量	
基址加变址寻址	EA=(基址+变址)	
带位移的基址加变址寻址	EA=(基址+变址)+位移量	
比例变址寻址	EA=(变址)×比例因子	后 4 种只适用于 32 位寻址
带位移的比例变址寻址	EA=(变址)×比例因子+位移量	
基址加比例变址寻址	EA=(基址)+(变址)×比例因子	
带位移的基址加比例变址寻址	EA=(基址)+(变址)×比例因子+位移量	

需要说明的是，对于 32 位寻址，可采用这 11 种寻址方式中的任何一种，而对于 16 位寻址，只能采用前 7 种，后 4 种不适用。

下面详细讨论 11 种寻址方式的格式及用途。为了方便说明数据的寻址方式，在下面的介绍中，统一以 MOV 指令作为案例。MOV 指令的格式为：MOV dst, src。其中，MOV 为指令助记符，表示传送，dst 表示目标操作数，src 表示源操作数，该指令的功能是将源操作数传送到目标单元。

3.2.2　寻址方式种类

1．立即数寻址

立即数寻址是指操作数跟随在指令的 OP 之后，存放在代码段中。操作数可以是 8 位、16 位或 32 位，称为立即数。它的存储格式为低字节存放在低地址单元，高字节存放在高地址单元。

立即数在指令中表示为一个常数，它只能作为源操作数给目标单元（寄存器或存储单元）赋值。举例如下。

MOV AL, 20H; 将 8 位立即数 20H 传送到 AL

MOV AX, 1234H; 将 16 位立即数 1234H 传送到 AX

MOV EAX, 34568020H; 将 32 位立即数 34568020H 传送到 EAX

这 3 条指令的源操作数都是一个常数，故源操作数的寻址方式为立即数寻址。3 条指令表示的立即数存储及操作示意如图 3-3 所示。

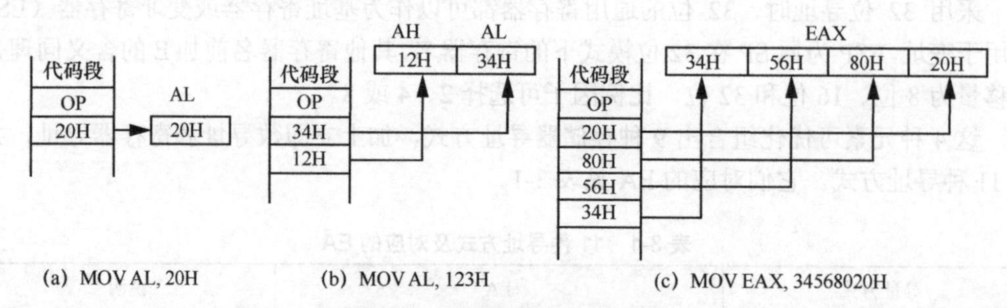

图 3-3　立即数存储及操作示意

由于在指令执行过程中，立即数作为指令的一部分直接从指令预取单元中取出，不需要再访问存储器，因此这种寻址方式执行速度快。

2．寄存器寻址

寄存器寻址是指操作数在寄存器中。CPU 中的 8 位、16 位、32 位通用寄存器都可以存放操作数，存放的操作数既能作为源操作数，也可以作为目标操作数，在指令中用寄存器的名称表示。举例如下。

MOV BL, 20H; 将 20H 传送到 BL，目标为寄存器寻址

MOV AX, BX; 将 BX 中的数传送到 AX，源和目标都是寄存器寻址

由于存取此类操作数在 CPU 内部进行，所以执行速度比较快。

注意：如果指令中的源操作数和目标操作数都是寄存器寻址，寄存器的类型要匹配。

例如，MOV AX, BL 是错误的，因为源操作数为 8 位，而目标操作数为 16 位，类型不匹配。

3．直接寻址

直接寻址是指操作数存放在存储器中，而操作数的 EA（16 位或 32 位）跟随在指令的 OP 之后，存放在代码段中，按照低地址存放低字节、高地址存放高字节的格式存储。

在直接寻址中，为取得操作数，必须先求出存放操作数的存储单元的物理地址。如果操作数在数据段中，则可得：物理地址=(DS)×10H+EA。直接寻址操作示意如图 3-4 所示。先从指令得到 EA，再与段寄存器（seg）中的段基值求和，便得到操作数的物理地址。

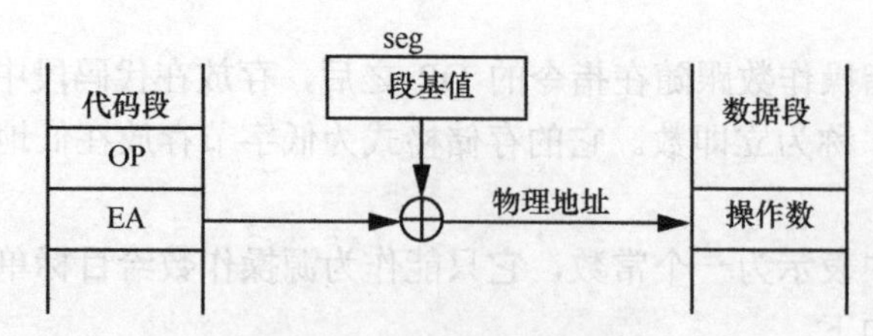

图 3-4　直接寻址操作示意

直接寻址方式在指令中有两种表示形式：① 以常数形式给出 EA（称为数值地址），此时用方括号表示，指示方括号中的常数是有效地址；② 用符号地址代替数值地址，此

时方括号可有可无，但要求指令中的符号地址必须在程序中有定义（见第4.2.2节）。举例如下。

MOV AX, [2000H]; 2000H 为有效地址

MOV BX, [VALUE]或 MOV BX, VALUE; VALUE 为符号地址

在存储器寻址中，允许存放的数据逻辑段有数据段、附加段和堆栈段，它们对应的段寄存器不同，那么指令给出的EA属于哪个段呢？8086指令系统规定：用段前缀（段寄存器名加冒号，如 DS:）指示要访问的段，如果指令省略了段前缀，则默认段为数据段。例如MOV AX, [2000H]和MOV AX, DS:[2000H]是等效的，指示当前要访问的操作数在数据段；MOV AX, ES:[2000H]指示当前要访问的操作数在附加段。

在执行指令时，先由段寄存器给出的段基值和指令给出的 EA 算出操作数的物理地址，然后到该物理单元存取数据。举例如下。

MOV AX, [2000H]

设(DS)=3000H，又有EA=2000H，则物理地址=(3000H)×10H+2000H=32000H。

执行该指令时，将存储器32000H和32001H两个单元的内容传送到AX寄存器，操作示意如图3-5所示。

注意：低地址存储单元32000H的内容送至AX的低字节AL，高地址存储单元32001H的内容传送到AX的高字节AH。

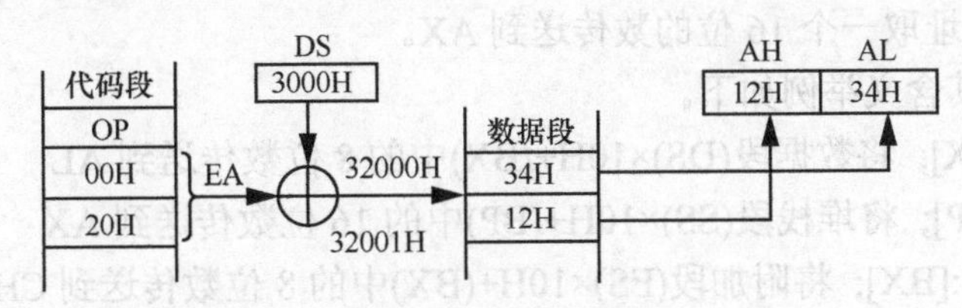

图3-5 MOV AX, [2000H]操作示意

更多指令及其含义举例如下。

MOV BL, [1020H]; 将数据段(DS)×10H+1020H 中的8位数传送到BL

MOV AX, [10A0H]; 将数据段(DS)×10H+10A0H 中的16位数传送到AX

MOV BH, ES:[0010H]; 将附加段(ES)×10H+0010H 中的8位数传送到BH

MOV [0060H], 1234H; 将立即数1234H传送到数据段(DS)×10H+0060H单元

MOVES:[1000H], 78H; 将立即数78H传送到附加段(ES)×10H+1000H单元

注意：直接寻址方式既可以用于源操作数，也可以用于目标操作数，但不允许在同一条指令中同时用于两种操作数。

例如，MOV [1000H], [2000H]是错误的，如果要完成两个存储器单元的数据传送，可借助寄存器来实现，将指令改写为：

MOV AL, [2000H]; 将2000H单元中的数据传送到AL

MOV [1000H], AL; 将AL中的数据传送到1000H单元

4．寄存器间接寻址

寄存器间接寻址是指操作数存放在存储器中，而操作数的 EA 存放在某个寄存器（reg）中。寄存器间接寻址操作示意如图3-6所示。

寄存器的使用在16位寻址和32位寻址时要求不同。

16位寻址的EA允许使用4个16位寄存器SI、DI、BX、BP。

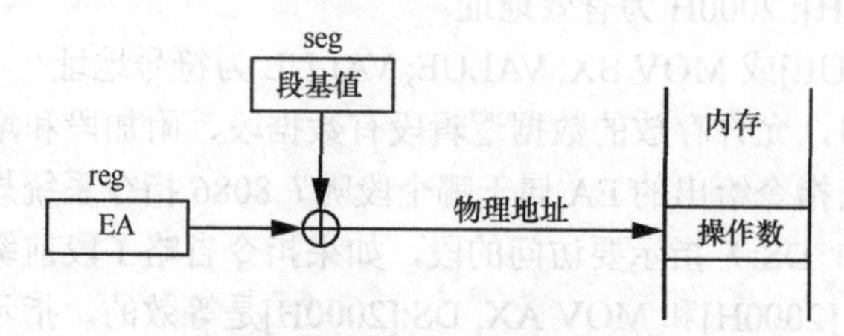

图 3-6　寄存器间接寻址操作示意

如果指令指定的寄存器是BP且无段前缀时，默认操作数在堆栈段，段基值在SS中，操作数的物理地址为：物理地址=(SS)×10H+(BP)。其他情况需要增加段前缀说明。

32位寻址时，8个32位通用寄存器EAX、EBX、ECX、EDX、ESP、EBP、ESI、EDI均可用于寄存器间接寻址。除ESP和EBP默认段为堆栈段外，其余6个通用寄存器均默认段为数据段。

寄存器间接寻址方式在指令中的表示格式为：[寄存器]。方括号指示寄存器中的内容是操作数的EA。如MOV AX, [BX]，源操作数为寄存器间接寻址，目标操作数为寄存器寻址，执行该指令时，先根据 BX 提供的 EA 计算其物理地址，即物理地址=(DS)×10H+(BX)，再从该地址取一个16位的数传送到AX。

更多指令及其含义举例如下。

MOV AL, [BX]；将数据段(DS)×10H+(BX)中的8位数传送到AL

MOV AX, [BP]；将堆栈段(SS)×10H+(BP)中的16位数传送到AX

MOV CH, ES:[BX]；将附加段(ES)×10H+(BX)中的8位数传送到CH

MOV [SI], 1234H；将立即数1234H传送到数据段(DS)×10H+(SI)

MOV ES:[DI], 78H；将立即数78H传送到附加段(ES)×10H+(DI)

在寄存器间接寻址中，用BX和BP间接寻址的，又称为基址寻址；用SI和DI间接寻址的，又称为变址寻址。

寄存器间接寻址方式用于数组或表格的处理时非常方便，执行完一条指令后，只需要修改寄存器的内容就可以得到下一个数据的地址。

注意：

- 寄存器间接寻址和寄存器寻址方式的区别是，前者在寄存器中存放的是操作数的有效地址，后者在寄存器中存放的是操作数；
- 寄存器间接寻址方式既可以用于源操作数，也可以用于目标操作数，但不允许在同一条指令中同时用于两种操作数，如MOV [SI], [DI]是错误的。

5．寄存器相对寻址

在寄存器相对寻址中，操作数存放在存储器中，而操作数的EA由指令中的基址或变址寄存器的内容加上一个位移量形成。位移量是一个带符号数，可以是8位、16位或32位，跟随在指令OP之后以补码形式存放在代码段中。寄存器相对寻址操作示意如图3-7所示。

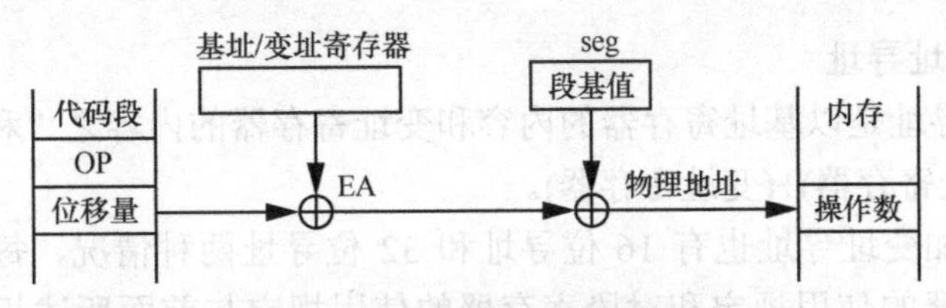

图 3-7　寄存器相对寻址操作示意

先由指令提供的基址或变址寄存器的内容和位移量求出 EA，再与段寄存器提供的段基值求和，得到操作数的物理地址。因指令允许使用的寄存器不同，16 位指令和 32 位指令的寄存器相对寻址方式有所不同。

在 16 位寻址时，由基址寄存器（BX 或 BP）或变址寄存器（SI 或 DI）的内容加上一个 8 位或 16 位的位移量形成 EA，即 EA=(BX/BP/SI/DI)+位移量（8 位/16 位）。

指令中的位移量通常写成十六进制数，也可以用十进制数表示。8 位位移量的范围是−128～+127，16 位位移量的范围是−32 768～+32 767。

例如，MOV AL, [BX+10H]和 MOV AL, [BX+16] 是等效的。指令执行过程是由指令给出的值先计算 EA=(BX)+16，再和段寄存器的内容相加得出操作数的物理地址，物理地址=(DS)×10H+EA。

注意：若指令省略段前缀，则 BX、SI、DI 以 DS 作为默认段寄存器，BP 以 SS 作为默认段寄存器；在指令中加段前缀，可改变默认段寄存器。

指令及其含义举例如下。

MOV AL, [BX+10H]; 源操作数在数据段，EA=(BX)+10H

MOV AX, [BP+30H]; 源操作数在堆栈段，EA=(BP)+30H

MOV [DI+34H], 1234H; 目的操作数在数据段，EA=(DI)+34H

MOV ES:[DI+20H], 78H; 目的操作数在附加段，EA=(DI)+20H

在 32 位寻址时，8 个 32 位通用寄存器均可作为基址寄存器，也可以作为变址寄存器（ESP 除外），位移量为 8 位、16 位、32 位。即 EA=(EBX/EBP/ ESI/EDI/EAX/ECX/EDX/ESP)+位移量（8 位/16 位/32 位）。

若指令省略段前缀，ESP、EBP 默认为堆栈段，其余均默认为数据段。指令及其含义举例如下。

MOV AL, [EBX+1000H]; 源操作数在数据段，EA=(EBX)+1000H

MOV AL, [EBP+2000H]; 源操作数在堆栈段，EA=(EBP)+2000H

注意：指令中的位移量既可以是常数，也可以是符号地址；它可以和寄存器一起写在方括号内（“+”不能省略），也可以单独写在方括号外（“+”可省略）。

例如，下列指令格式都是正确的。

MOV AX, [SI+10H]和 MOV AX, 10H [SI]等效。

MOV BX, [DI+COUNT]和 MOV BX, COUNT [DI]等效。

寄存器相对寻址对一维数组的寻址操作非常方便，常用位移量表示数组的起始地址的偏移量，用基址或变址寄存器的内容表示数组元素的下标，可以通过修改下标来获取数组元素的值。

6．基址加变址寻址

基址加变址寻址是以基址寄存器的内容和变址寄存器的内容之“和”作为操作数的EA，即EA=(基址寄存器)+(变址寄存器)。

同样，基址加变址寻址也有16位寻址和32位寻址两种情况，每种情况下基址寄存器和变址寄存器的使用规定和对段寄存器的使用规定与前面所述相同，这里不再一一叙述。

指令及其含义举例如下。

MOV AL, [BX+ SI]; 将数据段(DS)×10H+(BX)+(SI)中的数传送到AL

MOV AX, [BP+ DI]; 将堆栈段(SS)×10H+(BP)+(DI)中的数传送到AX

MOV CH, ES:[BX+SI]; 将附加段(ES)×10H+(BX)+(SI)中的数传送到CH

MOV [BX+ DI], 34H; 将立即数34H传送到数据段(DS)×10H+(BX)+(DI)

基址加变址寻址方式对于二维数组的操作处理很方便。如MOV AX, [BX+SI]，可设BX中内容为列下标，SI中内容为行下标，只要修改寄存器的内容就可以得到下一个数组元素的地址。

7．带位移的基址加变址寻址

带位移的基址加变址寻址的EA是在基址加变址的基础上再加上一个位移量形成，即EA=(变址寄存器)+(基址寄存器)+位移量。

带位移的基址加变址寻址方式分为16位寻址和32位寻址两种情况。基址寄存器、变址寄存器的使用规定和对段寄存器的使用规定与前面所述相同。

指令及其含义举例如下。

MOV AX, [BX+SI+1200H]; 源操作数EA=(BX)+(SI)+1200

MOV [EBX+EAX+3FF0H], EDX; 目标操作数EA=(EBX)+(EAX)+3FF0H

8．比例变址寻址

在比例变址寻址方式中，EA=(变址寄存器)×比例因子。

比例因子可取2、4或8。这种寻址方式只适用于32位寻址。

指令及其含义举例如下。

MOV EAX, [ESI*4]; 4是比例因子，(ESI)乘以4的操作在CPU内部完成

9．带位移的比例变址寻址

在带位移的比例变址寻址方式中，EA=(变址寄存器)×比例因子+位移量。这种寻址方式只适用于32位寻址。

指令及其含义举例如下。

MOV EAX, TABLE[ESI*4]; TABLE是位移量，4是比例因子

MOV ECX, [EDI*8 +1200H]或MOV ECX, 1200H[EDI*8]; 1200H是位移量，8是比例因子

10．基址加比例变址寻址

在基址加比例变址寻址方式中，EA=(基址寄存器)+(变址寄存器)×比例因子。此种方式只适用于32位寻址方式，其应用与基址加变址寻址相同。

指令及其含义举例如下。

MOV EAX, [EDX+ECX*8]; 8是比例因子

11．带位移的基址加比例变址寻址

在带位移的基址加比例变址寻址方式中，EA=(基址寄存器)+(变址寄存器)×比例因子+位移量。此种寻址方式只适用于 32 位寻址，各种约定和默认情况同前所述。

指令及其含义举例如下。

MOV EAX, [EDX+EDI*8+40H]; 40H 是位移量，8 是比例因子

MOV AX, 1000H[ECX+ESI*4]; 4 是比例因子

上面 11 种寻址方式可分为以下两大类。

- 非存储器操作数寻址，包括立即数寻址和寄存器寻址。这两种寻址方式不需要访问存储器，故执行速度快。
- 存储器操作数寻址，包括后 9 种寻址方式。

在 CPU 访问存储器操作数时，除要计算 EA 外，还必须确定操作数所在的段，即确定有关的段寄存器。一般情况下，指令不特别指出段寄存器，是因为对于各种不同操作类型的存储器寻址，8086 约定了默认的段寄存器，见表 3-2。

表 3-2　寄存器间接寻址的默认段

段寄存器	16 位寄存器	32 位寄存器	存储器寻址
CS	IP	EIP	代码段
SS	SP 或 BP	ESP 或 EBP	堆栈段
DS	BX、DI、SI	EAX、EBX、ECX、EDX、EDI、ESI	数据段
ES	串指令的 DI	串指令的 EDI	附加段
FS	无默认	无默认	附加段
GS	无默认	无默认	附加段

从表 3-2 可以看出，程序只能存放在代码段中，而且只能用 IP/EIP 作为偏移地址寄存器。堆栈操作数只能在堆栈段中，而且只能用 SP/ESP 或 BP/EBP 作为偏移地址寄存器。串操作中目的操作数只能在附加段 ES 中。除了段寄存器隐含约定之外，8086 允许有些指令使用段前缀改变隐含约定搭配。

3.3　8086 的指令格式及数据类型

指令系统是学习汇编语言程序设计的基础。8086 的指令系统大致分为整数指令、浮点数指令和操作系统指令三大类。

整数指令按功能分为数据传送类指令、算术运算类指令、逻辑运算类指令、操作类指令、控制转移类指令和处理器控制类指令六大类。

在指令格式中，标记约定如下。

ac：累加器（AL、AX、EAX）。

reg：通用寄存器（8 位、16 位、32 位寄存器）。

reg8、reg16、reg32：8 位、16 位、32 位寄存器。

seg：段寄存器（CS、DS、SS、ES、FS、GS）。

mem：存储器（8 位、16 位、32 位存储器单元）。

mem8、mem16、mem32：8 位、16 位、32 位存储器单元。

imm：立即数（8 位、16 位、32 位立即数）。

imm8、imm16、imm32 ：8 位、16 位、32 位立即数。

port：I/O 端口。

src：源操作数。

dst：目标操作数。

exp：表达式。

对标志位 CF、PF、AF、ZF、SF、OF 的影响的约定如下。

x：根据结果设置。

-：不影响。

u：无定义。

r：恢复原来保存的值。

3.3.1 汇编语言的语句格式

MASM 汇编语言有 3 种类型的语句：指令语句、伪指令语句和宏指令语句。宏指令语句在第 4.5 节详细介绍。

1．指令语句的格式

指令语句的格式为

[标号:] [前缀]助记符[操作数] [;注释]

格式中的方括号表示可选项，其中的内容可以任选或省略，根据需要或指令格式选择。各部分的含义如下。

（1）标号

指令的符号地址，指示该指令的第一个字节的地址。它是一个任选项，以冒号作为结束符。标号是根据需要来设置的，如跳转指令的入口处和程序段的开始位置通常需要设置一个标号，当程序需要转移或调用时，可直接引用此标号，将程序的执行流向引导到设置的标号处，给编程带来了方便。

（2）助记符

指令的操作符，指示 CPU 完成某种操作，不可省略，如 MOV、ADD、SHL 等。必要时可在助记符前加前缀实现某些附加操作，如串操作指令中的重复前缀 REP。

（3）操作数

指令执行时的操作对象，可以是数据或地址表达式。由于指令格式和功能不同，一条指令所需要的操作数个数也不同。按操作数个数分类的话，有单操作数指令，如 INC AL；双操作数指令，如 ADD AL, BL；无操作数指令，如 NOP。因此，操作数也是可选项，当指令有两个或两个以上的操作数时，操作数之间用逗号分割，助记符与操作数之间至少有一个空格符。

（4）注释

对程序段或指令功能的说明或标记，用分号表示注释开始。注释只是为了提高程序的可读性而做的一些说明或注释，可有可无，没有格式要求，汇编程序对它不做任何处

理，它也不影响程序的执行。

2．伪指令语句的格式

伪指令语句的格式为

[符号名]定义符[操作数] [;注释]

伪指令语句的格式与指令语句的格式类似，方括号内为可选项。

（1）符号名

用于定义变量名、过程名、段名、结构名等。符号名为可选项，符号名后无冒号。

（2）定义符

由MASM规定的伪指令符号，又称为汇编命令，不可省缺。定义符与符号名及操作数之间用空格符分隔。

（3）操作数

汇编命令定义的对象。有的伪指令不允许有操作数，有的伪指令允许带多个操作数，操作数之间用逗号分割。

3.3.2 汇编语言中的符号、数据和表达式

1．标识符

在汇编语言中，经常需要定义一些符号名，如标号、变量名、过程名，统称为标识符。为了使汇编程序能够正确识别这些标识符，MASM对标识符的组成规则规定如下。

（1）标识符由字母（大写或小写的英文字母）、数字（0~9）和特殊字符（@、?、_、$）组成，且有效长度为1~31个字符。

（2）第一个字符不允许是数字。

（3）不允许用单个特殊字符和系统使用的保留字作为标识符。

例如：A_Y、Q12、DATA、P$是正确的标识符；12B、X*B、AX、MOV、? 是错误的标识符。

2．常数

常数是没有任何属性的纯数值，在汇编时常数的值已确定，并且在程序运行过程中，常数的值不会改变。常数分为数值型常数和字符串型常数两种类型。

（1）数值型常数

二进制数：以字母B结尾，如011100101B。

八进制数：以字母Q或O结尾，如723Q、24O。

十进制数：以字母D（或省略）结尾，如167D、145。

十六进制数：以字母H结尾，如3A40H、56H。

（2）字符串型常数

字符串型常数是用单引号括起来的字符串，如‘ABCD’、‘1234’等。每个字符在机内以ASCII码格式存放，如‘A’在内存中的存储形式为41H，‘5’在内存中的存储形式为35H。

3．变量

变量用来定义存放在存储器单元中的数据。变量在数据段或附加段中用变量定义伪指令定义。例如，DB用于定义字节数据，DW用于定义字数据（后面将介绍它们的格式）。

例如，定义数据段的语句如下。

DATA SEGMENT

DATA1 DB 12H, 50H

DATA2 DW 1234H, 67ABH

DATA ENDS

其中，DATA 为段名，SEGMENT 表示数据段开始，ENDS 表示数据段结束，DATA1 和 DATA2 为变量名，该数据段中共定义了 4 个数据。12H 和 50H 为字节数据，系统为每个字节数据分配一个存储单元，DATA1 指示第一个数据（12H）的地址，第 2 个数据（50H）的地址为 DATA1+1。1234H 和 67ABH 为字数据，系统为每个字数据分配连续的 2 个存储单元，DATA2 指示第一个数据（1234H）的地址，第 2 个数据（67ABH）的地址为 DATA2+2。

由此可以看出，经过定义的变量有以下三重属性。

（1）段属性（SEG），表示变量所在段的段基值。如在上例中，变量 DATA1、DATA2 放在逻辑段 DATA 中。当指令要对这些变量进行存取数据操作时，需要将段基值送至相应的段寄存器。

（2）偏移地址属性（OFFSET），表示变量所在段的偏移地址，以字节数表示。如在上例中，DATA1 的偏移地址为 0000H，DATA2 的偏移地址为 0002H，段基值和偏移地址组成变量的逻辑地址。

（3）类型属性（TYPE），表示变量占用存储单元的字节数。这一属性是由数据定义伪指令规定的。变量可分别定义为字节属性（BYTE）、字属性（WORD）、双字属性（DWORD）。如在上例中，DATA1 的属性为 BYTE，DATA2 的属性为 WORD。

4．标号

标号是指令语句所在地址的符号表示，常作为转移指令的操作数，作为程序转移的目标地址。举例如下。

MOV AL, 4; 4 送 AL

CMP AL, 0; AL 的内容与 0 比较

JGEL1; AL 的内容大于或等于 0 转移到标号 L1 执行

MOV BL, −1; AL 的内容小于 0，−1 送 BL

JMP L2; 无条件跳转到标号 L2

L1：MOV BL, 1; 1 送 BL

L2：…

标号与变量类似，也有三重属性。

（1）段属性（SEG），表示该标号所在段的段基值。

（2）偏移地址属性（OFFSET），表示该标号所在段的偏移地址。

（3）距离属性（DISTANCE）是指当标号作为转移类指令的操作数时，可在同一段或不同段之间执行转移，这时它们的距离属性不同。NEAR 表示只允许在本段内转移，FAR 表示允许在不同段间转移。距离属性在转移指令中使用，若省略距离属性，隐含其距离属性为 NEAR，表明只能在本段内转移。

5．表达式

表达式是操作数的常见形式，它由常数、变量及运算符组成。表达式的运算不由 CPU

完成，而是在程序汇编过程中进行计算确定，表达式的值作为操作数参加指令所规定的操作。

MASM 允许使用的表达式分为数值表达式和地址表达式两类。

（1）数值表达式

数值表达式的结果是一个常数，在指令中可作为源操作数（立即数）使用。例如：

MOV DX, (6*A−B)/2

指令的源操作数(6*A−B)/2 是一个数值表达式。若设变量 A 的值为 1，变量 B 的值为 2，则此表达式的值为(6*A−B)/2=2，是一个数值结果，在指令中为立即数寻址。

（2）地址表达式

地址表达式的结果是一个存储单元的地址。当这个地址存放的是数据时，称为变量；当这个地址存放的是指令时，则称为标号。例如，在 MOV AX, [BX+SI+1000H]指令中，“BX+SI+1000H”为地址表达式，其结果是一个存储单元的偏移地址。

当在指令的操作数部分用到地址表达式时，应当注意其物理意义。例如，两个地址相乘或相除是无意义的，两个不同段的地址相加或相减也是无意义的。

3.4　8086 的指令集

3.4.1　数据传送类指令

数据传送类指令主要包括数据传送、数据交换、堆栈操作、查表转换、地址传送、标志位传送、I/O 端口数据传送指令。这类指令的主要特点是大部分指令操作完成后，对标志寄存器中的标志位不产生影响。常用数据传送类指令的格式及功能见表 3-3。

表 3-3　常用数据传送类指令的格式及功能

类型	格式	功能
数据传送	MOV dst, src	源操作数传送到目标单元，源操作数保持不变
数据交换	XCHG dst, src	源操作数与目标操作数交换
堆栈操作	PUSH src	先将 SP/ESP 减 2 或 4 修改，然后将源操作数压入 SP/ESP 指定的位置
	POP dst	先将 SP/ESP 指定位置的一个字/双字数据弹出到目标单元，然后将 SP/ESP 加 2 或 4 修改，指向新的栈顶
查表转换	XLAT	查表得到的字节数据送入 AL
有效地址传送	LEA dst, src	源操作数的 EA 传送到目标
目标地址传送	LDS dst, src	源操作数中的 4 字节地址指针传送到 DS 段寄存器
	LES dst, src	源操作数中的 4 字节地址指针传送到 ES 段寄存器
标志位传送	LAHF	将 FR 的低 8 位状态传送到 AH 寄存器
	SHAF	将 AH 的低 8 位数传送到 FR 的低 8 位
	PUSHF	FR 内容进栈
	POPF	将从堆栈弹出的数传送到 FR
I/O 端口数据传送	IN ac, port	将端口的数据读出送入 CPU 累加器
	OUT port, ac	将 CPU 累加器中的数据写入端口

1. 数据传送指令（MOV）

格式：MOV dst, src

功能：源操作数传送至目标单元，源操作数保持不变。

源操作数寻址可以是立即数寻址、寄存器寻址和存储器寻址，目标操作数寻址只能是寄存器寻址和存储器寻址。MOV 指令实现的数据传送功能如图 3-8 所示，箭头表示数据传送方向，有下列几种情况。

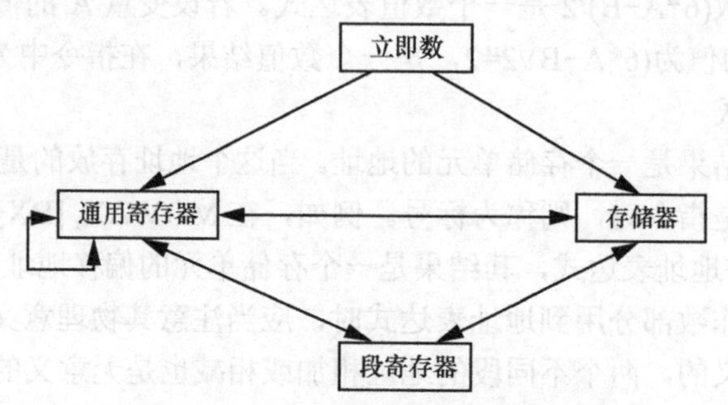

图 3-8　MOV 指令实现的数据传送功能

（1）立即数传送至通用寄存器或存储器。

（2）通用寄存器与存储器之间相互传送。

（3）通用寄存器之间相互传送。

（4）通用寄存器与段寄存器（CS 不能作为目标）之间相互传送。

（5）存储器与段寄存器（CS 不能作为目标）之间相互传送。

指令及其含义举例如下。

MOV CL, 05H; 立即数 05H 传送到 CL

MOV [BX], 2FB4H; 立即数 2FB4H 传送到 BX 指示的连续的两个存储单元

MOVAL, DL; DL 的内容传送到 AL

MOV DS, AX; AX 的内容传送到 DS

MOV [SI], BX; BX 的内容传送到 SI 指示的连续的两个存储单元

MOV EAX, [2000H]; 内存 2000H～2003H 的内容传送到 EAX

在应用 MOV 指令传送数据时应当注意以下几点。

- 立即数只能作为源操作数，不能作为目标操作数，如 MOV 45H, AL 是错误的。
- 立即数不能直接传送到段寄存器，如 MOVDS, 1000H 是错误的。若要给 DS 赋 1000H，由如下指令实现：

MOV AX, 1000H

MOV DS, AX

- 源操作数和目标操作数不能同时为存储器寻址，如 MOV[BX], [1000H]是错误的。如果需要在两个存储单元之间传送数据，可借助于寄存器来实现，指令可改写为

MOV AX, [1000H]

MOV [BX], AX

- 源操作数和目标操作数类型要匹配，如 MOVAL, BX 是错误的，因为源操作数的

类型是字，而目标操作数的类型是字节。

- 两个段寄存器之间不能直接传送数据，段寄存器 CS 只能作为源操作数，不能作为目标操作数。例如，下列指令是错误的。

MOV DS, ES
MOV CS, AX

2．数据交换指令（XCHG）

格式：XCHG dst, src

功能：源操作数与目标操作数相互交换。

源操作数和目标操作数寻址可以是通用寄存器寻址和存储器寻址，不能是立即数寻址。

指令及其含义举例如下。

XCHG AX, BX; AX 与 BX 的内容交换

XCHG [DI], CL; 数据段(DS)×10H+(DI)中的数与 CL 的内容交换

注意：存储器之间不能直接进行数据交换，如 XCHG [2000H], [1000H]是错误的。如要交换这两个单元的内容，指令可改写为：

MOV AL, [1000H]
XCHG [2000H], AL
MOV [1000H], AL

3．堆栈操作指令

堆栈段是一个特殊的存储区域，用于存储在程序执行过程中需要保存的信息。如在子程序调用过程中的“断点”和“现场”等。

在 8086 中，堆栈采用的是“后进先出”向低地址方向生成的数据结构，即栈底为高地址方向，栈顶为低地址方向，由堆栈指针 SP/ESP 指示栈顶的数据，当堆栈为空时，SP/ESP 指向栈底。当执行 16 位堆栈操作指令时，以字为单位存取数据（不允许字节数据），隐含的段寄存器是 SS，堆栈指针是 SP，数据进栈时将 SP 的内容减 2 修改，数据出栈时将 SP 的内容加 2 修改，SP 始终指向当前栈顶的数据。当执行 32 位堆栈操作指令时，以双字为单位存取数据，段寄存器 SS 提供段选择符，堆栈指针是 ESP，数据进栈时将 ESP 的内容减 4 修改，数据出栈时将 ESP 的内容加 4 修改。

（1）数据进栈指令（PUSH）

格式：PUSH src

功能：先将 SP/ESP 减 2 或 4 修改，然后将源操作数压入 SP/ESP 指定的位置。高字节数据存放在高地址单元，低字节数据存放在低地址单元。

（2）数据出栈指令（POP）

格式：POP dst

功能：先将 SP/ESP 指定位置的一个字/双字数据弹出到目标单元，然后 SP/ESP 加 2 或 4 修改，指向新的栈顶。

设(SP)=0010H，(AX)=2034H，(BX)=77FFH，下列数据进栈操作示意如图 3-9 所示。

PUSH AX; (SP)−2→SP，指向 000EH 单元，AX 内容进栈

PUSH BX; (SP)−2→SP，指向 000CH 单元，BX 内容进栈

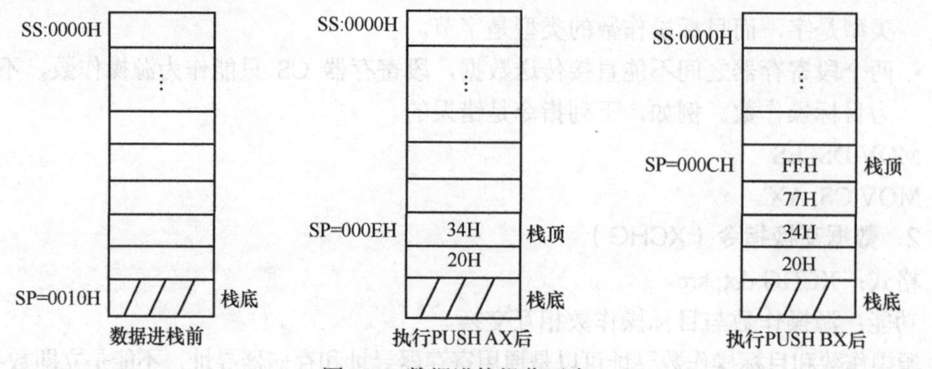

图 3-9　数据进栈操作示意

由图 3-9 可以看出，SP 的内容随着数据的进栈在修改，它始终指示堆栈最后压入的数据（当前栈顶），而栈底始终保持不变，并且进栈的数据不占用栈底单元。

下列数据出栈操作示意如图 3-10 所示。

POP AX; (AX)=77FFH，(SP)+ 2→SP，指向 000EH 单元，即新栈顶

POP BX; (BX)=2034H，(SP)+ 2→SP，指向 0010H 单元，恢复到栈底

通过堆栈操作实现了 AX 和 BX 的数据交换。

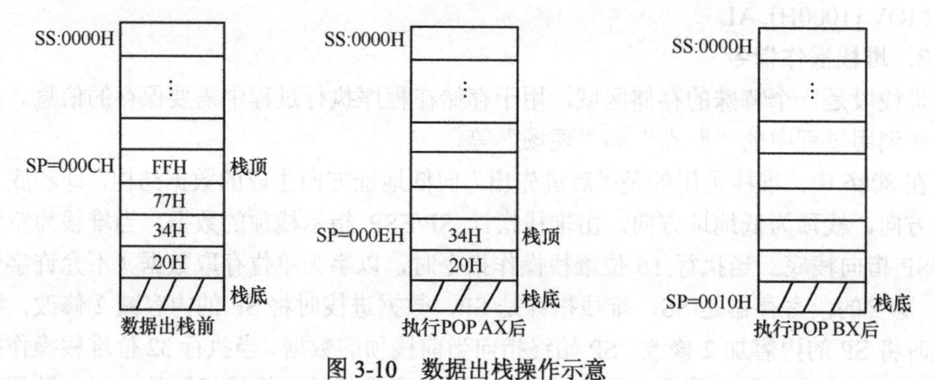

图 3-10　数据出栈操作示意

注意：数据出栈后，并不意味着数据清除，但因为 SP 指针对它们已不起作用，也就意味着这些数据无意义。

（3）其他堆栈操作指令

还有下列其他堆栈操作指令。

PUSHA：16 位通用寄存器（AX、BX、CX、DX、SP、BP、SI、DI）的内容压栈。

POPA：堆栈的内容弹出到 16 位通用寄存器（AX、BX、CX、DX、SP、BP、SI、DI）中。

PUSHAD：32 位通用寄存器（EAX、EBX、BCX、EDX、ESP、EBP、ESI、EDI）的内容压栈。

POPAD：堆栈的内容弹出到 32 位通用寄存器（EDI、ESI、EBP、ESP、EDX、ECX、EBX、EAX）中。

PUSHFD：32 位 EFR 的内容压栈。

POPED：堆栈的内容弹出到 32 位 EFR 中。

注意：

- 堆栈不能进行字节操作，如 PUSH AL 是错误的；
- 不能用 CS 作为目标操作数，如 POP CS 是错误的。

4．查表转换指令（XLAT）

格式：XLAT

功能：查表得到的字节数据送入 AL。

执行 XLAT 指令前，先将欲查找数据的表的起始地址置入 DS:BX，在 AL 中存放查找数据所在表中的序号（表的序号按 0，1，2，…，依次排列），然后执行该指令，XLAT 指令根据(BX)+(AL)形成的偏移地址查找数据，并将该数据传送到 AL 中。

【例 3-1】　采用查表的方法求 x（0～9 的整数）的平方值。

将 0~9 的整数的平方值定义在数据段的一个连续的区域内，将该数据段的段基值存入 DS，偏移地址存入 BX，欲查找数据的序号存入 AL。

数据段定义如下。

```
DATA SEGMENT; 数据段开始
PFZ DB 0, 1, 4, 9, 16, 25, 36, 49, 64, 81; 0~9 的整数的平方值表
DATA ENDS; 数据段结束
```

0~9 的整数的平方值表的存储格式如图 3-11 所示。可以看出，0~9 的整数的平方值在表中的序号 0～9 与 x 的值 0～9 一一对应。即 0 的平方值 0 的序号为 0，1 的平方值 1 的序号为 1，2 的平方值 4 的序号为 2，9 的平方值 81 的序号为 9。表的起始偏移地址加上欲查找数据的序号就得到该数据的偏移地址，XLAT 指令就是按照这个规律确定某数平方值地址的。

如果设 x=3，求 3 的平方值的程序段如下。

```
MOV AX, DATA; 平方值表的段基值传送到 AX
MOV DS, AX; 数据段段基值传送到 DS
LEA BX, PFZ; 平方值表的偏移地址传送到 BX
MOV AL, 3; 3 的平方值 9 在表中的序号 3 传送到 AL
XLAT; 将 DS: (BX)+(AL)中的数（即 9）送入 AL
```

		序号
DS:0000H	0	0
	1	1
	4	2
DS:0003H	9	3
	16	4
	25	5
	36	6
	49	7
	64	8
	81	9

图 3-11　0~9 的整数的平方值表的存储格式

5．地址传送指令

（1）有效地址传送指令（LEA）

格式：LEAdst, src

功能：源操作数的EA传送到目标。

其中，源操作数必须是存储器寻址，目标操作数为16位或32位通用寄存器。

例如：

LEA BX, [SI+1005H]

若已知(SI)=0054H，则EA=(SI)+1005H=1059H，执行指令后，(BX)=1059H。

又如：

LEA CX, 2000H[BX][SI]

若已知(SI)=1000H，(BX)=3500H，则EA=(BX)+(SI)+2000H=6500H，执行指令后，(CX)=6500H。

（2）目标地址传送指令（LDS/LES/LGS/LFS/LSS）

格式：LDS dst, src

功能：将在源操作数中存放的地址指针"段基值:偏移地址"（内存中连续的4个字节单元内容的低16位为偏移地址，高16位为段基值）的低16位传送到目标通用寄存器，高16位传送到DS段寄存器。源操作数必须是存储器寻址，目标操作数为16位通用寄存器。

例如，LDS AX, [BX]指令的执行示意如图3-12所示。

执行前，(DS)=2010H，(BX)=0010H；执行后，(DS)=3000H，(AX)=5040H。

目标地址传送指令LES、LGS、LFS、LSS的功能与LDS指令的功能类似，将在源操作数中存放的高16位（段基值）传送到段寄存器ES、GS、FS、SS。

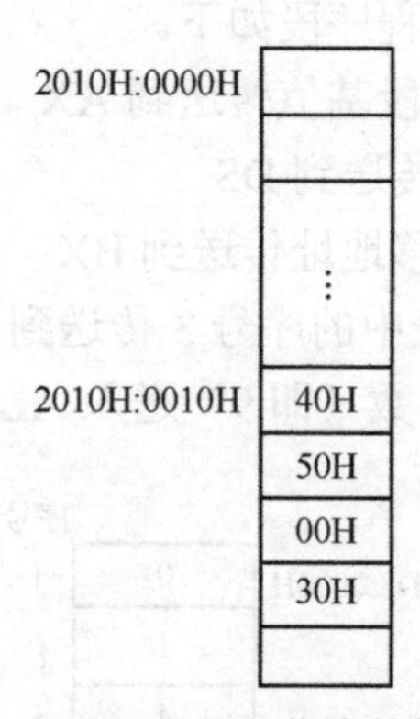

图3-12　LDS AX, [BX]指令的执行示意

6．标志位传送指令

对于FR的操作指令有4条，格式及功能分别如下。

LAHE：将FR的低8位传送到AH寄存器。

SHAE：将AH的低8位数传送到FR的低8位。

PUSHE：FR内容进栈。

POPF：将从堆栈弹出的数传送到FR。

注意：LAHF、SAHF、PUSHF、POPF的指令格式中只有操作码，操作数是隐含约定的。

7. I/O 端口数据传送指令

I/O 端口数据传送指令用于外部设备 I/O 端口与 CPU 之间的信息交换。在传送过程中，CPU 只能用累加器 AL、AX 和 EAX 接收或发送信息。外部设备最多可有 65 536 个 I/O 端口，端口地址范围是 0000H～FFFFH。当端口地址为 0~255（00H～FFH）时，可以用指令直接指定（I/O 端口直接寻址方式）端口地址；当端口地址大于 255 （00FFH）时，需将端口地址装入 DX 寄存器（I/O 端口间接寻址方式），再用 I/O 端口数据传送指令传送数据。

① 输入指令（IN）

格式：INac, port

功能：将端口的数据送入 CPU 累加器。

② 输出指令（OUT）

格式：OUT port, ac

功能：将 CPU 累加器中的数据写入端口。

I/O 端口直接寻址 I/O 指令举例如下。

INAL, 28H；将端口 28H 中的字节数据读出传送到 AL

OUT28H, AL；将 AL 的数据写入端口 28H

I/O 端口间接寻址 I/O 指令举例如下。

MOV DX, 01FFH；将端口 01FFH 传送到 DX

IN AL,DX；将端口 01FFH 中的字节数据读出传送到 AL

OUT DX, AL；将 AL 中的数据写入端口 01FFH

注意：在 I/O 端口直接和间接寻址 I/O 指令中，端口地址和 DX 不允许加“[ ]”，如 INAL, [28H]和 INAL, [DX]指令的格式是错误的。

3.4.2 算术运算类指令

算术运算类指令包括加法、减法、乘法、除法、比较与调整指令它们可进行 8 位、16 位和 32 位的运算。参加运算的操作数可以是二进制数和十进制数（BCD 码），这些数可以是无符号数，也可以是带符号数。算术运算类指令的主要特点是执行结果影响 FR 的状态标志（OF、SF、ZF、AF、PF、CF）。加法、减法、乘法、除法、比较指令的格式与功能见表 3-4。

表 3-4　算术运算类指令的格式与功能

类型	格式	功能	OF	SF	ZF	AF	PF	CF
加法	ADD dst, src	目标操作数+源操作数→目标单元	x	x	x	x	x	x
	ADC dst, src	目标操作数+源操作数+CF→目标单元	x	x	x	x	x	x
	INC dst	目标操作数+1→目标单元	x	x	x	x	x	x
减法	SUB dst, src	目标操作数–源操作数→目标单元	x	x	x	x	x	x
	SBB dst, src	目标操作数–源操作数–CF→目标单元	x	x	x	x	x	x
	DEC dst	目标操作数–1→目标单元	x	x	x	x	x	x
比较	CMP dst, src	目标操作数–源操作数，不回送结果	x	x	x	x	x	x
乘法	MUL/IMUL, src	无符号数/带符号数乘法，源操作数为乘数	x	x	x	x	x	x
除法	DIV/IDIV src	无符号数/带符号数除法，源操作数为除数	x	x	x	x	x	x

1．加法指令

（1）不带进位的加法指令

格式：ADD dst, src

功能：源操作数和目标操作数相加，结果送至目标单元。

指令及其含义举例如下。

ADD AL, 50H; (AL)+50H，结果存入 AL

ADD AX, 1000H; (AX)+1000H，结果存入 AX

ADD BX, DX; (BX)+(DX)，结果存入 BX

ADD [BX+SI], AX; [BX+SI]和[BX+SI+1]两个存储单元的数与 AX 相加，结果存入[BX+SI]和[BX+SI+1]

ADD AL, [DI+1000H]; [DI+1000H]存储单元的数与 AL 相加，结果存入 AL

（2）带进位的加法指令

格式：ADC dst, src

功能：源操作数和目标操作数的和与进位标志 CF 相加，结果送至目标单元。

指令及其含义举例如下。

ADC AX, BX; (AX)+(BX)+ CF，结果存入 AX

ADC DX, [SI]; DX、[SI]和[SI+ 1]两个存储单元的数及 CF 相加，结果存入 DX

ADC AL, 5; (AL)+5+CF，结果存入 AL

带进位的加法指令常用于多字节的加法运算，把低位产生的进位加到高位。

（3）加 1 指令

格式：INC dst

功能：目标操作数加 1，结果送至目标单元。

指令及其含义举例如下。

INC AL; (AL)+ 1，结果存入 AL

INC DX; (DX)+1，结果存入 DX

【例 3-2】 编写程序段计算 68+18，根据运算结果置标志位 OF、SF、ZF、AF、PF、CF，并分析计算结果是否正确。

程序：

MOV AL, 68

MOV BL, 18

ADD AL, BL; 执行后，(AL)=56H

计算：

$$\begin{array}{rl} & 01000100 \quad [68]_{补} \\ + & 00010010 \quad [18]_{补} \\ \hline & 01010110 \quad [86]_{补} \end{array}$$

OF	SF	ZF	AF	PF	CF
0	0	0	0	1	0

OF=0，说明结果没有发生溢出，结果是正确的。68+18=86，与机器运算结果一致。

2. 减法指令

（1）不带借位的减法指令

格式：SUB dst, src

功能：目标操作数减去源操作数，结果送至目标单元。

指令及其含义如下。

SUB BX, CX; (BX)−(CX)，结果送至 BX

SUB AL, 20; (AL)−20，结果送至 AL

（2）带借位的减法指令

格式：SBB dst, src

功能：目标操作数减去源操作数，再减去借位标志 CF，结果送至目标单元。

指令及其含义如下。

SBB AX, 2000H; (AX)−2000H−CF，结果送至 AX

SBB AL, CL; (AL)−(CL)−CF，结果送至 AL

（3）减 1 指令

格式：DECdst

功能：目标操作数减 1，结果送至目标单元。

指令及其含义如下。

DEC AX; (AX)−1，结果送至 AX

DEC CL; (CL)−1，结果送至 CL

（4）求补指令

格式：NEG dst

功能：0 减目标操作数，结果送至目标单元。

该指令可用来求某个带符号数的相反数。

如果(CL)=12，执行 NEG CL 后，(CL)=1110100B，是−12 的补码。

如果(AL)=−4，执行 NEG AL 后，(AL)=0000100B，是+4。

【例 3-3】 编写程序段计算 70−64，根据结果置标志位 OF、SF、ZF、AF、PF、CF，并分析计算结果是否正确。

程序：

MOV AL, 70

MOV BL, 64

SUB AL, BL; 执行后，(AL)=06H

计算：

$$\begin{array}{rl} & 01000110 \quad [70]_{补} \\ - & 01000000 \quad [64]_{补} \\ \hline & 00000110 \quad [6]_{补} \end{array}$$

OF	SF	ZF	AF	PF	CF
0	0	0	0	1	0

OF=0，说明结果没有发生溢出，是正确的。

3．比较指令

格式：CMP dst, src

功能：目标操作数减源操作数，不回送结果，只是形成标志位。

比较指令执行后，源操作数和目标操作数都保持不变，程序通过测试 CMP 指令执行以后形成的标志位来判断两个数的大小。

判断带符号数与无符号数大小所测试的标志位是有区别的。A 和 B 两个操作数大小与标志位状态的关系见表 3-5。

表 3-5　A 和 B 两个操作数大小与标志位状态的关系

A 和 B 的大小关系			CF	ZF	SF	OF
A=B			0	1	0	0
无符号数		A>B	0	0	—	—
		A<B	1	0	—	—
带符号数	A、B 同号	A>B	—	0	0	0
		A<B	—	0	1	0
	A、B 异号	A>B	—	0	0	0
		A<B	—	0	1	0
		A<B	—	0	0	1
		A>B	—	0	1	1

注：表中的“—”表示任意

无论 A 和 B 是带符号数还是无符号数，若 ZF=1 且 CF=SF=OF=0，则 A=B。

A、B 为无符号数，判断它们的大小，使用 CF 和 ZF 标志。若 CF=0 且 ZF=0，则 A>B；若 CF=1 且 ZF=0，则 A<B。

A、B 为带符号数，判断它们的大小用 SF、OF 和 ZF 标志。当 A 和 B 是同号或异号时，SF 和 OF 形成的标志位有区别，若 ZF=0 且 OF ⊕ SF=1，则 A<B；若 ZF=0 且 OF ⊕ SF=0，则 A>B。

【例 3-4】 设 A=26，B=14，根据比较指令执行后形成的标志位 CF、ZF、SF、OF 判断两个数的大小。

程序：

```
MOV AL, 26
MOV BL, 14
CMP AL, BL; (AL)−(BL)
```

计算：

$$\begin{array}{rl} & 00011010 \quad [26]_{补} \\ - & 00001110 \quad [14]_{补} \\ \hline & 00001100 \quad [12]_{补} \end{array}$$

OF	SF	ZF	CF
0	0	0	0

若 A 和 B 为无符号数，因为 CF=0 且 ZF=0，所以(AL)>(BL)，即 A>B；若 A 和 B

为带符号数，因为 ZF=0 且 OF ⊕ SF=1，所以(AL)>(BL)，即 A>B。

可以看出，因为 A、B 都为正数，无论把它们作为无符号数处理或带符号数处理，结果是相同的。

在进行数据比较时，通常在比较指令后跟随跳转指令，由跳转指令测试比较指令执行之后形成的标志位状态来执行跳转，进行相应的处理。

4．乘法指令

格式：MUL/IMUL src

其中，MUL 为无符号数乘法，IMUL 为带符号数乘法，源操作数为乘数。

乘法指令可进行字节（8 位）、字（16 位）、双字（32 位）操作，指令中的源操作数为乘数，被乘数和乘积由隐含方式确定。乘法指令寻址的约定见表 3-6。

表 3-6　乘法指令寻址的约定

乘数	被乘数	乘积
字节	AL	AX
字	AX	DX:AX
双字	EAX	EDX:EAX

字节乘：被乘数存入 AL，积存入 AX。

字乘：被乘数存入 AX，积存入 DX（高位）和 AX（低位）。

双字乘：被乘数存入 EAX，积存入 EDX （高位）和 EAX（低位）。

无符号数相乘：

MUL BL；(AL)×(BL)，积存入 AX（AH 存放高位）

MUL BX；(AX)×(BX)，积存入 DX 和 AX（DX 存放高位）

带符号数相乘：

IMULBL；(AL)×(BL)，积存入 AX（AH 存放高位）

IMULBX；(AX)×(BX)，积存入 DX 和 AX（DX 存放高位）

乘法指令有无符号数乘法和带符号数乘法两种，这两种乘法的指令格式和寻址方式类似，只是它们在 CPU 内部的处理方法上有所不同，无符号数乘法指令执行速度比带符号数乘法指令执行速度快。需要注意的是，在执行乘法指令前，必须把被乘数存入指定的累加器。

【例 3-5】　按照下列要求编写程序段。

① 计算 12×8。

MOV AL, 12; 被乘数

MOV BL, 8; 乘数

MUL BL; (AL)×(BL)，结果存入 AX

② 计算−12×256。

MOV AX, −12; 被乘数

MOV BX, 256; 乘数

IMUL BX; (AX)×(BX)，结果存入 DX 和 AX

③ 计算 345 600×(−256)。

MOV EAX, 345 600; 被乘数

MOV EBX, −256; 乘数

IMUL EBX; (EAX)×(EBX)，结果存入 EDX 和 EAX

5．除法指令

格式：DIV/IDIV src

其中，DIV 为无符号数除法，IDIV 为带符号数除法，源操作数为除数。

除法指令与乘法指令类似，也有无符号数除法和带符号数除法两种。指令中源操作数只提供 8 位（字节）、16 位（字）、32 位（双字）除数，被除数和商及余数由隐含方式确定。除法指令寻址的约定见表 3-7。

表 3-7　除法指令寻址的约定

除数	被除数	商	余数
字节	AX	AL	AH
字	DX:AX	AX	DX
双字	EDX:EAX	EAX	EDX

字节除：被除数存入 AX，商存入 AL，余数存入 AH。

字除：被除数存入 DX（高位）和 AX（低位），商存入 AX，余数存入 DX。

双字除：被除数存入 EDX（高位）和 EAX（低位），商存入 EAX，余数存入 EDX。

无符号数相除：

DIV DL；(AX)÷(DL)，商存入 AL，余数存入 AH

DIV SI；(DX:AX)÷(SI)，商存入 AX，余数存入 DX

带符号数相除：

IDIV DL；(AX)÷(DL)，商存入 AL，余数存入 AH

IDIV BX；(DX:AX)÷(BX)，商存入 AX，余数存入 DX

【例 3-6】　按照下列要求编写程序段。

① 计算 18÷9。

MOV AX, 18; 被除数

MOV BL, 9; 除数

DIV BL; (AX)÷(BL)，商存入 AL，余数存入 AH

② 计算−18÷9。

MOV AX, −18; 被除数

MOV CL, 9; 除数

IDIV CL; (AX)÷(CL)，商存入 AL，余数存入 AH

6．BCD 码运算调整指令

在 8086 指令系统中，采用 BCD 码进行十进制数的存储和运算。表示十进制数可用组合型 BCD 码或非组合型 BCD 码两种格式。组合型 BCD 码用一个字节表示两位 BCD 数，高 4 位表示十位上的数，低 4 位表示个位上的数；非组合型 BCD 码用一个字节的低 4 位表示一位 BCD 数，高 4 位为 0 或任意，没有意义。

另外，BCD 码运算与二进制数的运算也是有区别的。BCD 码相加时，“逢十进一”，从个位（BCD 码低 4 位）向十位（BCD 码高 4 位）的进位（或借位）应该是 10，但因

在进行BCD码运算时是由二进制运算指令完成的，若低4位向高位有进位（或借位）产生时，该进位（或借位）表示的是16，而不是10，这样计算的结果有时会产生错误。

例如：编写程序段，计算十进制数69+18=87。

要实现十进制数的运算，参加运算的操作数必须是BCD码格式。

其程序为：

```
MOV AL, 69H; (AL)=01101001B
MOV BL, 18H; (BL)=00011000B
ADDAL, BL; (AL)=10000001B
```

AL中是BCD码81，结果是错误的。试分析为什么，怎样才能得到正确的结果87？

由于BCD码的加法、减法、乘法、除法运算是通过执行二进制的加法、减法、乘法、除法指令完成的，故这些指令的执行结果是二进制数，并非BCD码。因此，系统提供了BCD码加法、减法、乘法、除法调整指令，将二进制数结果调整为BCD码。

BCD码加法、减法、乘法、除法调整指令分为组合型BCD码或非组合型BCD码两种（非组合型BCD码是指一个字节的低四位编码表示十进制数的一位，如数82的存放格式为0000100000000010。组合型BCD码是将两位十进制数，存放在一个字节中，如82的存放格式是10000010），调整指令的格式及功能见表3-8。

表3-8　BCD码加法、减法、乘法、除法调整指令的格式及功能

类型	格式	功能
组合型	DAA	将AL中的加法结果调整为组合型BCD码
	DAS	将AL中的减法结果调整为组合型BCD码
非组合型	AAA	将AL中的加法结果调整为非组合型BCD码
	AAS	将AL中的减法结果调整为非组合型BCD码
	AAM	将AL中的乘法结果调整并存入AH和AL
	AAD	将AX中的非组合型BCD码调整为二进制并存入AL

BCD码调整指令的调整方法如下。

（1）DAA/DAS指令的调整方法

该组指令对组合型BCD码的加/减法结果进行调整。若AL中低4位大于9或AF=1，则AL加/减06H，即调整AL的低4位加/减6；若AL中高4位大于9或CF=1，则AL加/减60H，即调整AL的高4位加/减6。

（2）AAA/AAS指令的调整方法

该组指令对非组合型BCD码的加/减法结果进行调整。若AL中低4位大于9或AF=1，则AL加/减06H，并将AL的高4位清0；若AF=1，则将AF的值传送至CF，同时使AH加/减1。

（3）AAM指令的调整方法

该指令对非组合型BCD码的乘法结果进行调整，调整方法为计算(AL)÷0AH，商保存在AH中（高位BCD码），余数保存在AL中（低位BCD码）。

（4）AAD指令的调整方法

该指令对被乘数（非组合型BCD码）进行调整，调整方法为将(AH)×0AH+(AL)的结果传送至AL，并将AH清0。

在对 BCD 码的加法、减法、乘法、除法运算结果进行调整时，DAA/AAA 指令跟在 ADD/ADC 指令之后，DAS/AAS 指令跟在 SUB/SBB 指令之后，AAM 指令跟在 MUL 指令之后，而 AAD 指令则在 DIV 指令之前使用。

【例 3-7】 编写程序段，用组合型 BCD 码求 28+34 的和与 90−62 的差，并分析结果是否正确。

① 计算 28+ 34。

程序：MOV AL, 28H; (AL)=(28)BCD

MOV BL, 34H; (BL)=(34)BCD

ADD AL, BL; (AL)+(BL)，结果存入 AL

DAA;将 AL 中的二进制结果调整为组合型 BCD 码

执行 ADD 指令后(AL)=5CH，显然不是正确的 BCD 码结果。其原因是 AL 的低 4 位大于 9，应该向高 4 位进位，所以调整 AL 的低 4 位加 6，使其向高 4 位产生进位，便得到 BCD 码 62。

② 计算 90−62。

程序：MOV AL, 90H; (AL)=(90)BCD

MOV BL, 62H; (BL)=(62)BCD

SUB AL, BL; (AL)−(BL)，结果存入 AL

DAS; 将 AL 中的二进制结果调整为组合型 BCD 码

执行 SUB 指令后(AL)=2EH，显然不是正确的 BCD 结果。其原因是 AL 的低 4 位向高 4 位产生借位 AF=1（表示 16，并非 10），所以应该调整 AL 的低 4 位减 6，使得到 BCD 码 28，结果正确。

【例 3-8】 编写程序段，用非组合型 BCD 码求 4×6 与 24÷6。

① 计算 4×6。

MOV AL, 04H; 非组合型 BCD 码

MOV BL, 06H; 非组合型 BCD 码

MUL BL; (AL)×(BL)，结果存入 AX

AAM; 对乘法结果进行调整

② 计算 24÷6。

MOV AX, 0204H; 被除数为 2 位非组合型 BCD 码

MOV BL, 06H; 除数为 1 位非组合型 BCD 码

AAD; 将(AH)×0AH+(AL)的结果传送至 AL，AH 清 0

DIV BL; (AX)÷(BL)，商存入 AL，余数存入 AH

使用 BCD 码运算调整指令需要注意以下几点。

- 在进行 BCD 码运算时，要求参加运算的操作数必须是 BCD 码。对于 BCD 码的加/减法运算有组合型 BCD 码和非组合型 BCD 码两种：组合型 BCD 码的运算结果用 DAA/DAS 指令调整，非组合型 BCD 码的运算结果用 AAA/AAS 指令调整。对于 BCD 码的乘/除法运算只有非组合型 BCD 码一种。
- BCD 码运算调整指令格式只有操作码，而操作数由隐含寻址指定。DAA、DAS、AAA、AAS 指令对 AL 中的数进行调整，并将调整的结果存入 AL；AAM 指令将 AL 中的

积调整为两个 BCD 码，分别存入 AH（高位）和 AL（低位）；以上调整指令都是对结果进行调整，编程时需要将结果存入 AL，而且是“先运算，后调整”。AAD 的功能有所不同，它是先将 AX 中的两位非组合型 BCD 码被除数变换为 8 位二进制数存入 AL，再进行除法运算，结果是非组合型 BCD 码，商存入 AL，余数存入 AH。

7．符号扩展指令

符号扩展指令有如下 3 条。

（1）字节扩展

格式：CBW

功能：将 AL 中数的符号扩展到 AH

（2）字扩展

格式：CWD

功能：将 AX 中数的符号扩展到 DX

（3）双字扩展

格式：CDQ

功能：将 EAX 中数的符号扩展到 EDX

举例如下。

设(AL)=[1] 00010111B，执行 CBW 指令后，(AX)=1111111100010111B。

设(AL)=[0] 01110111B，执行 CBW 指令后，(AX)=0000000001110111B。

3.4.3　位操作指令

位操作指令分为逻辑运算指令和移位指令两大类。

1．逻辑运算指令

逻辑运算指令有 5 条，完成与、或、异或、取反和测试功能。它们都是按“位”操作，并对某些标志位有影响。逻辑运算指令的格式与功能见表 3-9。

表 3-9　逻辑运算指令的格式与功能

类型	格式	功能	OF	SF	ZF	AF	PF	CF
与	AND dst, src	源操作数和目标操作数按位“与”，结果送至目标单元	0	x	x	u	x	0
或	OR dst, src	源操作数和目标操作数按位“或”，结果送至目标单元	0	x	x	u	x	0
异或	XOR dst, src	源操作数和目标操作数按位“异或”，结果送至目标单元	0	x	x	u	x	0
测试	TEST dst, src	源操作数和目标操作数按位“与”，置相应标志位	0	x	x	u	x	0
取反	NOT dst	目标操作数按位“取反”，结果送至目标单元	—	—	—	—	—	—

AND、OR、XOR 指令对源操作数和目标操作数进行按位“与”“或”“异或”操作，并把结果回送至目标单元。TEST 指令与 AND 指令功能类似，对两个操作数进行按位“与”操作，但不回送结果，利用该指令形成的标志位实现测试功能。NOT 指令对目标操作数按位取“反”之后送至目标单元。

在程序设计中，可以用 AND 指令屏蔽操作数的某些位；用 OR 指令对某位置“1”或合并字段；用 XOR 指令实现“异或”或“清 0”操作。

举例如下。

① MOV AL, 36H; (AL)=36H

ANDAL, 0FH; (AL)=06H，屏蔽 AL 中的高 4 位

② MOV AL, 06H; (AL)=06H

OR AL, 30H; (AL)=36H，将立即数的高 4 位与 AL 中的低 4 位合并

③ MOV AL, 0FH; (AL)=0FH

XOR AL, AL; (AL)=00H，将 AL 的内容清 0

④ MOV AL, 0FH; (AL)=0FH

NOT AL; (AL)=F0H，将 AL 的内容取反

⑤ MOV AL, 0111001B

TEST AL, 1000000B

TEST 测试寄存器 AL 中的数的最高位是否为 0。TEST 指令执行后，如果 ZF=1，则说明 AL 中的数的最高位为 0，否则为 1。

【例 3-9】 设(AL)=06H，求下列指令执行后的结果。

① AND AL, 0F0H; 执行后(AL)=00H

② OR AL, 30H；执行后(AL)=36H

③ XOR AL, 06H; 执行后(AL)=00H

④ NOT A; 执行后(AL)=F9H

注意：AND 指令中的源操作数 0F0H 是一个 8 位立即数 F0H，第一个“0”称为“前导 0”，用来指示以字母开头的符号是数字，并非变量。

2．移位指令

移位指令有 8 条，完成左移、右移和循环移位功能。移位指令的格式与功能见表 3-10。

表 3-10 移位指令的格式与功能

类型	格式	功能	OF	SF	ZF	AF	PF	CF
逻辑左移	SHL dst,1/CL	CF←[←]←0	x	x	x	u	x	x
逻辑右移	SHR dst,1/CL	0→[→]→CF	x	x	x	u	x	x
算术左移	SAL dst,1/CL	CF←[←]←0	x	x	x	u	x	x
算术右移	SAR dst,1/CL	[→]→CF（最高位保持）	x	x	x	u	x	x
循环左移	ROL dst,1/CL	CF←[←]（循环）	x	—	—	—	—	x
循环右移	ROR dst,1/CL	[→]→CF（循环）	x	—	—	—	—	x
带进位循环左移	RCL dst,1/CL	CF←[←]（经CF循环）	x	—	—	—	—	x
带进位循环右移	RCR dst,1/CL	[→]→CF（经CF循环）	x	—	—	—	—	x

格式中的目标操作数只能使用寄存器和存储器寻址，而源操作数则提供移动的次数，也称计数值。寻址规定是：若对目标操作数每执行一次移动一位操作时，源操作数可以用立即数“1”表示；若对目标操作数每执行一次移动 *n* 位操作时，*n* 必须存放在 CL 寄存器中。

逻辑左移/右移指令将操作数看作无符号数来进行移位，因此每移动一位在目标操作数最低位/最高位补“0”，把最后移出的位保存在 CF 中。

算术左移/右移指令将操作数看作带符号数来进行移位。因此，在执行算术左移指令时，

每左移一位在目标操作数最低位补0，把最后移出的位保存在CF中；在执行算术右移指令时，每右移一位在目标操作数最高位补“符号”，使数据的性质不发生改变，即原来是负数，移位之后还是负数，原来是正数，移位之后还是正数，把最后移出的位保存在CF中。

SAR和SHR指令对标志位OF、SF、ZF、PF、CF有影响，AF为任意，当CF的值和最高位不同时，则OF=1，表示结果有溢出。左移1位相当于目标操作数乘以2，右移1位相当于目标操作数除以2。

循环移位指令有两种：ROL和ROR是不带进位位CF的循环左移和循环右移指令，最后移出的位保存在CF中；RCL和RCR是与进位位CF串在一起进行循环左移和循环右移的，移出的位保存在CF中，CF的值移入目标单元。

循环移位指令只影响标志位CF和OF，对其他标志位无影响。循环移位指令在执行一次左移一位操作时，移位结果使最高位（符号位）发生变化，即0变为1或1变为0，则OF=l；在循环移动多位时，OF无效，而CF标志总是保持移出的最后一位的状态。

移位指令及其含义举例如下。

① SAL DX, 1; 将DX中的数算术左移1位

② MOV CL, 3

SALAX, CL; 将AX中的数算术左移3位

③ SAR DX, 1; 将DX中的数算术右移1位，最高位补符号位

④ MOV CL, 5

SHR AX, CL; 将AX中的数逻辑右移5位

⑤ ROL BL, 1; 将BL中的数循环左移1位

⑥ MOV CL, 3

ROR [DI], CL; 将[DI]单元中的数循环右移3位

⑦ RCL BL, 1; 将BL中的数带进位循环左移1位

3.4.4 串处理指令

1．串操作指令的格式及功能

串操作指令用于处理存放在存储器中的数据串，有串传送、串比较、串扫描、串装入、串存储。其中，仅有串比较和串扫描指令对标志位OF、SF、ZF、AF、PF、CF有影响。串操作指令的格式及功能见表3-11。

表3-11 串操作指令的格式及功能

类型	格式	功能
串传送	MOVSB/W/D	从源串中取一个字节/字/双字送目标串
串比较	CMPSB/W/D	目标串减源串，不回送结果，只置标志位
串扫描	SCASB/W/D	目标串减累加器的内容，不回送结果，只置标志位
串装入	LODSB/W/D	将源串装入累加器中
串存储	STOSB/W/D	将累加器的内容存入目标串

关于串操作指令的说明如下。

- 数据串的类型有字节数据串、字数据串、双字数据串，用操作码的最后一个字母（B/W/D）区分，执行一次串操作指令只对数据串中的一个数据进行操作。

- 串操作指令的寻址采用隐含方式。规定源串在数据段，用 DS:[SI]作为源串指针，目的串在附加段，用 ES:[DI]作为目的串指针，并且 SI 和 DI 的内容可以根据方向标志位 DF 的指示自动进行加或减修改，指向下一个要处理的数据。
- 方向标志位 DF 指示数据串地址自增或自减的方向，由指令 STD 和 CLD 置 1 或清 0。当 DF=0 时，操作数地址自增，由低地址向高地址方向修改，字节串指针加 1，字串指针加 2，双字串指针加 4；当 DF=1 时，操作数地址自减，由高地址向低地址方向修改，字节串指针减 1，字串指针减 2，双字串指针减 4。

MOVS 指令的功能是将 DS:SI（DS:ESI）指定的源串中的数据传送到 ES:DI（ES:EDI）指定的目的单元，并按 DF 指示进行地址自增或自减修改。

CMPS 指令的功能是将 DS:SI（DS:ESI）指定的源串中的数据与 ES:DI（ES:EDI）指定的目的串中的数据相减，对两个数影响 OF、SF、ZF、AF、PF、CF，但不回送结果，并按 DF 指示进行地址自增或自减修改，可根据标志位的状态判断比较的结果。

SCAS 指令的功能是用累加器 AL/AX/EAX 中的数据与由 ES:DI（ES:EDI）指定的目的串中的数据相减，影响标志位 OF、SF、ZF、AF、PF、CF，但不回送结果，并按 DF 指示进行地址自增或自减修改。这条指令用来在数据串中查找“关键字”，要查找的关键字先存放在 AL/AX/EAX 中，再执行此指令，在数据串中进行扫描，通过形成的 ZF 来判断是否找到要查询的关键字。

LODS 指令的功能是将 DS:SI（DS:ESI）指定的源串中的数据读取到累加器 AL/AX/EAX，并按 DF 指示进行地址自增或自减修改。

STOS 指令的功能是将累加器 AL/AX/EAX 中的数据写入由 ES:DI（ES:EDI）指定的目的串，并按 DF 指示进行地址自增或自减修改。

以上串操作指令每执行一次只对一个数据进行操作，如果执行一次能对多个数据进行操作的话，需要在串操作指令前加上重复执行前缀。

8086 指令提供了下列 3 种重复执行前缀，这些重复执行前缀都是以 CX 作为计数器，记录重复执行的次数。

重复前缀的格式及功能如下。

（1）无条件重复前缀（REP）

每执行一次操作，CX 的内容减 1，直到 CX=0 时，停止执行。REP 常放在串传送、串比较、串装入指令前，控制重复操作的次数。

（2）相等重复前缀（REPE/REPZ）

每执行一次操作，CX 的内容减 1，当 CX 不为 0 且 ZF=1（相等）时，重复操作，直到 CX=0 或 ZF=0 时，停止执行。相等重复前缀常放在串比较或串扫描指令前，控制重复操作的次数。

（3）不相等重复前缀（REPNE/REPNZ）

每执行一次操作，CX 的内容减 1，当 CX 不为 0 且 ZF=0（不相等）时，重复操作，直到 CX=0 或 ZF=1 时，停止执行。不相等重复前缀常放在串比较或串扫描指令前，控制重复操作的次数。

2. 串操作指令应用举例

使用串操作指令时，根据需要设置以下内容。

① 设置源串指针 DS:SI 和目的串指针 ES:DI。

② 设置方向标志 DF。

③ 设置计数器 CX。

④ 选用重复前缀 REP、REPE/REPZ、REPNE/REPNZ。

【例 3-10】 用串传送指令将数据段 YCH 中的字符串“ABCD”传送到附加段 MCH 中的参考程序为：

STAST: MOV AX, DATA

MOV DS, AX; 数据段段基值传送至 DS

MOV AX, EXTRA

MOV ES, AX; 附加段段基值传送至 ES

LEA SI, YCH; 源串的偏移地址传送至 SI

LEA DI, KCH; 目的串的偏移地址传送至 DI

CLD; DF=0, 地址自增修改

MOV CX, 4; 传送个数传送至计数寄存器

3.4.5　控制转移类指令

控制转移类指令包括无条件转移指令、条件转移指令、循环控制指令、中断指令、子程序调用和返回指令。本节重点介绍无条件和条件转移指令，有关循环控制指令、中断指令、子程序调用和返回指令的内容在后面的章节中介绍。

无条件和条件转移指令的格式及功能见表 3-12。

表 3-12　无条件和条件转移指令的格式及功能

类型	格式	功能	测试条件
无条件转移	JMP 标号	无条件转移到目标标号处执行	无
单标志位条件转移	JC 标号	CF=1 转移到目标标号处执行	CF=1
	JNC 标号	CF=0 转移到目标标号处执行	CF=0
	JE/JZ 标号	ZF=1 转移到目标标号处执行	ZF=1
	JNE/JNZ 标号	ZF=0 转移到目标标号处执行	ZF=0
	JO 标号	OF=1 转移到目标标号处执行	OF=1
	JNO 标号	OF=0 转移到目标标号处执行	OF=0
	JP 标号	PF=1 转移到目标标号处执行	PF=1
	JNP 标号	PF=0 转移到目标标号处执行	PF=0
	JS 标号	SF=1 转移到目标标号处执行	SF=1
	JNS 标号	SF=0 转移到目标标号处执行	SF=0
无符号数条件转移	JA/JNBE 标号	高于转移到目标标号处执行	CF=0 且 ZF=0
	JAE/JNB 标号	高于或等于转移到目标标号处执行	CF=0 且 ZF=1
	JB/JNAE 标号	低于转移到目标标号处执行	CF=1 且 ZF=0
	JBE/JNA 标号	低于或等于转移到目标标号处执行	CF=1 且 ZF=1
带符号数条件转移	JG/JNLE 标号	大于转移到目标标号处执行	ZF=0 且 OF ⊕ SF=0
	JGE/JNL 标号	大于或等于转移到目标标号处执行	ZF=1 或 OF ⊕ SF=0
	JL/JNGE 标号	小于转移到目标标号处执行	OF ⊕ SF=1 且 ZF=0
	JLE/JNG 标号	小于或等于转移到目标标号处执行	OF ⊕ SF=1 或 ZF=1

1. 无条件转移指令（JMP）

无条件转移指令只有一条，不需要测试条件，只要执行到该指令，CPU 就立即转移到目标标号处去执行。

无条件转移指令分为段内转移和段间转移两种类型。段内转移是指程序转移的目标地址在当前代码段中，因此程序在转移时不需要改变 CS 的内容，而只改变 IP 的值。段间转移是指程序转移到其他的代码段，程序在转移时需要同时改变 CS 和 IP 的值。

（1）JMP 段内转移的寻址方式

段内转移只改变 IP，有段内直接和间接两种寻址方式。

① 段内直接寻址

段内直接寻址由转移指令直接提供转移的位移量（disp）。disp 可以是 8 位或 16 位的带符号数，以补码形式存储，表示目标地址和当前 IP 之间的距离。如果 disp 为 8 位，则转移范围是−128～+127，称为短转移；如果 disp 为 16 位，则转移范围是−32 768～+32 767，称为近转移。JMP 段内直接寻址指令的编码占 2～3 个字节，格式如图 3-13 所示。第 1 个字节为操作码，第 2、3 个字节为 8 位或 16 位的位移量。执行指令时，IP（目标偏移地址）=IP（当前值）+disp。

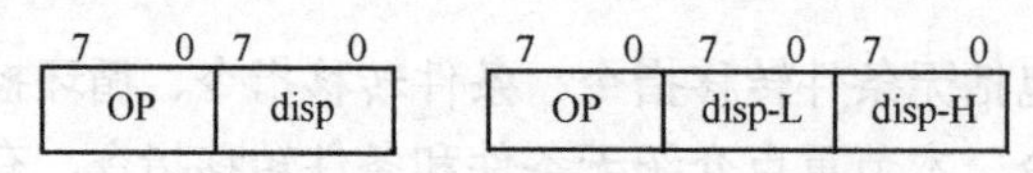

图 3-13　JMP 段内直接寻址指令的编码格式

② 段内间接寻址

段内间接寻址由寄存器或存储器提供转移的目标偏移地址。执行指令时，IP=reg16/mem16，即将寄存器或存储器中的 16 位目标偏移地址送入 IP，改变程序的执行流向。

（2）JMP 段间转移的寻址方式

段间转移需要同时改变 CS 和 IP 的值，也有直接和间接两种寻址方式。

① 段间直接寻址

JMP 段间直接寻址由转移指令直接提供转移目标的段基值和偏移地址，指令的编码格式如图 3-14 所示。第 1 个字节为操作码，第 2、3 个字节为目标偏移地址，第 4、5 个字节为目标段基值。

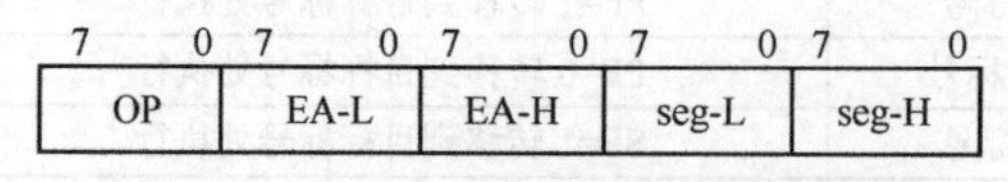

图 3-14　JMP 段间直接寻址指令的编码格式

执行指令时，指令中的目标段基值:偏移地址送入 CS:IP，程序跳转到目标段执行。

② 段间间接寻址

段间间接寻址由存储器给出转移目标的段基值和偏移地址。执行指令时，存储器中的目标段基值:偏移地址送入 CS:IP，程序跳转到目标段执行。

为了明确表示标号或指令寻址方式的类型，可在跳转的标号前加上修饰符 SHORT、NEAR、FAR、WORD、DWORD，举例如下。

JMP SHORT PTR 标号; 段内直接短转移

JMP NEARPTR 标号; 段内直接近转移

JMP WORD PTR reg/mem; 段内间接转移

JMP FARPTR 标号; 段间直接转移

JMP DNORD PTR mem; 段间间接转移

2. 条件转移指令

条件转移指令分为单标志位条件转移、无符号数条件转移和带符号数条件转移 3 种格式。

（1）单标志位条件转移指令

单标志位条件转移指令是根据 CPU 的 FR 中各标志位的状态来决定程序执行流向的，可以形成测试的条件有 CF、PF、ZF、SF、OF 共 5 个标志位。在使用这些条件转移指令前，应当先应用算术运算、逻辑运算或比较、测试等指令设置标志位的状态，然后根据不同条件的要求，选择相应的条件转移指令。

（2）无符号数条件转移指令

无符号数条件转移指令是根据两个无符号数比较的结果来决定程序执行流向的。若 A 和 B 是两个无符号数，在执行无符号数条件转移指令前，先用比较指令 CMP（或减法指令 SUB）比较它们的大小，再根据比较指令形成的标志位的测试条件满足与否判断是否执行转移。

（3）带符号数条件转移指令

带符号数条件转移指令的功能与无符号数条件转移指令的功能类似，只是参加比较的两个数是带符号的，故它们的测试条件与无符号数条件转移指令不同。

以上 3 种条件转移指令的寻址方式相同，采用相对寻址，其编码格式如图 3-15 所示。

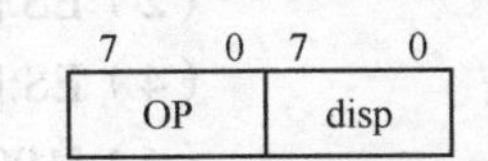

图 3-15　条件转移指令的编码格式

disp 是 8 位的位移量，转移范围是−128～+127。执行指令时，IP（目标偏移地址）= P（当前值）+ disp。

3.4.6　处理器控制类指令

处理器控制类指令完成简单的控制功能，指令的格式及功能见表 3-13。

表 3-13　处理器控制类指令的格式及功能

类型	格式	功能
标志位操作	CLC	清除进位位 CF←0
	STC	进位位置位 CF←1
	CMC	进位位求反 CF←$\overline{CF}$
	CLD	清除方向标志 DF←0
	STD	方向标志置位 DF←1
	CLI	清除中断标志 IF←0
	STI	中断标志置位 IF←1

（续表）

类型	格式	功能
等待	WAIT	用于主/协处理器执行数字指令时的同步
暂停	HLT	使处理器停止执行指令
空操作	NOP	用于延时
封锁	LOCK	封锁总线，使指令的执行受到保护
交权	ESC	由主处理器转到协处理器去执行

从表 3-13 可看到，在指令系统中允许用指令操作的标志位有 CF、DF 和 IF 共 3 位。其中，DF 用于串运算决定地址变化的方向。当 DF=0 时，串运算沿地址增量方向执行；当 DF=1 时，串运算沿地址减量方向执行。IF 用于可屏蔽中断，当 IF=0 时，表示禁止可屏蔽中断（关中断）；当 IF=1 时，表示允许可屏蔽中断（开中断）。

思　考　题

1. 8086 的指令格式一般由哪几个字段组成？各字段的主要作用是什么？

2. 8086 有多少种寻址方式？各种寻址方式的特点是什么？

3. 设(DS)=2000H，(ES)=2100H，(SS)=1500H，(BX)=0100H，(BP)=0040H，(SI)=00A0H，(DI)=0120H，在指令 MOV AX, src 中，求用下列记号表示的源操作数 src 的有效地址 EA 和物理地址 PA 各是多少？

（1）100H[BX]　　（2）ES:[BX+DI]

（3）[BP]　　（4）ES:[BX+ 10H]

（5）[BP+ SI]　　（6）[1000H]

（7）ES:[DI]　　（8）1050H[BX+ SI]

（9）DS:10C0H[BP+SI]　　（10）[BX+DI]

4. 已知(AX)=4A0BH，[1020H]单元中的内容为 260FH，写出单独执行下列每条指令后的结果。

（1）MOV AX, 1020H　　（2）XCHG AX, [10208]

（3）MOV AX, [1020H]　　（4）LEAAX, [1020H]

5. 设一个堆栈段共有 100H 个字节单元，堆栈的起始地址为 1250H:000，若在堆栈中存有 5 个字数据，请回答以下问题。

（1）栈顶的物理地址是多少？

（2）栈底的物理地址是多少？

（3）当前 SS 和 SP 的内容是多少？

（4）若弹出两个数据，SP 的内容是多少？

6. 编写完成下列运算的程序段，根据结果置标志位 OF、SF、ZF、AF、PF、CF，并分析程序执行结果是否正确，为什么？（设字长 n=8）

（1）30+64　　（2）122−64

（3）96+ 52　　（4）−68 +(−72)

7. 编写程序段，用组合型 BCD 码完成下列运算。

（1）25+34　　（2）64−8

8. 编写程序段，用非组合型 BCD 码完成下列运算。

（1）4×8　　（2）32÷6

9. 编写程序段，用串传送指令将数据段 YS 中的 10 个字节数据传送到附加段 MS。

10. 编写程序段，用串比较指令 CMPSB 比较两字符串是否相等。若相等，将 0 传送至 AX；若不相等，将−1 传送至 AX。

11. 编写程序段，用串扫描指令 SCASB 查找‘ABCD’中是否有关键字‘C’。若有，将 0 传送至 AX；若无，将−1 传送至 AX。

第4章　8086汇编语言程序设计

4.1　程序设计语言概述

程序设计语言分为机器语言、汇编语言和高级语言3种类型。

机器语言的指令用二进制0、1编码表示，计算机能够直接识别，执行速度快，但编写烦琐、易出错，在程序设计中很少使用。机器语言能被计算机直接识别，无论是用哪种语言编写的程序，在执行时都必须转换为机器语言代码，才能在计算机中运行。

汇编语言是一种采用助记符表示的程序设计语言，它的指令格式是用便于记忆的符号（如MOV、ADD）代替机器语言指令中的0、1编码。与机器语言相比，汇编语言便于记忆和查找错误。但它是一种“面向机器”的语言，针对不同的计算机系统设计的指令系统不一样，每条指令的执行都需要相应的硬件支持。因此，用汇编语言编写程序时，可以直接利用CPU的内部资源和系统的硬件资源（如寄存器、存储单元和I/O端口等）进行操作，这样可提高程序的执行效率。

高级语言（如C语言）的语句格式和计算表达式接近于人们习惯的英文单词和数学公式的表示方法。用高级语言编写程序时，不需要了解CPU内部的结构，只需要学会该语言的语句格式和语法规则就可以了，使用更加方便灵活。

无论是用汇编语言编写的程序，还是用高级语言编写的程序，计算机都不能直接运行，需要将它们的源程序翻译成机器语言程序（称目标程序）才能执行。

把汇编语言源程序翻译成目标程序的过程称为“汇编”，它由系统软件“汇编程序”完成。支持8086的汇编程序有ASM、MASM等，现在广泛使用的MASM为美国Microsoft公司开发的宏汇编程序，它不仅包含了ASM的功能，还增加了宏指令、结构、记录等高级宏汇编语言功能。本章以MASM为例，介绍汇编语言的语句格式、语法规则、常用伪指令、宏指令及汇编语言程序设计的基本方法。

4.2　8086汇编语言中的伪指令

伪指令是说明性语句，是提供给汇编程序的汇编命令，在汇编语言程序设计中不可缺少。

MASM宏汇编有十几种伪指令，可分为段定义、变量定义、符号定义、段分配、过

程定义、群定义、结构定义、记录定义等。限于篇幅，本节重点讨论几种常用的伪指令。

4.2.1　符号定义语句

编制源程序时，为了提高程序的可读性，经常将一些常数、表达式或符号用一些特定的符号名称表示，这时需要用符号定义语句进行定义。符号定义语句有如下两种基本格式。

1．等值语句

格式：符号 EQU 表达式

功能：用左边的符号名代替右边的表达式。

其中，表达式可以是数值表达式、地址表达式、常数、变量、标号、寄存器名等。举例如下。

COUNT EQU 5; COUNT 等于 5

NUM EQU 13+6*5; NUM 等于表达式的值

C EQU AX; 由 C 代替 AX

经过符号定义语句定义的符号可以在程序中使用，用这些符号名代替右边的表达式。举例如下。

MOV AL, COUNT; 相当于将 5 传送到 AL

MOV C, 1234H; 将 1234H 传送到 AX

但在同一个程序中，不能对已用 EQU 定义的符号重新定义，如下列定义是错误的。

COUNT EQU 5; COUNT 等于 5

COUNT EQU 12; COUNT 等于 12

2．等号语句

格式：符号=表达式

等号语句与 EQU 语句有相同的功能，区别在于用等号语句定义的符号允许重新定义，使用更加方便灵活。

例如，下列等号语句是有效的。

COUNT=5

NUM=14H

NUM=NUM+10H

COUNT=100

当用等号语句对符号重新定义后，重新定义的符号有效。

需要注意的是，用变量定义语句 DB、DW、DD 等（见第 4.2.2 节）定义的变量名由系统分配相应的内存空间，它们都有对应的偏移地址，而用等值语句或等号语句定义的符号名，系统不为其分配内存单元，在汇编时不产生任何目标代码。

例如，分析下面数据段定义的变量和符号对应的值是多少。

DATA SEGMENT

T1 DB 12H, 34H, 00H, 45H

T2 EQU 0FFH

T3 DB 'ABCD'

T4=T3+10H

DATA ENDS

T1和T3是由DB定义的字节变量，T1的偏移地址为0000H，T3的偏移地址为0004H；T2和T4是由“EQU”和“=”定义的符号，它们的值为其右边表达式的值，即T2=0FFH，T4=0014H。

4.2.2 变量定义语句

变量定义语句用来定义字节、字、双字或多字节数据。它有两种不同的定义格式。

1. 格式1

格式1：[变量名] DB/DW/DD/DQ/DT 表达式[; 注释]

功能：为每个表达式分配1/2/4/8/10字节的存储单元，并将表达式的值存入该单元。

其中，DB、DW、DD、DQ、DT是伪指令操作符（不可省略），由它们定义的数据类型分别是BYTE（字节）、WORD（字）、DWORD（双字）、QWORD（四字）、TBYTE（五字）。表达式（或称数据项）是必选项，可以是数值表达式、字符串表达式、地址表达式或“？”。

一个变量定义语句可以定义多个数据项，数据项之间用“，”分隔。变量名为可选项，在程序设计需要时选用。它表示该伪指令操作符后第一个数据项的第一个字节单元的符号地址，经汇编后，给出一个确定的偏移地址值。下面以数据段为例说明各种表达式的定义方法。

（1）定义数值表达式

DATA SEGMENT

K1 DB 5AH, 10, −2; 定义字节数据

K2 DW 2354H, 3*4; 定义字数据

K3 DD 2A004455H; 定义双字数据

DATA ENDS

数值型数据存储格式如图4-1所示。K1为字节变量，它指示字节数据中第1个数据5AH的地址，10（0AH）的地址为K1+1，−2（FEH）的地址为K1+2。K2为字变量，它指示2354H的第一个字节的地址，3*4（0CH，高位为00H）的地址为K2+2。K3为双字变量，它指示2A004455H的第一个字节的地址。定义变量之后，就可以通过地址表达式找到其中的数据，给存取数据带来方便。

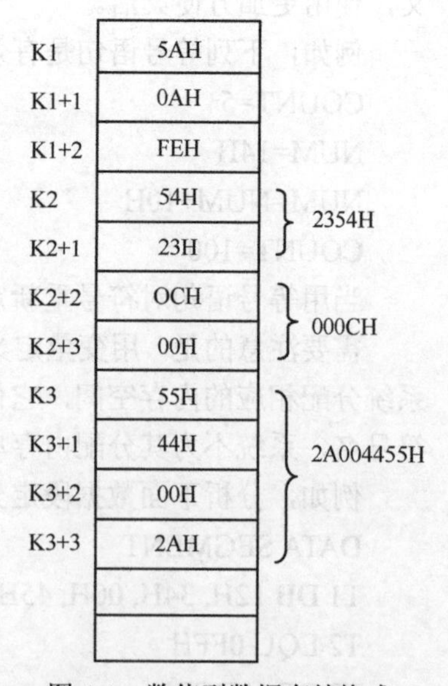

图4-1 数值型数据存储格式

需要注意的是，负数在存储器中以补码形式存储，如−2的补码是FEH。字数据和双字数据的存储格式是低位数存放在低地址单元，高位数存放在高地址单元，最低字节的地址是该数据的地址。举例如下。

① MOV AL, K1; (AL)=5AH

② MOV BL, K1+ 2; (BL)=−2

③ MOV AX, K2; (AX)=2354H

④ MOV CX, K2+; (CX)=00CH

⑤ MOV EAX, K3; (EAX)=2A004455H

（2）定义字符串和“？”

如果表达式是字符串，以 ASCII 码格式存储，一个 ASCII 码占用一字节存储单元。如果定义的数据项是“？”，表示一个不确定的值，只是要求系统分配（预留）一个与其类型匹配的存储单元，常用于存放运算结果。举例如下。

DATASEGMENT

STR1 DB‘ABC’; 定义字符型字符串

DATA1 DB ?, ?; 预留 2 个字节单元

STR2 DB ‘123’; 定义数值型字符串

DATA2 DW ?, ?; 预留 2 个字单元

DATA ENDS

字符型数据存储格式如图 4-2 所示。因为字符串以 ASCII 码格式存储，因此通常用 DB 伪指令定义字符串。‘ABC’的 ASCII 码是 41H、42H、43H；‘123’的 ASCII 码是 31H、32H、33H。对于“？”，只是分配与其类型匹配的存储单元，图中用“xx”表示该存储单元的值为任意。

（3）定义地址表达式

地址表达式可以是变量，也可以是标号，其运算结果是一个地址，由它指向某个存储单元。因为地址表达式的值可以是 16 位或 32 位的偏移地址，也可以是由 16 位段基值和 16 位偏移地址组成的逻辑地址，因此通常用 DW 和 DD 伪指令定义地址表达式。

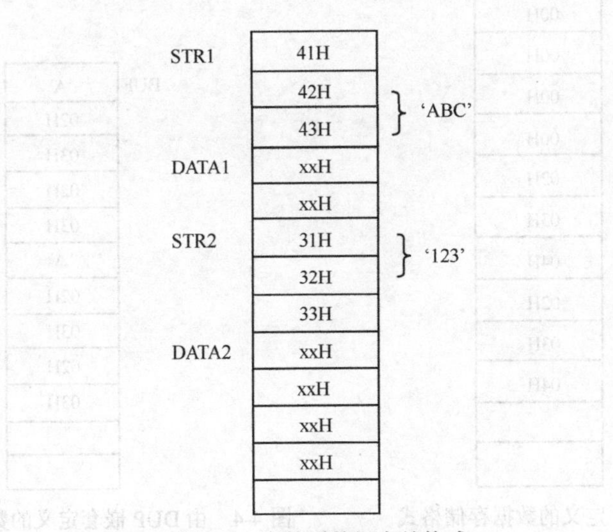

图 4-2 字符型数据存储格式

例如，将 4 个分支程序的入口地址（标号）SUB1、SUB2、SUB3、SUB4 定义在数据段 TAB 表中，执行分支转移时可以在该表中获取分支程序的入口地址。其定义格式如下。

DATA SEGMENT

TAB DW SUB1, SUB2, SUB3, SUB4; 地址表，存放分支程序的入口标号

DATA ENDS

注意：TAB 表中存放这些标号的 16 位偏移地址，故用 DW 定义。表中定义的标号必须与程序中定义的标号一致。

2．格式 2

格式 2：[变量名] DB/DW/DD/DQ/DT *n* DUP (表达式)[; 注释]

功能：用于定义多个相同的表达式。

其中，*n* 指示圆括号内表达式重复定义的次数，DUP 表示重复定义的操作符，表达式为重复定义的内容，用圆括号括起来。

如果定义多个数值与类型相同的数据或表达式，用格式 2 比较简便。举例如下。

T1 DB 5 DUP(0)

T2 DB2 DUP(2, 3, 4)

由 DUP 定义的数据存储格式如图 4-3 所示。为 Tl 分配 5 个字节单元，全部清 0。为 T2 分配 6 个字节单元，内容为 234234。

注意：格式 2 中的 DUP 还可以嵌套使用，展开嵌套使用的 DUP 的方法是由内层向外层展开。举例如下。

BUF DB 2 DUP('A', 2 DUP(2, 3))

内层 DUP 的表达式为 2, 3，重复 2 次，需要分配 4 个字节存储单元，外层 DUP 的表达式为'A'，与内层定义的 2、3，2、3，共 5 个字节，重复 2 次，因此系统为 BUF 变量共分配 10 个字节的存储单元。其数据存储格式如图 4-4 所示。

T1	00H
	00H
	00H
	00H
	00H
T2	02H
	03H
	04H
	02H
	03H
	04H

图 4-3　由 DUP 定义的数据存储格式

BUF	'A'
	02H
	03H
	02H
	03H
	'A'
	02H
	03H
	02H
	03H

图 4-4　由 DUP 嵌套定义的数据存储格式

4.2.3　段定义语句

由于 8086 对存储器采用分段方式管理，CPU 访问存储器时，通过段寄存器对各段

进行访问。因此，在汇编语言程序设计中，需要对代码段、数据段、附加段、堆栈段分别定义。在 MASM 5.0 以上版本的汇编语言软件中，有完整的段定义和简化的段定义两种格式。

1. 完整的段定义格式

格式：段名 SEGMENT [定位类型] [组合类型] [字长选择] [分类名]
　　　段体
　　　段名 ENDS

其中，SEGMENT 和 ENDS 表示段的开始和段的结束，不可缺省，并且是成对出现的。段名是段的标识符，由用户定义，不能省略，一个段的开始与约束使用的段名应一致。段体中的内容由段的类型决定：如果是代码段，为指令序列；如果是数据段或附加段，为数据或存储单元的分配情况；如果是堆栈段，通常是定义堆栈的大小。定位类型、组合类型、字长选择、分类名是赋予段的一些属性，它们是可选项，各项含义如下。

（1）定位类型

定位类型表示对段的起始边界的要求，规定逻辑段的起始地址（在实模式下为 20 位）应分别能够被 1、2、4、16、256 整除，有以下 5 种参数可供选择。

① PAGE（页）：表示该段从一“页”的边界开始。一页为 256 字节，由 PAGE 定义的段起始地址能够被 256 整除，段起始地址的最后八位二进制数为 0。

② PARA（节）：表示该段从一“节”的边界开始。一节为 16 字节，由 PARA 定义的段起始地址能够被 16 整除，段起始地址最后四位二进制数为 0。

③ DWORD（双字）：表示该段从“4”的倍数的地址开始，段起始地址最后两位二进制数为 0。

④ WORD（字）：表示该段从“2”的倍数的地址开始，段起始地址最后一位二进制数为 0。

⑤ BYTE（字节）：表示段起始地址可以从任何地址开始。

5 种定位类型对应的逻辑段起始地址的格式见表 4-1。在编程时，可以根据所定义逻辑段的大小选择合适的定位类型，以便有效利用存储空间。若定位类型省略，系统默认定位类型为 PARA。

表 4-1　5 种定位类型对应的逻辑段起始地址的格式

定位类型	段起始地址格式
PAGE	XXXXXXXXXXXX00000000B
PARA	XXXXXXXXXXXXXXXX0000B
DWORD	XXXXXXXXXXXXXXXXXX00B
WORD	XXXXXXXXXXXXXXXXXXX0B
BYTE	XXXXXXXXXXXXXXXXXXXXB

（2）组合类型

组合类型用来对各个逻辑段之间的连接方式提出要求。可供选择的参数有以下 6 种。

① NONE：表示该段与其他同名段不进行连接，独立存放于存储器中。如果语句中

省略组合类型，则 MASM 默认组合类型为 NONE。

② PUBLIC：表示该段可与其他模块中的同名段在满足定位类型的前提下依次连接起来，组合成一个较大的逻辑段，共用一个段基址，各段的偏移地址调整为相对于新段的起始地址。

③ COMMON：表示该段与其他模块中的同名段采用覆盖方式在存储器中定位，即它们共享同一个存储区，具有相同的段首地址，共享存储器的长度由同名段中最大的段确定。

④ MEMORY：表示该段与其他模块中的同名段连接时，该段应定位在所有被连接在一起的其他段的最高地址。如果有多个段选择 MEMORY，则汇编程序只确认第一个遇到的 MEMORY 段，而将其他选择 MEMORY 的段当作 COMMON 段处理。

⑤ STACK：表示把不同模块中带有 STACK 组合类型的同名堆栈段连接起来，并由系统自动对堆栈指针 SS 和 SP 初始化。对于堆栈段，如果省略 STACK 参数，则需要在程序中用指令设置 SS 和 SP 的值。

⑥ AT 表达式：表示该段可定义在表达式所指示的节的边界。例如，"AT2356H" 表示该段的起始地址定义为 23560H。一般情况下，各个逻辑段在存储器中的分配由系统自动完成，但在某些情况下，如果要求某个逻辑段必须分配在某个节的边界时，则可用本参数来实现。

（3）字长选择

字长选择用于定义段中使用的偏移地址和寄存器的字长，只适用于 32 位微型系统。有两种字长可供选择。

① USE16：定义段字长为 16 位模式，最大段长为 64 KB。

② USE32：定义段字长为 32 位模式，最大段长为 4 GB。

若字长选择省略，系统默认字长选择为 USE32。

（4）分类名

分类名必须用单引号括起来，并且一个分类名的长度不能超过 40 个字符。MASM 将不同模块中所有分类名相同的逻辑段连接起来，存放在邻近的存储区中。

在完整的段定义格式中，属性为可选项。定位类型、组合类型和字长选择都有系统默认参数，分类名可在需要时将不同模块中同类逻辑段连接使用，这些参数可根据需要选择其中的一项或几项，各参数之间用空格分隔，未选的项可缺省，但它们之间的顺序不能交换。

例如，下面是一个完整的数据段、附加段、堆栈段和代码段的定义格式。

```
DATA SEGMENT PARA 'DATA'; 数据段
D1 DB 14H, 16H, 23H, 33H; 定义数据
DATA ENDS
EXT SEGMENT PARA 'DATA'; 附加段
E1 DB 18H, 12H; 定义数据
EXT ENDS
STC SDGMENT PARA STACK 'STACK'; 堆栈段
DB 20 DUP(?); 定义堆栈段为 20 个字节
```

STC ENDS

CODE SEGMENT PARA CODE; 代码段

ASSUME CS:CODE, DS:DATA, ES:EXT, SS:STC; 段分配伪指令

START:…; 指令序列

CODE ENDS; 代码段结束

END START; 程序结束，START 为程序的入口标号

各逻辑段的定位类型是 PARA，表示每个段从一节的边界开始，段的首地址最后 4 位二进制数为 0，PARA 可以省略。逻辑段的组合类型为 NONE（省略），表示该段与其他同名段不进行连接，独立存放于存储器中。字长选择参数为 USE32（省略），表示选择段字长为 32 位，最大段长为 4 GB。分类名'DATA'、'STACK'、'CODE'如不需要与其他模块中的同类名连接，也可以省略。

程序中的 ASSUME CS:CODE, DS:DATA, ES:EXT, SS:STC 是段分配语句。其功能是说明源程序定义的段由哪个段寄存器寻址。

代码段用来存放被执行的指令；数据段用来存放程序执行过程中所需要的数据和运算结果等；当用户程序中使用的数据量很大或使用了串操作指令时，可设置附加段来增加数据段的容量；堆栈段用来存放程序执行过程中所需要保存的信息。在程序设计中，代码段不可缺少，而数据段、附加段和堆栈段可根据需要进行定义或省略。

2．简化的段定义格式

为了简化程序设计，MASM 提供了简化的段定义伪指令，使用指定的内存模式编程。简化的段定义伪指令有以下几种。

（1）存储模式定义伪指令

格式：.MODEL 存储模式

存储模式定义伪指令的作用是选择程序在内存中的存储模式。常用的内存模式有以下几种。

① TINY（微型模式）：COM 类型程序，包含一个逻辑段，代码和数据存储大小≤64 KB。

② SMALL（小型模式）：小应用程序，包含一个代码段（存储大小≤64 KB）和一个数据段（含堆栈段）（存储大小≤64 KB）。

③ COMPACK（紧凑模式）：代码少、数据多的程序，包含一个代码段（存储大小≤64 KB）和多个数据段。

④ MEDIUM（中型模式）：代码多、数据少的程序，包含多个代码段和一个数据段（存储大小≤64 KB）。

⑤ LARGE（大型模式）：多个代码段，包含多个数据段（静态数据存储大小≤64 KB）。

⑥ HUGE（巨型模式）：多个代码段，包含多个数据段（静态数据存储大小无限制）。

⑦ FLAT（平展模式）：32 位应用程序，运行在 32 位 80×86CPU 和 Windows 9x 或 NT 环境。

（2）其他简化的段定义语句格式

.x86：定义 80×86 微处理器。

.DATA：定义数据段，默认的段名为 DATA。

.STACK [数值]：定义堆栈段和容量，并给 SS 和 SP 置初值，数值缺省时容量为 1 KB。

.CODE [段名]：定义代码段，段名为可选项，多个代码段应分别指定段名。在 TINY、SMALL、COMPACT 和 FLAT 模式下，默认段名为“_TEXT”；在 MEDIUM、LARGE 和 HUGE 模式下，默认段名为“模块名_TEXT”。

.STARTUP：指示程序开始。

.EXIT：返回操作系统。

下面是一个使用 SMALL 内存模式，简化的段定义结构的格式。

.486; 选择 486CPU

.MODEL SMALL; 内存模式为最小模式

.DATA; 定义数据段

DA1 DB 20H, 30H, 56H; 定义数据

.STACK 100H; 定义堆栈段，容量为 100H 个字节

.CODE; 定义代码段

.STARTUP; 程序开始

MOVAX, @ DATA; 将数据段段基值传送至 DS

MOV DS, AX

.EXIT; 返回操作系统

END; 程序结束

注意：简化的段定义伪指令前的“.”不能省略。

4.2.4 段分配语句

段分配语句 ASSUME 用来告诉汇编程序当前执行的程序能够访问的逻辑段。

格式：ASSUME 段寄存器:段名[, 段寄存器:段名, …]

其中，ASSUME 是关键字，不可省略。段寄存器可以是 CS、SS、DS、ES、FS、GS，段寄存器名后面必须有冒号。段名是指用 SEGMENT/ENDS 伪指令语句定义过的段名。如果分配的段名不止一个，则用逗号分开。在一个代码段中，可以用一条 ASSUME 语句说明所有访问的逻辑段，但语句太长时，也可以用多条 ASSUME 语句说明。如 ASSUME CS:CODE, DS:DATA, ES:EXT, SS:STC 也可以改写成

ASSUME CS:CODE, DS:DATA

ASSUME ES:EXT, SS:STC

ASSUME 语句设置在代码段内，通常放在段定义语句之后、可执行语句之前。

需要说明的是，ASSUME 语句只建立当前段和段寄存器之间的联系，它并不能将各段的段基值装入各个段寄存器。段基值的装入方法与逻辑段的定义有关：对于代码段，CS 和 IP 的内容由汇编程序自动装入，指定程序运行的起始地址；对于数据段 DS 和附加段 ES、FS 和 GS，在代码段中进行段基值的装入；对于堆栈段，如果组合类型选择了‘STACK’参数，SS 和 SP 的内容由汇编程序自动装入，否则需要在程序中设置。

4.2.5 过程定义语句

在程序设计中，常把具有一定功能的程序段设计成一个子程序，又称为过程。MASM

宏汇编程序用过程定义语句来构造过程，定义后的过程可供其他程序调用，通常把调用过程的程序称为主程序。过程调用作为一种常用的程序结构，显示出很强的生命力，使用过程可有效地缩短程序的总长度，节省存储空间，提高程序的可读性，加快程序的设计周期。

过程定义语句的格式如下。

```
过程名 PROC(NEAR/FAR)
[RET]
⋮
RET
过程名 ENDP
```

其中，PROC 为过程的开始，ENDP 为过程的结束。过程名不可省略，它表示过程的入口，是调用指令（CALL）的目标操作数。它与标号类似，具有如下三重属性。

① 段属性：过程所在段的段基值。

② 偏移地址：过程第一个字节与段首地址之间的字节距离。

③ 距离：NEAR 和 FAR。如果是 NEAR，则只允许实现段内调用；如果是 FAR，则允许实现段间调用。过程如果没有选择距离属性，则隐含为 NEAR。

RET 是过程返回语句，在过程内部至少设置一条返回语句作为过程的出口，它可以在过程的任何位置。如果一个过程有多个出口，它就可能有多条 RET 语句，一个过程执行的最后一条指令必定是 RET 语句。有关过程定义语句的应用在第 4.6.4 节中介绍。

4.2.6　结束语句

END 作为汇编语言源程序的结束语句，通常放在源程序的最后一行，当汇编程序汇编到 END 语句时，结束对源程序的汇编。

格式：END [标号]

标号是源程序中第一条可执行语句的标号，是源程序的起始地址。如果一个程序只有一个模块，该标号不能省略；如果一个程序由多个模块连接而成，在主模块中的 END 语句的标号不能省略，其他子模块中的 END 语句的标号可以省略。结束汇编时，系统将该起始地址自动装入 IP，由此开始执行程序。

4.3　8086 汇编语言中的运算符

4.3.1　常用运算符和操作符

MASM 中的运算符有 6 种类型，它们是算术运算符、逻辑运算符、关系运算符、分析运算符、修改运算符及其他运算符。MASM 汇编程序运算符的格式与功能见表 4-2。由这些运算符组成的表达式可以得到一个确定的值，在指令中可作为源操作数使用。

表 4-2　MASM 汇编程序运算符的格式与功能

运算符			运算结果	实例
类型	符号	名称		
算术运算符	+	加法	和	2+6=8
	−	减法	差	8−2=6
	*	乘法	乘积	8*5=40
	/	除法、取整	商	22/5=4
	MOD	模除、取余	余数	12 MOD 3=0；32 MOD 6=2
	SHL	左移	左移后的二进制数	0010B SHL 2=1000B
	SHR	右移	右移后的二进制数	1100B SHR 1=0110B
逻辑运算符	NOT	非运算	逻辑非结果	NOT 1010B= 0101B
	AND	与运算	逻辑与结果	1011B AND 1100B= 1000B
	OR	或运算	逻辑或结果	1011B OR 1100B= 1111B
	XOR	异或运算	逻辑异或结果	1010B XOR 1100B= 0110B
关系运算符	EQ	相等	结果为真输出全“1” 结果为假输出全“0”	6 EQ 11B=全“0”
	NE	不等		6 NE 11B=全“1”
	LT	小于		5 LT 8=全“1”
	LE	不大于		7 LE 101B=全“0”
	GT	大于		8 GT 100B=全“1”
	GE	不小于		6 GE 111B=全“0”
分析运算符	SEG	返回段基址	段基值	SEG NI=NI 所在段段基址
	OFFSET	返回偏移地址	偏移地址	OFFSET NI=NI 的偏移地址
	LENGTH	返回变量单元数	单元数	LENGTH N2=N2 单元数
	TYPE	返回元素字节数	字节数	TYPE N2=N2 中元素字节数
	SIZE	返回变量总字节数	总字节数	SIZE N2=N2 总字节数
修改运算符	PTR	修改类型属性	修改后类型	BYTE PTR [BX]
	THIS	指定类型/距离属性	指定后类型	ALPHA EQU THIS BYTE
	段寄存器名	段前缀	修改段	ES:[BX]:DS:BLOCK
	HIGH	分离高字节	高字节	HIGH 2345H= 23H
	L0W	分离低字节	低字节	LOW 2345H= 45H
	SHORT	短转移说明		JMP SHORT LABEL
其他运算符	()	圆括号	改变运算符优先级	(8−4)*4=16
	[]	方括号	下标或间接寻址	MOV AX, [BX]
	·	点运算符	连接结构与变量	TAB·T1
	〈〉	尖括号	修改变量	〈, 8, 5〉
	MASK	返回字段屏蔽码	字段屏蔽码	MASK C
	WIDTH	返回记录宽度	记录/字段位数	WIDTH W

1．算术运算符

算术运算符包括：+（加法）、-（减法）、*（乘法）、/（除法、取整）、MOD（模除、取余）、SHL（左移）、SHR（右移）。由算术运算符组成的算术表达式的值取其整数。举例如下。

MOVAL, (5*12+7)/9; (AL)=7

MOVAL, 16 MOD 5=; (AL)=1

MOVAL, 10100100B SHR 2; (AL)=00101001B

2．逻辑运算符

逻辑运算符包括：NOT（非运算）、AND（与运算）、OR（或运算）、XOR（异或运算）。逻辑运算符用于逻辑表达式对二进制数进行按位逻辑运算。举例如下。

MOV AL, 00110110B AND 00001111B; (AL)=00000110B

MOV AL, NOT 00001111B; (AL)=11110000B

MOV AL, 00110110B XOR 00110110B; (AL)=00000000B

需要注意的是，逻辑运算符与逻辑运算指令的名字相同，但它们与指令有本质的区别，指令是在程序运行时执行的语句，而运算符是在汇编时由汇编程序来完成其运算功能。

3．关系运算符

关系运算符包括：EQ（等于）、NE（不等于）、LT（小于）、LE（不大于）、GT（大于）、GE（不小于）。由关系运算符组成的表达式称为关系表达式，若关系成立，其结果为“真”，用全“1”表示；若关系不成立，其结果为“假”，用全“0”表示。举例如下。

MOV AL, 8 EQ 10; (AL)=00H

MOV AL, 16 GT 5; (AL)=FFH

MOV AX, 10100100B LT 2; (AX)=0000H

4．分析运算符

分析运算符包括：SEG（返回段基值）、OFFSET（返回偏移地址）、LENGTH（返回变量单元数）、TYPE（返回变量字节数）和 SIZE（返回变量总字节数）。

关于分析运算符的说明如下。

- SEG 加在变量名或标号前面，将得到变量名或标号的段基值。
- OFFSET 加在变量名或标号前面，将得到变量名或标号的偏移地址。
- TYPE 加在变量名或标号前面，返回值是一个常数，代表变量名或标号的类型属性或距离属性。对于变量，其类型为字节，返回值为 1；其类型为字，返回值为 2；其类型为双字，返回值为 4。对于标号，其距离属性是 NEAR，返回值为-1；距离属性是 FAR，返回值为-2。
- LENGTH 加在变量名前面，返回值为该变量的单元数。LENGTH 只适用于使用 DUP 定义的情况，对于其他情况，则返回值为 1。
- SIZE 加在变量名前面，返回值为该变量的总字节数。对于 DUP 定义的变量，其返回值为 SIZE=LENGTH×TYPE。

例如，定义数据段如下。

DATA SEGMENT

TA1 B 12H, 67H, ‘A’

TA2 DW 1234H, 43BAH

TA3 DW 20 DUP (?)

DATA ENDS

则指令及其含义举例如下。

MOV AX, SEG TA1；将 TA1 的段基值传送至 AX

MOV BX, OFFSET TA1；将 TA1 的偏移地址传送至 BX, (BX)=0000H

MOV AH, TYPE TA1；将 TA1 的字节类型值传送至 AH, (AH)=1

MOV SI, OFFSET TA2；将 TA2 的偏移地址传送至 SI, (SI)=0003H

MOV CL, TYPE TA2；将 TA2 字类型值传送至 CL, (CL)=2

MOV AL, LENGTH TA3；将 TA3 的单元数传送至 AL, (AL)=20

MOV AX, SIZE TA3；将 TA3 的总字节数传送至 AX, (AX)=20×2=40

5．修改运算符

修改运算符 PTR、THIS、SHORT 用于对已定义的变量或标号的类型属性或距离属性进行修改或重新定义；修改运算符 HIGH 和 LOW 分别用于分离高字节和分离低字节。

（1）PTR

格式：类型/距离 PTR 地址表达式

功能：指定地址表达式（变量或标号）的类型属性或距离属性。对于变量，类型属性为 BYTE、WORD、DWORD；对于标号，距离属性为 NEAR、FAR。举例如下。

MOV WORD PTR [BX], 10H；存储器操作数的类型为字

JMP FAR PTR L1；标号 L1 的属性为 FAR

（2）THIS

格式：THIS 类型/距离

功能：指定类型或距离属性。

THIS 操作符的功能与 PTR 操作符的功能类似，但用法有区别。PTR 操作符用在指令中指定变量或标号的属性，而 THIS 操作符通常使用 EQU 语句指定地址表达式（变量或标号）的属性。THIS 可以像 PTR 一样建立一个指定类型（BYTE、WORD、DWORD）或指定距离（NEAR、FAR）的存储器地址操作数，但并不为其分配存储单元，所建立的存储器操作数的段地址和偏移地址与下一个存储单元的地址相同。举例如下。

FIRST EQU THIS BYTE

SECOND DW 100 DUP (?)

此时，FIRST 的偏移地址值和 SECOND 完全相同，但 FIRST 是字节型，SECOND 是字型。

（3）SHORT

SHORT 在转移指令中用来说明转移的地址范围限制在−128～127。举例如下。

JMP SHORT PTR；目标地址转移的目标地址距本条指令的下一条指令之间的偏移量范围为−128～127

（4）HIGH 和 LOW

HIGH 和 LOW 操作符用于数值表达式，分别分离数值表达式的高字节或低字节。举

例如下。

MOV AL, HIGH 2315H; 返回值为 23H

MOV AL, LOW 2315H; 返回值为 15H

（5）其他运算符

其他运算符包括“()”（圆括号）、“[]”（方括号）、“:”（段超越）等。

“()”用于改变运算符的优先级，“[]”用于间接寻址，“:”用于段超越和标号中。

4.3.2　运算符的优先级

当各种运算符同时出现在同一表达式中时，它们具有不同的优先级。运算符的优先级规定见表 4-3，优先级相同的运算操作顺序为先左后右。

表 4-3　运算符的优先级规定

优先级		符号
高	1	LENGTH, SIZE, WIDTH, MASK, (), [], <>
	2	PTR, OFFSET, SEG, TYPE, THIS
↑	3	HIGH, LOW
	4	+，－（单目）
低	5	*, /, MOD, SHL, SHR
	6	+，－（双目）
高	7	EQ, NE, LT, LE, GT, GE
	8	NOT
↑	9	AND
	10	OR, XOR
低	11	SHORT

4.4　汇编语言程序设计

4.4.1　汇编语言程序设计基本步骤

汇编语言程序设计与高级语言程序设计类似，通常按以下步骤进行。

① 分析问题，明确要解决的问题和要求。

② 确定解决问题的思路和方法。

③ 依据解决问题的方案编制程序流程图。

④ 根据流程图，逐条编写程序。

⑤ 上机调试，验证程序是否正确。

编制程序流程图时使用的框图如图 4-5 所示。初学者往往不习惯编制程序流程图，实际上，在编写程序前先构思程序流程图不仅能加速程序的编制，而且当程序出现问题时也比较容易查找和修改。有了程序流程图，即可根据流程图逐条编写程序。在编写程序时要注意程序的基本格式，分清指令语句和伪指令的不同用途，正确使用各种寻址方式和指令系统的各种指令。

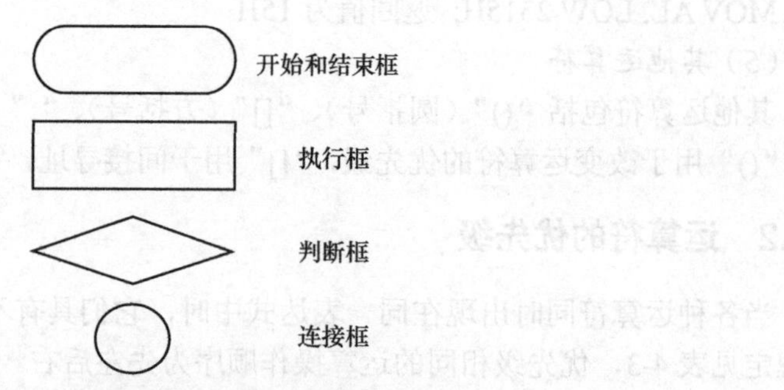

图 4-5　编制程序流程图时使用的框图

在编写程序时，掌握程序的基本结构非常重要，本节重点介绍用汇编语言编写顺序结构程序、分支结构程序、循环结构程序和子程序的方法。

4.4.2　顺序结构程序设计

顺序结构是一种最简单、最基本的程序结构。在这种结构中，无分支、无转移，计算机按照指令的编写顺序逐条执行。

【例 4-1】　编写程序，计算 Y=D1 * D2 +D3。

设 D1=16H，D2=19H，D3=24H，则程序流程图如图 4-6 所示。

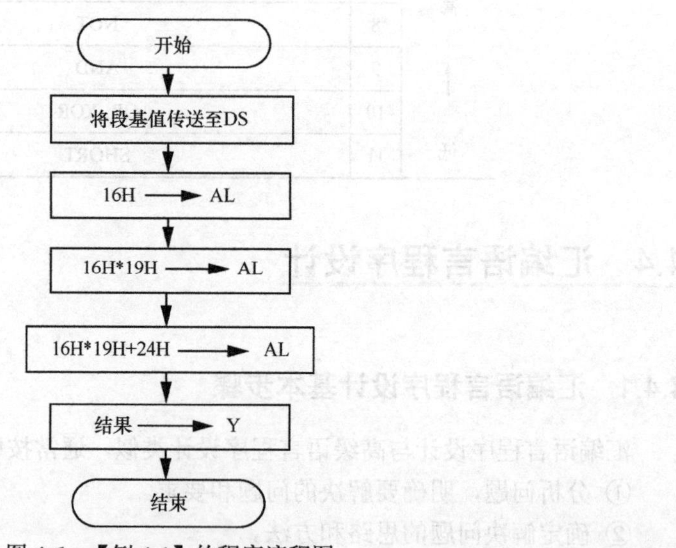

图 4-6　【例 4-1】的程序流程图

参考程序如下。

```
DATA SEGMENT
D1 DB 16H
D2 DB 19H
D3 DB 24H
```

```
YDW?
DATA ENDS
CODE SEGMENT
ASSUME CS:CODE, DS:DATA
START:MOV AX, DATA
        MOV DS, AX
        MOV AL, D1; 将 D1 传送至 AL
        MUL D2; 将 Dl*D2 结果存入 AX
        MOV BL, AL
        MOV BH, AH; 暂存乘积
        MOV AL, D3; 将 D3 传送至 AL
        CBW; 将 AL 中字节扩展为字存入 AX
        ADD AL, BL
        ADC AH, BH; 将 D1*D2 +D3 结果存入 AX
        MOV Y, AX; 将结果存入 Y
        MOV AH, 4CH
        INT 21H; 返回磁盘操作系统（Disk Operating System，DOS）
        CODE ENDS
END START
```

【例 4-2】 在内存 XX 单元中存放数 x（0<x< 9 的整数），查表求 x 的平方值，并将结果存入 YY 单元。

设 x 的平方值存放在表 TAB 中，x=2，存入 XX 单元，则程序流程图如图 4-7 所示。

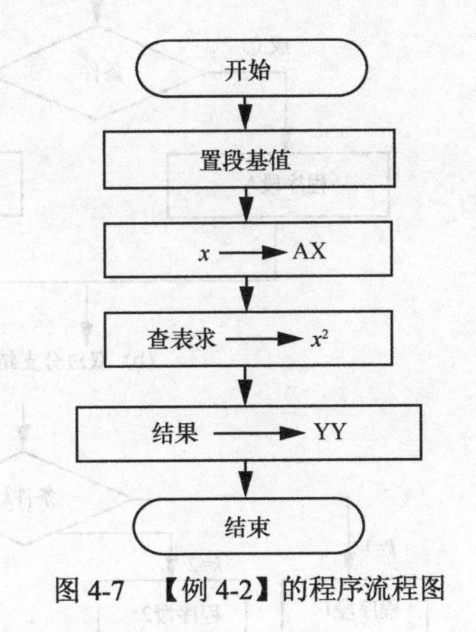

图 4-7　【例 4-2】的程序流程图

参考程序如下。

```
DATA SEGMENT
TAB DB0, 1, 4, 9, 16, 25, 36, 49, 64, 81
XX DB2
```

```
YY DB？
DATA ENDS
CODE SEGMENT
ASSUME CS:CODE, DS:DATA
START:MOV AX, DATA
        MOV DS, AX;  设置 DS
        MOV AH, 0
        MOV AL, XX;  将 x 传送至 AX
        MOV BX, OFFSETTAB
        ADD BX, AX;  计算地址
        MOV AL, [BX];  取 x 值存入 A
        MOV YY, AL;  存结果
        MOV AH, 4CH;  返回 DOS
        INT 21H
        CODE ENDS
END START
```

4.4.3　分支结构程序设计

1．分支结构程序的基本结构

分支结构程序按照给定的不同的条件进行不同的处理，其基本结构有单边分支、双边分支和多边分支，分支结构程序的基本类型如图 4-8 所示。

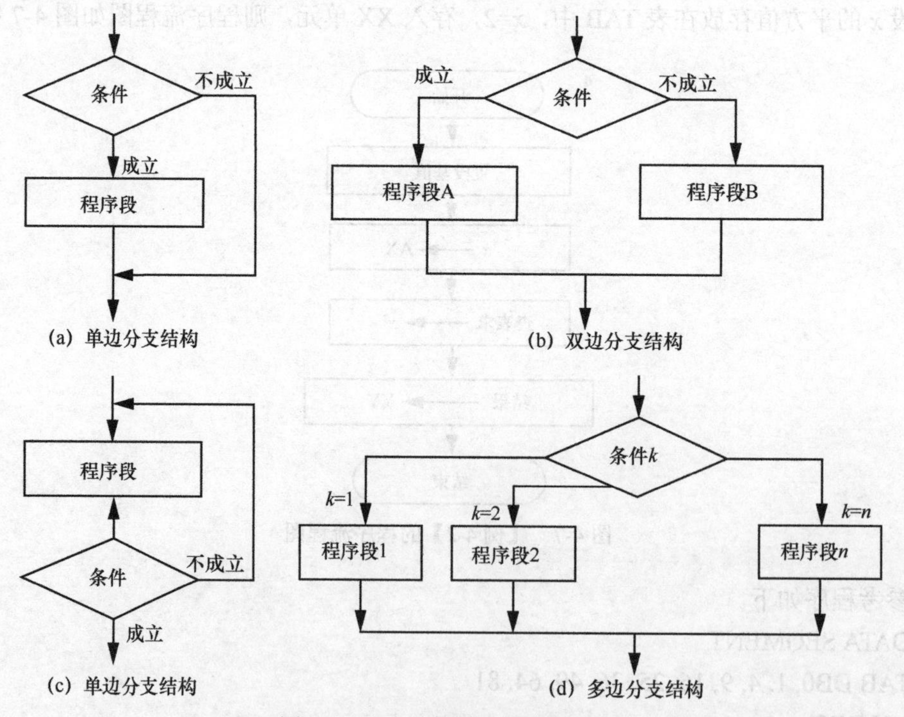

图 4-8　分支结构程序的基本类型

在分支结构程序设计中，计算机可根据给定的条件进行逻辑判断，从而选择不同的程序流向。程序的执行流向由 CS:IP 决定，当程序的转移仅在同一段内进行时，只需修改 IP 的值；如果程序的转移在不同的段之间进行，则 CS 和 IP 的值均需要修改。

分支结构程序设计的要领如下。

- 首先要根据处理的问题用比较、测试等方式，或者用算术和逻辑运算指令产生相应的标志位（OF、SF、ZF、PF、CF），然后再选用适当的条件转移指令，以实现不同情况的分支转移。
- 根据转移条件选择转移指令。通常，一条条件转移指令只能产生两路分支，因此要产生 n 路分支需 $n-1$ 条条件转移指令。
- 各分支之间不能产生干扰，如果产生干扰，可用无条件转移语句进行隔离。

2．分支结构程序举例

【例 4-3】　符号函数 $y=\begin{cases}1 & x>0\\ 0 & x=0\\ -1 & x<0\end{cases}$ （x为8位带符号数）

设 x 的值存放在数据段 XX 单元中，y 的值存放在 YY 单元中，寄存器选用 AL 存放中间结果，则程序流程图如图 4-9 所示。

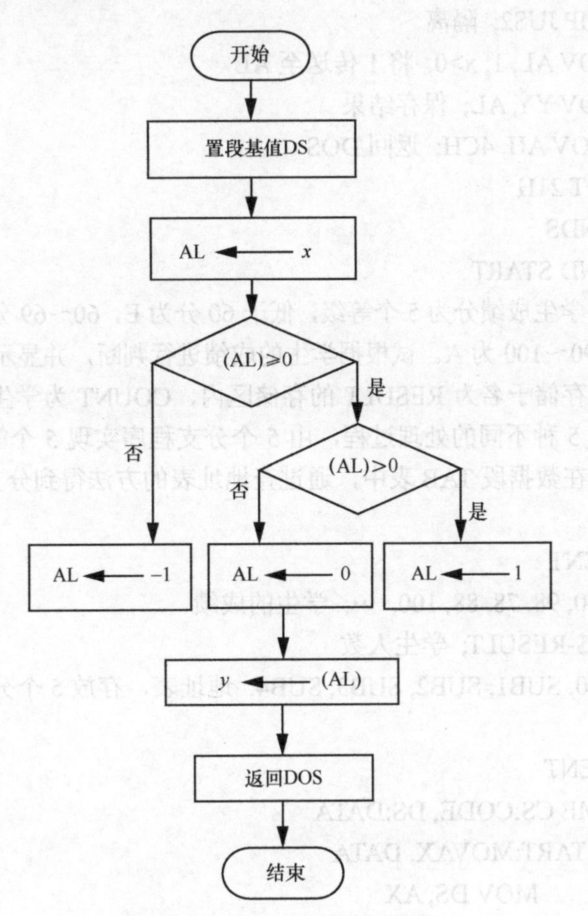

图 4-9　分支结构程序流程图

参考程序如下。

```
DATA SEGMENT
    XX DB x
    YY DB ？
DATA ENDS
CODE SEGMENT
      ASSUME CS:CODE, DS:DATA
      START: MOV AX, DATA
             MOV DS, AX
             MOV AL, XX
             CMP AL, 0; x−0 建标志位
             JGE BIGD; x≥0 转移
             MOV AL, −1; x<0, 将−1 传送至 AL
             JMP JUS2; 隔离
      BIGD: JG JUS1; x>0 转移
            MOV AL, 0; x=0, 将 0 传送至 AL
            JMP JUS2; 隔离
      JUS1: MOV AL, 1; x>0, 将 1 传送至 AL
      JUS2: MOV YY, AL; 保存结果
            MOV AH, 4CH; 返回 DOS
            INT 21H
      CODE ENDS
            END START
```

【例 4-4】 将学生成绩分为 5 个等级，低于 60 分为 E，60～69 分为 D，70～79 分为 C，80～89 为 B，90～100 为 A。试根据学生的成绩进行判断，并显示对应的成绩等级。

设学生的成绩存储于名为 RESULT 的存储区内，COUNT 为学生人数。根据学生成绩的不同等级共有 5 种不同的处理过程，由 5 个分支程序实现 5 个等级的显示。5 个分支程序的入口存放在数据段 TAB 表中，通过查地址表的方法得到分支程序入口地址。

参考程序如下。

```
DATA SEGMENT
RESULT DB 60, 98, 78, 88, 100, …; 学生的成绩
COUNT EQU $-RESULT; 学生人数
TAB DW SUB0, SUB1, SUB2, SUB3, SUB4; 地址表，存放 5 个分支的入口偏移地址
DATA ENDS
CODE SEGMENT
      ASSUME CS:CODE, DS:DATA
             START:MOVAX, DATA
                   MOV DS, AX
                   LEA SI, RESULT; 成绩的地址存放在 SI 中
```

```
        MOV CX, COUNT
AGAIN: MOV BX, OFFSET TAB; 地址表的偏移地址存放在 BX 中
        MOV AL, [SI]; 取成绩
        MOV AH, 0
        MOV DL, 10
        DIV DL; 通过除以 10 取出成绩十位上的数
        AND AX, 00FFH; 成绩十位上的数保存在 AL 中
        CMP AL, 6; 判断成绩范围
        JNB NEXT0; 大于或等于 6 跳转，即成绩为 60～100
        JMP [BX]; 小于 6，成绩低于 60 进入 SUB0 分支，输出“E”
NEXT0: CMP AL, 10; 判断成绩是否为 100
        JB NEXT1
        JMP [BX+ 8]; 等于 10，成绩为 100 进入 SUB4 分支，输出“A”
NEXT1: SUB AL, 5
        ADD AL, AL
        ADD BX, AX; 计算对应的分支程序入口地址的偏移量
        JMP [BX]; 跳转到对应的分支入口
SUB0: MOV AL, 'E'
        JMP DISP
SUB1: MOVAL, 'D'
        JMP DISP
SUB2: MOV AL, 'C'
        JMP DISP
SUB3: MOV AL, 'B'
        JMP DISP
SUB4: MOVAL, 'A'
DISP: MOV DL, AL
        MOV AH, 02H; 2 号功能调用，显示成绩等级
        INT 21H
        INC SI
        LOOP AGAIN; 未完，继续
        MOV AH, 4CH
        INT 21H
CODE ENDS
        END START
```

4.4.4 循环结构程序设计

1. 循环结构程序的基本结构

在程序设计中，如果要解决的问题需要多次重复，并且所执行的地址和操作有规律

地变化，则可以用循环结构程序来实现。这样的程序结构简便、效率高。一个循环结构程序通常由 4 个部分组成。

① 初始化：为循环操作做准备工作，建立循环的初始值，如初始化地址指针、计数器以及给变量赋初值等。

② 循环体：是循环的操作处理部分，用于完成循环的具体操作。循环体可以是一个顺序结构、分支结构或另一个循环结构。若循环体又包含循环结构，则称为多重循环。

③ 修改部分：为执行循环而修改某些参数，如地址指针、计数器或某些变量。

④ 控制部分：判断循环是否结束。

通常，判断循环是否结束主要有两种方法。

① 计数器控制循环。这种方式用于循环次数已知的情况，用循环次数控制循环，通常采用“先执行，后判断”的循环结构，如图 4-10 所示。采用这种循环结构，循环体的内容至少执行一次。

② 条件控制循环。当循环次数无法确定，但循环次数与某些条件有关，并且条件可检测时，可采用条件控制循环。这种方式根据条件判断是否结束循环，通常采用“先判断，后执行”的循环结构，如图 4-11 所示。

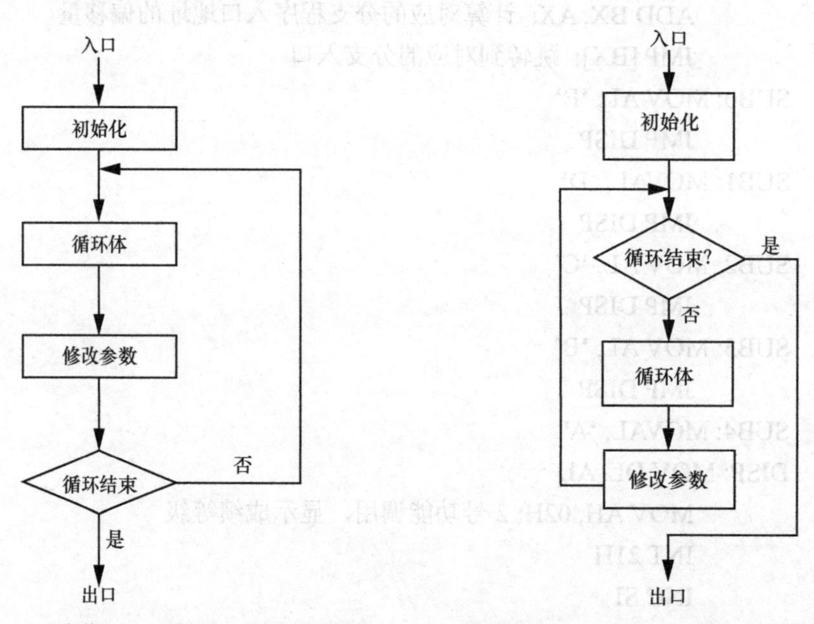

图 4-10 “先执行，后判断”的循环结构　　图 4-11 “先判断，后执行”的循环结构

8086 指令系统中用于控制循环的指令有 3 种格式。

LOOP 标号; (CX)−1→CX，(CX)≠0 时转标号

LOOPE/LOOPZ 标号; (CX)−1→CX，(CX)≠0 且 ZF=1 时转标号

LOOPNE/LOOPNZ 标号; (CX)−1→CX，(CX)≠0 且 ZF=0 时转标号

注意：指令中的标号是循环体的入口，循环控制指令的计数器必须选择 CX。对于 LOOP 指令，每执行一次循环，CX 的内容减 1，当 CX 的内容不为 0 时，继续执行循环体，退出循环的条件是 CX 内容为 0；对于 LOOPE/LOOPZ 指令，每执行一次循环，CX

的内容减 1，当(CX)≠0 且 ZF=1 时，转标号继续执行循环体，退出循环的条件是 CX 的内容为 0 或 CX 的内容不为 0 且 ZF 不等于 1；对于 LOOPNE/LOOPNZ 指令，每执行一次循环，CX 的内容减 1，当(CX)≠0 且 ZF=0 时，转标号继续执行循环体，退出循环的条件是 CX 的内容为 0 或 CX 的内容不为 0 且 ZF 不等于 0。

LOOP 指令适用于单纯地控制循环次数，LOOPE/LOOPZ 和 LOOPNE/LOOPNZ 指令常配合比较指令使用，若相等（不相等）时，重复执行循环，否则退出循环。

3 种指令控制循环的结构可表示如下。

MOV CX, n	MOV CX, n	MOV CX, n
Ll:⋯	Ll:⋯	Ll:⋯
⋯	⋯	⋯
⋯	⋯	⋯
	CMP dst, src	CMP dst, src
LOOP L1; (CX)≠0　重复	LOOPE L1;　相等重复	LOOPNE L1;　不相等重复

2．循环程序的设计举例

【例 4-5】　计算 $Y=\sum_{i=1}^{20} A_i$

设 $A_1, A_2, \cdots, A_{20}$ 是一组无符号数，并假设其和不大于 2 字节。

定义数组名 TABL 存放 A_1, A_2, ⋯, A_{20}；和存放于 Y Y 单元，中间结果存于寄存器 AX，BX 寄存器为地址指针，CX 寄存器作计数器。

其程序流程图如图 4-12 所示。

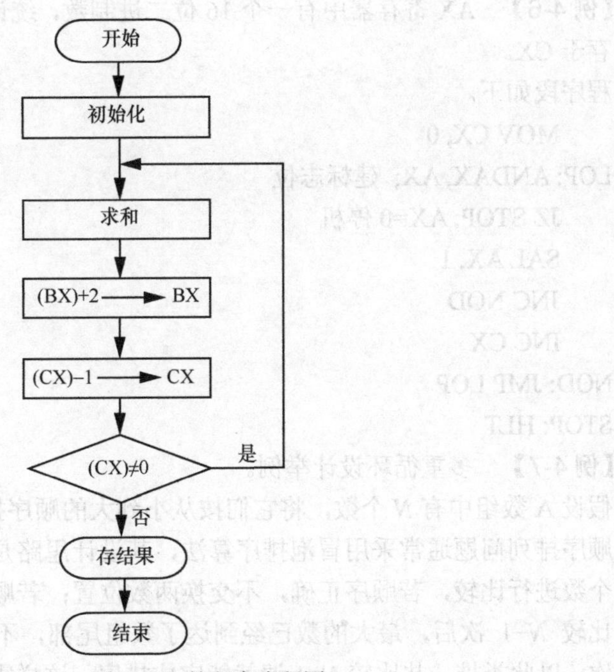

图 4-12　【例 4-5】的程序流程图

参考程序如下。

```
DATA SEGMENT
      TABLE DW A1, A2, …, A20
      YY DW ?
DATA ENDS
CODE SEGMENT
      ASSUME CS:CODE, DS:DATA
START: MOV AX, DATA
      MOV DS, AX; 初始化
      MOV AX, 0
      LEA BX, TABL
      MOV CX, 20
LP: ADD AX, [BX]; 求和
      INC BX; 修改参数
      INC BX
      LOOP LP; 控制循环
      MOV YY, AX; 存结果
      MOV AH, 4CH; 返回 DOS
      INT 21H
CODE ENDS
      END START
```

【例 4-6】 AX 寄存器中有一个 16 位二进制数，统计其中值为 1 的位的个数，并将结果存于 CX。

程序段如下。

```
     MOV CX, 0
LOP: ANDAX, AX; 建标志位
     JZ STOP; AX=0 停机
     SAL AX, 1
     JNC NOD
     INC CX
NOD: JMP LOP
STOP: HLT
```

【例 4-7】 多重循环设计举例。

假设 A 数组中有 N 个数，将它们按从小到大的顺序排列。

顺序排列问题通常采用冒泡排序算法，其设计思路是：从第一个数开始依次对相邻的两个数进行比较，若顺序正确，不交换两数位置；若顺序不正确，交换两数位置。第一遍比较 $N-1$ 次后，最大的数已经到达了数组尾部，不再参与比较；第二遍仅需比较 $N-2$ 次，以此类推，共比较 $N-1$ 遍就能完成排序。这样需要用两重循环实现，外层的循环次数为 $N-1$，内层的循环次数依次是 $N-1$、$N-2$、$N-3$、…

表 4-4 给出了采用冒泡排序算法将 5 个数从小到大排序的例子，外层的循环次数为 4，内层的循环次数依次是 4、3、2、1，可以将外循环计数器每执行一次减 1 的计数值用作内循环的循环次数。其程序流程图如图 4-13 所示。

表 4-4　冒泡排序算法

序号	数	比较遍数			
		1	2	3	4
1	10	10	10	7	7
2	68	15	7	10	10
3	15	7	15	15	15
4	7	28	28	28	28
5	28	68	68	68	68

参考程序如下。

```
DATA SEGMENT
    BUF DB 10, 68, 15, 7, 28
    NUM EQU $-BUF
DATA ENDS
CODE SEGNENT
    ASSUME CS:CODE, DS:DATA
START:MOV AX, DATA
    MOV DS, AX
    MOV CX, NUM; 计数器赋初值
  DEC CX
LOP1:MOV SI, CX
  MOV BX, 0
LOP2:MOV AL, BUF[BX]
  CMP AL, BUF[BX+1]; 比较相邻两个数的
大小
  JBE LOP3
  XCHG AL, BUF[BX+1]; 前面的数大则交换
  MOV BUF[ BX], AL
LOP3:INC BX
  LOOP LOP2; 控制内层循环
  MOV CX, SI
  LOOP LOP1; 控制外层循环
  MOV AH, 4CH
  INT 21H
CODE ENDS
  END START
```

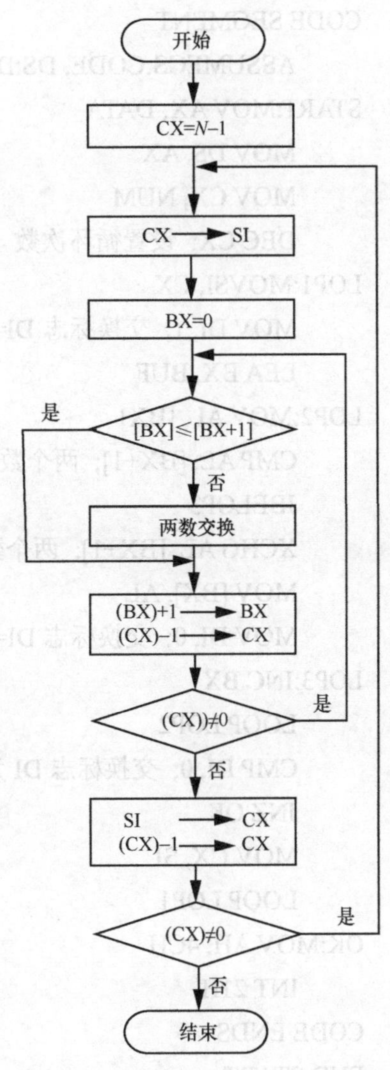

图 4-13　冒泡排序算法的程序流程图

在上例中，内外循环的次数都是确定的，在整个程序运行过程中，内循环每次减 1。外循环次数由数组长度确定，也就是不管数组的原始顺序如何，都要做 $N-1$ 遍比较。但是，在实际情况中，很可能用不了比较 $N-1$ 遍就已经排序完毕。为了提高程序的执行效率，可以设立一个标志位，每次进入外循环就将标志位设置为 1，在内循环中每做一次交换就将交换标志位设置为 0，在每次内循环结束后，可以测试交换标志。如果标志位为 0，则再一次进入外循环；如果标志位为 1，则说明上一遍比较没有交换操作，数组已经排序完毕，这时就可以提前结束外循环。

建立交换标志的编程方法如下。

```
DATA SEGMENT
    BUF DB 10, 68, 15, 7, 28
    NUM EQU $-BUF
DATA ENDS
CODE SEGMENT
    ASSUMECS:CODE, DS:DATA
START:MOV AX, DATA
    MOV DS, AX
    MOV CX, NUM
    DEC CX; 设置循环次数
LOP1:MOVSI, CX
    MOV DI, 1; 交换标志 DI=1
    LEA BX, BUF
LOP2:MOV AL, [BX]
    CMP AL, [BX+1]; 两个数进行比较
    JBELOP3
    XCHG AL, [BX+1]; 两个数交换
    MOV [BX], AL
    MOV DI, 0; 交换标志 DI=0
LOP3:INC BX
    LOOP LOP2
    CMP DI, 0; 交换标志 DI 为 0，则继续，否则转结束
    JNZ OK
    MOV CX, SI
    LOOP LOP1
OK:MOV AH, 4CH
    INT 21H
CODE ENDS
END START
```

4.5　宏与宏调用

4.5.1　宏概念

为了简化书写程序，把一段功能相对独立的指令序列用一条指令代替，这种指令称为宏指令。宏由宏定义伪指令定义之后，可以多次调用它。当宏汇编程序对源程序进行汇编时，在宏调用处会插入宏定义中的指令代码，这称为宏展开。下面介绍宏定义、宏调用、宏展开的方法。

1．宏定义

宏定义的格式如下。

宏名 MACRO[形参 1, 形参 2, …]

Λ
Λ }宏定义体
Λ

ENDM

其中，MACRO 和 ENDM 是一对宏定义伪指令，表示宏定义的开始与结束。宏名是宏指令的操作符，由用户定义，不可省略。在 MACRO 和 ENDM 之间是宏定义体，是一段指令语句，又称为宏指令语句。形式参数（又称为虚参或哑元，简称形参）是可选项，可有可无，当有多个形参时，每个参数之间用逗号隔开。形参与调用该宏的实际参数（简称实参）相匹配，实现参数传递。

2．宏调用

经过定义的宏名称为宏指令，它可以置于代码段中实现宏调用。宏指令的格式为

宏名[实参 1, 实参 2, …]

其中，宏名与被调用的宏定义中的宏名相同，实参与宏定义中的形参按从左到右的顺序一一对应，当宏定义中无形参时，宏指令中也没有实参。

例如，设 X=12H，Y=56H，利用宏定义实现 X+Y。

不带形参的宏定义如下。

```
MADD MACRO
MOV AL, 12H
MOV BL, 56H
ADD AL, BL
ENDM
```

宏指令格式为

MADD; 只有宏名，没有实参

带形参的宏定义如下。

```
MADD MACRO X, Y
MOV AL, X
```

```
MOV BL, Y
ADD AL, BL
ENDM
```

其中 X 和 Y 是形参，在宏指令中必须有与形参类型、个数相匹配的实参。宏指令格式为：MADD 12H, 56H。宏名后的 12H 和 56H 是与形参 X 和 Y 相对应的实参。当源程序进行汇编时，用实参取代形参，即用 12H 取代 X，用 56H 取代 Y。如果实参的个数比形参的个数多，则多余的实参无效；如果实参的个数比形参的个数少，则多余的形参为空。

在宏定义中是否定义形参，要根据需要来考虑。如果宏定义体具有运算功能，考虑它的通用性，可将参加运算的操作数设置为形参，在宏调用时由宏指令用运算的数据取代形参。

3．宏展开

当宏指令被 MASM 汇编时，汇编程序将对宏调用进行宏展开，即用宏定义体中的指令序列取代宏指令中的宏名，将实参置于宏定义体中取代形参，并在每条指令前加上“+”，表示这是宏指令语句。上例中的宏展开格式如下。

```
+ MOV AL, 12H
+ MOV BL, 56H
+ ADD AL, BL
```

由此可见，用宏定义能缩短源程序的长度，简化程序设计，但目标代码长度并不能缩短。

4.5.2 宏指令应用举例

【例 4-8】 用宏指令实现两个字节操作数相乘。

程序如下。

```
MADD MACROOP1, OP2, RLT
        PUSH AX; AX 压栈保存
        PUSH BX; BX 压栈保存
        MOV AL, OP1; 被乘数传送至 AL
        MOV BL, OP2; 乘数传送至 BL
        IMUL BL; (AL)×(BL), 积存入 AX
        MOV RLT, AX; 积存入结果单元
        POP BX; 恢复 BX 的内容
        POP AX; 恢复 AX 的内容
        ENDM
MDATA SEGMENT; 定义数据段
        M1 DB 06H, 75H; 第一组被乘数和乘数
        DW ?; 第一组结果单元
        M2 DB 14H, 27H; 第二组被乘数和乘数
        DW ?; 第二组结果单元
MDATA ENDS
MSTACK SEGMENT STACK; 定义堆栈段
        DB 50 DUP(?)
```

```
MSTACK ENDS
MCODE SEGMENT
        ASSUME CS:MCODE, DS:MDATA, SS:MSTACK
START:MOVAX, MDATA
        MOV DS, AX
        MOV BX, OFFSET M1; 取第一组操作数的偏移地址
        MOV CL, [BX]; 取第一组被乘数
        MOV CH, [BX+1]; 取第一组乘数
        MADD CL, CH，[BX+ 2]; 宏指令调用
        MOV BX, OFFSET M2; 取第二组操作数的偏移地址
        MOV CL, [BX]; 取第二组被乘数
        MOV CH, [BX+ 1]; 取第二组乘数
        MADD CL, CH, [BX+ 2]; 宏指令调用
        MOV AH, 4CH; 返回 DOS
        INT 21H
MCODE ENDS
        END START
```

宏定义中的形参 OP1 和 OP2 与宏指令中的被乘数和乘数相对应，RLT 与宏调用中的结果单元相对应；在宏汇编程序设计中，宏定义置于所有逻辑段之前。

4.6　汇编语言程序设计与上机调试

4.6.1　汇编语言程序设计实例

本节针对在程序设计中经常遇到的一些问题，列举几个程序设计的例子，具体情况见各例分析。

【例 4-9】 用变址寻址实现多个 16 位数的加法。

汇编语言程序中的加法指令（ADD、ADC）一般只针对目标和源两个操作数（执行 ADC 指令时包括进位标志 CF）实现加法运算，可以利用变址寻址的方法轻松实现多个操作数之间的加法运算。本例先将参与加法运算的多个 16 位数放入内存中连续的多个双字节单元数表，后用变址寻址的方法重复执行加法指令，将每一次求得的和都与下一个数相加，最终得到数表中所有操作数的和。

参考程序如下。

```
DATA SEGMENT
        TABLE DW 1234H, 5678H, …, EAFBH; 10 个数
        LSBA DW?
        HSBA DW?
DATA ENDS
```

```
STACK1 SEGMENT PARASTACK
      DB 64 DUP (0)
STACK1 ENDS
CODE SEGMENT
MP PROCFAR
      ASSUMECS:CODE, DS:DATA, SS:STACK1
      PUSH DS
      MOVAX, 0
      PUSH AX
      MOV AX, DATA
      MOV DS, X
      MOV DX, 0
      MOV SI, 0
      MOV AX, TABLE[SI]
      MOV CX, 9
AGIN:ADD SI, 2
      ADD AX, TABLE[SI]
      ADC DX, 0
      LOOP AGIN
      MOV LSBA, AX; 保存结果
      MOV HSBA, DX
      RET
MP ENDP
      CODE ENDS
END
```

【例 4-10】 从内存地址为 BUFF 的单元开始，在其中存放 50 个字节的带符号数。试编写程序求其正数之和与负数之和，分别存入 X 单元和 Y 单元。

本例的难点是运算不能一步到位，需经过取数据、判正负、正数相加/负数相加、存结果等过程，优良的算法是解决此类问题的关键，流程图如图 4-14 所示。

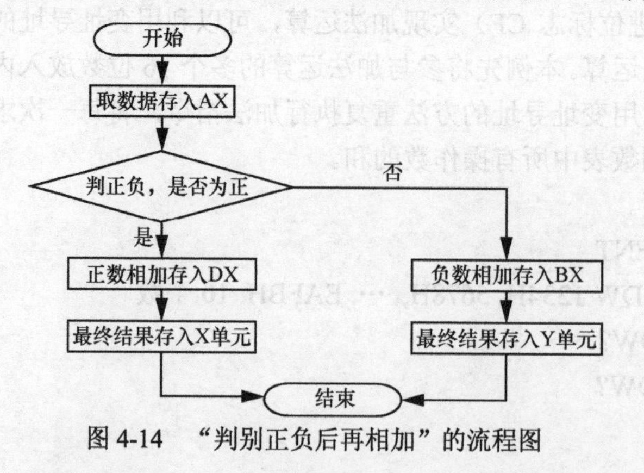

图 4-14 “判别正负后再相加”的流程图

参考程序如下。

```
DATA SEGMENT
BUFF DB 12, -15, -95, 100, 125, -120, …; 定义 50 个字节数据
CONT EQU $-BUFF
        Y DW ?; 存放负数之和
        X DW ?; 存放正数之和
DATA ENDS
CODE SEGMENT
        ASSUME CS:CODE, DS:DATA
START:MOV X, DATA
        MOV DS, AX
        XOR BX, BX; BX 清 0，存放负数
        XOR DX, DX; DX 清 0，存放正数
        MOV CX, CONT; CX 为数据块长度
        MOV SI, OFFSET BUFF
LOP:MOV AL, [SI]; 取数据
        CMP AL, 0; 与 0 比较
        JNS PLUS; SF=0, AL 中为正数
        CBW; 把 AL 中的符号位扩展到 AH 中
        ADD BX, AX; 负数相加，结果存入 BX
        JMP NEXT
PLUS:CBW; 把 AL 中的符号位扩展到 AH 中
        ADD DX, AX; 正数相加，结果存入 DX
NEXT:INC SI; 指下一个数据
        LOOP LOP; 未完继续
        MOV Y, BX; 负数存入 Y 单元
        MOV X, DX; 正数存入 X 单元
        MOV AH, 4CH
        INT 21H
CODE ENDS
        END START
```

【例 4-11】 编写数据块传送程序。

在编制数据块传送程序时，如果源数据块与目的数据块的地址范围没有重叠，既可以从首地址开始传送，也可以从末地址开始传送。如果源数据块与目的数据块的地址范围有部分重叠，当源数据块的首地址<目的数据块的首地址时，从末地址开始传送；当源数据块的首地址>目的数据块的首地址时，从首地址开始传送。

参考程序如下。

```
DATA SEGMENT
    DA DB 10 DUP (1, 2, 3, 4, 5)
```

```
        DB 50 DUP (?)
    DA1 EQU DA+10H
    DA2 EQU DA+30H
    COUNT EQU 30
    DATA ENDS
    COSEG SEGMENT
        ASSUME CS:COSEG, DS:DATA
        MOVE: MOV AX, DATA
              MOV DS, AX
              MOV CX, COUNT
              MOV SI, DA1; 将源数据块首偏移地址传送至 SI
              MOV DI, DA2; 将目标数据块首偏移地址传送至 DI
              CMP SI, DI
              JA OK2
              ADD SI, CX
              ADD DI, CX
        OK1: MOV AL, [SI-1]; SI<DI，从数据块末地址开始传送
             MOV [DI-1], AL
             DECSI
             DEC DI
             LOOP OK1
             JMP OK3
        OK2: MOV AL, [SI]; SI>DI，从数据块首地址开始传送
             MOV [DI], A
             INC SI
             INC DI
             LOOP OK2
        OK3: MOV AH, 4CH
             INT 21H
    COSEG ENDS
        END MOVE
```

【例 4-12】 编写程序比较 BUF 和 STRING 两个字符串，将不相同字符前相同的字符个数送至 RESU 单元，设字符个数<255。

每个字符占一个字节，故用指令 CMPSB，并选用重复前缀 REPE。

参考程序如下。

```
DATA SEGMENT
    BUF DB 'ABCDEFGHIJKLMNOP'
    CUNT EQU $-BUF
    STRING DB 'ABCDEFGHIJKLMNOP'
```

```
    RESU DB ?
DATA ENDS
CODE SEGMENT
    ASSUME CS:CODE, DS:DATA, ES:DATA
COMPS: MOVAX, DATA
       MOV DS, AX
       MOV ES, AX
       MOV SI, OEFSET BUF; 取源字符串首地址
       MOV DI, OFFSET STRING; 取目标字符串首地址
       MOV CX, CUNT
       MOV BX, CUNT
       CLD:DF=0
       REPE CMPSB; 比较两个字符串
       J2 ENDO; 若两个字符串相同，则转移
       SUB SI, OFFSET BUF; 若中间有不相同字符，取前面相同字符的个数
       MOV BX, SI
       DEC BX; 去掉一个不相同的字符
ENDO: MOV RESU, BL
      MOV AH, 4CH
      INT 21H
      CODE ENDS
END COMPS
```

【例 4-13】 将 16 位二进制数转换成 4 位十六进制数的 ASCII 码，并输出显示。

整数 0～9 的二进制数与 ASCII 码相差 30H，而 A～F 的二进制数与 ASCII 码相差 37H，所以，在转换时应当先对 4 位二进制数进行判断，如果是 0000B～1001B，只需加上 30H，若是 1010B～1111B，则需加上 37H。

参考程序如下。

```
DATA SEGMENT
    BIN1 DW 0011100110101111B
    HEX1 DB 10 DUP(?)
DATA ENDS
COSEG SEGMENT
    ASSUME CS:COSEG, DS:DATA
BINHEX: MOV AX, DATA
        MOV DS, AX
        MOV CH, 4; 十六进制数的个数
        LEA DI, HEX1; 存放结果单元
        MOV BX, BIN1; 取二进制数
CONV1: MOV CL, 4
```

```
        ROL BX, CL; 循环左移 4 位，将高 4 位移到低 4 位
        MOV AL, BL
        AND AL, 0FH; 取低 4 位
        CMP AL, 09H; 如果是 0～9，则加 30H；如果是 A～F，则加 37H
        JLE ASCI
        ADD AL, 07H
ASCI: ADDAL, 30H
        MOV [DI], AL; 存转换结果
        INC DI
        DEC CH
        JNZ CONV1; 未完继续
        MOV [DI], 'H'; 插入 H 表示十六进制数
        MOV [DI+ 1], $; 插入字符串结束符$
        MOV DX, OFFSET HEX1; 输出十六进制数
        MOV AH, 09H
        INT 21H
        MOV AH, 4CH
        INT 21H
COSEG ENDS
        END BINHEX
```

【例 4-14】 编写输入/输出子程序，并编制主程序实现菜单选择。

在学习和使用汇编语言的过程中，用户不可能也没有必要从最底层的第一个操作开始，如输入/输出字符串这样的操作都由用户程序完成是不现实的。DOS 功能调用提供了一种有效的方法，通过 INT 21H 软中断指令调用 DOS 内部子程序完成一系列特定的操作。调用前将功能号传送至 AH 寄存器，同时，根据功能号规定的要求准备所有参数，然后执行 INT 21H。1 号功能调用实现从键盘读入一个字符；9 号功能调用实现从显示器输出字符串。

参考程序如下。

```
DATAS SEGMENT
      MENU DB 'Press 1 or 2 for Messages or CTRL/C to stop!', '$'
      MESS1 DB 'Message Number One', 0DH, 0AH, '$'
      MESS2 DB 'Message Number Two', 0DH, 0AH, '$'
      MESS3 DB 'You hit an invalid key', 0DH, 0AH, '$'
DATAS ENDS
CODES SEGMENT
      ASSUME CS:CODES, DS:DATAS
STDIN PROC; 输入子程序
      MOV AH, 01H
      INT 21H
```

```
    RET
STDIN ENDP
STDOUT PROC; 字符串输出子程序
    MOV AH, 09H
    INT 21H
    RET
STDOUT ENDP
MAIN: MOV AX, DATAS; 菜单选择主程序
        MOV DS, AX
        MAIN0:LEA DX, MENU
        CALL STDOUT
        CALL STDIN
MAIN1: CMP A, '1'
        JNZ MAIN2
        LEA DX, MESS1
        CALLSTOUT
        JMP MAIN4
MAIN2: CMP A, '2'
        JNZ MAIN3
        LEA DX, MESS2
        CALL STDOUT
        JMP MAIN4
MAIN3: LEA DX, MESS3
        CALL STDOUT
MAIN4: JNP MAIN0
CODES ENDS
        END MAIN
```

4.6.2 DOS 功能调用与子程序设计

DOS 是磁盘文件管理型的操作系统，它有许多中断服务程序供用户调用。在一般情况下，用户在汇编语言程序中可调用 DOS 的中断服务程序，并在汇编语言程序正常结束时返回 DOS 提示符。

DOS 设置了几十个内部子程序，可供用户调用，为程序员编写汇编语言源程序提供了方便。在调用时，需要使用软中断指令 INT *n*，其中 *n* 为软中断调用的类型号。通过 INT20H~27H 指令，用户可实现对 DOS 中断服务程序的调用。下面对几个常用的软中断调用类型做简要说明。

① 20H 类型中断：程序正常退出。使用中断指令 INT 20H 前，必须保证 CS 含有程序段的段基值，将段基值传给 DOS 中的程序以保证恢复时进入原有的结束出口。

② 21H 类型中断：系统功能子程序调用，软中断指令 INT 21H 可控制 80 多个功能

子程序，可以完成磁盘读/写控制、文件管理、存储管理、基本输入/输出管理等功能。

③ 25H 类型中断：按扇区读盘。软中断指令 INT25H 控制 DOS 按扇区进行读盘，将扇区数传送至 CX，将起始逻辑扇区号传送至 DX，传送地址由 DS:BX 决定。

④ 26H 类型中断：按扇区写盘。与 25H 类型中断功能相同，只是将读操作改为写操作。

⑤ 27H 类型中断：驻存结束。终止程序但保留驻存，驻存的内存最大容量为 64 KB。

在 DOS 中断服务程序中，系统功能子程序调用（21H 类型中断）是汇编语言编程的重要工具。在调用系统功能子程序时，不必了解所使用设备的物理特性、接口方式及内存分配等，也不必编写烦琐的控制程序，从而给使用者带来了很大的方便。调用系统功能子程序需要用以下方式。

- 将入口参数传送至指定寄存器；
- 将调用的功能号传送至 AH 寄存器；
- 执行 INT 21H。

若子程序无入口参数，则只需要安排后 2 个语句。

在调用结束后，系统将出口参数传送至指定寄存器或使其从屏幕显示出来。下面选择部分常用的系统功能子程序调用进行说明。

（1）带显示的键盘输入单字符（1 号功能）

格式：MOV AH, 01H

INT 21H

功能：按下任何一个键，将其字符的 ASCII 码传送至 AL，并在屏幕上显示该字符；如果按下的是 Ctrl+ Break 键，则中止程序执行。

1 号功能调用无入口参数，出口参数在 AL 中。

（2）不带显示的键盘输入单字符（8 号功能）

格式：MOV AH, 08H

INT 21H

功能：同 1 号功能，但字符不在屏幕上显示。

（3）键盘输入字符串（0AH 号功能）

格式：MOVDX, 输入缓冲区的偏移地址

MOV AH, 0AH

INT 21H

功能：将字符串由键盘输入内存输入缓冲区。

使用 0AH 号功能调用时，应当注意以下几点。

① 应当先在内存中建立一个缓冲区。缓冲区的第 1 个字节给定该缓冲区能存放字符的字节数，第 2 个字节留给系统填写实际键入的字符个数，从第 3 个字节开始存放键入的字符串，最后键入回车键（0DH）表示字符串结束。

② 设置的缓冲区容量应当大于实际键入的字个数，若实际键入的字符个数超过缓冲区容量，则后面输入的字符被略去。

③ 调用时，用 DS:DX 指向缓冲区的段基值和偏移地址。

下面是 0AH 号功能调用的一个例子，设 DS 为该缓冲区的段基值。

BUF DB 10; 定义缓冲区存放字符的字节数

DB ?; 预留一个字节，由系统填写实际键入的字符个数

DB 10 DUP(?); 10 字节空间存放键入的字符

…

MOV DX, OFFSET BUF; 将输入缓冲区的偏移地址装入 DX

MOV AH, 0AH; 将 0AH 功能号传送至 AH

INT 21H; 0AH 号功能调用，接收键入的字符

该缓冲区共定义了 12 个字节，若输入的字符串是'ABCDEFGH'，输入缓冲区 BUF 的存储格式如图 4-15 所示。第一个字节中的数是该缓冲区能存放字符的字节数，第二个字节中的数是系统自动填写的键入的字符个数，从第三个字节开始存放键入的字符串，最后一个 0DH 是键入回车键的 ASCII 码。由此可见，如果输入的字符串的长度是 *n*，那么缓冲区的容量应该大于或等于 *n*+3。

（4）单字符显示（2 号功能）

格式：MOV DL , '字符'

MOV AH, 02H

INT 21H

功能：使置入 DL 寄存器的字符在屏幕上显示输出。

（5）单字符打印（5 号功能）

格式：MOV DL, '字符'

MOV AH, 05H

INT 21H

功能：将置入 DL 寄存器的字符传送至打印机输出。

BUF	10
	8
	'A'
	'B'
	'C'
	'D'
	'E'
	'F'
	'G'
	'H'
	0DH

图 4-15　输入缓冲区 BUF 的存储格式

（6）字符串输出（9 号功能）

格式：MOV DX, 输出缓冲区的偏移地址

MOV AH, 09H

INT 21H

功能：使输出缓冲区的字符串在屏幕上显示。

在使用 9 号功能调用时应当注意以下问题。

① 要输出显示的字符串必须先存放在内存—数据区（输出缓冲区），字符串以符号'$'作为结束标志。

② 应当将字符串首地址的段基值和偏移地址分别存入 DS 和 DX。

下面是 9 号功能调用的一个例子。

STR DB 'ABCDEFG' 0AH, 0DH, '$'; 输出字符串

MOV DX, OFFSET STR; 将输出缓冲区的偏移地址装入 DX

MOV AH, 09H; 将 09H 功能号传送至 AH

INT 21H; 09 号功能调用，输出字符串

上例第一行用于将字符串'ABCDEFG'存入输出缓冲区 STR，0AH 为回车符，0DH 为换行符，'$'为字符串结束符。输出缓冲区 STR 的存储格式如图 4-16 所示。0AH 和 0DH

是用来控制光标位置的，可有可无，根据需要设置，而字符串结束符'\$'不能省略。

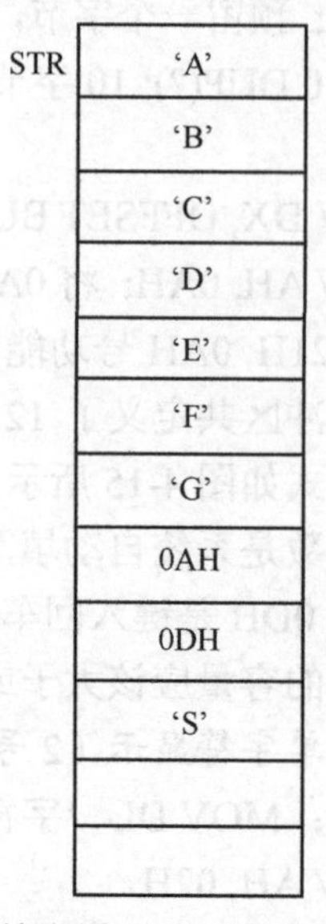

图 4-16　输出缓冲区 STR 的存储格式

（7）直接输入/输出单字符（6 号功能）

格式：MOVDL，输入/输出标志

MOV AH, 06H

INT 21H

功能：执行键盘输入操作或屏幕显示输出操作，执行这两种操作的选择由 DL 寄存器中的内容决定。当(DL)=0FFH 时，执行键盘输入操作；当(DL)≠0FFH 时，将 DL 中的内容传送至屏幕显示输出。

（8）返回操作系统（4CH 号功能）

格式：MOV AH, 4CH

INT 21H

功能：结束当前程序的执行，返回操作系统，这时屏幕上将显示 DOS 操作系统提示符（C>）。

（9）设置系统日期（2BH 号功能）

格式：MOV CX，年

MOV DH，月

MOV DL，日

MOV AH, 2BH

INT 21H

功能：设置有效的年、月、日。当 AL=0 时，设置成功；当 AL=0FFH 时，设置失败。

（10）设置系统时间（2DH 号功能）

格式：MOV CH，小时

MOV CL，分

MOV DH，秒

MOV AH, 2DH

INT 21H

功能：设置有效的时间。当 AL=0 时，设置成功；当 AL=0FFH 时，设置失败。

4.6.3　BIOS 功能调用

基本输入/输出系统（Basic Input/Output System，BIOS）是一组底层的基础软件程序，它除了包含系统测试与初始化等程序，还为用户提供了常用 I/O 设备的输入/输出处理程序，能直接控制 I/O 设备。通常用于控制设备驱动模块和执行字符级 I/O 操作。

BIOS 固化在系统主板上的只读存储器（Read-Only Memory，ROM）中，计算机加电后，用户可用软中断指令 INT *n*（*n* 为软中断调用的类型号）随时调用 BIOS 的服务程序，给编程带来了很大的方便。主要的 BIOS 功能调用见表 4-5。

表 4-5　主要的 BIOS 功能调用

中断号	功能	中断号	功能	中断号	功能
10H	视频服务	13H	磁盘 I/O	16H	键盘
11H	设备类型	14H	串行口	17H	打印机
12H	内存容量	15H	磁带 I/O	1AH	时钟

在应用 BIOS 功能调用时，必须设置有关的寄存器值，即入口参数，然后执行相关的软中断指令进行调用。许多类型的调用还分为多种功能。例如，INT 10H 为视频服务 BIOS 功能调用，又分为 00H～11H 多种功能，可以实现视频选择、光标类型选择、定位/显示页选择、读取 ROM 字符集等。以 INT 10H 为例说明其调用格式。

① 选择视频模式（00H 号功能）

格式：MOV AH, 00H

MOV AL, 显示模式号

INT 10H

功能：视频服务。显示模式号范围为 00H～13H，可选择分辨率、模式、颜色、行列数等。

② 选择光标类型（01H 号功能）

格式：MOV AH, 01H

MOV CH, 光标开始行号

MOV CL, 光标结束行号

INT 10H

功能：改变光标大小。

DOS 和 BIOS 是两组系统服务程序，程序员可通过它们访问和使用 IBMPC 系列微型计算机的硬件。

BIOS 提供基本的底层服务，DOS 则在更高的层次上提供与 BIOS 同样的或更多的功能。例如，BIOS 和 DOS 调用都能实现磁盘的读/写，BIOS 调用需要准确地说明读/写位置，即磁头、磁道和扇区号，而 DOS 调用则不必说明读/写信息在硬盘上的物理地址，因此，使用 DOS 比使用 BIOS 更容易。另外，在使用 DOS 功能调用时，程序的可移植性比使用 BIOS 功能调用的程序好，因此，应尽量使用 DOS 功能调用。

BIOS 功能调用的优点是程序执行效率比 DOS 功能调用的程序执行效率更高。另外，有些功能，如显示器 I/O 操作，BIOS 功能调用提供的功能比 DOS 功能调用提供的功能更丰富，如果某些工作使用 DOS 功能调用无法实现，就需要使用 BIOS 功能调用。

4.6.4　子程序设计

如果在一个程序中多次引用相同的一段程序时，通常将这段程序编写成一个相对独立的程序段，存放在内存的某个区域，当需要执行这个程序段时，可以通过调用指令调用它。具有这种独立功能的程序段称为子程序或过程，调用子程序的程序通常称为主程序或调用程序。子程序是程序设计中常用的一种重要方法，它既能简化程序的设计，又能提高程序的可读性，还能节省内存空间。

在子程序设计中需要解决以下几个问题。

1．子程序的调用与返回

主程序调用子程序是通过 CALL 指令来实现的。子程序执行后，通过 RET 指令返回主程序 CALL 指令的下一条指令（称为断点），继续执行主程序。子程序的调用和返回如图 4-17 所示。

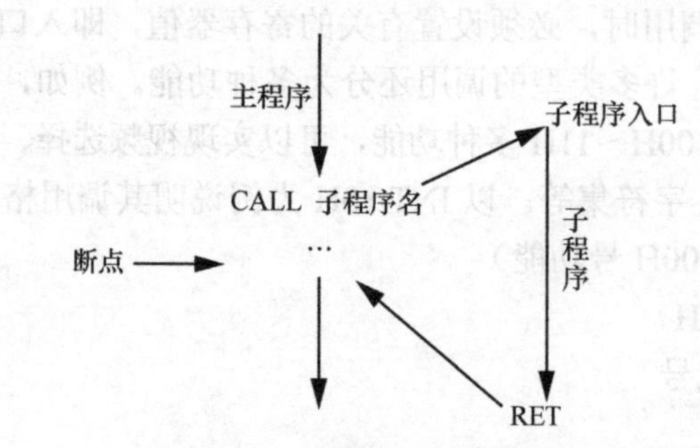

图 4-17 子程序的调用和返回

由图 4-17 可知，CALL 指令的功能是确定子程序的入口地址，继而转去执行子程序。为了在子程序执行完毕后能正确返回 CALL 的下一条指令处继续执行主程序，在执行转移之前，先将断点压入堆栈保存，在子程序执行 RET 指令时，从堆栈中弹出此断点，继而转移到主程序断点处继续执行。CALL 和 RET 的功能通过修改指令指针 CS:IP 来控制程序的执行流向。

（1）子程序调用指令 CALL 的格式与功能

子程序的调用分为段内调用和段间调用：段内调用只需要修改 IP，段间调用则需要修改 CS 和 IP。

① 段内调用 CALL 指令的格式

段内调用 CALL 指令有两种寻址方式。

- 段内直接调用：指令提供子程序的入口位移量。

格式：CALL 子程序名

功能：断点压栈，(SP)−2→SP，(IP)→[SP]；取子程序入口，(IP)+disp16→IP。

- 段内间接调用：由寄存器或存储器提供子程序的入口偏移地址。

格式：CALL reg16/ mem16

功能：断点压栈，(SP)−2→SP，(IP)→[SP]；取子程序入口，(reg/mem)→IP。

举例如下。

CALL SUB-N；段内直接调用，子程序名 SUB-N 的属性为 NEAR

CALL BX；段内间接调用，子程序入口的偏移地址在 BX 中

CALL WORD PTR [BX]；段内间接调用，子程序入口的偏移地址在 BX 指示的存储单元中

② 段间调用 CALL 指令的格式

段间调用需要修改 CS 和 IP。段间调用 CALL 指令有两种寻址方式。

- 段间直接调用：指令提供子程序的段基值和偏移地址。

格式：CALLFAR PTR 子程序名

功能：断点压栈，先压 CS，后压 IP；取子程序入口，将偏移地址传送至 IP，将段基值传送至 CS。

• 段内间接调用：由存储器提供子程序的段基值和偏移地址。

格式：CALL DWORD PTR mem

功能：断点压栈，先压 CS，后压 IP；取子程序入口，[mem] →IP，[merm+2] →CS。举例如下。

CALLFAR PTR SUB-N；段间直接调用，子程序名 SUB-N 的属性为 FAR

CALL DWORD PTR [BX]；段间间接调用

子程序入口的段基值和偏移地址在 BX 指示的连续的 4 个存储单元中，段基值存放在 2 个高地址单元，偏移地址存放在 2 个低地址单元。

（2）子程序返回指令 RET 的格式与功能

格式：RET

功能：将堆栈保存的断点恢复到 CS:IP 中。

子程序返回分为段内返回和段间返回两种。如果是在同一段内返回，将 2 字节断点的偏移地址弹到 IP 中，CS 不变；如果是在不同段内返回，先将 2 字节断点的偏移地址弹到 IP 中，然后再将 2 字节断点的段基值弹到 CS 中。

格式：RET *n*

在 RET 指令中还允许带参数 *n*，其中，*n* 表示弹出断点之后，使 SP 的内容再回退 n 个字节单元，使（SP）+*n* 修改。其作用是使断点之后的 *n* 个字节单元的数据无效。

一个子程序可以由主程序调用，也可以由子程序调用。如果在子程序中又调用了其他的子程序，称为子程序的嵌套调用；如果在子程序中调用了该子程序本身，则称为子程序的递归调用。

2．子程序调用时的参数传递方法

调用程序与被调用程序之间需要传送一些参数。例如，调用程序给被调用程序传送运算所需要的数据（称为入口参数），被调用程序要将处理结果返回调用程序（称为出口参数）。

参数传递必须事先约定，通常有以下 3 种方法。

① 寄存器传递：入口参数和出口参数都通过寄存器传递。这种方法比较简单，速度快，但由于寄存器个数有限，只适用于参数传递较少的情况。

② 存储单元传递：入口参数和出口参数都存放在内存单元中。这种方法适用于参数传递较多的情况。

③ 堆栈传递：入口参数和出口参数都存放在堆栈中，通过对堆栈的读/写传递参数。因为堆栈中的数据具有“先进后出”的存取特点，因此，它适用于子程序嵌套或递归调用时的参数传递。

3．子程序调用时的现场保护与恢复

如果子程序用到某些寄存器或存储单元，为了不破坏原有的信息，需要对寄存器或存储单元的原有内容进行压栈保护（称为现场保护），当子程序执行完毕时，将压栈保护的内容再恢复到原来的位置中（称为恢复现场）。现场保护可以放在主程序中，也可以放在子程序中，但一般放在子程序中更好，在子程序开始时进行现场保护，在子程序结束时恢复现场。举例如下。

```
SUBP PROC
PUSH AX
PUSH BX
PUSH CX
…
POP CX
POP BX
POP AX
SUBP ENDP
```

用于中断服务的子程序则一定要把现场保护安排在子程序中，这是因为中断是随机出现的，因此无法在主程序中安排现场保护。

4．子程序的设计方法

适合编成子程序的情况有两大类。一类是需要反复使用的程序，这类程序编写成子程序可避免重复编写，并节省大量存储空间。另一类是具有通用性的程序，这类程序大家都要用到，如键盘管理程序、磁盘读/写程序、标准函数程序等，编成子程序后便于用户共享。

为了便于用户使用，子程序应当以文件形式编写。子程序文件由子程序说明和子程序定义两个部分构成。

(1）子程序说明

子程序说明应提供足够的信息，使不同的用户看了此部分之后就知道该子程序的功能。子程序说明要求语言简洁、确切，一般由以下几个部分组成。

① 子程序的名称。

② 子程序的功能。

③ 使用的寄存器和存储单元。

④ 子程序的入口参数、出口参数。

⑤ 本子程序是否调用其他子程序。

下面是一个子程序说明的例子。

```
; 子程序 DTOB
; 将两位十进制数（BCD 码）转换成二进制数
; 寄存器 BX 传递参数
; 入口参数：AL 寄存器存放十进制数
; 出口参数：CL 寄存器存放转换后的二进制数
```

(2）子程序定义

子程序用过程定义语句（PROC/ ENDP）定义。子程序的编写格式如下。

```
子程序名 PROC [NEAR/FAR]
…
RET
```

子程序名 ENDP

子程序从 PROC 语句开始，以 ENDP 语句结束。程序应当至少包含一条 RET 语句用以返回主程序。在定义子程序时应当注意其距离属性，当子程序和调用程序在同一个代码段中时定义为 NEAR 属性，当子程序及其调用程序不在同一个代码段中时定义为 FAR 属性，缺省时属性为 NEAR。

5．子程序的设计举例

【例 4-15】 用子程序结构求十进制数的和。

方法 1：用寄存器传递参数。

子程序文件说明如下。

```
; 功能：求两位十进制数的和
; 入口参数：在 AH、AL 中存放十进制数
; 出口参数：在 AL 中存放和
```

参考程序如下。

```
MDATA SEGMENT
    M1 DB06H, 75H, ?
    M2 DB 14H, 27H, ?
MDATA ENDS
MSTACK SEGMENT STACK
    DW 10 DUP(?)
MSTACK ENDS
MCODE SEGMENT
    ASSUME CS:MCODE, DS:MDATA, SS:MSTACK
START: MOV AX, MDATA
       MOV DS, AX
       MOV BX, OEFSET M1
       MOV AL, [BX]; 取第一组数
       MOV AH, [BX+1]
       CALL PA; 调用子程序 PA
       MOV[BX+ 2], AL; 返回第一组结果
       MOV BX, OFFSET M2
       MOV AL, [BX]; 取第二组数
       MOV AH, [BX+1]
       CALL PA; 调用子程序 PA
       MOV [BX+2], AL; 返回第二组结果
       MOV AH, 4CH; 返回 DOS
       INT 21H
PA PROC; 子程序 PA
     ADD AL, AH; 求和
     DAA; BCD 码调整
```

```
        RET; 返回主程序
PA ENDP
MCODE ENDS
END START
```

方法 2：用存储单元传递参数。

参考程序如下。

```
YCODE SEGMENT
ASSUME CS:YCODE, DS:MDATA, SS:MSTACK
START: MOV AX, NDATA
        MOV DS, AX
        LEA BX, M1; 取第一组数的地址
        CALL PA; 调用子程序 PA
        LEA BX, M2; 取第二组数的地址
        CALL PA; 调用子程序 PA
        MOV AH, 4CH; 返回 DOS
        INT 21H
PA PROC; 子程序 PA
        MOV AL, [BX]
        ADD AL, [BX+1]
        DAA
        MOV [BX+2], AL
        RET; 返回主程序
PA ENDP
YCODE ENDS
END START
```

在该例中，主程序与子程序定义在同一个代码段内，子程序的属性为 NEAR（省略）。

4.6.5 汇编语言程序上机调试

MASM 汇编程序的主要功能是把源文件转换成用二进制代码表示的目标文件，并生成列表文件，在转换过程中汇编程序将对源程序进行扫描，检查源程序是否有语法错误并指出错误。

汇编语言源程序的调试过程如图 4-18 所示，需要经过以下几个步骤。

（1）编辑：使用编辑程序（如 EDIT），将编写好的程序输入计算机，建立一个汇编语言源文件*.asm。

（2）汇编：使用汇编程序（如 MASM），将*.asm 源文件汇编之后生成目标文件*.obj。

（3）连接：使用连接程序（如 LINK），把一个或多个目标程序连接成可执行文件*.exe。

（4）运行：运行可执行文件，验证程序是否正确。

（5）调试：如果运行过程有问题，可使用编辑或调试程序（如 DEBUG、TD 等）进行修改和调试，重复上述步骤，直到运行正确为止。

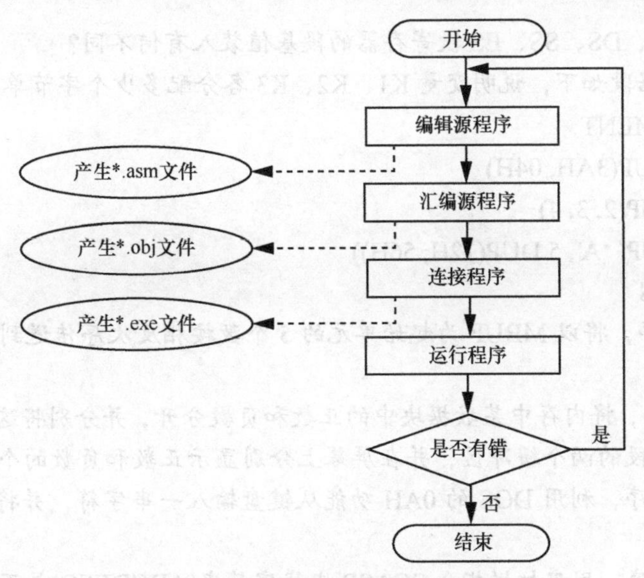

图 4-18 汇编语言源程序的调试过程

假设当前硬盘为 C 盘，文件名为 AA，在 DOS 环境下执行操作，上机调试过程如下。

（1）用 EDIT 编辑程序编辑源程序，产生源文件 AA.asm。

命令格式：C:> EDIT AA.asm

（2）用 MASM 汇编程序进行汇编，产生目标文件 AA.obj。

命令格式：C:>MASMAA.asm

（3）用 LINK 连接程序连接目标程序，产生可执行文件 AA.exe。

命令格式：C:> LINK AA.obj

（4）运行程序，进行测试，只输入文件名 AA。

命令格式：C:>AA

如果运行过程有错误，回到编辑程序或调用调试程序 DEBUG 或 TD 进行修改调试，直到程序运行正确为止。

需要说明的是，在用 MASM 汇编程序汇编源程序时，除了产生目标文件*.obj，还产生一个列表文件*.lst。列表文件包含两部分内容：第一部分显示源程序和其指令编码及数据所对应的存储单元的地址，第二部分显示程序定义的标识符使用情况，通过列表文件*.lst 可以很清楚地了解程序的源代码和地址分配情况，以及标识符的使用和段定义的属性。

思 考 题

1. 指令与伪指令有什么区别？
2. 变量与标号有什么不同？它们的三重属性是什么？
3. 变量定义语句的格式如何？有什么用途？
4. 段分配语句的格式与功能是什么？
5. 宏定义与过程定义的格式是什么？宏指令与子程序调用有何不同？

6. 说明 CS、DS、SS、ES 段寄存器的段基值装入有何不同？

7. 定义数据段如下，说明变量 K1、K2、K3 各分配多少个字节单元。

```
DATA SEGMENT
K1 DW 3 DUP(3AH, 04H)
K2 DB 3 DUP(2, 3, 4)
K3 DB 2 DUP( 'A', 5 DUP(12H, 56H))
DATA ENDS
```

8. 编写程序，将以 MBUF 为起始单元的 5 个数按相反次序传送到从 NBUF 开始的存储单元。

9. 编写程序，将内存中某数据块中的正数和负数分开，并分别将这些正数和负数传送至同一个数据段的两个缓冲区，并在屏幕上分别显示正数和负数的个数（数据自定）。

10. 编写程序，利用 DOS 的 0AH 功能从键盘输入一串字符，并将此字符串在显示屏上显示出来。

11. 编写程序，用串扫描指令 SCASB 查找字符串‘ABCDEFG’是否含有关键字‘D’，若有将 0 传送至 AX，若无将−1 传送至 AX。

第 5 章　存储器及微型计算机存储系统

5.1　存储器的概念及分类

5.1.1　存储器概述

现代计算机采用的是冯·诺依曼结构，1946 年，冯·诺依曼提出了程序存储的概念，核心就是把程序当作数据对待，程序和数据以同样的方式存储在存储器中。作为记忆部件，存储器在现代计算机中的地位越来越重要。现代计算机在运行过程中，大量的操作是 CPU 与存储器之间的数据交换。随着超大规模集成电路的设计和制备技术的迅速发展，CPU 的运行速度越来越快，目前，家用计算机的主频已经超过 3 GHz。但存取数据速度很快的静态随机存取存储器存取一次数据的时间大约为 20 ns，这个速度与 CPU 的运行速度相比仍然有差距，而且静态随机存取存储器的集成度低、价格昂贵，不适合用来做大容量存储器。因此，存储器存取数据的速度是现在制约计算机性能的主要因素之一。

尽管可以使用多种技术来制作存储器，但存储器的存储单元都应该具备如下特性。

- 能够呈现两种稳定（或半稳定）状态，这两种状态分别用来表示逻辑 1 和逻辑 0。
- 能够运用某种技术来设置这两种稳定（或半稳定）状态（一次写入），或者实现两种稳定（或半稳定）状态之间的转换（多次写入）。
- 能够读取存储器的状态信息。

5.1.2　存储器的分类

当今，存储器的种类非常多，可以采用不同的分类方法对其进行分类，包括按照存储介质分类、按照存取方式分类、按照在计算机系统中所处的位置分类等。

1．按照存储介质分类

按照存储器介质分类，存储器可以分为半导体存储器、磁介质存储器和光盘存储器等。存储器按照存储介质分类如图 5-1 所示。

（1）半导体存储器

半导体存储器利用半导体材料作为记录介质，是现代存储器中应用最广泛的存储器类型。

根据半导体材料类型划分，半导体存储器可以分为双极型半导体存储器和金属–氧化物半导体（Metal-Oxide-Semiconductor，MOS）型半导体存储器。双极型半导体存储器以双极型晶体管触发器为基础，集成度较低，成本较高，但是存取速度比 MOS 型半导体存储器存取速度快，因此，主要用于对存取速度要求非常高的场合。MOS 型半导体存储器集成度高，制备简单，成本较低，比双极型半导体存储器的应用更加广泛。

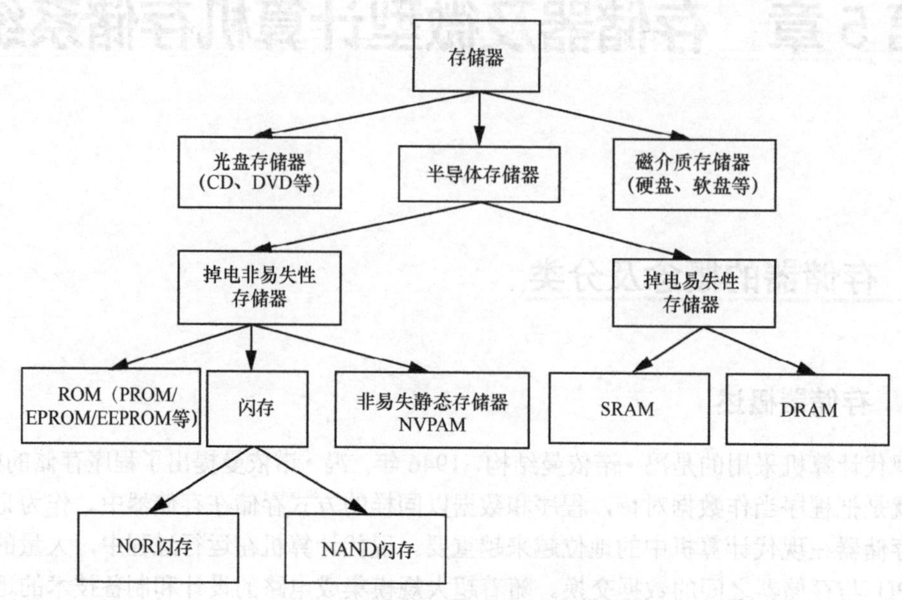

图 5-1　存储器按照存储介质分类

根据数据的存储状态，半导体存储器可以分为掉电非易失性存储器（Non-Volatile Memory，NVM）和掉电易失性存储器（Volatile Memory，VM）。VM 是指电源电压关闭以后，所存储的信息会消失的存储器。NVM 是指电源电压关闭以后，所存储的信息不会消失的存储器。通常，NVM 的读/写速度低于 VM。

（2）磁介质存储器

磁介质存储器利用磁性材料作为记录介质，典型磁介质存储器包括机械硬盘、磁带以及现代已经很少使用的磁鼓等。磁介质存储器通常是在非磁性的基底（如金属或塑料）表面涂覆一层磁性材料作为记录介质，读/写过程通过磁头的导电线圈完成。

在写入过程中，通过向磁头上的导电线圈输入不同方向的脉冲电流，就能在靠近磁头的小区域磁性介质上产生不同的磁化模式（不同的磁化方向），用来表示逻辑 1 或逻辑 0。

在读取过程中，传统方式利用磁介质存储器相对于线圈运动时产生的电流效应来完成，不同的磁化模式会产生不同极性的电流。在这种方式下，读/写磁头是同一个，主要在老式的机械硬盘和软盘中应用。现在的硬盘系统使用的是另一种不同的读取机制，读磁头采用的是一个独立的磁头，它的核心是一个部分被屏蔽的磁阻，磁阻的阻值大小取决于下面运动的磁性介质的磁化模式。当有电流通过磁头时，输出的电压就跟磁阻的阻值相关，也就是跟磁化模式相关。这种读取方式比传统方式的读取速度更快。

磁介质存储器的读取速度通常小于 200 Mbit/s，远小于半导体存储器的读取速度，但是其容量很大。现在，磁介质存储器的容量通常都在 TB 以上，价格较低，因此，磁介质存储器仍然在计算机中作为外存储器。磁介质存储器还能组成磁盘阵列（Redundant

Arrays of Independent Disks，RAID），RAID 是由多个独立的磁盘组合成的一个容量巨大的磁盘组，RAID 的读取速度高于单片磁盘的读取速度，它将数据切割成许多小块，并行存放在不同的磁盘上，能显著提高对数据（特别是大块数据）的传输能力。

（3）光盘存储器

光盘存储器利用光存储技术存储信息。典型的光盘存储器包括光盘（Compact Disk，CD）、数字多功能光盘（Digital Versatile Disk，DVD）以及蓝光高清晰视频光盘（High Definition Video Disk，DVD）等。

CD 的记录原理是利用精密聚焦的高强度激光束在树脂盘体上划刻出一个个微凹坑。在读取时，同样利用聚焦后的激光束照射凹坑，由于凹坑表面比较粗糙，其反射回来的光将会较弱。凹坑之间的结构叫台，台面比较光滑，反射光较强。因此，当激光从凹坑移动到台面或者从台面移动到凹坑时，其反射光强会有明显的变化，把这种状态记作逻辑 1。而无标高变化时，记作逻辑 0。光盘的记录密度主要取决于激光束的聚焦大小，而激光束的极限聚焦大小与激光束的波长有关。对于 CD 而言，其读取和记录采用的是波长为 650 nm 左右的红光，因此，其记录密度较低，标准系统采用的直径为 12 cm 的 CD 的，存储容量约为 650 MB。

2．按照存取方式分类

按照存取方式分类，存储器可以分为顺序存取存储器（Sequential Access Memory，SAM）、只读存储器（Read Only Memory，ROM）和随机存取存储器（Random Access Memory，RAM）等，半导体存储器类型见表 5-1。

表 5-1　半导体存储器类型

存储器类型	分类	擦除方式	写入机制	易失性
只读存储器（ROM）	只读存储器	不可能	掩模	非易失
一次可编程 ROM（PROM）			电	
可擦除可编程 ROM（EPROM）	主读存储器	紫外光，芯片层次		
电可擦除可编程 ROM（EEPROM）		电擦除，字节层次		
闪存		电擦除，块层次		
随机存取存储器（RAM）	可读/写存储器	电擦除，字节层次	电	易失

（1）顺序存取存储器

顺序存取存储器是一种按信息记录逻辑顺序进行读/写操作的存储器，这种存储器的数据读/写时间与数据所在存储器的位置有关。最典型的就是磁带存储器，当其访问存储器位置 N 处的信息时，需要先经过前面 $N-1$ 个数据。

（2）ROM

ROM 是指只能读取而不能够重新对其写入的一种存储器。这种存储器一般在出厂时由厂商根据用户的需求利用掩模工艺在存储器中写入原始信息，这种信息一旦写入就无法更改，因此，ROM 也称为掩模型只读存储器（Masked ROM，MROM）。ROM 一般用来存储永久性数据，如固定不变的程序、数据表格以及字库等。程序不能在 ROM 上直接运行，ROM 也不能保存程序运行时的临时数据。

随着半导体技术的发展，ROM 衍生出可以一次写入的可编程 ROM（Programmable ROM，PROM）、可以紫外线擦除可以重复写入的可擦除可编程 ROM（Erasable Programmable ROM，EPROM）、可以电擦除可以重复写入的电可擦除可编程 ROM（Electric Erasable Programmable ROM，EEPROM）以及闪存（Flash Memory），其中闪存主要分为 NOR 闪存和 NAND 闪存，详见第 5.4 节。值得注意的是，EPROM、EEPROM 以及闪存由于是可以多次重复写入的，所以通常也称为主读（Read-Mostly）存储器。

（3）RAM

RAM 是一种可读可写的存储器，存储器中任何一个存储单元中的数据都可以被随机存取，并且其读/写时间基本固定，不必注意数据在存储器中的位置以及读取的顺序。例如，读取存储器中位于 20 的某个数据所花费的时间为 10 ns，读取存储器中位于 1 000 的某个数据所花费的时间也基本为 10 ns。

由于存储信息的原理不同，RAM 可以分为两大类，一类称为静态 RAM（Static RAM，SRAM），另一类称为动态 RAM（Dynamic RAM，DRAM）。SRAM 以双稳态触发器作为存储元件来保存信息，速度非常快，是目前市场上读/写速度最快的存储器之一，但是其集成度较低，价格非常昂贵，因此，主要用在对读/写速度要求非常苛刻的地方，如处理器中的缓存。DRAM 以电容存储电荷的原理保存信息，读/写速度比 SRAM 的读/写速度慢，但集成度高，价格较低，计算机的内存通常采用 DRAM。

3．按照在计算机系统中所处的位置分类

按照在计算机系统中所处的位置分类，存储器可以分为内存和外存。内存可以直接与处理器交换数据，缓存、主存（通常所讲的内存条）就属于这一类存储器。外存不能直接与处理器交换数据，处理器通过 I/O 端口读取外存中的数据，硬盘、磁盘、光盘以及 U 盘都属于这一类存储器。

5.1.3 存储器的性能指标

衡量存储器性能的指标有很多，主要性能指标包括存储容量、存储速度（存取时间以及存取周期），其他指标还包括功耗、可靠性以及价格等。

1．存储容量

存储容量是指存储器所能容纳的二进制位数据的总量。存储器容量以存储 1 位二进制数为最小存储单位——位（bit），基本单位为字节（Byte，B），其他单位有千字节（Kilobyte，KB）、兆字节（Megabyte，MB）、吉字节（Gigabyte，GB）、太字节（Terabyte，TB）等。各容量单位之间的换算公式为：1 B=8 bit，1 KB=1 024 B，1 MB=1 024 KB，1 GB=1 024 MB，1 TB=1 024 GB。

存储容量=存储单元的数量×数据位数

2．存储速度

存取时间是指从启动一次存储器操作到完成该操作所经历的时间，分为读出时间和写入时间，单位通常为 ns。

存取周期又称为读/写周期或访问周期，它是指存储器进行一次完整的读/写操作所需要的全部时间，即连续两次独立访问存储器操作（读/写操作）之间所需要的最小时间间隔。

存取时间不等于存取周期，通常存取周期大于存取时间。

内存带宽又称数据传输速率，表示每秒从内存进出数据的最大数量，单位为 bit/s、B/s 等。

3．功耗

功耗反映存储器的耗能情况，单位为 mW/芯片。功耗涉及计算机系统的散热问题，一般应选用低功耗的存储器芯片。对于大多数半导体存储器来说，维持功耗小于工作功耗。

4．可靠性

可靠性是指在规定时间内，存储器无故障读/写的概率。可靠性用平均无故障工作时间（Mean Time Between Failures，MTBF）来衡量，可理解为两次故障之间的平均时间间隔，MTBF 越长，说明存储器的可靠性越好。

5.2　多级存储结构

存储器种类繁多，性能各异，对于一个微型计算机系统而言，当然希望它拥有一个存储容量大、存取速度快以及价格低的存储器，但通常存取速度快意味着每字节存储成本高，因此，存储容量大、存取速度快与价格低是矛盾的。为了使存储容量、存取速度与价格适当折中，现代计算机系统基本采用多级存储的体系结构。早在 1946 年，伯克霍夫、戈尔丁和冯·诺依曼就认识到计算机存储必须采用多级结构。在多级结构体系中，存储容量大、存取速度慢的存储器用来作为存储容量小、存取速度快的存储器的补充。一个典型计算机系统的多级存储结构如图 5-2 所示。

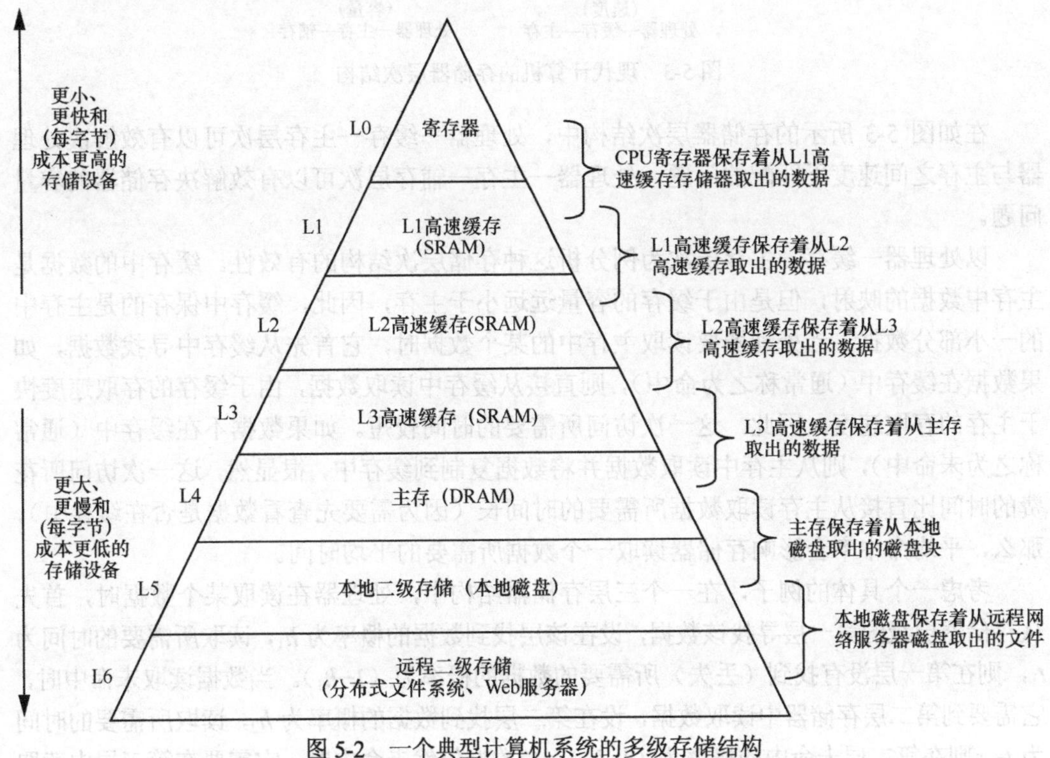

图 5-2　一个典型计算机系统的多级存储结构

寄存器作为多级存储结构的第一层（L0层），位于CPU内部，能够直接存放程序执行过程中的一些临时数据，寄存器的存取速度已经接近于处理器的运行速度，但是其价格较高，容量较小。在现在的通用计算机CPU内部，寄存器的数量通常为几个到几十个。L4主存层采用的是DRAM，其容量通常为几GB到几十GB，主存的存取速度比处理器内部寄存器的存取速度慢一个数量级以上，但是比本地磁盘快很多。早期计算机的存储结构只有寄存器、主存和本地磁盘3层结构，随着处理器与主存之间的性能差距不断增大，为了提高处理器与主存之间数据交换的效率，设计者们通常会在寄存器与主存之间加一级至三级缓存。缓存采用SRAM，其存取速度仅次于寄存器，但是集成度较低，价格昂贵，通常不适宜做得很大。以2019年AMD公司推出的家用处理器Ryzen5-3600为例，其二级缓存容量为3 MB，三级缓存容量为32 MB。现代计算机已经把缓存放到CPU内部，缓存和主存可以直接跟处理器进行数据交换，因此属于内存。磁盘、磁带属于外部辅助存储器，处理器不能直接访问，辅助存储器只能跟主存进行数据交换。辅助存储器容量大（通常在TB以上），速度较慢，价格低。

现代计算机的存储器层次结构如图5-3所示，这样的层次结构可以将存储器分成处理器—缓存—主存层次以及处理器—主存—辅存层次。显然，处理器、缓存以及主存能够实现两两之间的数据交换。

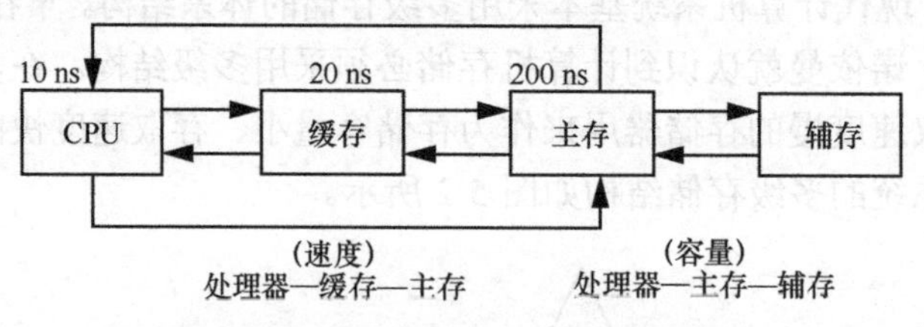

图5-3　现代计算机的存储器层次结构

在如图5-3所示的存储器层次结构中，处理器—缓存—主存层次可以有效解决处理器与主存之间速度不匹配的问题，处理器—主存—辅存层次可以有效解决存储器的容量问题。

以处理器—缓存—主存层次为例分析这种存储层次结构的有效性。缓存中的数据是主存中数据的映射，但是由于缓存的容量远远小于主存，因此，缓存中保存的是主存中的一小部分数据。当处理器要读取主存中的某个数据时，它首先从缓存中寻找数据，如果数据在缓存中（通常称之为命中），则直接从缓存中读取数据，由于缓存的存取速度快于主存的存取速度，因此，这一次访问所需要的时间较短。如果数据不在缓存中（通常称之为未命中），则从主存中读取数据并将数据复制到缓存中，很显然，这一次访问所花费的时间比直接从主存读取数据所需要的时间长（因为需要先查看数据是否在缓存中）。那么，平均命中率会影响存储器读取一个数据所需要的平均时间。

考虑一个具体的例子，在一个三层存储器结构中，处理器在读取某个数据时，首先从存储器层级的第一层寻找该数据，设在该层找到数据的概率为h_1，读取所需要的时间为t_1，则在第一层没有找到（丢失）所需要的数据的概率为（$1-h_1$）。当数据读取未命中时，它需要到第二层存储器中读取数据，设在第二层找到数据的概率为h_2，读取所需要的时间为t_2，则在第二层未命中的概率为（$1-h_2$）。当数据仍然未命中时，它需要在第三层中读取

数据，读取所需要的时间是 t_3。那么，在这样的三层存储结构中，平均访问时间可以写为

$$t_{av} = h_1 t_1 + (1 - h_1)[t_1 + h_2 t_2 + (1 - h_2)(t_2 + t_3)] = t_1 + (1 - h_1)[t_2 + (1 - h_2)t_3)]$$

很显然，如果第一层的命中率足够高（h_1 接近于 1），则处理器平均访问时间就接近于 t_1。如果第一层、第二层的命中率很低（h_1、h_2 接近于 0），则处理器平均访问时间就接近于 t_3（当 t_3 远大于 t_1、t_2 时）。因此，存储器层次结构的高有效性需要数据的高命中率，也就是不需要经常将信息从主存移动到缓存，并且缓存中的数据在被替换之前能够被多次访问。幸运的是，存储器的这种层次结构有效性是可能的，因为存储器在存取过程中有一种现象叫做局部性。意思是说，在给定的时间段内，程序倾向于重复引用相对有限的存储区域。存在两种形式的局部性：空间局部性和时间局部性。空间局部性是指当一个给定的地址被引用时，它附近的地址很可能在短时间内被引用，如顺序结构程序中的连续指令。时间局部性是指一个特定的存储项一旦被读取，它很可能在下一个很短的时间内再次被读取，如循环结构程序中的指令。对于空间局部性而言，当处理器从主存读取一个数据时，可以将数据所在的数据块一起写入缓存，就可以提高下一次读取数据的命中率。同时，由于时间局部性，当一个缓存中的数据被处理器读取后，在一个较短的时间内被再次读取的可能性很大。当然，存储器的层次有效性也跟缓存的容量、主存与缓存之间的数据映射机制以及替换策略有关。当前微型计算机的缓存读取机制如图 5-4 所示。

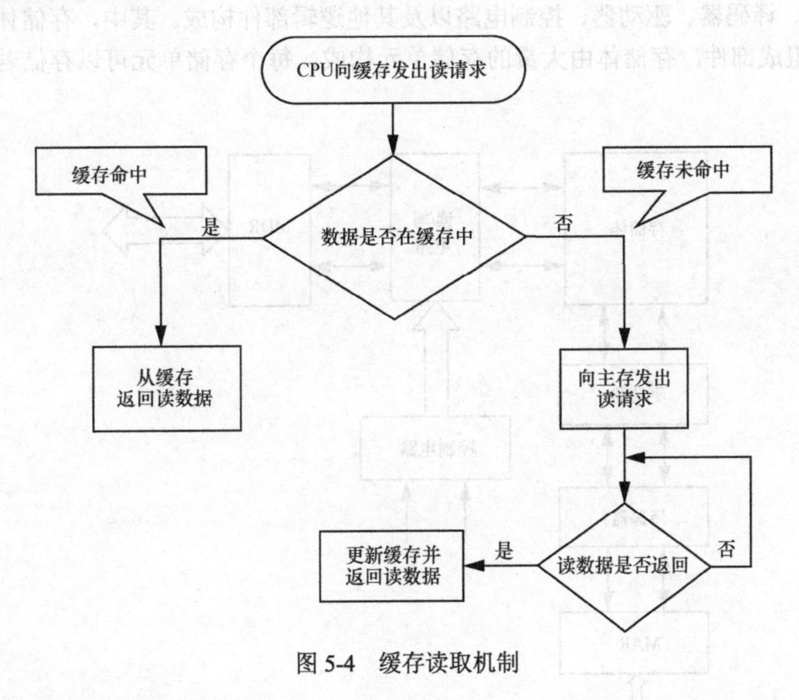

图 5-4　缓存读取机制

不同系统的存储器配置如下。

微型计算机：较小容量的闪存（通常是 NOR 闪存）用来保存 BIOS 信息，大容量的内存条（通常是 DRAM）用于系统的运行，更大容量的外存（通常是基于磁介质存储器的机械硬盘或者是基于 NAND 闪存的固态硬盘）用于存储指令、数据，在 CPU 的内部

还有几级不同容量的缓存（通常是 SRAM）。

单片机：小容量的 NOR 闪存用于存储程序，小容量的 SRAM 用于存储数据。

嵌入式系统：以手机为例，在功能手机时代，主要采用 NOR 闪存作为存储设备。在智能手机时代，大容量的 NAND 闪存（嵌入式多媒体存储卡（Embedded Multi Media Card，eMMC）或通用闪存存储（Universal Flash Storage，UFS）用于内存，大容量的 DRAM 用于系统的运行。

5.3 主存储器

5.3.1 主存储器概述

主存储器（Main Memory），简称主存或内存，是计算机系统中用来存放指令和数据的物理存储器。其中，"主"这个词用于区分外部大容量存储设备，如磁盘驱动器等。计算机只能处理主存中的数据，也就是计算机执行的每个程序和访问的每个文件都必须从外部存储设备复制到主存储器中。计算机的主存容量至关重要，因为它决定了一次可以执行的程序数量和一个程序可以随时获得的数据量。主存储器属于半导体存储器，目前最普遍采用的是 DRAM。计算机中的主存储器的基本组成如图 5-5 所示，主要由存储体、读/写电路、译码器、驱动器、控制电路以及其他逻辑部件构成。其中，存储体是主存储器的重要组成部件，存储体由大量的存储单元构成，每个存储单元可以存储若干个二进制位。

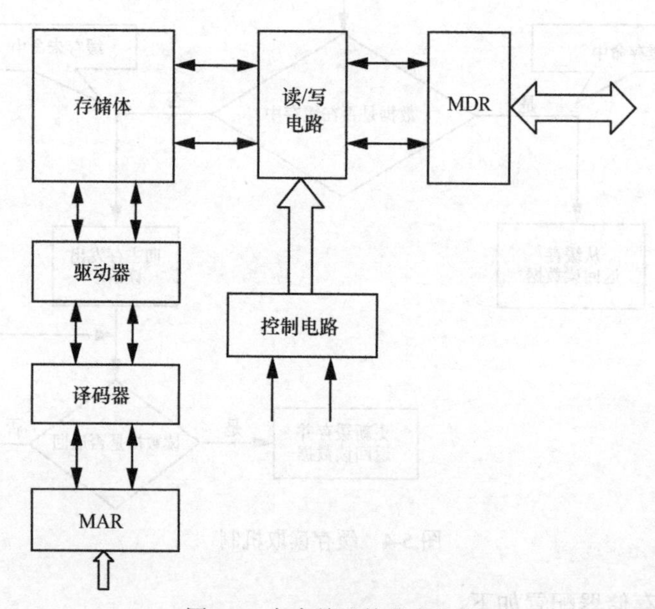

图 5-5　主存储器的基本组成

主存储器按地址存取数据，属于随机存取存储器，存取速度与数据存储地址基本无关。为了实现按地址访问主存中的数据，主存还包含存储器地址寄存器（Memory Address

Register，MAR）和存储器数据寄存器（Memory Data Register，MDR）。MAR 用来存放要访问的存储器单元的地址信息，其位数决定了计算机系统最大支持的存储单元的个数。MDR 存放从存储器读出的数据（指令）或者要写入存储器的数据（指令），MDR 的位数与存储字长相等。随着现在芯片制备技术的发展，主存储器采用大规模集成电路芯片，将 MAR 和 MDR 都集成到了 CPU 的内部。

主存储器与 CPU 芯片通过总线连接，如图 5-6 所示。其中，MAR 与地址总线连接，用于保存指令或数据地址，MDR 与数据总线连接。当 CPU 要从主存储器读取数据时，首先将要读取的存储单元地址传送至 MAR，然后发出读指令。MAR 寄存器中的数据经过总线输入主存，经过主存内译码器译码后，选择要读取的存储单元。主存储器在读信号的控制下，将数据经过数据总线传送至 MDR，CPU 再将数据传送至其他地方。

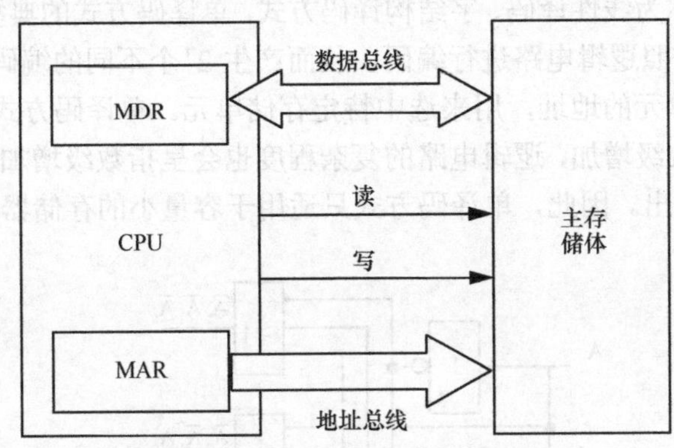

图 5-6　主存储器与 CPU 之间的联系

5.3.2　半导体存储器的基本结构

半导体存储器的一般结构如图 5-7 所示，主要包括存储体、MAR、地址译码器、读/写电路、MDR 以及控制电路几个部分。

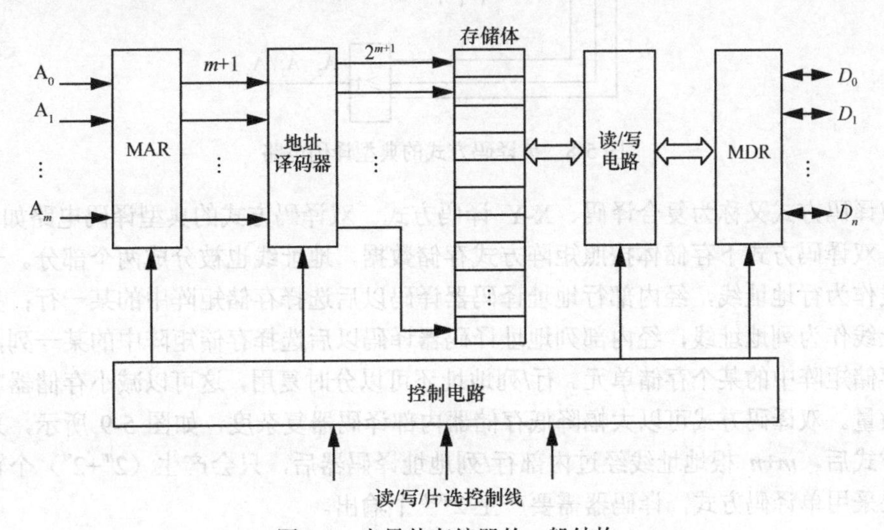

图 5-7　半导体存储器的一般结构

1．存储体

存储体是存储器中存放数据的地方，存储体由许多基本的存储电路按照一定的规则排列而成。一个存储电路用来存储一位逻辑 0 或逻辑 1，多个存储电路构成一个存储单元，一个存储单元通常用来存储 1 位、4 位或 8 位数据。为了能够对不同存储单元的数据进行读/写操作，每个存储单元都被分配了一个地址编号，CPU 按照地址编号对存储单元进行访问。

2．MAR 和地址译码器

若要读取或者向存储器写入某个数据信息，CPU 首先要送出地址信息。MAR 用来锁存从 CPU 传输过来的地址信息，地址译码器用来对地址信息进行译码，从而选择某个存储单元。地址译码有两种方式，一种是单译码方式，另一种是双译码方式。

单译码方式又称为线性译码、字结构译码方式。单译码方式的典型译码电路如图 5-8 所示，*n* 根地址线按照逻辑电路进行编码，从而产生 2^n 个不同的编码，每一个编码作为存储器中某个存储单元的地址，用来选中特定存储单元。单译码方式的输出编码会随着地址线的增加呈指数级增加，逻辑电路的复杂程度也会呈指数级增加，如 10 根地址线会产生 1 024 个编码输出。因此，单译码方式只适用于容量小的存储器。

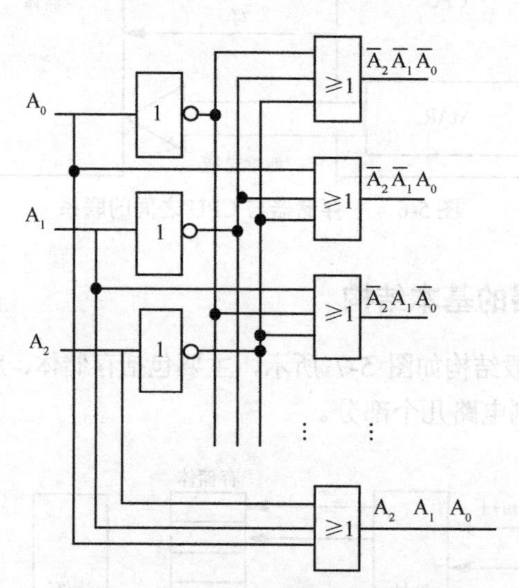

图 5-8　单译码方式的典型译码电路

双译码方式又称为复合译码、X-Y 译码方式。双译码方式的典型译码电路如图 5-9 所示，双译码方式下存储体按照矩阵方式存储数据，地址线也被分成两个部分。一部分地址线作为行地址线，经内部行地址译码器译码以后选择存储矩阵中的某一行；另一部分地址线作为列地址线，经内部列地址译码器译码以后选择存储矩阵中的某一列，从而选中存储矩阵中的某个存储单元。行/列地址还可以分时复用，这可以减小存储器芯片引脚的数量。双译码方式可以大幅降低存储器内部译码器复杂度，如图 5-9 所示，采用双译码方式后，$m+n$ 根地址线经过内部行/列地址译码器后，只会产生（2^m+2^n）个输出，而如果采用单译码方式，译码器需要产生 2^{m+n} 个输出。

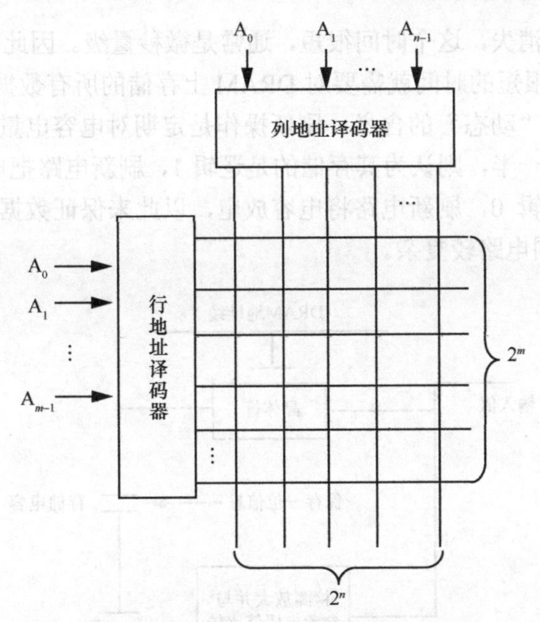

图 5-9 双译码方式的典型译码电路

3．MDR

数据寄存器又叫数据缓存器，用来临时存放要写入存储器的数据或者从存储器读出的数据。MDR 存在的目的是为了解决 CPU 与存储器之间的速度差异。

4．读/写电路

读/写电路包括读/写放大器以及一些写入和读出电路，主要用于完成对存储器单元数据的读出和写入操作。

5．控制电路

控制电路主要接收 CPU 发出的一些控制信号，从而产生相应的控制操作。常见的控制信号包括片选信号（通常用 CS 或者 CE 表示）、读信号（通常用 RD 或者 OE 表示）以及写信号（通常用 WR 或者 WE 表示）等。片选信号用来完成对存储器芯片的片选；读/写信号用于控制数据的传输方向，通常为低电平有效。

5.3.3 随机存取存储器

随机存取存储器（RAM）属于半导体存储器，可以随时对任意存储单元进行读或写操作，根据信息的存储原理不同，随机存取存储器可以分为动态 RAM（DRAM）和静态 RAM（SRAM）。

1．DRAM

（1）DRAM 基本单元电路

DRAM 是计算机主存采用的存储技术，其优点是容量大、集成度高以及价格较低，缺点是外围电路较为复杂。

DRAM 单个存储单元的典型结构如图 5-10 所示。DRAM 利用金属–氧化物半导体场效应晶体管（Metal-Oxide-Semiconductor Field-Effect Transistor，MOSFET）的栅电容来存储信息，栅电容有电荷时表示逻辑 1，没有电荷时表示逻辑 0。但需要注意的是，电容上的电荷会随着时间消失，这个时间很短，通常是微秒量级。因此，DRAM 需要定期刷新，也就是每隔一个很短的时间就需要对 DRAM 上存储的所有数据进行重新写入，这也是动态随机存储器中“动态”的含义。刷新操作是定期对电容电量进行检查，若电容电量大于电容满电量的一半，则认为其存储的是逻辑 1，刷新电路把电容电量充满。反之，则认为其存储的是逻辑 0，刷新电路将电容放电，以此来保证数据不消失。刷新机制导致 DRAM 芯片的外围电路较复杂。

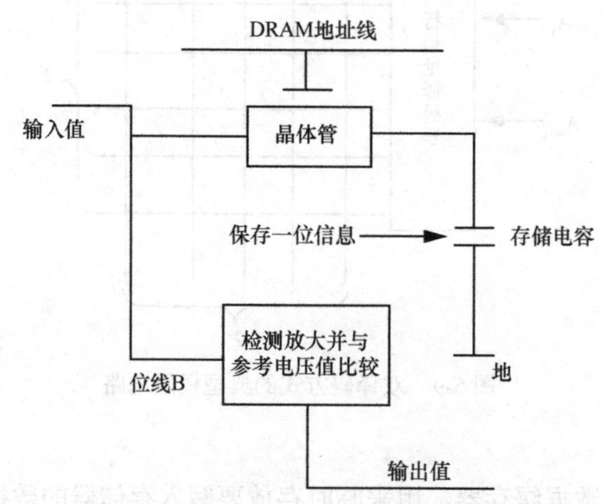

图 5-10　DRAM 单个存储单元的典型结构

在 DRAM 结构中，晶体管充当开关，如果地址线被选中，晶体管导通。在写入过程中，电压信号被施加到位线，当写入逻辑 1 时，位线为高电平，外加电压对电容进行充电，电荷被保存在电容上，反之电容上没有电荷。在读取过程中，当地址线被选中时，电容放电，位线上的电压跟电容的电荷量有关，这个信号经过读出放大器放大后与参考电压值进行比较，确定该单元存储的是逻辑 1 还是逻辑 0。DRAM 的读取是一种破坏性读取，读取过程会释放电容中保存的电荷，因此，需要重新对该单元进行写入。

（2）典型 DRAM 芯片

Intel 2164A 是一块存储容量为 8 KB（64×1 024×1 bit）的 DRAM，其内部结构如图 5-11 所示。Intel 2164A 的每个存储单元只存储 1 位信息，通常需要 8 个 Intel 2164A 并联构成一个 64 KB 的存储系统。在逻辑上，Intel 2164A 存储体被分成 4 个 128 bit×128 bit 的存储单元矩阵，每个 128 bit×128 bit 存储矩阵都配有一个读出放大器以及一套读/写控制电路。64×1 024×1 bit 存储空间本来需要 16 根地址线，但为了减少地址引脚，Intel 2164A 将地址线分为行地址线和列地址线，行/列地址线共用引脚且分时工作。在地址输入时，先从地址引脚输入行地址线，此时行地址选通信号引脚 $\overline{\text{RAS}}$ 有效，地址信息被送入行地址锁存器。随后在列地址选通信号 $\overline{\text{CAS}}$ 的作用下，将引脚上的 8 位列地址信息传送至列地址锁存器。行地址信息的低 7 位 RA6～RA0 经过内部译码器译码后，选中 4 个存储矩阵的某一行，即共选中 4 行，4×128=512 个存储单元。同样的，列地址信息的低 7 位 CA6～CA0 经过内部译码器译码后，选中 4 个存储矩阵的某一列。行列同时被选中的存储单元（每个存储矩阵一个，共 4 个）中的信息被送至 4 选 1 的 I/O 端口电路中，经行列地址的最高位 RA7、CA7 选择其中一个后输出到数据引脚 D_{out}。

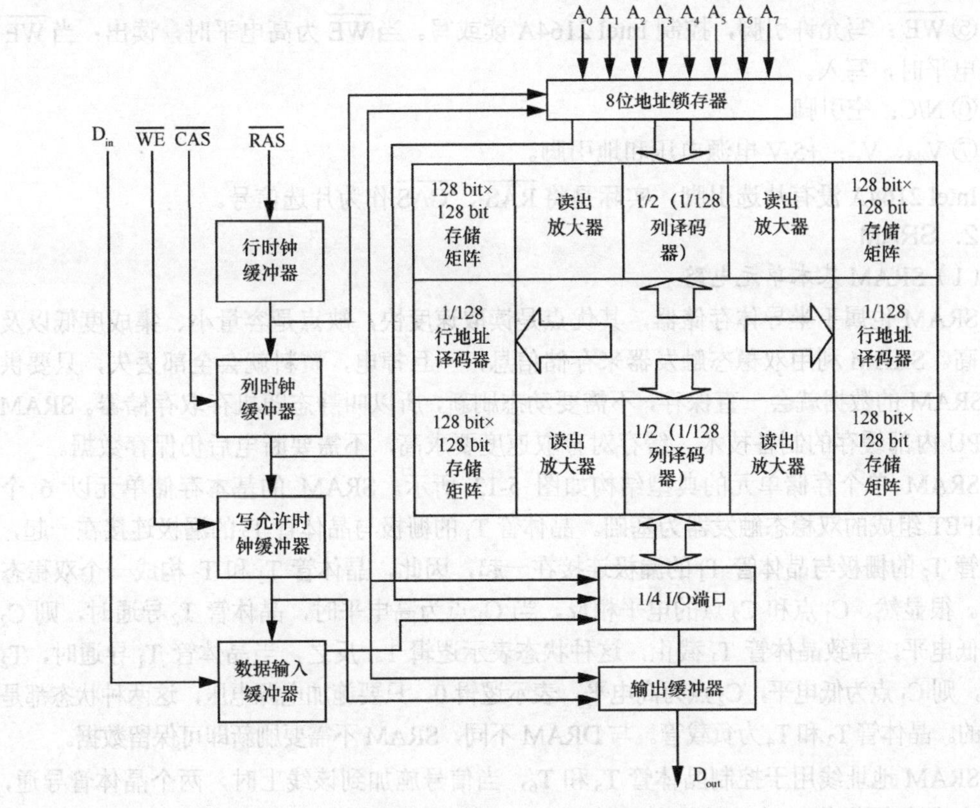

图 5-11　Intel 2164A 内部结构

Intel 2164A 芯片采用的是 16 引脚 DIP 方式，其引脚分布如图 5-12 所示。

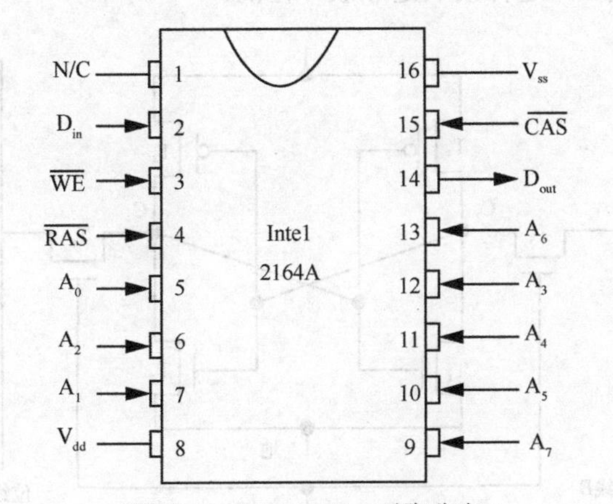

图 5-12　Intel 2164A 引脚分布

① A_0～A_7：地址输入引脚，行列地址信息都从这 8 个引脚输入。

② D_{in}、D_{out}：数据输入引脚、输出引脚，Intel 2164A 每个存储单元只存储 1 位信息，因此，只需要 1 根数据输入引脚、1 根数据输出引脚。

③ $\overline{CAS}$：列地址选通信号引脚，在输入列地址信息时，该引脚必须为低电平。

④ $\overline{RAS}$：行地址选通信号引脚，在输入行地址信息时，该引脚必须为低电平。

⑤ $\overline{WE}$：写允许引脚，控制 Intel 2164A 读或写。当 $\overline{WE}$ 为高电平时，读出；当 $\overline{WE}$ 为低电平时，写入。

⑥ N/C：空引脚。

⑦ V_{dd}、V_{ss}：+5 V 电源电压和地引脚。

Intel 2164A 没有片选引脚，实际是将 $\overline{RAS}$、$\overline{CAS}$ 作为片选信号。

2．SRAM

（1）SRAM 基本单元电路

SRAM 也属于半导体存储器，其优点是读取速度快，缺点是容量小、集成度低以及价格高。SRAM 利用双稳态触发器来存储信息，一旦掉电，资料就会全部丢失，只要供电，SRAM 的数据就会一直保存，不需要动态刷新，所以叫静态随机存取存储器。SRAM 是 CPU 内部缓存的制备技术，缓存对存取速度要求高，不需要断电后仍保存数据。

SRAM 单个存储单元的典型结构如图 5-13 所示。SRAM 的基本存储单元以 6 个 MOSFET 组成的双稳态触发器为基础。晶体管 T_1 的栅极与晶体管 T_2 的漏极连接在一起，晶体管 T_2 的栅极与晶体管 T_1 的漏极连接在一起，因此，晶体管 T_1 和 T_2 构成一个双稳态结构。很显然，C_1 点和 C_2 点的电平相反，当 C_1 点为高电平时，晶体管 T_2 导通时，则 C_2 点为低电平，导致晶体管 T_1 截止，这种状态表示逻辑 1。反之，当晶体管 T_1 导通时，T_2 截止，则 C_1 点为低电平，C_2 点为高电平，表示逻辑 0。只要施加电源电压，这两种状态都是稳定的。晶体管 T_3 和 T_4 为负载管。与 DRAM 不同，SRAM 不需要刷新即可保留数据。

SRAM 地址线用于控制晶体管 T_5 和 T_6，当信号施加到该线上时，两个晶体管导通，从而完成读/写操作。对于写操作，所写入的位数据通过位线 B 写入 C_1，而其补码通过位线 $\overline{B}$ 写入 C_2，4 个晶体管（T_1、T_2、T_3、T_4）进入合适的状态。对于读操作，位数据值通过 T_5 读取至位线 B，这种读取是非破坏性的。

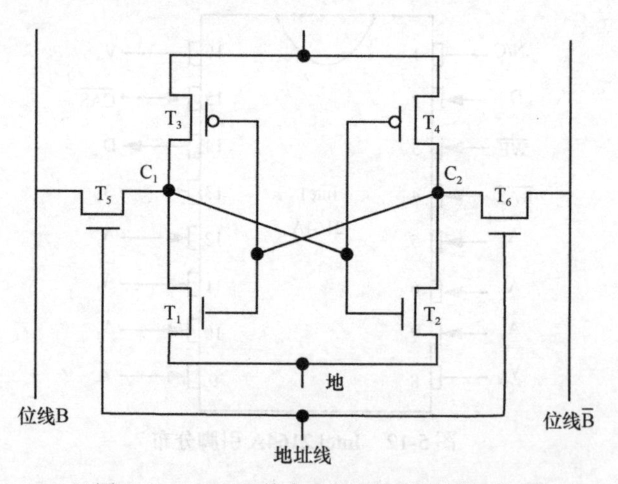

图 5-13　SRAM 单个存储单元的典型结构

（2）典型 SRAM 芯片

Intel 6116 是 2 KB（2×1 024×8 bit）SRAM 芯片，其主要特点如下。

① 采用高性能、高可靠性的互补金属氧化物半导体（Complementary Metal Oxide Semiconductor，CMOS）技术制作。

② 提供多个不同的读/写速度选择，读/写时间最快可以达到 15 ns。

③ 具有低功耗特性。

④ 输入和输出兼容晶体管—晶体管逻辑（Transistor Transistor Logic，TTL）电平。

⑤ 提供 DIP、小外形集成电路封装（Small Outline Integrated Circuit Package，SOIC）等不同的封装方式。

SRAM 芯片 Intel 6116 内部结构如图 5-14 所示，含有一个存储体，存储体由 16 384 个基本存储单元构成，被组织成 128 bit×128 bit 的存储矩阵。寻址 2 KB 空间所需要的 11 根地址线分成两组：行地址线 7 根，经过内部行地址译码器译码后可选择存储矩阵 128 行中的某一行；列地址线 4 根，经过内部列地址译码器译码后选择一行 16 个字节的某一字节（一行 16 字节×每字节 8 位=一行 128 位）。地址锁存缓冲器用于地址锁存，保证地址信息在整个数据读/写过程中一直保持稳定。三态门缓冲器使得数据引脚可以直接挂载在外部数据总线上，保证芯片在未选中时呈现高阻状态。

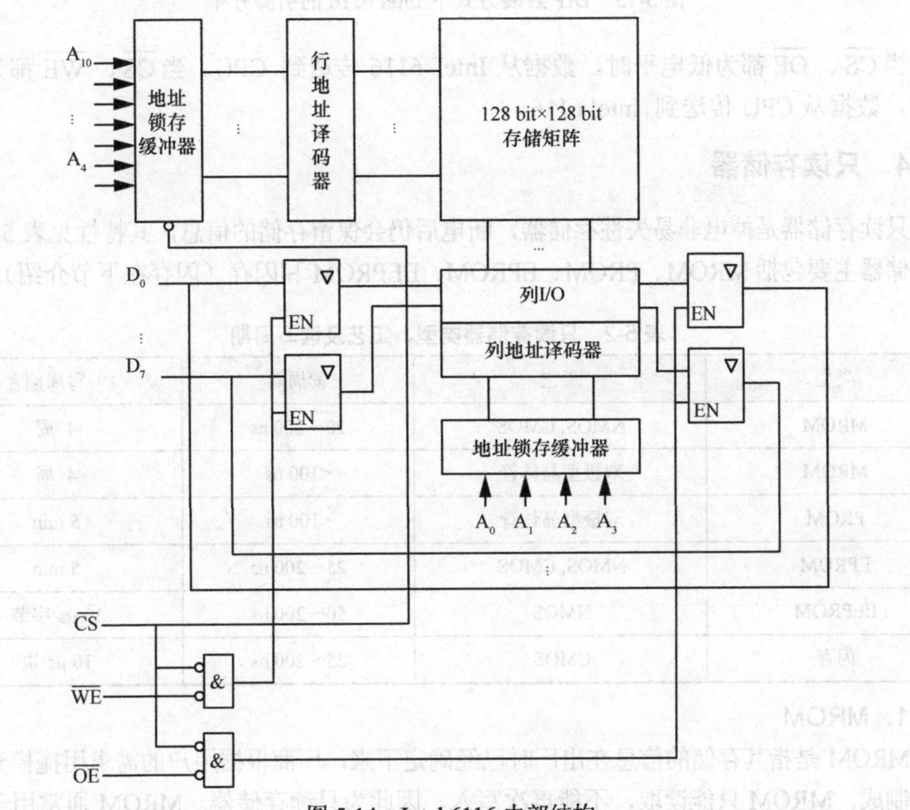

图 5-14　Intel 6116 内部结构

DIP 封装方式下 Intel 6116 的引脚分布如图 5-15 所示。

① A_0～A_{10}：地址输入引脚，其中，A_4～A_{10} 为行地址引脚，A_0～A_3 为列地址引脚。

② D_0～D_7：数据输入/输出引脚。

③ $\overline{CS}$：片选引脚，当该引脚为低电平时，芯片被选中。

④ $\overline{OE}$：输出允许引脚，低电平有效。

⑤ $\overline{WE}$：写允许引脚，低电平有效。

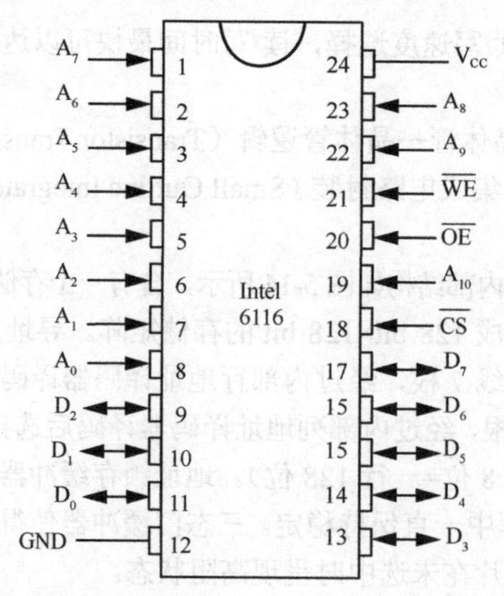

图 5-15 DIP 封装方式下 Intel 6116 的引脚分布

当 $\overline{CS}$、$\overline{OE}$ 都为低电平时，数据从 Intel 6116 传送到 CPU。当 $\overline{CS}$、$\overline{WE}$ 都为低电平时，数据从 CPU 传送到 Intel 6116。

5.3.4 只读存储器

只读存储器是掉电非易失性存储器，断电后仍会保留存储的信息，其特性见表 5-2。只读存储器主要包括 MROM、PROM、EPROM、EEPROM 和闪存（闪存在下节介绍）。

表 5-2 只读存储器类型、工艺及读写周期

类型	工艺	读周期	写周期
MROM	NMOS, CMOS	20～200 ns	4 周
MROM	双极型晶体管	<100 ns	4 周
PROM	双极型晶体管	<100 ns	5 min
EPROM	NMOS, CMOS	25～200 ns	5 min
EEPROM	NMOS	50～200 ns	10 μs/字节
闪存	CMOS	25～200 ns	10 μs/块

1. MROM

MROM 是指其存储的信息在出厂时已经确定下来，厂商根据用户的需求用掩模光刻的方法制成。MROM 只能读取，不能再次写入，因此为只读存储器。MROM 通常用于生产只读性的定型产品，如微型计算机中的 BIOS、BASIC 语言解释程序或系统监控程序等。

一个 4 bit×4 bit 的 MOS 型 MROM 存储矩阵示意如图 5-16 所示。两位地址线 A_0A_1 经过译码后产生 4 个输出，分别选择矩阵中的某一行，被选中行存储单元的信息（4 位）经过位线输出。此时，位线上若有 MOSFET，表示逻辑 0，反之表示逻辑 1。这是由于当字线被选中时，字线上所有 MOSFET 导通，相应的位线与地相连，输出低电平，表示逻辑 0。若没有 MOSFET，位线经过上面的负载管与电源接到一起，输出高电平，表示逻辑 1。

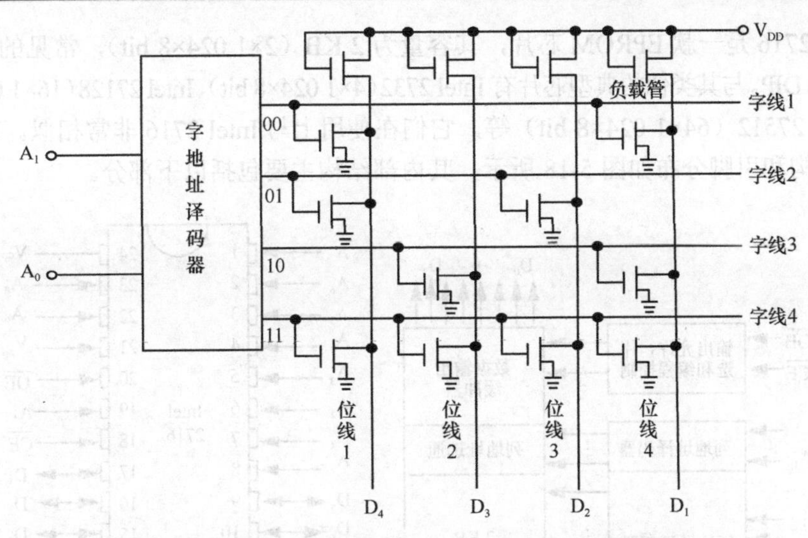

图 5-16　一个 4 bit×4 bit 的 MOS 型 MROM 存储矩阵示意

2．PROM

PROM 和 MROM 在结构上是相似的，只不过在出厂时，PROM 的所有存储单元都通过掩模的方法制备 MOSFET，表示存储的内容全为 0。PROM 中的 MOSFET 采用双极性熔丝结构，在写入时，只需要给某个单元的 MOSFET 一个足够大的电流，使其源极上的熔丝熔断，就可以将逻辑 0 修改成逻辑 1。但是，这种修改是不可逆的，因此，只能一次性写入。

3．EPROM

MROM 和 PPROM 中的存储信息一旦被写入，就无法再次修改，通常只用来读。EPROM 是一种可以多次写入的只读存储器，其存储原理示意如图 5-17 所示。EPROM 以浮栅 MOSFET（Floating Gate MOSFET，FGMOSFET）作为基本存储单元，也就是其栅极是浮空悬置的，EPROM 通过浮栅是否带有电荷来区分逻辑 1 和逻辑 0。当浮栅上存在电荷时，漏极和源极之间存在导电沟道，则从漏极读到逻辑 0；如果浮栅上没有电荷，漏极和源极之间没有导电沟道，则从漏极读到逻辑 1。跟同样使用有无电荷来存储信息的 DRAM 不一样的是，浮栅周围没有电荷泄漏通道，电荷可以保存很长时间而不消失，因此，EPROM 属于掉电非易失性存储器。在写入时，大电流脉冲使浮栅带有足够多的电荷。当需要擦除时，可以通过紫外线光照射，用高能光子将浮栅上的电荷驱逐而流失。因此，EPROM 可以进行多次擦除和重写，故称为可擦除可编程 ROM。

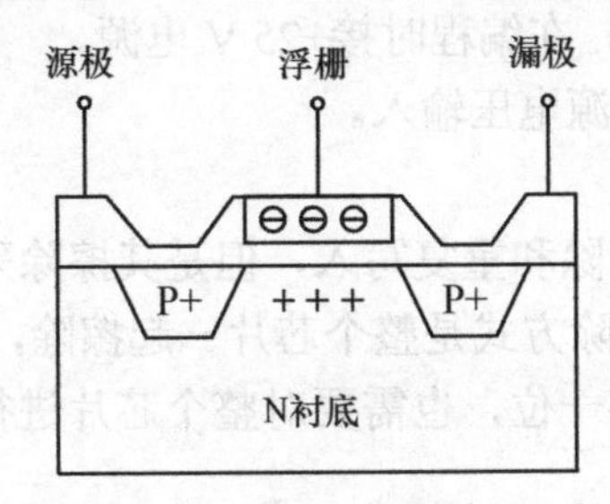

图 5-17　EPROM 存储原理示意

Intel 2716 是一款 EPROM 芯片，其容量为 2 KB（2×1 024×8 bit），常见的封装方式为 24 引脚 DIP。与其类似的典型芯片有 Intel 2732（4×1 024×8 bit）、Intel 27128（16×1 024×8 bit）以及 Intel 27512（64×1 024×8 bit）等，它们在使用上与 Intel 2716 非常相似。Intel 2716 的内部结构和引脚分布如图 5-18 所示，其内部结构主要包括以下部分。

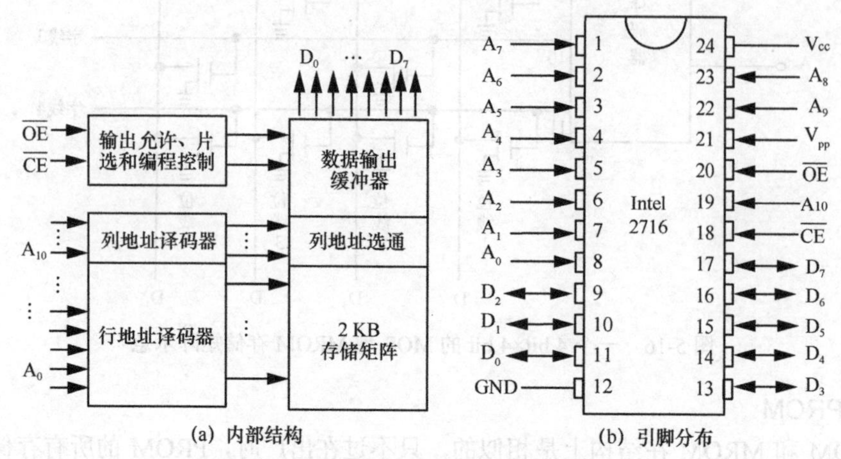

图 5-18 Intel 2716 的内部结构和引脚分布

存储矩阵：Intel 2716 的存储矩阵是 128 bit×128 bit（2×1 024×8 bit）。

行地址译码器：又称为 X 译码器，可对 11 位地址线的 7 位进行译码，产生 128 行输出，选中矩阵中的其中一行。

列地址译码器：又称为 Y 译码器，可对 11 位地址线的剩下 4 位进行译码，产生 16 位输出。

输出允许、片选和编程控制模块：提供片选、输出允许等控制信号。

数据输出缓冲器：实现对输出数据的缓冲。

Intel 2716 芯片的引脚包括以下部分。

① A_0～A_{10}：11 位地址引脚，可寻址芯片内部的全部 2 KB 存储空间。

② D_0～D_7：8 位数据引脚，可以双向传输，写入时作为数据输入线，读出时作为数据输出线，连接数据总线。

③ $\overline{CE}$：片选信号线，低电平有效。

④ $\overline{OE}$：输出允许信号线，低电平有效。只有该引脚为低电平时，才会允许数据输出，该引脚通常连接 CPU 的 $\overline{RD}$ 引脚。

⑤ V_{pp}：编程电压输入端，在编程时接+25 V 电源。

⑥ V_{cc}：电源线，+5 V 电源电压输入。

4．EEPROM

EPROM 虽然可以多次擦除和重复写入，但是其擦除采用的是长时间紫外线照射，需要专门的擦除设备，而且擦除方式是整个芯片一起擦除，无法对单字节或块进行擦除。即使只需要修改存储单元的某一位，也需要对整个芯片进行擦除、重新写入，使用起来很不方便。

为了克服 EPROM 的缺点，在 EPROM 的基础上诞生了电可擦除可编程 ROM——

EEPROM。EEPROM 的基本电路跟 EPROM 相似，也采用的是 FGMOSFET，不同的是在漏极增加了一个隧道二极管。它能够在较小的电压作用下，使浮栅上的电荷流向漏极，这使得 EEPROM 可以使用电擦除而不必使用紫外线擦除。

5.4 闪存

EEPROM 虽然有可读、可写的特性，但是其写入速度很慢，不适用于大容量存储。闪存是 Intel 公司于 20 世纪 80 年代末推出的新型半导体存储器，最近几年，随着各种大容量存储卡、U 盘，固态硬盘（Solid State Disk，SSD）的普及，闪存受到越来越多的重视。闪存是在 EEPROM 的基础上发展而成的一种可擦除可重复写入的只读存储器，它有很多优异的特性，特别是读/写速度很快，高于一般的只读存储器。闪存的存取时间可以达到 20 ns，因此被称为闪存。现在的很多场合如单片机的片内程序存储器、微型计算机系统的 BIOS 系统，都采用闪存代替 EEPROM。最近几年，基于闪存的固态硬盘也有取代传统磁性机械硬盘的趋势。可以说，闪存是当前非常重要的一种只读存储器。

5.4.1 闪存工作原理

1. 物理结构

闪存内部存储的基本部件是 FGMOSFET，FGMOSFET 共有 4 个端电极，典型的闪存内存单元的物理结构如图 5-19 所示，分别是为源极（Source）、漏极（Drain）、控制栅极（Control Gate）和浮置栅极（Floating Gate）。浮置栅极是真正存储数据的单元，FGMOSFET 与 MOSFET 的区别仅在于浮栅。该技术在紫外线可擦除（UV-Erasable）的 EPROM 中已有应用。数据在闪存中以电荷（Electrical Charge）形式存储，当所存储的电荷形成的电压超过一个特定的阈值 V_{th} 时，默认值为 1；当电压降低到一定程度时，表述为数字 0，这一点与其他存储设备差别很大。

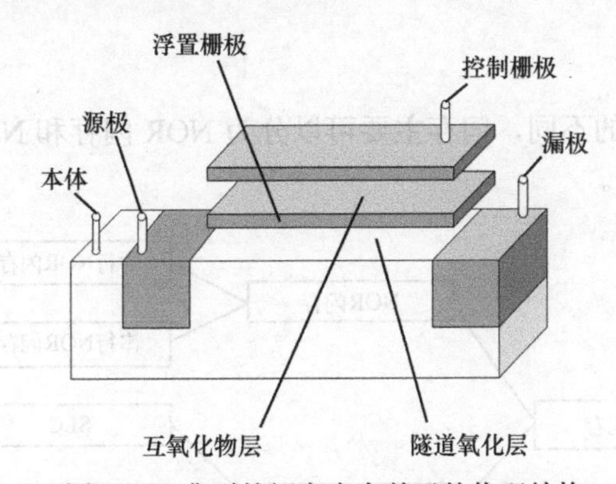

图 5-19 典型的闪存内存单元的物理结构

2. 数据读/写方式

闪存的数据写入过程：在闪存中，写入数据的过程就是向浮栅注入电荷的过程。值得注意的是，闪存在写操作之前，必须将原来的数据擦除（即将浮栅中的电荷挪走）。

闪存的数据读取过程：在控制栅极上加一个较小的电压，这个小的电压不会改变浮栅中的电荷量，因此闪存的读取是一种非破坏性读取。当浮栅有电荷时，漏极和源极之间存在导电沟道，从漏极读到逻辑 0。当浮栅没有电荷时，漏极和源极之间没有导电沟道，从漏极读到逻辑 1。

闪存的数据擦除过程：擦除就是从浮栅中移走电荷的过程，NOR 闪存和 NAND 闪存都是使用 F-N 隧穿效应进行擦除的。

现在的闪存已不仅仅靠浮栅是否存储电荷来表示逻辑 1 和逻辑 0。多层单元（Multi Level Cell，MLC）SSD 利用浮栅中电荷的多少来表示 00、01、10 以及 11，也就是在一个存储单元可以保存 2 bit 数据，甚至在一个存储单元保存 3 bit 数据，如三层单元（Triple Level Cell，TLC）SSD。

3. 主要特点

（1）需要先擦除再写入

闪存写入数据时有一定的限制，它只能将当前为 1 的位改写为 0，而无法将已经为 0 的位改写为 1，只有在擦除的操作中，才能把整块的存储区域改写为 1。

（2）块擦除次数有限

闪存的每个数据块都有擦除次数的限制（十万到百万次不等），当擦写超过一定次数后，该数据块将无法可靠存储数据，成为坏块。为了最大化延长闪存使用寿命，在软件上需要做擦写均衡，通过分散写入、动态映射等手段均衡使用各个数据块。同时，软件还需要进行坏块管理（Bad Block Management，BBM），标识坏块，不让坏块参与数据存储。

（3）读/写干扰

由于硬件实现上的物理特性，闪存在进行读/写操作时，有可能会产生数据异常，需要使用错误检查和纠正（Error Checking and Correcting，ECC）算法进行错误检测和数据修正。

（4）电荷泄漏

存储在闪存的电荷，如果长期没有使用，会发生电荷泄漏，导致数据错误，不过这个时间比较长，一般为 10 年左右，这种异常是非永久性的，重新擦除后可以恢复。

5.4.2 闪存分类

根据硬件存储原理的不同，闪存主要可以分为 NOR 闪存和 NAND 闪存两类。闪存存储分类如图 5-20 所示。

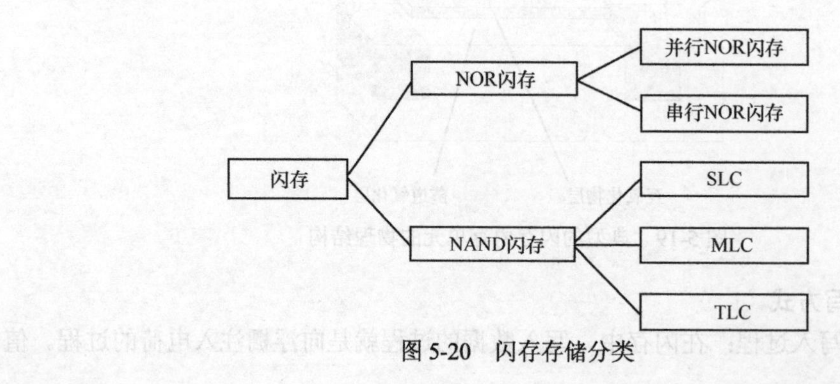

图 5-20 闪存存储分类

NOR 闪存通过热电子注入（Hot Electron Injection）的方式向浮栅注入电荷，NAND 闪存通过 F-N 隧穿效应的方式向浮栅注入电荷。热电子注入方式的效率比 F-N 隧穿效应方式的效率低，因此，NOR 闪存的写入时间比 NAND 闪存的写入时间长。

NAND 闪存根据单个存储单元存储数据的位数分类，可以分为单层单元（Single Level Cell，SLC）、MLC 和 TLC，NAND 闪存类型如图 5-21 所示。

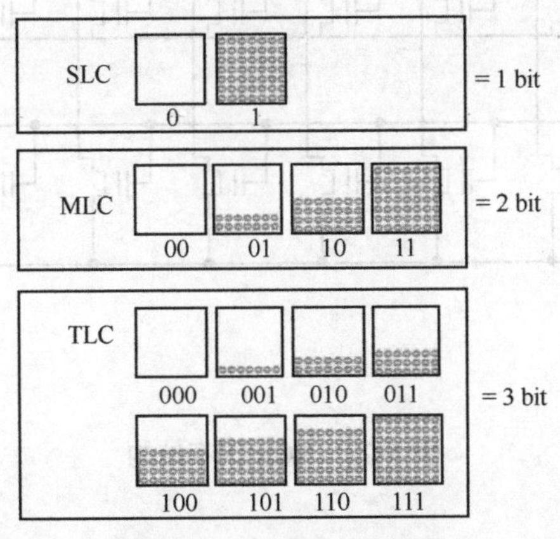

图 5-21　NAND 闪存类型

SLC 中单个存储单元只存储一位数据，表示 1 或 0。MLC 中单个存储单元可以存储多位数据。其原理为将单个存储单元内部存储电荷形成的电压分成多个阈值，如输入电压是 $V_{in}=4\ \text{V}$，则可以分为 $2^2=4$ 个阈值，$\frac{V_{in}}{4}=1\ \text{V}$，$\frac{V_{in}}{2}=2\ \text{V}$，$\frac{3V_{in}}{4}=3\ \text{V}$，$V_{in}=4\ \text{V}$，对应 2 位数据为 00、01、10、11。若单个存储单元可以存储 3 位数据，称作 TLC。

5.4.3　NOR 闪存

NOR 闪存结构如图 5-22 所示，每个位线下 FGMOSFET 并联在一起，也就是同一位线下 FGMOSFET 的漏极都是连接在一起的，同一字线的 FGMOSFET 通过金属导线接地。当需要读取信息时，选中要读取信息的字线（高电平），其他字线未被选中（低电平），就可以实现对该字的读取，具有较高的读取速率。

NOR 闪存的特性如下。

① NOR 闪存的存储单元采用并联结构，金属导线占用很大的面积，因此，NOR 闪存的存储密度比 NAND 闪存的存储密度低，无法适用于大容量存储器。

② NOR 闪存具有随机存取的特性，程序可以直接在 NOR 闪存中运行，具有在芯片内执行程序的功能，读取效率很高。

③ NOR 闪存的写入采用热电子注入的方式，效率比 F-N 隧穿效应低，因此，NOR 闪存写入速度较慢，不适用于需要频繁擦除/写入的场合。

NOR 中的 N 表示“非”逻辑，意思是浮栅中有电荷表示逻辑 0，浮栅无电荷表示逻辑 1。OR 表示“或”逻辑，表示同一个位线下的各个 FGMOSFET 是并联的，这就是 NOR 的由来。

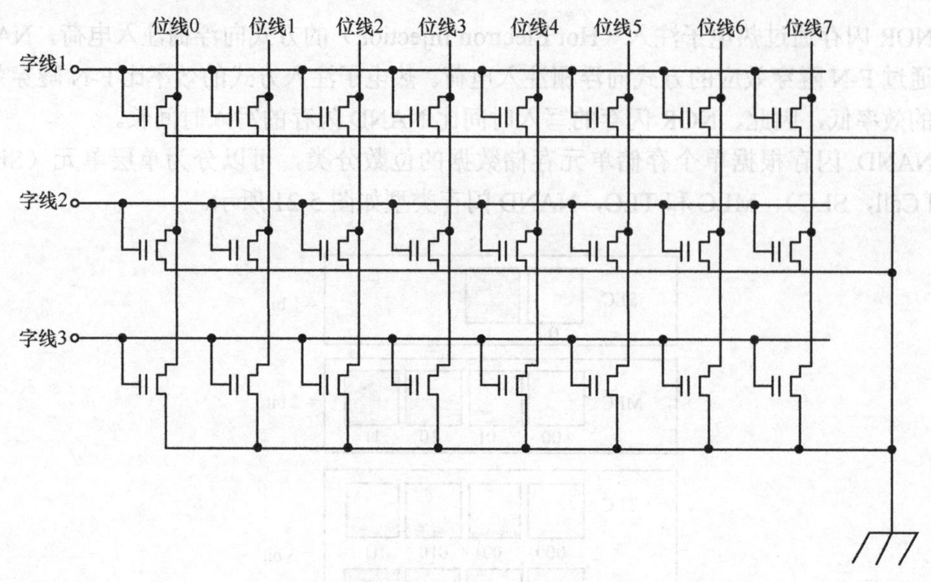

图 5-22　NOR 闪存结构

5.4.4　NAND 闪存

NAND 闪存结构如图 5-23 所示，每个位线下 FGMOSFET 是串联在一起的，也就是同一位线下，字线 1 的 FGMOSFET 的源极跟字线 2 的 FGMOSFET 的漏极连接在一起。NAND 闪存的数据以位的方式保存在存储单元中，这些存储单元以 8 个或 16 个为单位连成位线，这些位线再构成页，NAND 闪存读取数据是以页为单位的。NAND 闪存无法实现位读取，因此，程序无法直接在 NAND 闪存上运行。

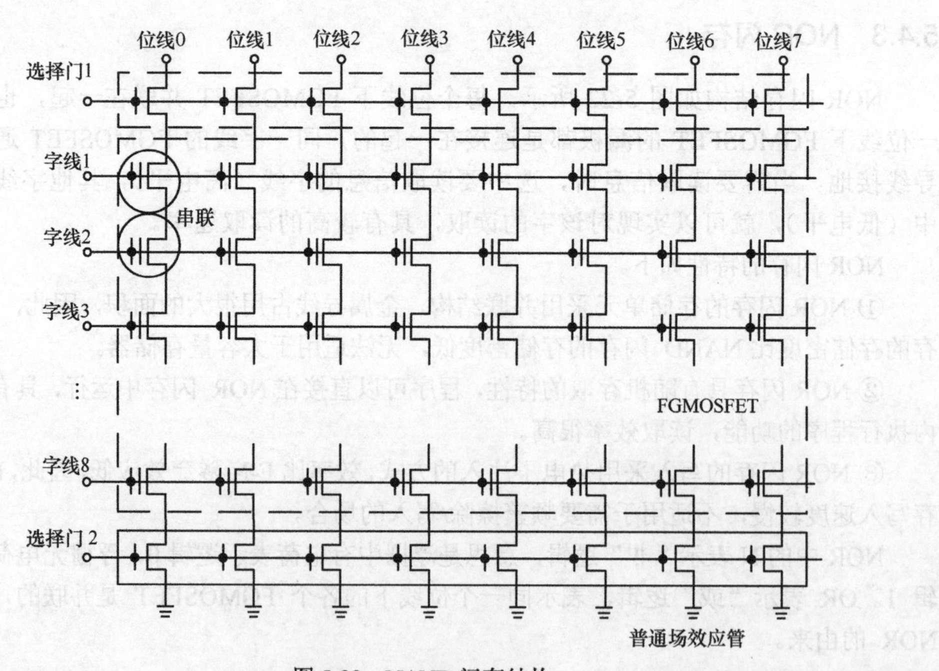

图 5-23　NAND 闪存结构

NAND 闪存的特性如下。

① NAND 闪存的串联结构减少了金属导线的面积，因此，存储密度高，适合于大容量存储器。NAND 闪存广泛用于外存的制作，SSD（容量通常为几百 GB）、手机存储（容量通常为几十到几百 GB）都采用 NAND 闪存技术。但是，为了能运行程序，通常需要另外配置 RAM。

② NAND 闪存无法进行位读取，读取和写入以页为单位，擦除以块为单位。

③ NAND 闪存写入采用 F-N 隧穿效应的方式，效率较高。因此，NAND 闪存擦除/写入速率很高，适用于需要频繁擦除/写入的存储器。

NAND 闪存的中的 N 表示“非”逻辑，AND 表示“与”逻辑，也就是同一位线下的各个 FGMOSFET 是串联的。

5.4.5　应用原则

在选择存储解决方案时，必须在多种因素之间进行权衡，以获得较高的性价比。在大容量的多媒体应用中选用 NAND 闪存，而在数据/程序存储应用中选用 NOR 闪存。也可以把两种闪存芯片结合起来使用，用 NOR 闪存芯片存储程序，用 NAND 闪存芯片存储数据，使两种闪存的优势互补。除了速度、存储密度的因素，在选择闪存芯片时，还需要考虑接口设计、即插即用设计和驱动程序等问题。NOR 闪存运行代码不需要任何软件支持，而在 NAND 闪存上进行同样操作时就需要存储技术设备（Memory Technology Device，MTD）的支持。虽然 NAND 闪存和 NOR 闪存在进行写入和擦除操作时都需要 MTD，但对于 NAND 闪存来说，驱动程序的开发难度更大，因为 NAND 闪存的纠错和坏块处理功能都需要通过驱动程序来实现。

在手机的设计中，采用支持芯片内执行（eXecute In Place，XIP）技术的 NOR 闪存能够直接运行操作系统（Operating System，OS），速度很快，既简化了设计，又降低了成本，所以大量手机都采用 NOR 闪存+RAM 的设计。为了追求大存储容量，也可采用 NAND 闪存+RAM 的设计方案。如果同时追求功能和速度，则采用 NOR 闪存+NAND 闪存+RAM 的设计，这种取长补短的设计能够发挥 NOR 闪存和 NAND 闪存各自的优势。

NAND 闪存主要用来存储资料，如闪存盘、数码存储卡等都使用 NAND 闪存。NAND 闪存经常有“（512+16）Byte”的表示方式，是指加上 16 字节的校验信息，目前 2 GB 以下容量的 NAND 闪存绝大多数的页容量是（512+16）字节，2 GB 以上容量的 NAND 闪存则将页容量扩大到（2 048+64）字节。

5.5　8086 中的存储器管理

5.5.1　存储器接口设计

前面介绍了存储器的工作原理、基本电路以及几种常见的存储器芯片。CPU 本身不配置存储器，因此，对于一个微型计算机系统而言，需要根据系统的规模、应用场合等合理地配置一个存储系统。在一个系统中，存储器芯片的类型、容量、存储器芯片与 CPU

之间的连接方式以及是否需要扩展都是需要考虑的问题。

1．存储器芯片的选择

配置存储器系统首先要考虑的问题是根据系统的需求合理地选择存储器芯片，主要包括存储器的类型选择、容量选择以及芯片的性能选择等。

在一般情况下，一个系统RAM和ROM都有。一些专用系统往往只需要存放固定不变的程序，这时可以选择ROM芯片，如智能仪表、家用电器以及工业检测控制仪器等。系统在运行时往往需要缓冲区，则需要选择能读、能写的RAM。对于RAM容量要求低的系统，可以选择SRAM。对于RAM容量要求高的系统，可以选择DRAM，如计算机系统。

CPU对存储器进行读/写操作有较为严格的读/写时序，因此，在配置存储器时，还需要考虑存储器的速度问题，若存储器速度与CPU速度相差很大，则需要在读/写时插入较多的等待周期。在实际的系统中，还需要考虑总线的负载能力以及存储器的价格等问题。

2．CPU与存储器的连接

在系统中，CPU对存储器进行读/写操作，首先CPU发出要读/写存储单元的地址信息，经过译码后选中对应的存储单元，接着CPU通过控制总线发出相应的读/写控制信号，最后CPU才能在数据总线上与存储器进行数据交换。因此，存储器芯片与CPU之间的连接，实质上就是包含了地址线的连接、数据线的连接和控制线的连接。对于不同的系统，地址线、数据线以及控制线的连接方式也不完全一样。

5.5.2 存储器的扩展

在很多应用场合，需要用多个存储器扩展成一个大的存储器系统，也就是需要进行存储器扩展，存储器扩展主要包括存储器的位扩展、字扩展（容量扩展）、位字同时扩展。

1．存储器的位扩展

位扩展是指存储器的容量满足系统的需求，但是位数不满足要求，需要进行位扩展。存储器芯片有1位片、4位片以及8位片等，若系统对字长的要求是8位，则可以通过8个1位存储器芯片或者2个4位存储器芯片扩展成1个8位存储系统，这就是存储器的位扩展。位扩展的一个典型的例子是IBM PC/XT机，其主存储器的容量为1 MB，一般由8个1 Mbit的存储器芯片扩展而成（实际还包含一个奇偶校验片）。

【例5-1】 用1×1 024×4 bit的Intel 2114构成一个1×1 024×8 bit的存储器系统，CPU采用8088。

如题干要求，系统的需求为1×1 024×8 bit的存储容量，而Intel 2114是1×1 024×4 bit的存储器芯片，其存储容量满足要求，而存储位数不满足要求，因此，需要使用2个Intel 2114进行位扩展成8位存储器系统。CPU与2个Intel 2114的连接如图5-24所示。

① 地址线的连接

在进行位扩展时，所有扩展芯片的地址线按引脚名称接在一起，再与系统总线的对应引脚连接。在此例中，2个Intel 2114的A_0～A_9地址线（图中不进行标注）都接至8088地址线的A_0～A_9地址线。8088的其他地址线（只考虑16位）A_{10}～A_{15}接至译码器的输入端，然后从译码器输出Y_0端产生片选信号，同时接至2个Intel 2114的片选引脚$\overline{CS}$。这样就可以得到存储器芯片的地址范围见表5-3。

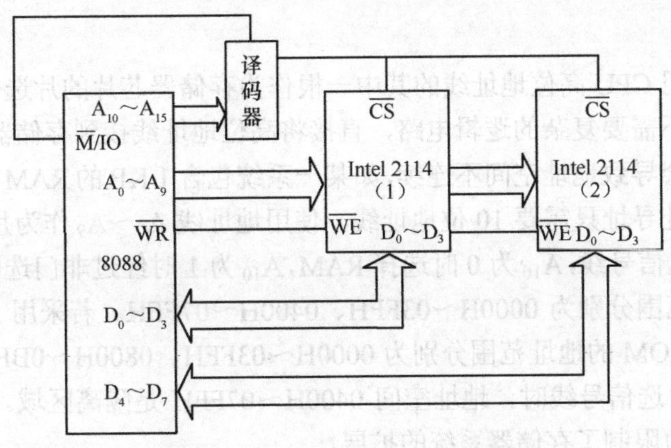

图 5-24　CPU 与 2 个 Intel 2114 的连接

表 5-3　存储器芯片的地址范围

地址线	地址范围	芯片编号
$A_{15} \cdots A_{10}$　A_9　A_8　A_7　$A_6 \cdots A_0$		
0 ⋯0　0　0　0　0⋯0	0000H	Intel 2114（1）和 Intel 2114（2）
⋯	⋯	
0 ⋯0　1　1　1　1⋯1	03FFH	

② 数据线的连接

位扩展类似于存储器并联，Intel 2114（1）的 4 位数据引脚接至系统数据总线的 D_0～D_3，Intel 2114（2）的 4 位数据引脚接至系统数据总线的 D_4～D_7。

③ 控制线的连接

在位扩展时，所有存储器的控制线通常都是接在一起然后接至系统相应的控制引脚。在此例中，2 个 Intel 2114 的写允许引脚 $\overline{WE}$ 端并在一起后接至系统控制总线的存储器写信号线。

当 CPU 要从存储器读一个字节数据信息时，首先给出地址信息，地址线的高位 A_{10}～A_{15} 输入至译码器的输入端，同时控制引脚 $\overline{M}$/IO 为低电平，译码器 Y_0 输出为低电平，2 个 Intel 2114 同时被选中。低位地址 A_0～A_9 信息经过存储器内部的译码器后，同时选中 2 个存储器芯片对应的存储单元。在读信号 $\overline{WR}$ 的控制下，2 个芯片的数据同时输出，送上系统数据总线，产生一个字节的输出。

2．存储器的字扩展

字扩展是指存储器芯片的位数满足系统需求而存储器芯片容量不足时需要进行的扩展，也就是地址空间扩展。在进行字扩展时，所有存储器芯片的数据线都互连然后接至系统的数据总线，所有的控制线都接至系统总线相应的控制信号线。字扩展相当于存储器芯片的串联，需要给存储器芯片的每个存储单元分配一个不同的地址，CPU 的低位地址线与存储器芯片的地址线相连，作为存储器芯片片内地址的寻址，CPU 的高位地址线接至译码器的输入端，产生不同的译码输出作为片选信号，用于对存储器芯片进行选择。片选信号的译码方式有线选法、全地址译码法及部分地址译码法 3 种。

① 线选法

线选法直接用CPU高位地址线的其中一根作为存储器芯片的片选信号。线选法的优点是连接简单，不需要复杂的逻辑电路，直接将高位地址线接到存储器芯片的片选信号$\overline{CS}$即可。线选法会导致地址空间不连续，如某一系统包含1 KB的RAM和1 KB的ROM，很显然，片内地址寻址只需要10位地址线，使用地址线A_0～A_9作为片内地址寻址。如使用A_{10}作为片选信号线，A_{10}为0时选择RAM，A_{10}为1时经过非门选中ROM，则RAM和ROM的地址范围分别为0000H～03FFH、0400H～07FFH。若采用A_{11}作为片选信号线，则RAM和ROM的地址范围分别为0000H～03FFH、0800H～0BFFH。可以看出，当使用A_{11}作为片选信号线时，地址空间0400H～07FFH是隔离区域。在系统中，线选法有限的寻址能力限制了存储器系统的扩展。

② 全地址译码方式

全地址译码方式将所有高位地址线作为译码器的输入，译码器的输出作为各存储器芯片的片选信号。这种方式下，所有地址线都参与地址译码，存储器芯片中的每一个存储单元都有一个唯一地址，不会出现地址重叠或不连续现象，这能充分发挥CPU的寻址能力。在这种寻址方法中，低位地址线与芯片的地址线相连，用作片内地址的寻址，高位地址线作为译码电路的输入，用来生成不同的片选信号。全译码方式需要增加额外的译码电路，电路比较复杂。

③ 部分地址译码方式

部分地址译码方式是从高位地址线中选择几位作为译码器的输入，经过译码后作为片选信号。部分地址译码方式是线选法与全地址译码方式的混合，这种译码方式只使用了部分地址线参与译码，会出现每一个存储单元占据多个地址的现象（因为没有参与译码的地址线可以是高电平也可以是低电平），这破坏了地址空间的连续性，并减小了总的地址空间。这种地址译码方式的译码器相对比较简单，只需要使用少数译码输入线。

【例5-2】 用2×1 024×8 bit的Intel 2716 A存储器芯片组成8×1 024×8 bit的存储器系统，CPU采用8088。

如题干所说，系统需求的是8×1 024×8 bit的存储容量，而Intel 2716A是2×1 024×8 bit的存储器芯片。因此，存储位数满足系统要求，而存储容量不满足要求。因此，需要使用4个Intel 2716A进行字节扩展，构成8×1 024×8 bit的存储器系统。其连接方式如图5-25所示。

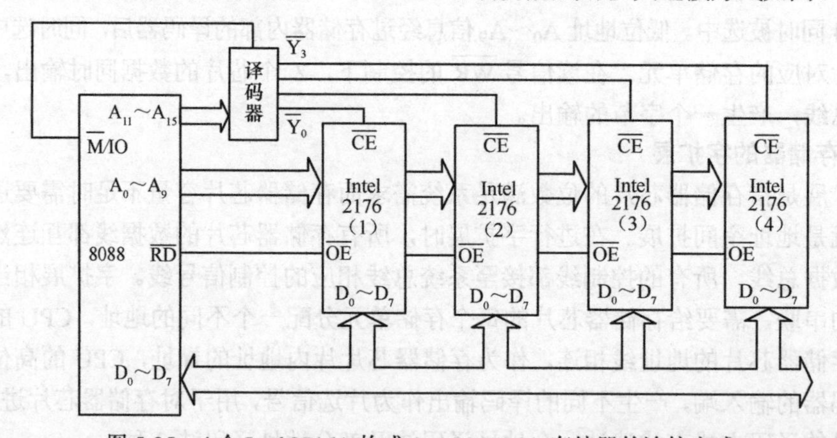

图5-25 4个Intel 2716A构成8×1 024×8 bit存储器的连接方式

① 数据线的连接

将每个 Intel 2716A 的 8 位数据线都接至系统数据总线 D_0～D_7。

② 控制线的连接

4 个 Intel 2716A 的输出允许引脚 $\overline{OE}$ 端接在一起后接至系统控制总线的读信号线。

③ 地址线的连接

若采用全地址译码方式，每个 Intel 2716 A 的 11 位地址线接在一起，并接至系统地址总线的低 11 位 A_0～A_{10}。高位地址线（只考虑 16 位）A_{10}～A_{15} 全部参与译码，接至译码器的输入端，从可能的 32 个输出中选取其中的 4 个（Y_0～Y_3），分别接至 4 个 Intel 2716A 的片选端，则该存储器系统每一个存储器芯片的地址范围见表 5-4。

表 5-4　存储器芯片的地址范围

地址线	地址范围	芯片编号
$A_{15}\cdots A_{13}$　A_{12}　A_{11}　A_{10}　$A_9\cdots A_0$		
0… 0　0　0　0　0…0	0000H	Intel 2716（1）
…	…	
0… 0　0　0　1　1…1	07FFH	
0… 0　0　1　0　0…0	0800H	Intel 2716（2）
…	…	
0… 0　0　1　1　1…1	0FFFH	
0… 0　1　0　0　0…0	1000H	Intel 2716（3）
…	…	
0… 0　1　0　1　1…1	17FFH	
0… 0　1　1　0　0…0	1800H	Intel 2716（4）
…	…	
0… 0　1　1　1　1…1	1FFFH	

当 CPU 要从存储器某个存储单元读取数据时，首先给出地址信息，地址线的高位 A_{10}～A_{15} 输入至译码器的输入端，译码器 Y_0～Y_3 的其中一个为低电平，4 个 Intel 2716A 的其中一个被选中。低位地址信息经过存储器内部的译码器后，选中它们对应的存储单元。在输出允许信号的控制下，存储器数据输出至系统数据总线。

3. 存储器的位字同时扩展

若存储器芯片的字长和容量均不符合存储系统的要求，就需要用多个芯片同时进行位扩展和字扩展。

【例 5-3】 用 1×1 024×4 bit 的 Intel 2114 组成 2×1 024×8 bit 的存储器系统，CPU 采用 8088。

很显然，存储容量和存储位数均不满足系统要求，因此，需采用位扩展的方法，将 Intel 2114（1）和 Intel 2114（3）、Intel 2114（2）和 Intel 2114（4）构成 2 个 1×1 024×8 bit 的存储器，然后再用字扩展的方法将 2 个 1×1 024×8 bit 的存储器扩展成 2×1 024×8 bit 的存储器系统。其连接方式如图 5-26 所示。

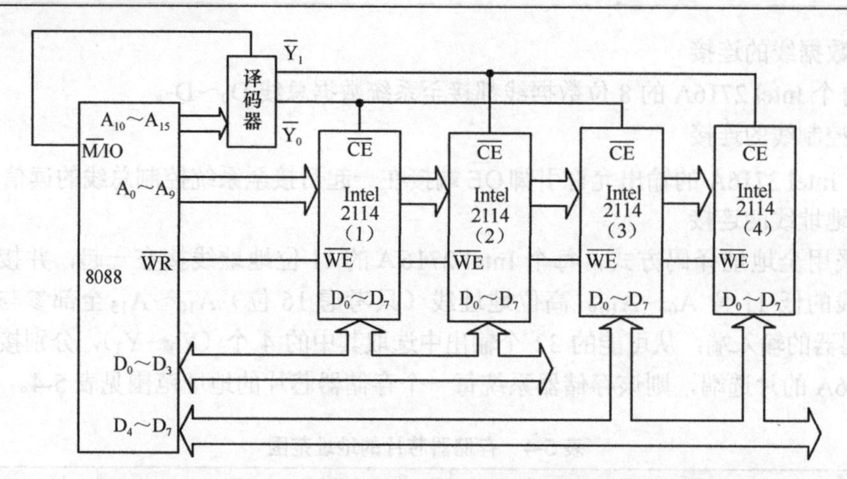

图 5-26　4 个 Intel 2114 组成 2×1 024×8 bit 存储器系统的连接方式

① 数据线的连接

Intel 2114（1）和 Intel 2114（2）的 4 位数据线接至系统数据总线的 $D_0 \sim D_3$，Intel 2114（3）和 Intel 2114（4）的 4 位数据线依次接至系统数据总线的 $D_4 \sim D_7$。

② 控制线的连接

4 个 Intel 2114 的写允许引脚 $\overline{WE}$ 端并在一起后接至系统控制总线的存储器写信号。

③ 地址线的连接

地址码的 $A_{10} \sim A_{15}$ 经过译码器后，输出 Y_0 接至 Intel 2114（1）和 Intel 2114（3）的片选 $\overline{CE}$ 端。输出 Y_1 接至 Intel 2114（2）和 Intel 2114（4）的片选 $\overline{CE}$ 端。

同样，根据硬件连线图，可以进一步分析出存储器芯片的地址范围见表 5-5。

表 5-5　存储器芯片的地址范围

地址码	地址范围	芯片编号
A_{15} … A_{13} A_{12} A_{11} A_{10} A_9 … A_0		
0 … 0 0 0 0 0 … 0	0000H	Intel 2114（1） Intel 2114（3）
…	…	
0 … 0 0 0 0 1 … 1	03FFH	
0 … 0 0 0 1 0 … 0	0400H	Intel 2114（2） Intel 2114（4）
…	…	
0 … 0 0 0 1 1 … 1	07FFH	

思 考 题

1. 简单叙述半导体存储器的主要外部引脚和意义。

2. 设某微处理器地址总线宽度为 24 位，存储器按字节编址，全部采用容量为 64×1 024×1 bit 的芯片组成，回答下列问题。

（1）CPU 能直接访问的存储器空间是多少字节？

（2）如果存储器由容量为 1 MB 的模块组成，每个模块有多少个存储器芯片？

（3）设地址码为 $A_{23}A_{22} \cdots A_0$，其中哪些用于选模板；哪些用于板内译码、选择芯片组；哪些用于芯片组内部选单元？

3. 设有一个具有 14 位地址和 8 位字长的存储器，回答下列问题。

（1）该存储器能存储多少字节的信息？

（2）如果存储器由 1×1 024×1 bit SRAM 芯片组成，需要多少个芯片？

（3）需要多少位地址作为芯片选择？

4. 设有一个具有 14 位地址和 8 位字长的存储器，回答下列问题。

（1）该存储器能存储多少字节的信息？

（2）如果存储器由 1×1 024×1 bit SRAM 芯片组成，需要多少个芯片？

（3）需要多少位地址作为芯片选择？

5. 简述半导体存储器的主要技术指标。

6. 设 CPU 有 16 根地址线和 8 根数据线，并用 MREQ 作为访存控制信号，WR 作为读/写命令信号。现有下列存储器芯片：ROM（2×1 024×8 bit、8×1 024×8 bit、32×1 024×8 bit）、RAM（1×1 024×4 bit、2×1 024×8 bit、8×1 024×8 bit）、各种门电路（门电路自定）和 3-8 译码器（74LS138），画出 CPU 和存储器的连接图。

第6章 微型计算机接口技术

6.1 I/O 接口概述

I/O 接口是计算机系统的一个重要组成部分，是 CPU 与外部设备之间的连接电路，能够实现计算机与外界之间的信息交换。I/O 接口技术就是 CPU 与外部设备进行数据交换的一门技术，在微型计算机系统设计和应用中占有重要的地位。I/O 接口电路是 CPU 与外界进行数据交换的中转站，是用于协助完成数据传送和控制任务的逻辑电路。外部设备通过 I/O 接口电路把信息传送给微处理器进行处理，微处理器将处理完的信息通过 I/O 接口电路传送给外部设备。可见，如果没有 I/O 接口电路，计算机就无法实现各种 I/O 功能。

I/O 接口技术采用了软件和硬件相结合的方式，其中，I/O 接口电路属于硬件系统，是信息传递的物理通道。对应的驱动程序则属于软件系统，用于控制 I/O 接口电路，使其按要求工作。因此，I/O 接口技术的学习必须注意软件和硬件相结合。

6.1.1 I/O 接口的功能

为满足不同应用的要求，人们为计算机系统配置了不同的外部设备，如键盘、显示器、鼠标、硬盘、网卡、图像采集卡等。由于这些外部设备的工作原理各不相同、性能特点各异，因此，对应的 I/O 接口电路也不一样。一般而言，I/O 接口电路具有以下功能。

1. 数据缓冲功能

微型计算机系统工作时，总线非常繁忙，由于总线的工作速度快，而外部设备的工作速度相对较慢，为解决二者速度上的差异，提高 CPU 和总线的工作效率，在 I/O 接口电路中一般设置了 I/O 数据寄存器（或数据存储器）。在输入数据时，外部设备先将数据输入暂存在寄存器，然后通知 CPU，等待 CPU 读取。在输出数据时，CPU 先将数据输出暂存在寄存器，然后通知外部设备，在外部设备空闲时完成数据的输出。通过在数据寄存器与总线之间加入三态门（驱动芯片）等隔离器件，将外部设备与总线分隔开来，实现数据的缓冲，只有在接口被选中时才打开三态门，从而使数据寄存器连接到总线上。

2. 通信联络功能

在一般情况下，CPU 与外部设备的通信异步进行，为进行可靠的数据传递，CPU 只有在外部设备准备好数据后才能输入，外部设备也只有在 CPU 已准备好数据后才能读取。因此，在 I/O 接口电路中需要设置联络信号，使 CPU 和外部设备了解 I/O 接口的工

作状态信息，从而正确地工作。以外部设备为例，对输入接口而言，联络信号向输入设备显示输入寄存器的数据是否已被 CPU 读取。如果已被 CPU 读取，表明输入寄存器空闲，输入设备可以输入下一个数据；如果未被 CPU 读取，输入设备则继续等待，否则，新输入的数据将覆盖前一个数据，从而使数据丢失。对输出接口而言，联络信号向输出设备显示 CPU 是否已将数据写入输出数据寄存器。如果是，外部设备就能读取数据，否则，外部设备必须等待。

3．信号转换功能

一般而言，所有外部设备只能接收符合其自身要求（如电平高低、信号的调制方式等）的信号。这些信号与 CPU 的信号可能出现不兼容的情况，此时，要求 I/O 接口电路能够完成信号的转换，使外部设备和 CPU 都能接收到符合各自要求的信号。常见的转换包括以下几种。

（1）电平高低的转换

在不同的设备上，相同逻辑表现的物理电平范围可能不同，因此，I/O 接口电路需要完成电平高低的转换，从而使逻辑关系符合要求。

（2）信息格式的转换

在不同种类的设备上，传递信息的格式会有所不同。例如，总线以并行的方式传递数据，而某些外部设备以串行的方式传递数据，此时，相应的 I/O 接口就必须实现串行与并行数据之间的转换。

（3）时序关系的转换

系统经常利用信号之间的顺序关系来实现控制目的，不同设备的控制时序可能不同，为了使控制信息能够正确传输，I/O 接口电路必须能够完成时序关系的配合和控制。

（4）信号类型的转换

现在的计算机是数字式的计算机，其信息均以数字信号的形式存在，某些外部设备的信息是模拟信号，因此，需要对应的 I/O 接口电路能够实现数字信号与模拟信号之间的转换。

4．地址译码和读/写控制功能

同 CPU 对存储器的访问控制方法一样，计算机系统也采用编址的方式来选择外部设备。I/O 接口电路利用译码器对地址总线上的地址信息进行译码，当总线上的地址信息与接口电路设定的地址吻合时，才允许接口电路工作。同时，接口电路还需要读/写控制信号，数据在其控制下才能完成实际的输入与输出。

5．中断管理功能

中断是 CPU 与外部设备之间进行 I/O 操作的有效方式之一，这种方式一直被大多数计算机系统所采用，它可以充分提高 CPU 的效率，同时，外部设备的需求也能被及时响应。为了使用中断，I/O 接口电路必须产生符合计算机中断系统要求的中断请求信号并保持到 CPU 开始响应。另外，I/O 接口电路也必须具备撤销中断请求信号的能力。

6．可编程功能

外部设备种类繁多，若针对每种设备都设计专用的 I/O 接口电路，这样既不经济也没有必要，不利于标准化。因此，I/O 接口电路应具备一定的可编程能力，这样，在不改变硬件的情况下，只需修改设定就能改变 I/O 接口的工作方式，从而增强 I/O 接口的灵活性和可扩展能力。

6.1.2 I/O 接口中的信息类型

在 I/O 接口电路中传递的信息按性质的不同，可分成 3 类，即数据信息、状态信息和控制信息。

1．数据信息

数据信息是 CPU 与外部设备之间通过 I/O 接口传递的数据，如从键盘得到的按键信息、向打印机输出的字符信息等。数据信息又可分成数字量、模拟量和开关量。

（1）数字量是数值、字符及其他信息的编码，一般以 8 位、16 位或 32 位编码长度来表达和传递。

（2）模拟量是连续的电信号，电信号来自各种传感器及其处理电路。输入部分，传感器将外部设备中的各种物理信息（如压力、温度、位移等）转变成连续的电信号，再经过滤波、放大等处理过程，最后传入 I/O 接口电路。模拟量必须在 I/O 接口电路中进行模拟量到数字量（Analog to Digital，A/D）转换，成为数字量后由 CPU 读入。输出部分，CPU 输出的数字量必须在 I/O 接口电路中经过数字量到模拟量（Digital to Analog，D/A）转换后才能被模拟设备接收。

（3）开关量是只具备两个状态的量，如开关的闭合与关断、电机的运行与停止、阀门的打开与关闭等。这些量只需占用二进制数中的一位即可表示，故 I/O 接口的数据长度即为一次可最多输入或输出的开关量的位数。

2．状态信息

状态信息用于表达外部设备当前的工作状态。输入时，它反映设备是否已准备好数据；输出时，它反映设备是否已准备好接收数据。同时，状态信息也可以用于表示 I/O 接口自身的工作状态，CPU 通过读取状态信息，不仅可以知道外部设备的工作情况，同时也能了解 I/O 接口的工作状况，从而做好协调，保障数据信息的顺利传送。

3．控制信息

控制信息是 CPU 用来控制外部设备和 I/O 接口工作的指令。控制信息一般通过专门的控制信号来实现对外部设备和 I/O 接口的控制。

6.1.3 I/O 接口的典型结构

数据信息、状态信息和控制信息这 3 种信息均可视为广义上的“数据”信息，在 CPU 与 I/O 接口之间传递，通过数据总线实现输入与输出。在 I/O 接口内部，通过不同的寄存器分别将它们保存起来，实现其各自的功能。一个典型的 I/O 接口电路由端口、地址译码、总线驱动和控制逻辑 4 部分组成，I/O 接口的典型结构如图 6-1 所示。

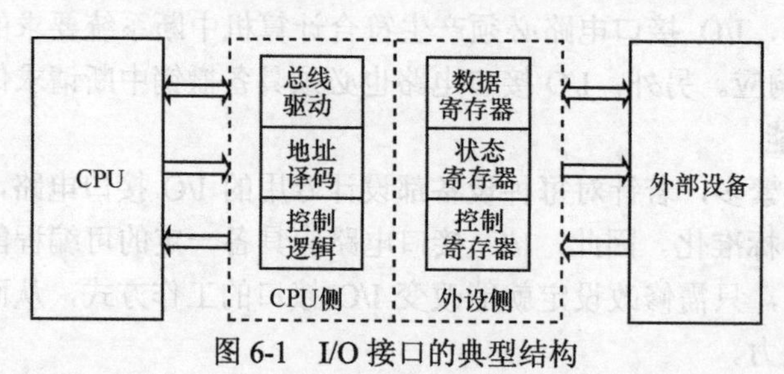

图 6-1　I/O 接口的典型结构

1．端口

端口是指 I/O 接口电路中能够被 CPU 直接访问的寄存器。按照保存在端口中数据的性质，端口可分成数据端口、状态端口和控制端口 3 类。为了识别不同的端口，每个端口都分配了地址，在同一 I/O 接口中，端口的地址通常是相邻的，即一个 I/O 接口占用一段连续的地址空间。为了节省地址资源，多个端口可共享同一个地址，通过读/写控制、访问顺序及特征位等手段加以区别。

2．地址译码

由于需要通过地址来识别端口，因此，I/O 接口中必须有地址译码电路。在硬件设计时，通常将同一 I/O 接口中的端口地址相邻安排。因此，可用地址总线的高位进行译码以实现对 I/O 接口电路的选择，用地址总线的低位进行译码以实现对 I/O 接口内具体端口的选择。

3．总线驱动

所有的 I/O 接口都在被选中后才会连通总线，然后通过总线与 CPU 实现信息的传递；在没有被选中时，I/O 接口与总线需要断开（第三态也称为浮空态）。因此，在端口与总线之间需要有总线驱动芯片，使 I/O 接口在控制逻辑的控制下实现与总线的连通和断开。总线驱动芯片也可以减轻总线的负载。

4．控制逻辑

I/O 接口的控制逻辑电路接收控制端口的信息及总线上的控制信号，实现对 I/O 接口工作的控制。

6.2 I/O 端口编址

存储器与 CPU 交换信息时，只需要信息格式、存取速度等方面匹配就能执行。也就是说，CPU 要从存储器读入指令、数据或向存储器写入新的结果和数据，只需要一条存储器访问指令就可以完成。在硬件连接方面，只需要芯片之间用引脚直接连接即可。但 CPU 与外部设备交换数据至少存在两方面的困难：一是 CPU 的运行速率要比外部设备的处理速率快得多，简单地用一条 I/O 指令无法完成 CPU 与外部设备之间的信息交换；二是外部设备的数据线和控制线不能与 CPU 直接连接，如打印机就不能将其数据线直接与 CPU 的引脚连接，键盘或其他外部设备也是如此。综上所述，CPU 与外部设备交换数据时具有以下特点。

① 需要 I/O 接口作为 CPU 与外部设备通信的桥梁。

② 需要在数据传送之前进行“联络”。

③ 需要传递的信息有 3 个方面的内容，即数据、状态和控制信息。

6.2.1 I/O 端口的寻址方式

在微型计算机系统中，存储器的每个存储单元分配了一个唯一的物理地址，对存储器的访问必须直接或间接地提供被访问存储单元的地址。同理，CPU 与外部设备通信，需要区分系统中的不同外部设备，就必须为每个外部设备分配必要的地址。为了与存储单元地址相区别，将这样的地址称为端口地址。一个外部设备可能分配一个或一个以上端口地址，形成端口地址的方式与形成存储单元地址的方式类似。

在微处理器设计过程中出现了两种 I/O 端口寻址的处理方式：存储器映像和 I/O 映像（独立编址）的 I/O 端口寻址。

在系统中将存储单元和 I/O 端口的地址进行统一编址，此时，I/O 端口地址就是存储单元地址，硬件上没有区别，对 I/O 端口的访问与对存储器的访问相同，存储器映像的 I/O 端口寻址如图 6-2 所示，这种方式称为存储器映像的 I/O 端口寻址。

在系统中，将 I/O 端口与存储单元地址分别进行编址，使用不同的指令，I/O 映像的 I/O 端口寻址如图 6-3 所示，如对外部设备通信用 IN 或 OUT 指令、对存储单元用存储器访问指令，这种方式称为 I/O 映像的 I/O 端口寻址。

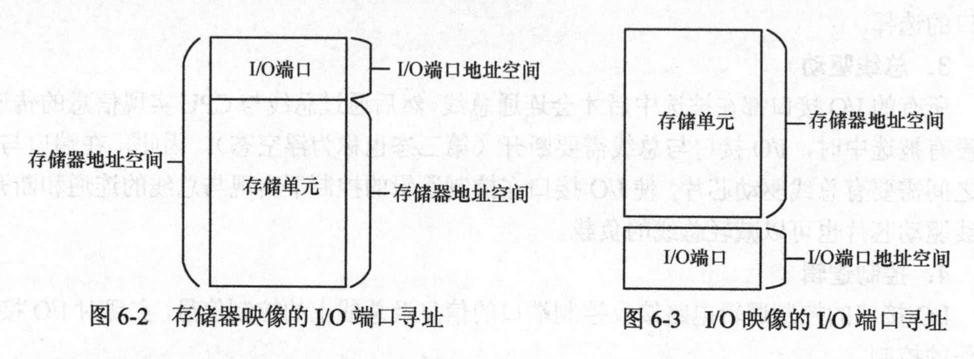

图 6-2　存储器映像的 I/O 端口寻址　　图 6-3　I/O 映像的 I/O 端口寻址

这两种 I/O 端口寻址方式各有优缺点。

存储器映像的 I/O 端口寻址方式的优点：由于 I/O 端口和存储器在地址上没有区别，在程序设计时可以使用丰富的指令对端口进行操作，甚至包括对端口数据的运算等。存储器映像的 I/O 端口寻址方式的缺点：I/O 端口需要占用部分微处理器的地址空间，由于存储器和 I/O 端口地址在形式上没有区别，相对增加了程序设计和阅读的难度。

I/O 映像的 I/O 端口寻址方式的优点：程序阅读方便，使用 IN 或 OUT 指令就一定是对外部设备的通信；I/O 端口有自己的地址，使系统存储器地址范围扩大，适用于大系统。I/O 映像的 I/O 端口寻址方式的缺点：指令少，编程灵活性相对减少；硬件需要 I/O 端口的译码芯片，增加了硬件开支。

8086 采用 I/O 映像的 I/O 端口寻址方式，同时在硬件上区分对存储器和 I/O 端口的访问，用 $M/\overline{IO}$ 引脚信号来区分。存储器寻址要求其地址信息是连续的，即在硬件设计时，一个连续的存储器地址空间必须有对应的硬件存储器芯片；而 I/O 端口没有这样的要求，即外部设备的 I/O 端口并不要求其端口地址一定连续。

6.2.2　I/O 端口地址的形成

1．使用存储器映像的 I/O 端口寻址方式

使用这种寻址方式时，系统可以与存储器统一使用译码器芯片。译码器的输出端既可接至存储器芯片的片选端形成存储单元地址，也可接至 I/O 接口芯片的控制端或片选端形成 I/O 端口地址。此时，译码器控制端 G_1 与 $M/\overline{IO}$ 连接，高电平有效，表示对存储器的寻址，实际上还包含了对 I/O 端口的访问。存储器映像的 I/O 端口地址的形成如

图 6-4 所示，形成了一个 2 KB 的存储单元地址和一个 2 KB 的 I/O 端口地址。根据其硬件连接可知，存储单元地址范围为 00800H～00FFFH，I/O 端口地址范围为 01000H～017FFH。

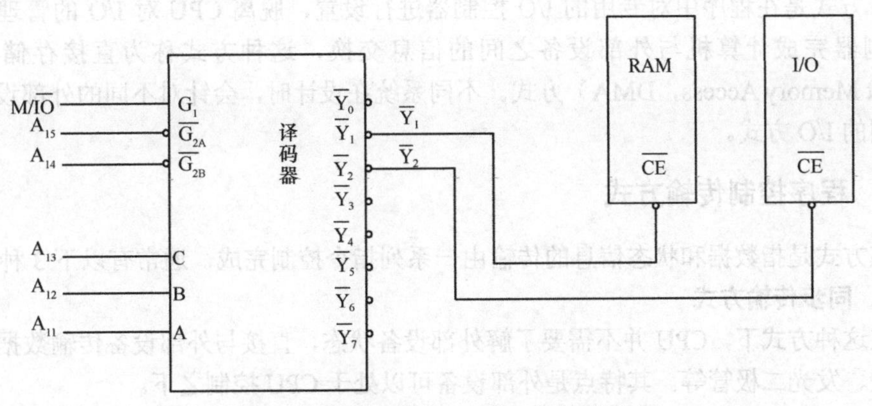

图 6-4　存储器映像的 I/O 端口地址的形成

2．使用 I/O 映像的 I/O 端口寻址方式

使用这种寻址方式时，系统中的 I/O 端口地址需要一个单独的译码器芯片，译码器的输出仅允许接 I/O 接口芯片的控制端或片选端。此时，译码器的控制输入端要接 CPU 的 $M/\overline{IO}$ 引脚，在该引脚上产生低电平时有效。其原因是在执行 IN 或 OUT 指令时，CPU 的 $M/\overline{IO}$ 引脚输出低电平有效信号。使用 I/O 映像的 I/O 端口寻址时，端口地址仅需要 A_0～A_{15} 共 16 根地址线或 A_0～A_7 共 8 根地址线。I/O 映像的 I/O 端口地址的形成如图 6-5 所示，形成了两个十六进制的端口地址，由译码规则可知，1[#]芯片端口地址为 80H～87H，2[#]芯片端口地址为 88H～8FH。

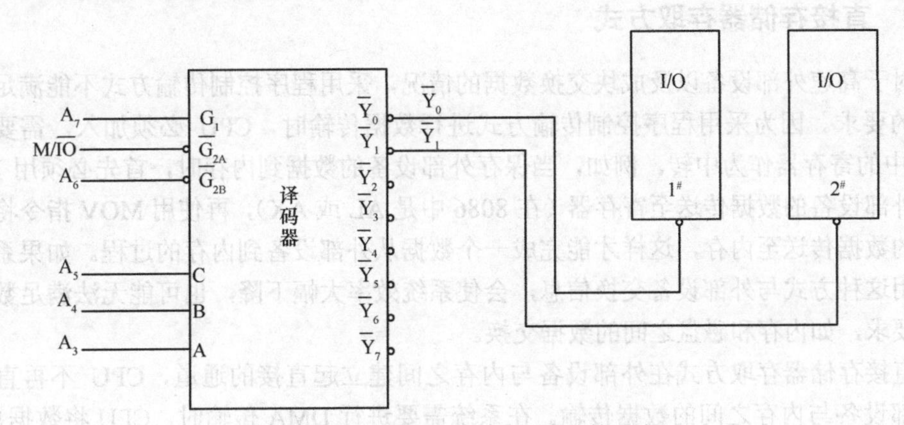

图 6-5　I/O 映像的 I/O 端口地址的形成

6.3　输入/输出的处理方式

从 CPU 与外部设备通信的特点可知，由于外部设备数据传送速度慢，CPU 不能直接与外设进行通信，CPU 必须了解外部设备的工作状态后才能决定是否与外部设备进行数据交换，为此，CPU 在数据传送之前一般要进行状态的“联络”。要么由 CPU 查询外部设备状态，要么由外部设备向 CPU 发出请求，这种方式称为程序控制传输方式；另一种方式是在程序中对专用的 I/O 控制器进行设置，脱离 CPU 对 I/O 的管理，由专用控制器完成计算机与外部设备之间的信息交换，这种方式称为直接存储器存取（Direct Memory Access，DMA）方式。不同系统在设计时，会针对不同的外部设备，采用不同的 I/O 方式。

6.3.1 程序控制传输方式

该方式是指数据和状态信息的传输由一系列指令控制完成，通常有以下 3 种。

1. 同步传输方式

在这种方式下，CPU 并不需要了解外部设备状态，直接与外部设备传输数据，如按钮开关、发光二极管等。其特点是外部设备可以处于 CPU 控制之下。

2. 异步查询方式

该方式发生在慢速的外部设备与 CPU 交换数据时。在这种方式下，CPU 与外部设备传输数据之前，先检查外部设备状态，根据状态信息再传输数据。外部设备状态的检查在 CPU 执行一段程序后完成。

3. 中断方式

若使用异步查询方式，CPU 要花费大量时间执行状态查询程序，使 CPU 的效率大幅降低。可以不让 CPU 主动查询外部设备的状态，而是让外部设备在数据准备好之后通知 CPU，然后再执行数据传输工作，这可以大幅提高 CPU 的效率，这种方式称为中断方式。

6.3.2 直接存储器存取方式

对于高速外部设备以及成块交换数据的情况，采用程序控制传输方式不能满足传输速度的要求。因为采用程序控制传输方式进行数据传输时，CPU 必须加入，需要利用 CPU 中的寄存器作为中转。例如，当保存外部设备的数据到内存时，首先必须用 IN 指令将外部设备的数据传送至寄存器（在 8086 中是 AL 或 AX），再使用 MOV 指令将寄存器中的数据传送至内存，这样才能完成一个数据从外部设备到内存的过程。如果系统大量采用这种方式与外部设备交换信息，会使系统效率大幅下降，也可能无法满足数据存储的要求，如内存和磁盘之间的数据交换。

直接存储器存取方式在外部设备与内存之间建立起直接的通道，CPU 不再直接参加外部设备与内存之间的数据传输。在系统需要进行 DMA 传输时，CPU 将数据总线、地址总线及控制总线的管理权交给 DMA 控制器，完成一次 DMA 数据传输后，再将管理权还给 CPU。这些工作由硬件自动实现，并不需要程序进行控制。采用 DMA 方式需要一个硬件——DMA 控制器（DMA Controller，DMAC）芯片来完成相关工作，如内存地址的修改、字节长度的控制。当 CPU 放弃数据总线、地址总线及控制总线的控制权时，由 DMAC 实现外部设备和内存之间的数据交换，同时包括与 CPU 之间必要的连接。

6.4　CPU 与外部设备的接口

6.4.1　同步传输方式与接口

同步传输方式又称为无条件传输方式，主要应用于外部设备的时序和控制可以完全处于 CPU 控制之下的场合。这类外部设备必须在 CPU 限定的时间内准备就绪，并且完成数据的发送和接收。在程序中，由于外部设备总是处于等待状态，所以在进行数据传输时，只要简单地将 I/O 指令放在程序需要的位置即可。当程序执行到 I/O 指令时，由于外部设备随时可以为传输数据做好准备，所以在此指令执行时间内，就可完成数据的传输。同步传输是最简单的传输方式，与其他 I/O 方式相比，需要的硬件和软件最少。

1．同步输入方式

（1）同步输入过程

① 提供端口地址，以便 CPU 从指定的外部设备读入数据。

② 执行 IN 指令或存储器读指令。

③ 地址译码器输出，同时产生 $M/\overline{IO}$ 和 $\overline{WR}$ 信号。

④ 数据从端口输入 CPU 寄存器。

（2）同步输入硬件接口电路

为了防止在 CPU 读取外部设备数据时，数据发生变化，往往在硬件上采用缓冲器或锁存器，把外部设备数据保存起来。缓冲器或锁存器采用可编程或不可编程的芯片，称为 I/O 接口芯片。硬件接口电路必须保证同步输入过程的正确执行。同步输入硬件接口电路如图 6-6 所示。

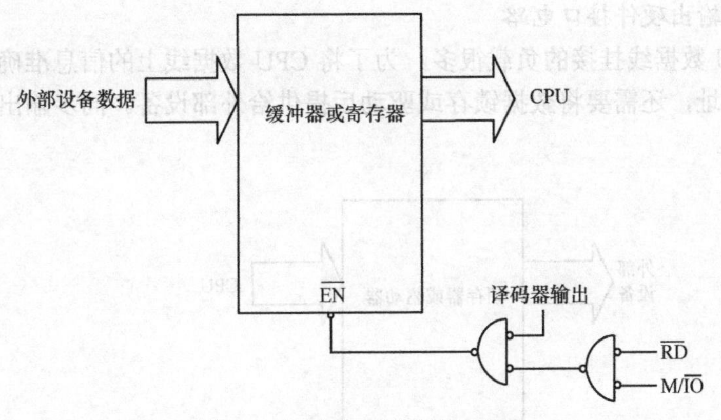

图 6-6　同步输入硬件接口电路

（3）缓冲器 74LS244

74LS244 是一种具有三态输出的 8 位缓冲器，是具有 20 个引脚的 DIP TTL 芯片。74LS244 引脚排列如图 6-7 所示，有 2 个低电平有效的片选端 $\overline{CE_1}$ 和 $\overline{CE_2}$，8 个输入端 $D_0 \sim D_7$ 和 8 个输出端 $Q_0 \sim Q_7$ 分成两组，每组 4 位。$\overline{CE_1}$ 和 $\overline{CE_2}$ 为两个 4 位缓冲器的

控制端，$\overline{CE_1}$ 和 $\overline{CE_2}$ 信号连接在一起，可作为 8 位缓冲器使用，其内部结构实质上是 8 个带“输出允许”的三态器件，仅用于输入接口。采用 74LS244 实现的输入接口电路如图 6-8 所示，是 $\overline{CE_1}$ 和 $\overline{CE_2}$ 作为一个 8 位输入接口的电路，输入外部设备为按键开关。

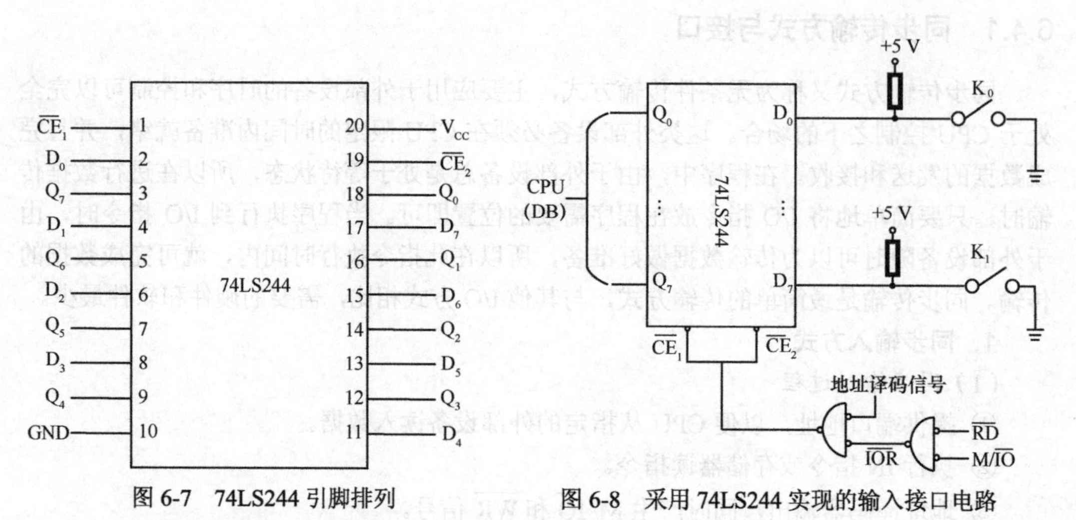

图 6-7　74LS244 引脚排列　　图 6-8　采用 74LS244 实现的输入接口电路

2．同步输出方式

（1）同步输出过程

① 提供端口地址，以便 CPU 将数据传送到指定的外部设备。

② 执行 OUT 指令或存储器写指令。

③ 地址译码器输出，同时产生 M/$\overline{IO}$ 和 $\overline{WR}$ 信号。

④ CPU 将数据输出到端口。

（2）同步输出硬件接口电路

由于 CPU 数据线挂接的负载很多，为了将 CPU 数据线上的信息准确传输，除了正确提供端口地址，还需要将数据锁存或驱动后提供给外部设备。同步输出硬件接口电路如图 6-9 所示。

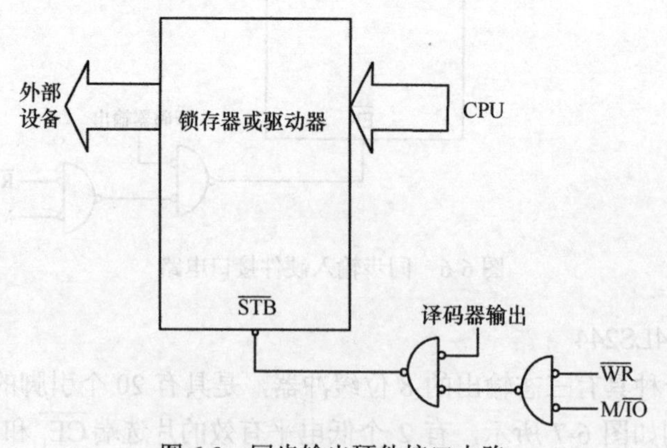

图 6-9　同步输出硬件接口电路

(3)8位D锁存器74LS273

74LS273是8位D锁存器，是具有20个引脚的DIPTTL芯片。74LS273引脚排列如图6-10所示，它具有清零端CLR和锁存控制端$\overline{CP}$。只有当$\overline{CP}$具有低电平有效信号时，输入端$D_0 \sim D_7$上的信号才会被锁存到74LS273内，并在输出端$Q_0 \sim Q_7$输出；当$\overline{CP}$为高电平无效信号时，被锁存的信号不会因输入端$D_0 \sim D_7$信号的变化而改变。74LS273适合作为输出接口，采用74LS273实现的输出接口电路如图6-11所示，输出外部设备为发光二极管。

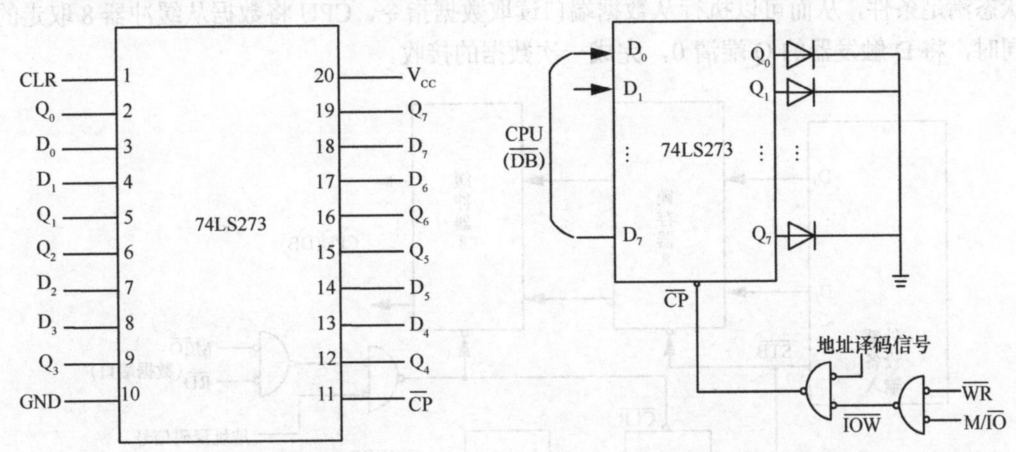

图6-10 74LS273引脚排列　　图6-11 采用74LS273实现的输出接口电路

6.4.2 异步查询方式与接口

在大多数情况下，外部设备一般不会处于CPU控制之下，这使得CPU与外部设备的工作不能同步。由于外部设备不能总处于准备好的状态，如果仍采用同步方式，就会出现数据丢失的问题。采用异步查询方式，CPU与外部设备之间可以通过“握手”进行信号交流，以确保数据传输的准确性。

异步查询方式又称为条件传输方式。当CPU与外部设备用异步查询方式通信时，需要外部设备提供状态信息。状态信息通过状态端口检测，当状态满足条件时，CPU通过数据端口与外部设备交换数据；当状态不满足条件时，CPU则需要不断地从状态端口检测状态，直至状态满足条件为止。

1. 异步查询输入方式与接口

CPU从慢速的外部设备读取数据之前需要查询外部设备是否把数据准备好。即当外部设备的数据准备好时，应发出相应的状态信息，如$\overline{STB}$信号，将数据锁存起来。在CPU用IN指令从数据端口读取数据之前，首先要用IN指令从状态端口读取状态信息，并且根据状态信息判断是否有数据需要读入。异步查询输入方式的查询流程如图6-12所示，异步查询输入方式的状态端口和数据端口电路如

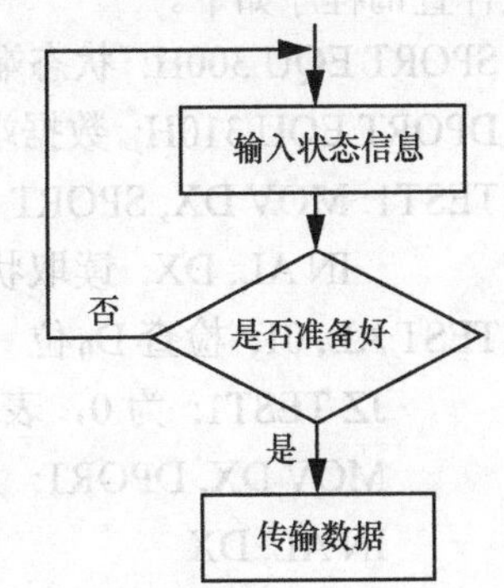

图6-12 异步查询输入方式的查询流程

图 6-13 所示。

下面讨论如图 6-13 所示电路的工作原理。当外部设备数据准备好时发出低电平有效的信号，该信号有两个作用：一是作为 8 位锁存器的控制信号，当 $\overline{STB}$ 为低电平时，外部设备将准备好的数据锁存起来，且锁存器的输出为缓冲器的输入；二是 $\overline{STB}$ 信号使 D 触发器的输出端 Q 变成高电平，该高电平为缓冲器 1 的输入信号。至此，外部设备输出的 $\overline{STB}$ 信号使数据锁存，将状态信号保存于缓冲器 1。缓冲器 1 的输出接于 CPU 数据线 D_0，执行一条 IN 指令，从状态端口读取数据，测试其 D_0 位是否为 1。若 D_0 为 1，表明状态满足条件，从而可以执行从数据端口读取数据指令，CPU 将数据从缓冲器 8 取走的同时，将 D 触发器的 Q 端清 0，完成一次数据的接收。

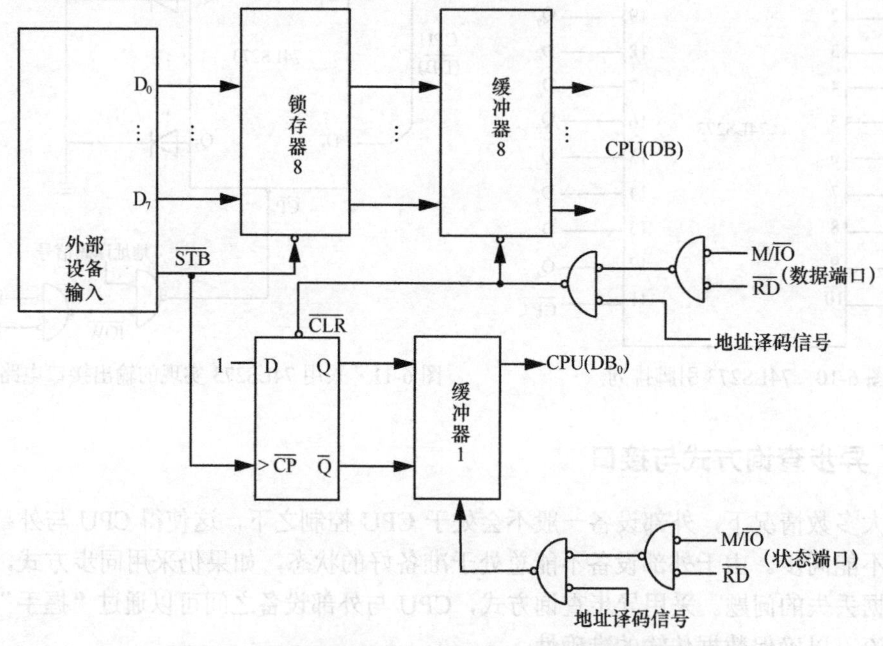

图 6-13 异步查询输入方式的状态端口和数据端口电路

当外部设备再次发出低电平 $\overline{STB}$ 信号时，准备好的数据被锁存，状态信号又使 D 触发器的 Q 端变为 1，CPU 检查到状态满足条件，进行下一个数据的读取。与图 6-13 相应的软件查询程序如下。

```
SPORT EQU 300H; 状态端口
DPORT EQU 310H; 数据端口
TEST1: MOV DX, SPORT
      IN AL, DX; 读取状态信息
TEST AL, 01; 检查 D0 位
     JZ TEST1; 为 0，表示无数据输入
     MOV DX, DPORT; 为 1，读入数据
     IN AL, DX
…
```

2．异步查询输出方式与接口

当 CPU 将数据传送到外部设备时，由于 CPU 执行速率很快，外部设备能否及时把数据取走是问题的关键。若外部设备没有取走前一个数据，CPU 就不能立即输出下一个数据，否则数据就会丢失（覆盖）。因此，外部设备取走一个数据就要发出一个状态信息，表示缓冲区的数据已被外部设备取走。CPU 输出下一个数据之前仍要读取状态端口的状态信息，才决定是否输出下一个数据。异步查询输出方式的状态端口和数据端口电路如图 6-14 所示。

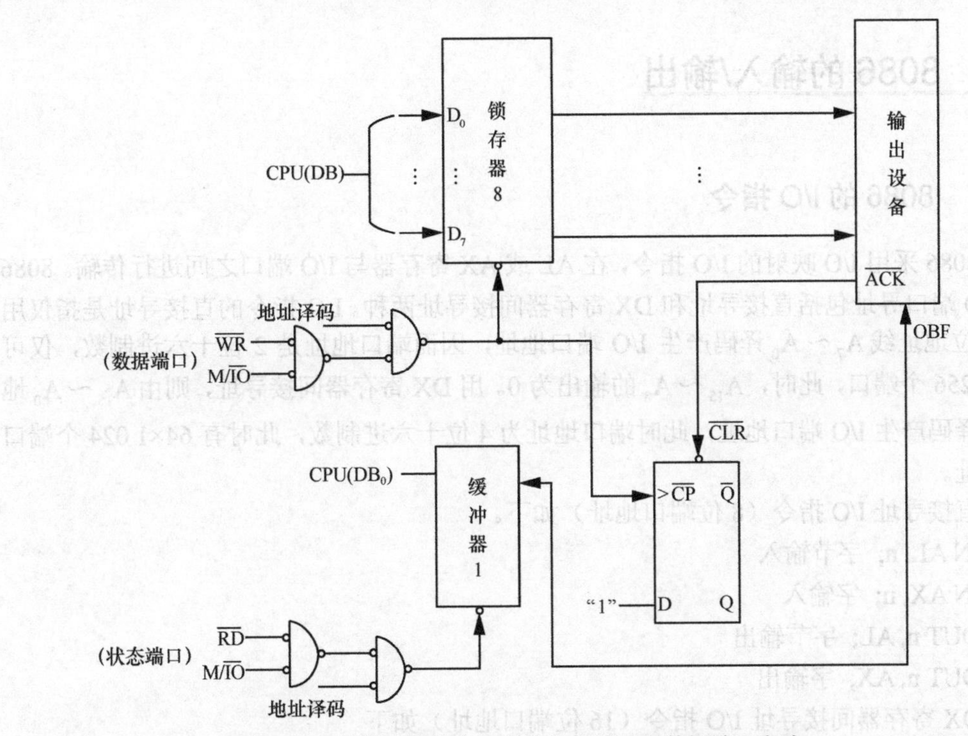

图 6-14　异步查询输出方式的状态端口和数据端口电路

下面讨论如图 6-14 所示电路的工作原理。CPU 执行一条 OUT 指令，便将数据输出到锁存器，使 D 触发器的 Q 端输出高电平有效信号 OBF，表示输出缓冲区满，通知外部设备读取数据。外部设备读取数据后，发出一个应答信号 $\overline{ACK}$，这个低电平有效的 ACK 信号清除 D 触发器，使 D 触发器为 Q 端输出为 0，也使得状态缓冲器的输出为 0。状态信号接至 CPU 的数据总线 D_0，CPU 执行一条取状态指令，测试 D_0 位。若 D_0 为 0，表明缓冲区空，外部设备已读取前一个数据，CPU 可以输出下一个数据；否则，CPU 则一直测试 D_0 位，D_0 为 1 时，CPU 不会传送下一个数据，以免前面的数据被覆盖而丢失。

与图 6-14 对应的软件查询程序如下。

```
SPORT EQU 300H; 状态端口
DPORT EQU 310H; 数据端口
MOV DX, SPORT
TEST2: IN AL, DX; 读取状态信息
```

TEST AL, 01; 检查 D_0 位
JNZ TEST2; 数据未被读取，继续等待
MOV DX, DPORT
MOV AL, [BX]; 将输出的数据存入缓冲区
OUT DX, AL; 输出数据
MOV AL, [BX]; 将输出的数据存入缓冲区
OUT DX, AL; 输出数据

6.5 8086 的输入/输出

6.5.1 8086 的 I/O 指令

8086 采用 I/O 映射的 I/O 指令，在 AL 或 AX 寄存器与 I/O 端口之间进行传输。8086 的 I/O 端口寻址包括直接寻址和 DX 寄存器间接寻址两种。I/O 指令的直接寻址是指仅用低 8 位地址线 $A_7 \sim A_0$ 译码产生 I/O 端口地址，因而端口地址是 2 位十六进制数，仅可访问 256 个端口，此时，$A_{15} \sim A_8$ 的输出为 0。用 DX 寄存器间接寻址，则由 $A_{15} \sim A_0$ 地址线译码产生 I/O 端口地址，此时端口地址为 4 位十六进制数，此时有 64×1 024 个端口可寻址。

直接寻址 I/O 指令（8 位端口地址）如下。

IN AL, n; 字节输入
IN AX, n; 字输入
OUT n, AL; 字节输出
OUT n, AX; 字输出

DX 寄存器间接寻址 I/O 指令（16 位端口地址）如下。

IN AL, DX; 字节输入
IN AX, DX; 字输入
OUT DX, AL; 字节输出
OUT DX, AX; 字输出

读者也许已经注意到，起到寄存器间接寻址功能的 DX，在 IN 和 OUT 指令中没有像 MOV 指令格式那样把地址寄存器用中括号括起来，这是为什么呢？这是因为在 IN 和 OUT 指令中，DX 功能很单纯，它的功能只能是间接寻址，所以就不需要加中括号了。

6.5.2 8086 的 I/O 特点

8086 和 I/O 接口电路之间的数据通路是时分多路复用的地址/数据总线。在采用 I/O 独立编址方式时，8086 能用地址线 $A_{15} \sim A_0$ 来进行端口寻址，其他的控制信号有 ALE、$\overline{BHE}$、$\overline{WR}$、$\overline{RD}$、$\overline{DEN}$、$M/\overline{IO}$、$DT/\overline{R}$。

由于 8086 有两种工作模式，当工作在不同模式时，其控制信号会发生变化。具体

地说，当 8086 工作在最小模式时，I/O 控制信号由 CPU 直接提供，8086 最小模式时的 I/O 接口如图 6-15 所示。它工作在最大模式时，I/O 的某些控制信号则由 CPU 的状态线 $\overline{S_2}$、$\overline{S_1}$、$\overline{S_0}$ 经过总线控制器芯片 8288 译码产生，8086 最大模式时的 I/O 接口如图 6-16 所示。

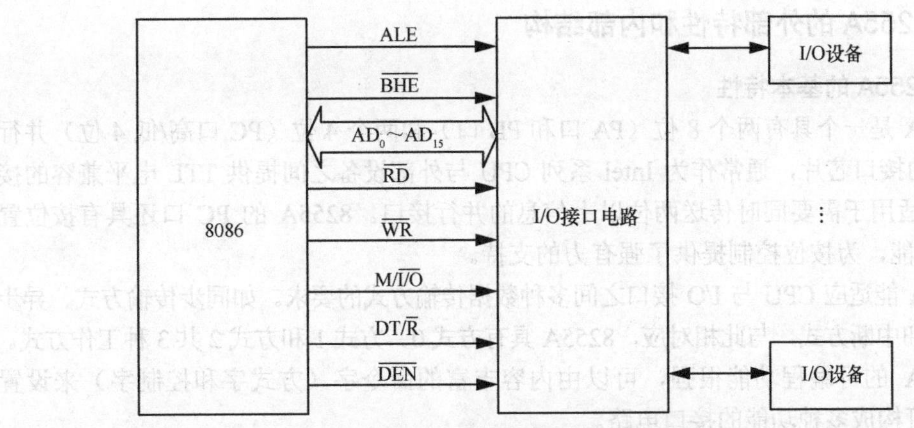

图 6-15　8086 最小模式时的 I/O 接口

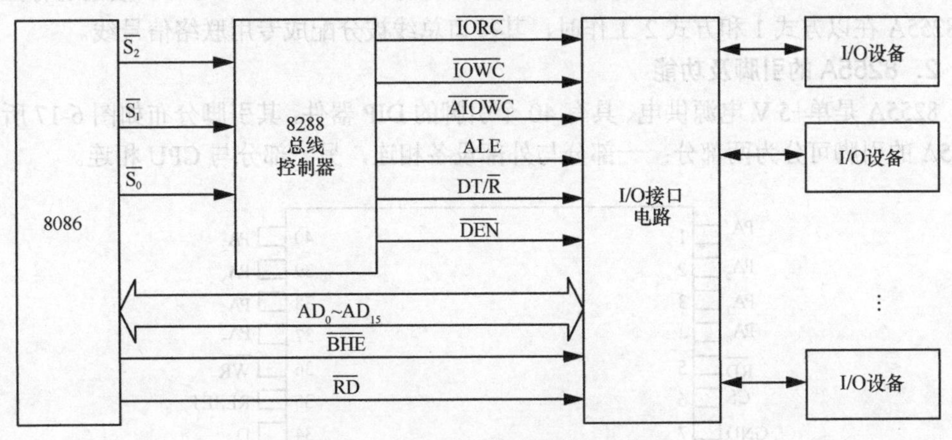

图 6-16　8086 最大模式时的 I/O 接口

8086 与外部设备交换数据可按字或字节进行。当按字节进行时，偶地址端口的字节数据由低 8 位数据线 $D_7 \sim D_0$ 传输，奇地址端口的字节数据由高 8 位数据线 $D_{15} \sim D_8$ 传输。当用户在安排外部设备的端口地址时，如果外部设备以 8 位方式与 CPU 连接，就只能将其数据线与 CPU 的低 8 位或高 8 位连接。在这种情况下，同一台外部设备的所有寄存器端口地址都只能是偶地址或奇地址，所以，设备的端口地址往往不连续。

6.6　可编程并行接口芯片 8255A

对于各种型号的 CPU，都有与其配套的并行接口芯片。如 Intel 公司的 8255A（PPI）、Zilog 公司的 Z-80PIO、Motorola 公司的 MC6820（PIA）等，它们的功能虽有差异，但工作原理基本相同。本节着重讨论 8255A。

8255A 具有 3 个 8 位数据端口、1 个 8 位控制端口，可以通过软件设置芯片的 3 种工作方式。在与外部设备连接时，通常不需要或只需要少量的外部附加电路，这给使用带来了很大方便。

6.6.1　8255A 的外部特性和内部结构

1．8255A 的基本特性

8255A 是一个具有两个 8 位（PA 口和 PB 口）和两个 4 位（PC 口高/低 4 位）并行 I/O 端口的接口芯片，通常作为 Intel 系列 CPU 与外部设备之间提供 TTL 电平兼容的接口芯片，适用于需要同时传送两位以上信息的并行接口。8255A 的 PC 口还具有按位置位/复位功能，为按位控制提供了强有力的支持。

8255A 能适应 CPU 与 I/O 接口之间多种数据传输方式的要求。如同步传输方式、异步查询方式和中断方式，与此相对应，8255A 具有方式 0、方式 1 和方式 2 共 3 种工作方式。

8255A 的可编程功能很强，可以由内容丰富的命令字（方式字和控制字）来设置 8255A，可构成多种功能的接口电路。

8255A 的 PC 口的使用比较特殊，除用作一般数据接口，PC 口还可以按位进行控制，当 8255A 在以方式 1 和方式 2 工作时，其接口总线被分配成专用联络信号线。

2．8255A 的引脚及功能

8255A 是单+5 V 电源供电、具有 40 个引脚的 DIP 器件，其引脚分布如图 6-17 所示。8255A 的引脚可分为两部分：一部分与外部设备相连，另一部分与 CPU 相连。

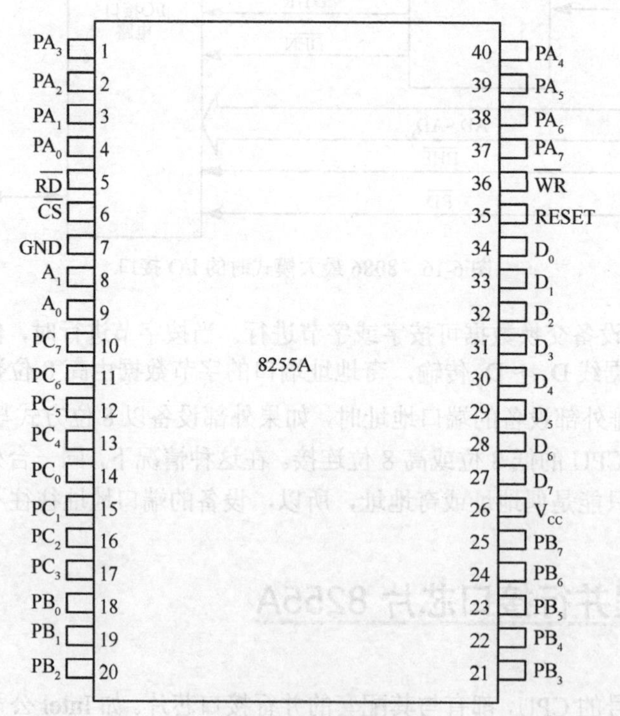

图 6-17　8255A 引脚分布

（1）同外部设备相连的引脚

PA_0～PA_7：PA 口的外部设备数据线（双向）。

PB_0～PB_7：PB 口的外部设备数据线（双向）。

PC_0～PC_7：PC 口的外部设备数据线（双向）。

这 24 条信号线都可用于连接 I/O 设备并传送信息。其中，PA 口和 PB 口通常作为输入/输出的数据口使用。当 PA 口和 PB 口作为数据口输入/输出时，需要同时输入/输出 8 位数据，即使只用到其中的某一位。

PC 口的作用与 8255A 的工作方式有关，它除了可以作为数据口，还有其他特殊用途如下所述。

① 作数据口。PC 口用作数据口时，和 PA 口、PB 口不一样，它把 8 位数据分成高 4 位和低 4 位两部分。因此，当 PC 口作为数据口输入/输出时，需要同时输入/输出 4 位数据，即使只用到其中的某一位。

② 作状态口。8255A 在以方式 1 和方式 2 工作时，有固定的状态字，从 PC 口读入，此时 PC 口就是 8255A 的临时状态口。

③ 作固定联络信号线。8255A 的方式 1 和方式 2 采用应答传送方式，需要应答联络信号，因此，PC 口的多条口线被定义为固定的联络信号线。

④ 作按位控制用。PC 口的每个口线都可以单独输出高/低电平。此时，PC 口作按位控制用，而不是作数据输出用。

（2）同 CPU 相连的引脚

① D_0～D_7：数据线，双向，三态。可连接 CPU 的数据总线。

② $\overline{CS}$：片选信号，输入，低电平有效。只有当 $\overline{CS}$ 为低电平时，才能对 8255A 进行读/写操作；当 $\overline{CS}$ 为高电平时，就切断了 CPU 与 8255A 的任何联系。通常，$\overline{CS}$ 由系统的高位地址线经 I/O 端口地址译码电路产生。

③ A_0、A_1：片内寄存器选择信号（端口选择）输入，与系统地址总线的低位相连，用来寻址 8255A 内部的寄存器。8255A 内部有 3 个数据端口和 1 个控制端口，共 4 个端口。当 A_1、A_0 为 00 时，选中 PA 口；为 01 时，选中 PB 口；为 10 时，选中 PC 口；为 11 时，选中控制口。

④ RESET：复位信号，输入，高电平有效。当 RESET 信号到来时，清除控制寄存器并将 8255A 的 PA 口、PB 口、PC 口 3 个端口均置为输入方式；输出寄存器和状态寄存器被复位，3 个端口的外部口线均呈高阻悬浮状态。这种状态一直维持到用方式命令使其改变为止。

⑤ $\overline{RD}$：读信号，输入，低电平有效。当 CPU 执行 IN 指令时有效，CPU 可以从 8255A 读取数据。

⑥ $\overline{WR}$：写信号，输入，低电平有效。当 CPU 执行 OUT 指令时有效，CPU 可以向 8255A 写入数据或命令字。

除此以外，8255A 还有两个引脚信号：电源 V_{CC} 和地线 GND。

3．8255A 的内部编程结构

8255A 内部结构如图 6-18 所示，由 4 部分组成。

（1）数据总线缓冲器

数据总线缓冲器是一个三态 8 位双向缓冲器，用于与 CPU 系统数据总线相连时的缓冲部件，CPU 通过输入/输出指令实现对缓冲器发送或接收数据。8255A 接收的所有数据和控制信息以及送往 CPU 的状态信息都通过该缓冲器传送。

（2）8 位输入/输出端口 PA 口、PB 口、PC 口

8255A 有 3 个 8 位输入/输出端口 PA 口、PB 口和 PC 口，各端口都可由程序设定为不同的工作方式。

PA 口：独立的 8 位 I/O 端口，数据输出锁存/缓冲器，数据输入锁存器。

PB 口：独立的 8 位 I/O 端口，数据输入缓冲器，数据输出锁存/缓冲器。

PC 口：可以看作是一个独立的 8 位 I/O 端口，也可以看作是两个独立的 4 位 I/O 端口，仅对输出数据进行锁存。

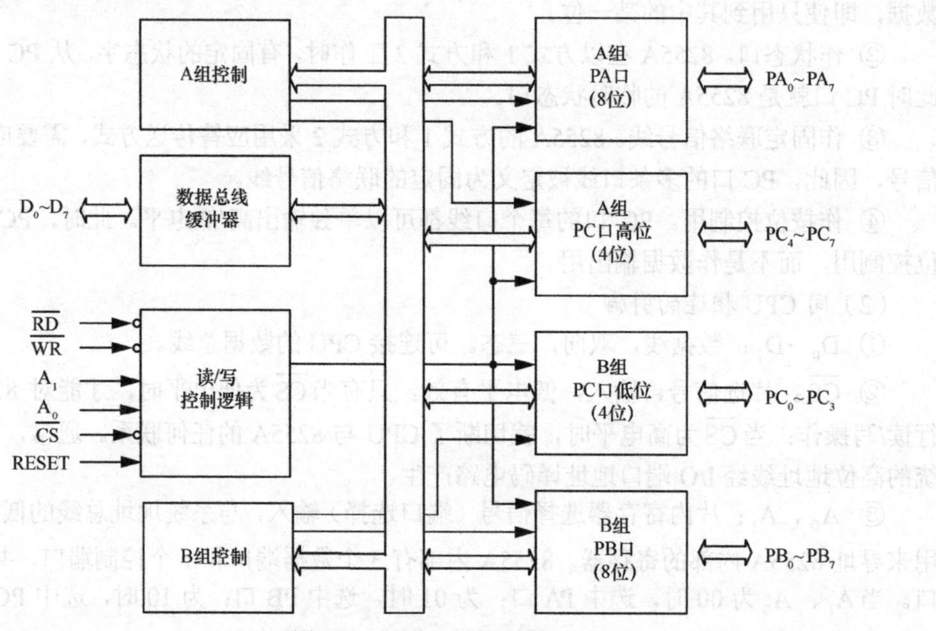

图 6-18　8255A 内部结构

通常，将 PA 口与 PB 口用作输入/输出的数据端口，PC 口用作控制或状态信息的端口。在工作方式控制字的控制下，PC 口可以分为两个 4 位端口，每个端口包含一个 4 位锁存器，可分别与 PA 口和 PB 口配合使用，用于输出控制信号或输入状态信号。

（3）A 组和 B 组控制电路

A 组控制部件用来控制 PA 口和 PC 口的高 4 位（PC_4～PC_7），B 组控制部件用来控制 PB 口和 PC 口的低 4 位（PC_0～PC_3）。这两组控制电路根据 CPU 发出的工作方式控制字来控制 8255A 的工作方式，每组控制部件都接收来自读/写控制逻辑的命令，接收来自内部数据总线的控制信息，并向与其相连的端口发出适当的控制信号。

（4）读/写控制逻辑

读/写控制逻辑用来管理数据信息、控制信息和状态信息的传送，它接收来自 CPU 地址总线的 A_0、A_1 地址信号和控制总线的有关信号（RD 、WR 、CS、RESET），向

8255A 的 A、B 两组控制部件发送命令。读/写控制逻辑控制总线的开放、关闭和信息的传送方向。

6.6.2　8255A 的编程命令

8255A 的编程命令包括工作方式控制字和 PC 口按位操作控制字，它们是用 8255A 来组建各种接口电路的重要工具，需要熟练掌握。这两个控制字送到 8255A 的同一个控制端口，为了让 8255A 能够识别，采用在控制代码中设置特征位的方法来进行区分。如果写入的控制字的最高位 $D_7=1$，则该控制字为工作方式控制字，如果写入的控制字的最高位 $D_7=0$，则该控制字是 PC 口的按位置位/复位控制字。把控制字的内容写入 8255A 的控制寄存器，即实现了对 8255A 工作方式的指定，这个过程又称为对 8255A 的初始化。

1．工作方式控制字

作用：指定 8255A 的工作方式和 PA 口、PB 口、PC 口 3 个端口的输入/输出功能。

格式：8 位数据，其中最高位是特征位，必须写 1，工作方式控制字格式见表 6-1。

表 6-1　工作方式控制字格式

1	D_6	D_5	D_4	D_3	D_2	D_1	D_0
特征位	A 组方式 00=方式 0 01=方式 1 1 x=方式 2	PA 0=输出 1=输入	PC_7～PC_4 0=输出 1=输入	B 组方式 0=方式 0 1=方式 1	PB 0=输出 1=输入	PB 0=输出 1=输入	PC_3～PC_0 0=输出 1=输入

利用工作方式控制字的不同代码组合，可以分别选择 A 组和 B 组的工作方式，并确定各端口是输入还是输出。

【例 6-1】　要求 8255A 的各端口处于以下工作方式：PA 口指定为方式 0 输入，PC 口高 4 位指定为输出，PB 口指定为方式 0 输出，PC 口低 4 位指定为输入。写出 8255A 的初始化程序。

```
MOV DX, 0063H; 8255A 控制端口地址
MOV AL, 91H; 初始化命令字
OUT DX, AL; 将控制字传送至控制端口
```

2．PC 口按位置位/复位控制字

作用：指定 PC 口的某一位（即某一引脚）输出高电平（置位）或输出低电平（复位）。

格式：8 位数据，其中最高位是特征位，必须写 0，按位置位/复位控制字格式见表 6-2。

表 6-2　按位置位/复位控制字格式

0	D_6	D_5	D_4	D_3	D_2	D_1	D_0
特征位	未使用（写 0）			位选择 000=PC 口第 0 位 001=PC 口第 1 位 … 111=PC 口第 7 位			1=置位 （高电平） 0=复位 （低电平）

8255A 的 PC 口具有位操作功能，使用 PC 口按位置位/复位控制字，可以改变 PC 口某一位的取值，不会影响 PC 口的其他位。由于 PC 口有 8 位，要确定对其中一位进行操

作，就要在控制字中指定该位的编号，在控制字格式中用D_1、D_2、D_3 3 位的编码与 PC 口中的某一位对应，而对指定位所设置的操作则由D_0位确定：当D_0=1 时，将指定位置 1；当D_0=0 时，将指定位清 0。

【例 6-2】 要求把PC_5引脚设置成高电平输出。根据置位/复位控制字格式，其控制字应为 00001011B，即 0BH。将该控制字代码写入 8255A 的控制寄存器，就会使 PC 口的PC_5引脚输出高电平。其程序段如下。

```
MOV DX, 0063H; 8255A 控制端口地址
MOV AL, 0BH; 使 PC5=1 的命令字
OUT DX, AL; 将控制字传送至控制端口
```

【例 6-3】 利用实验插件板上 8255A 的 PG 产生负脉冲作为数据选通信号，其程序段如下。

```
MOV DX, 0303H; 插件板上 8255A 控制端口
MOV AL, 00001110B; 置 PC7=0
OUT DX, AL
NOP; 维持低电平
NOP
MOV AL, 00001111B; 置 PG=1
OUT DX, AL
```

8255A 两个命令的使用注意事项如下。

① 工作方式控制字对 8255A 3 个端口的工作方式及功能进行设置，所以应该放在程序的开始处进行初始化。

② 按位置位/复位控制字只对 PC 口的输出进行控制（对 PC 口的输入不起作用）。而且每次只对 PC 口的某一位的输出起作用，即令其输出高电平（置位）或输出低电平（复位）。使用该命令不会破坏已经建立起来的 3 种工作方式，而且可以在初始化程序以后任何需要的地方使用该命令。

③ 两个命令字的最高位是特征位。D_7=1 表示是工作方式控制字，D_7=0 表示是按位置位/复位控制字。

④ 按位置位/复位的命令代码只能写入控制端口。必须注意按位置位/复位控制字是一个命令而不是数据，它只能按照命令的定义格式来处理每一位，如果把它写入 PC 口，就会按照 PC 口的数据定义格式来处理。这两种定义格式是完全不同的，不能互换，所以它只有写入控制端口才能起到其应起的作用。

6.6.3 8255A 的工作方式

8255A 有 3 种工作方式：方式 0、方式 1、方式 2。不同的工作方式以及输入/输出操作都可以通过对 8255A 的控制口写入命令字来设置。

1．方式 0——基本输入/输出方式

方式 0 是一种基本输入/输出方式。方式 0 常用于同步（简单）传输方式，也可用于异步查询方式，其工作特点如下。

① 在方式 0 下，输出数据被锁存，而输入数据不是锁存的。因此，在方式 0 下，8255A

在输入操作时相当于一个三态缓冲器，在输出操作时相当于一个数据锁存器。

② 在方式 0 下，PA 口、PB 口以及 PC 口的高 4 位和低 4 位都可以独立地设置为输入端口或输出端口，共有 16 种不同的使用组态。

③ 在方式 0 下，所有端口都是单向 I/O 端口，每次初始化只能指定 PA 口、PB 口和 PC 口作为输入或输出端口，不能指定这些端口既作为输入端口又作为输出端口。

④ 在方式 0 下，未设置专用联络信号线。当需要联络信号时，可以任意指定 PC 口中的某一条线来完成某种联络功能，但是不具备固定的时序关系，只能根据数据传输的要求来决定输入/输出的操作过程。

2．方式 1——选通输入/输出方式

（1）方式 1 的工作特点

方式 1 是一种选通输入/输出方式，也称为应答 I/O 方式，常用于异步查询方式和中断方式进行数据传输。在这种方式下，PA 口或 PB 口可以用作数据的输入或输出，但同时规定 PC 口的某些位用于控制或状态信息。

① 在方式 1 下，PA 口、PB 口、PC 口 3 个端口分成 A、B 两组，PA 口和 PB 口两个端口中任何一个可作为数据输入端口或数据输出端口，而 PC 口分成两部分，分别作为 PA 口和 PB 口的联络信号。

② 8255A 规定的联络信号为 3 个，如果两个端口（PA 口、PB 口）都设置为工作方式 1，将使用 PC 口中的 6 位。若只有一个端口（PA 口或 PB 口）设置为方式 1，另一个仍为方式 0，则 PC 口余下的 5 位可以用于方式 0 的输入或输出。

③ PA 口和 PB 口的工作方式 1 通过 CPU 写控制字设定，一旦方式 1 确定，相应 PC 口的联络信号也就确定了。各联络信号线之间有固定的时序关系，传输数据时要严格按照时序进行。

④ 单向传送。一次初始化只能设置在一个方向上传送，不能同时作为两个方向的传送。

（2）方式 1 输入及其联络信号线定义和时序

因为输入是从 I/O 设备向 8255A 传送的数据，所以 I/O 设备应先把数据准备好，并传送至 8255A，然后 CPU 再从 8255A 读取数据。这个传送过程需要使用联络信号线。所以，当 PA 口和 PB 口工作于方式 1 输入时，各指定了 PC 口的 3 条线作为联络信号线，方式 1 输入联络信号线定义如图 6-19 所示。

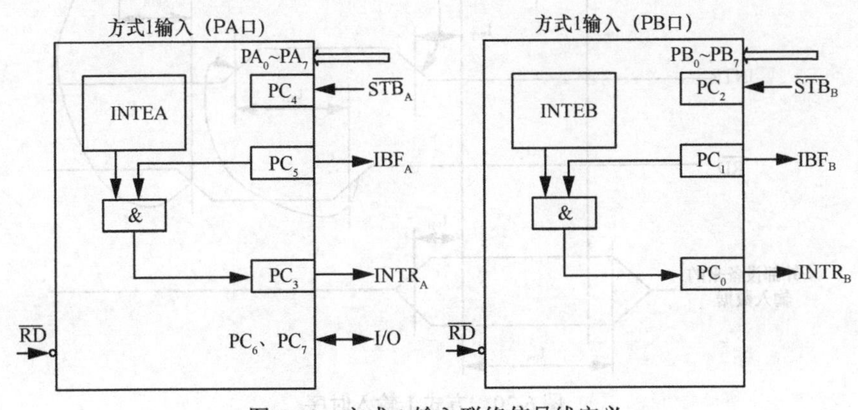

图 6-19　方式 1 输入联络信号线定义

方式 1 使用的联络信号及作用如下。

① $\overline{STB}$（Strobe）：选通信号，低电平有效，外部输入。当此信号有效时，8255A 将外部设备通过端口数据线 PA_7～PA_0（对于 PA 口）或 PB_7～PB_0（对于 PB 口）输入的数据传送至所选端口的输入缓冲器。

② IBF（Input Buffer Full）：输入缓冲器满信号，高电平有效，8255A 给外部设备的状态信号。当此信号有效时，表示输入设备送来的数据已传送到 8255A 的输入缓冲器，即缓冲器已满，8255A 不能再接收别的数据。此信号一般供 CPU 查询。IBF 由 $\overline{STB}$ 信号置位，而由读信号 $\overline{RD}$ 的上升沿将其复位，复位后表示输入缓冲器已空，又允许外部设备将一个新的数据传送至 8255A。

③ INTE（Interrupt Enable）：中断允许信号。控制 8255A 能否向 CPU 发送中断请求信号，没有外部引出脚。在 A 组和 B 组的控制电路中，分别设有中断请求触发器 $INTE_A$ 和 $INTE_B$，只有用软件才能使这两个触发器置 1 或清 0。其中，$INTE_A$ 由置位/复位控制字中的 PC_4 控制，$INTE_B$ 由 PC_2 控制。由于这两个触发器无外部引出脚，当 PC_4 和 PC_2 脚上出现高电平或低电平信号时，并不改变中断允许触发器的状态。对 INTE 信号的设置也不会影响已作为 STB 信号的引脚 PC_4 和 PC_2 的逻辑状态。

④ INTR（Interrupt Request）：中断请求信号。8255A 向 CPU 发出的中断请求信号，高电平有效。只有当 $\overline{STB}$、IBF 和 INTE 都是高电平时，INTR 才能变为高电平，即选通信号结束，已将输入设备提供的一个数据传送至输入缓冲器，输入缓冲器满信号 IBF 已变成高电平，并且是中断允许的情况下，8255A 才能向 CPU 发中断请求信号 INTR。CPU 响应中断后，可用 IN 指令从 8255A 读取数据，而 $\overline{RD}$ 信号的下降沿将使 INTR 信号复位，$\overline{RD}$ 信号的上升沿又使 IBF 复位，以通知外部设备可以输入下一个数据。INTR 通常和 8259A 的一个中断请求输入端 IR 相连，通过 8259A 的输出端 INT 向 CPU 发中断请求。

方式 1 输入时序如图 6-20 所示。

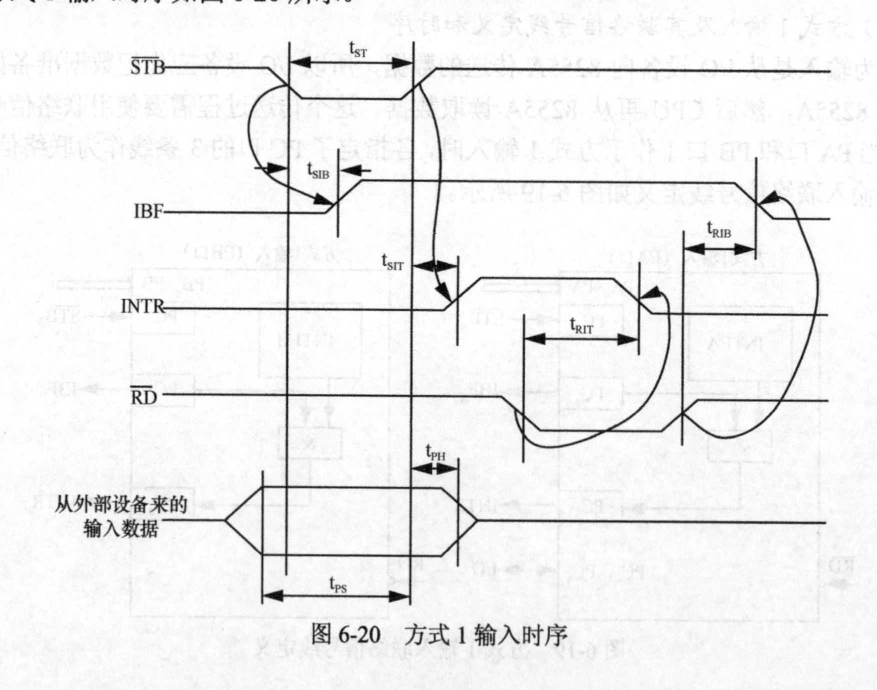

图 6-20　方式 1 输入时序

以 PA 口为例，方式 1 的输入过程如下。

外部设备准备好数据，在送出数据的同时，向 PC_4 送出选通信号 $\overline{STB}$ 。8255A 的 PA 口数据锁存器在 $\overline{STB}$ 下降沿控制下，将数据锁存。然后，8255A 会通过 PC_4 向外部设备送出高电平 IBF，表示锁存数据已完成，暂时不要再送数据。如果 PC_4 为 1，即 $INTE_A$ 为 1，表示 PA 口允许中断，位于 PC_3 的 INTR 会变成高电平输出，向 CPU 发出中断请求。当 CPU 响应中断并执行 IN 指令时，对 PA 口执行读操作，同时由 $\overline{RD}$ 信号的下降沿清除中断请求信号（INTR 变为低电平），然后，使 IBF 复位为低电平。外部设备检测到 IBF 变为低电平后，可以开始下一个数据字节的传送。

（3）方式 1 输出及其联络信号线定义和时序

当 PA 口或 PB 口工作于方式 1 输出时，各指定了 PC 口的 3 条线作为联络信号线，方式 1 输出联络信号线定义如图 6-21 所示。

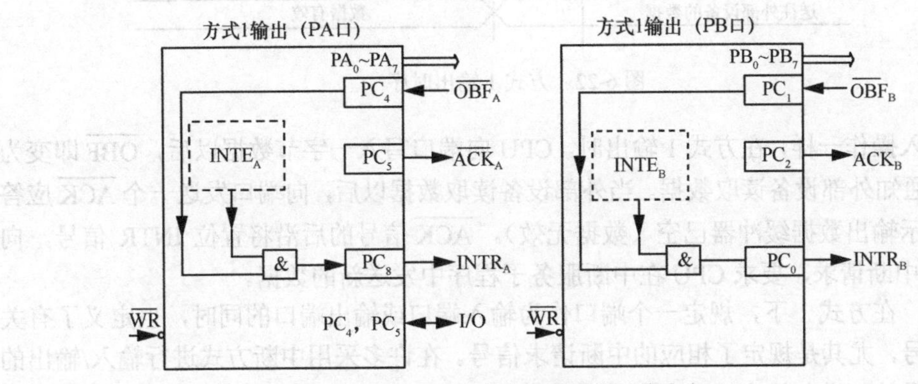

图 6-21　方式 1 输出联络信号线定义

$\overline{OBF}$：输出缓冲器满信号，低电平有效。$\overline{OBF}$ 是 8255A 输出给外部设备的选通信号。当其有效时，表示 CPU 已经将数据输出到指定的端口，通知外部设备可以将数据取走。由输出指令 $\overline{WR}$ 的上升沿置成低电平，而外部设备应答信号 $\overline{ACK}$ 将其恢复成高电平。

$\overline{ACK}$：响应信号，低电平有效。$\overline{ACK}$ 由外部设备提供给 8255A，有效时表示 8255A 输出的数据已经被外部设备接收。

INTE：中断允许信号。其意义与 PA 口、PB 口工作于选通输入方式时的 INTE 信号一样。当 INTE 为 1 时，端口处于中断允许状态；当 INTE 为 0 时，端口处于中断屏蔽状态。其中，PA 口的中断允许信号 $INTE_A$ 由置位/复位控制字中的 PC_6 控制，PB 口的中断允许信号 $INTE_B$ 由 PC_2 控制。对 8255A 写入置位/复位控制字使其置 1 或清 0 来决定中断允许或屏蔽。

INTR：中断请求信号，高电平有效。当外部设备接收由 CPU 经 8255A 发送的数据后，8255A 用 INTR 信号向 CPU 发送中断请求，请求 CPU 继续输出下一个数据。仅当 $\overline{ACK}$、$\overline{OBF}$、INTE 都为高电平时（表示数据已被外部设备接收，且允许 8255A 中断），INTR 才能被置成高电平。最后，由 CPU 对端口的写操作来清除 INTR 信号。

方式 1 输出时序如图 6-22 所示。

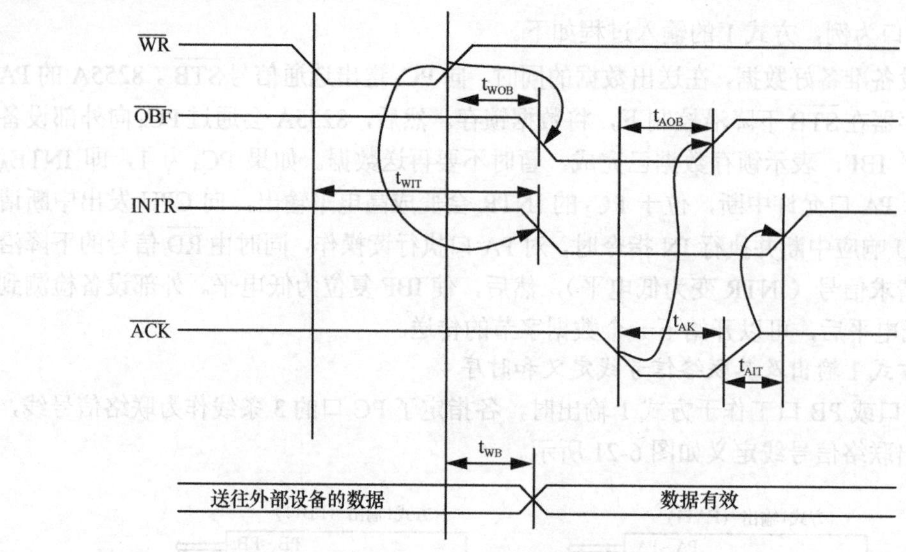

图 6-22　方式 1 输出时序

同输入操作一样，在方式 1 输出时，CPU 向端口写入一字节数据以后，$\overline{OBF}$ 即变为有效，以通知外部设备读取数据。当外部设备读取数据以后，向端口发送一个 $\overline{ACK}$ 应答信号，表示输出数据缓冲器已空（数据无效）。$\overline{ACK}$ 信号的后沿将置位 INTR 信号，向 CPU 发送中断请求，要求 CPU 在中断服务子程序中发送新的数据。

因此，在方式 1 下，规定一个端口作为输入端口或输出端口的同时，也定义了有关的控制信号，尤其是规定了相应的中断请求信号。在许多采用中断方式进行输入/输出的场合，如果外部设备能为 8255A 提供选通信号或数据接收应答信号，那么，使用 8255A 设计接口电路就十分方便。

（4）方式 1 的状态字

在方式 1 下，8255A 有固定的状态字。状态字为查询方式提供了状态标志位，输入时用 IBF 作标志，输出时用 $\overline{OBF}$ 作标志。由于 8255A 不能直接提供中断向量，因此，当 8255A 采用中断方式时，CPU 也要通过读取状态字来确定中断源，实现查询中断，此时用 INTR 状态位来指示 PA 口或 PB 口的中断请求。

状态字通过读 PC 口获得，方式 1 的状态字的格式和定义见表 6-3。

表 6-3　方式 1 的状态字的格式和定义

	A 组状态					B 组状态		
状态字	D_7	D_6	D_5	D_4	D_3	D_2	D_1	D_0
读出位	PC_7	PC_6	PC_5	PC_4	PC_3	PC_2	PC_1	PC_0
输入时	I/O	I/O	IBF_A	$INTE_A$	$INTR_A$	$INTE_B$	IBF_B	$INTR_B$
输出时	OBF_A	$INTE_A$	I/O	I/O	$INTR_A$	$INTE_B$	OBF_B	$INTR_B$

状态字共有 8 位，分为 A 组和 B 组，A 组的状态位占用高 5 位，B 组的状态位占用低 3 位，并且输入和输出时状态字的定义不同。使用状态字时，要注意以下几点。

在 8255A 输入/输出操作时，状态字由内部产生，并且从 PC 口读取。但是，从 PC 口读出的状态字独立于 PC 口的外部引脚，即其内容与 PC 口的外部引脚无关。例如，在

输入时，从 PC_4 和 PC_3 读出的状态字表示 PA 口和 PB 口在输入时的中断允许位 $INTE_A$ 和 $INTE_B$，而不是外部引脚 PC_4 和 PC_2 的联络信号 $\overline{STB_A}$ 和 $\overline{STB_B}$ 电平状态；在输出时，从 PC_6 和 PC_2 读出的状态字表示 PA 口和 PB 口在输出时的中断允许位 $INTE_A$ 和 $INTE_B$，而不是外部引脚 PC_6 和 PC_2 的联络信号 $\overline{ACK_A}$ 和 $\overline{ACK_B}$ 的电平状态。

状态字中可供 CPU 查询的状态位有：输入时，IBF 和 INTR；输出时，$\overline{OBF}$ 和 INTR。从可靠性来看，查询 INTR 要比查询 IBF 和 $\overline{OBF}$ 更可靠，这一点可以从方式 1 下输入和输出的时序关系图得到证实。所以，在方式 1 下采用异步查询方式时，一般是查询状态字中的 INTR。

状态字中的 INTE 是控制标志位，用来控制 8255A 能否提出中断请求，因此，它不是 I/O 操作过程中自动产生的状态，而是由程序通过按位置位/复位命令来设置或清除的。例如，如果允许 PA 口输入时产生中断请求，则必须设置 INTEA=1，即置 PC_4=1；如果禁止其产生中断请求，则必须设置 INTEA=0，即置 PC_4=0。其程序段如下。

```
MOV DX, 303H; 8255A 控制口
MOV AL, 00001000B; 置 PC4=1，允许中断请求
OUT DX, AL
…
MOV DX, 303H; 8255A 控制端口
MOV AL, 00001000B; 置 PC4=0，禁止中断请求
OUT DX, AL
```

3．方式 2——双向选通输入/输出方式

方式 2 是一种双向传送方式，这种方式只适合于 PA 口，可采用异步查询方式或中断方式进行数据传输。在方式 2 下，外部设备通过 8 根数据线，既可以向 CPU 发送数据，也可以从 CPU 接收数据。与方式 1 工作情况类似，PC 口在 PA 口工作于方式 2 时自动提供相应的联络信号，方式 2 控制联络信号线定义如图 6-23 所示。

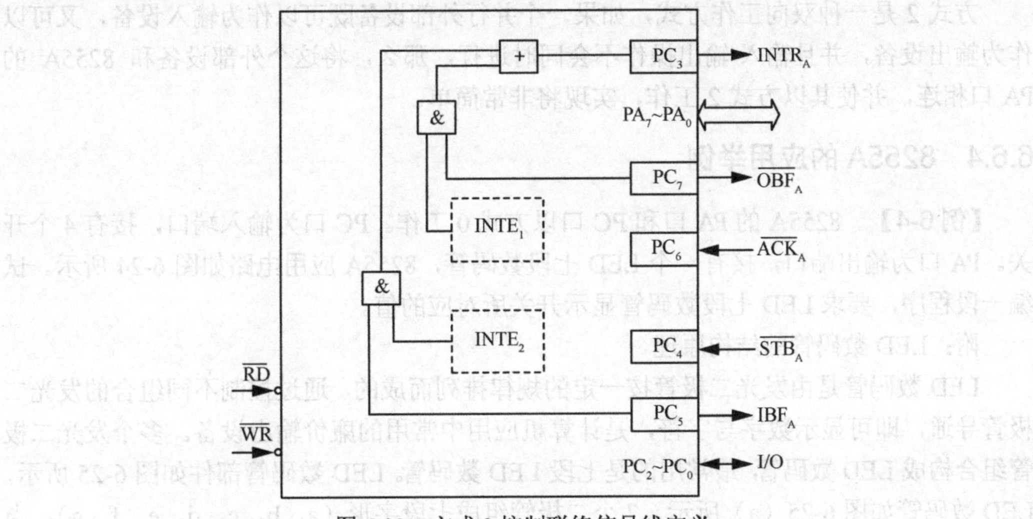

图 6-23　方式 2 控制联络信号线定义

方式 2 使用的联络信号及作用如下。

①$INTR_A$：中断请求信号，高电平有效。输入/输出都用该信号向 CPU 请求中断（PC_3）。

② $\overline{OBF}_A$：输出缓冲满信号，低电平有效。送往外部设备的状态信号，表示 CPU 已经将数据送至 PA 口（PC_7）。

③ $\overline{ACK}_A$：来自外部设备的响应信号，低电平有效。信号有效时可启动 PA 口的三态输出缓冲器送出数据，否则输出缓冲器处于高阻状态（PC_6）。

④$INTE_1$：输出中断允许触发器，由 PC_6 置位或复位。

⑤$\overline{STB}_A$：选通输入，低电平有效，来自外部设备的选通信号。有效时，将数据送入 PA 口数据锁存器（PC_4）。

⑥IBF_A：输入缓冲器满信号，高电平有效。有效时，表明数据已经送入锁存器（PC_5）。

⑦$INTE_2$：输入中断允许触发器，由 PC_1 置位或复位。

方式 2 的时序相当于方式 1 的输入时序和输出时序的组合。输出由 CPU 执行输出指令给出 I/O 地址和 $\overline{WR}$ 信号开始，输入由选通信号 $\overline{STB}$ 开始。输入、输出的顺序可任意，只要 $\overline{WR}$ 信号在 $\overline{ACK}$ 之前发生、$\overline{STB}$ 信号在 RD 之前发生即可。

方式 2 的状态字基本是方式 1 下输入和输出状态字的组合，方式 2 的状态字的格式和定义见表 6-4。

表 6-4　方式 2 的状态字的格式和定义

	A 组状态（方式 2）					B 组状态（方式 1）		
状态字	D_7	D_6	D_5	D_4	D_3	D_2	D_1	D_0
读出位	PC_7	PC_6	PC_5	PC_4	PC_3	PC_2	PC_1	PC_0
输入时	OBF_A	$INTE_1$	IBF_A	$INTR_2$	$INTR_A$	$INTE_B$	IBF_B	$INTR_B$
输出时	OBF_A	$INTE_1$	IBFA	$INTR_2$	$INTR_A$	$INTE_B$	OBF_B	$INTR_B$

状态字中有两位中断允许位，$INTE_1$ 是输出中断允许位，$INTE_2$ 是输入中断允许位。方式 2 状态字的使用注意事项与方式 1 的相同。

方式 2 是一种双向工作方式，如果一个并行外部设备既可以作为输入设备，又可以作为输出设备，并且输入/输出操作不会同时进行，那么，将这个外部设备和 8255A 的 PA 口相连，并使其以方式 2 工作，实现将非常简单。

6.6.4　8255A 的应用举例

【例 6-4】　8255A 的 PA 口和 PC 口以方式 0 工作。PC 口为输入端口，接有 4 个开关。PA 口为输出端口，接有一个 LED 七段数码管，8255A 应用电路如图 6-24 所示。试编一段程序，要求 LED 七段数码管显示开关所对应的值。

附：LED 数码管的结构原理

LED 数码管是由发光二极管按一定的规律排列而成的，通过控制不同组合的发光二极管导通，即可显示数字与字符，是计算机应用中常用的廉价输出设备。多个发光二极管组合构成 LED 数码管，最常用的是七段 LED 数码管。LED 数码管部件如图 6-25 所示，LED 数码管如图 6-25（a）所示，7 个二极管组成七段字形（a、b、c、d、e、f、g），当某几个字段组合发光时，便可显示一个数字或字符。

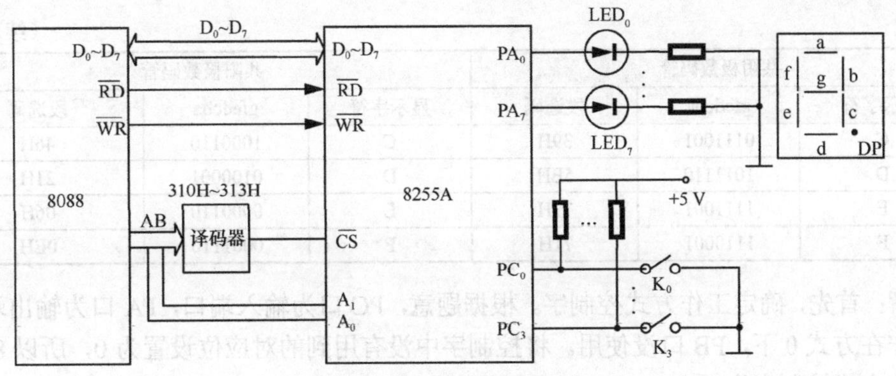

图 6-24　8255A 应用电路

例如，当 a、b、c、d、e、f、g 段都点亮时，显示 8；若 b、c 段点亮，则显示 1。

八段数码显示器，除了原有的七段用于组合字形以外，还有一段构成 DP 字段，发光时显示小数点。

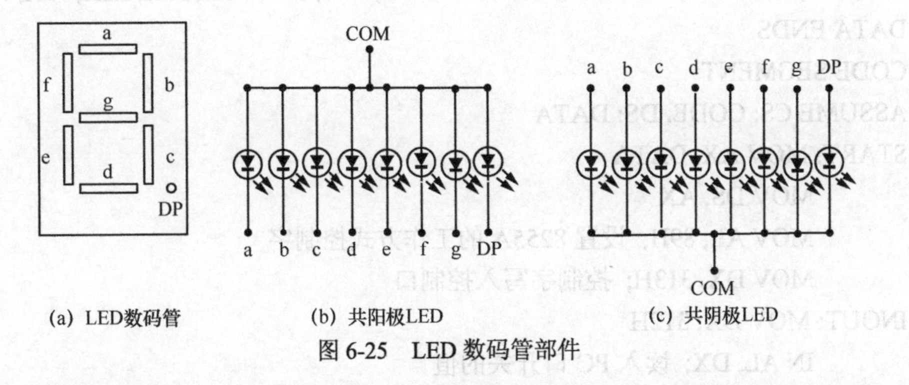

图 6-25　LED 数码管部件

LED 数码管有二种：共阳极 LED 和共阴极 LED，分别如图 6-25（b）、图 6-25（c）所示。七段 LED 数码管显示字形编码见表 6-5。其中，a 段为最低位，DP 为最高位（未给出）。

表 6-5　七段 LED 数码管显示字形编码

共阴极数码管			共阳极数码管		
显示字符	gfedcba	段选码	显示字符	gfedcba	段选码
0	0111111	3FH	0	1000000	40H
1	0000110	06H	1	1111001	79H
2	1011011	5BH	2	0100100	24H
3	1001111	4FH	3	0110000	30H
4	1100110	66H	4	0011001	19H
5	1101101	6DH	5	0010010	12H
6	1111101	7DH	6	0000010	02H
7	0000111	07H	7	1111000	78H
8	1111111	7FH	8	0000000	00H
9	1101111	6FH	9	0010000	10H
A	1110111	77H	A	0001000	08H
B	1111100	7CH	B	0000011	03H

（续表）

共阴极数码管			共阳极数码管		
显示字符	gfedcba	段选码	显示字符	gfedcba	段选码
C	0111001	39H	C	1000110	46H
D	1011110	5EH	D	0100001	21H
E	1111001	79H	E	0000110	06H
F	1110001	71H	F	0001110	0EH

解：首先，确定工作方式控制字。根据题意，PC 口为输入端口，PA 口为输出端口，均工作在方式 0 下，PB 口没使用。将控制字中没有用到的对应位设置为 0，所以 8255A 的工作方式控制字为 10001001B=89H。

图 6-24 中 LED 数码管为共阴极接法，参考程序如下。

```
DATA SEGMENT
NUM1 DB
3FH, 06H, 5BH, 4FH, 66H, 6DH, 7DH, 07H, 7FH, 6FH, 77H, 7CH, 39H, 5EH, 79H, 71H
DATA ENDS
CODE SEGMENT
ASSUME CS: CODE, DS: DATA
START: MOV AX, DATA
       MOV DS, AX
       MOV AL, 89H; 设置 8255A 的工作方式控制字
       MOV DX, 313H; 控制字写入控制口
INOUT: MOV DX, 312H
       IN AL, DX; 读入 PC 口开关的值
       AND AL, 0FH; 屏蔽高 4 位
       MOV BX, OFFSET NUM1; 取段码表首地址
       XLAT; 查表得段码（显示代码）
       MOV DX, 310H; PA 口地址
       OUT DX, AL; 将显示代码传送至 PA 口显示
       JMP INOUT
CODE ENDS
END START
```

【例 6-5】 8255A 在 IBMPC/XT 机中的应用。

在 IBMPC/XT 机中，8255A 是接口芯片，读取键盘输入的扫描码和系统配置 DIP 开关的设置状态，同时，还可以控制扬声器发声，完成奇偶校验电路的工作。

8255A 在系统板上的连接示意如图 6-26 所示。图 6-26 中左侧连接系统总线的信号，右侧为各端口 I/O 线。PB 口线上的信号名称，凡有“+”者表示该线为 1 时实现的功能，而标有“−”者表示该线为 0 时实现的功能。当 PB_3=1 时，读取图下方 DIP 开关 5～8 位的值，其状态表明系统的显示器配置及软盘驱动器的数目；当 PB_3=0 时，读取图下方 DIP 开关 1～4 位的值，分别表示系统是正常运行还是循环执行上电自检程序、是否插入

了协处理器 8087，以及系统板上 RAM 的容量。DIP 开关的全貌如下。

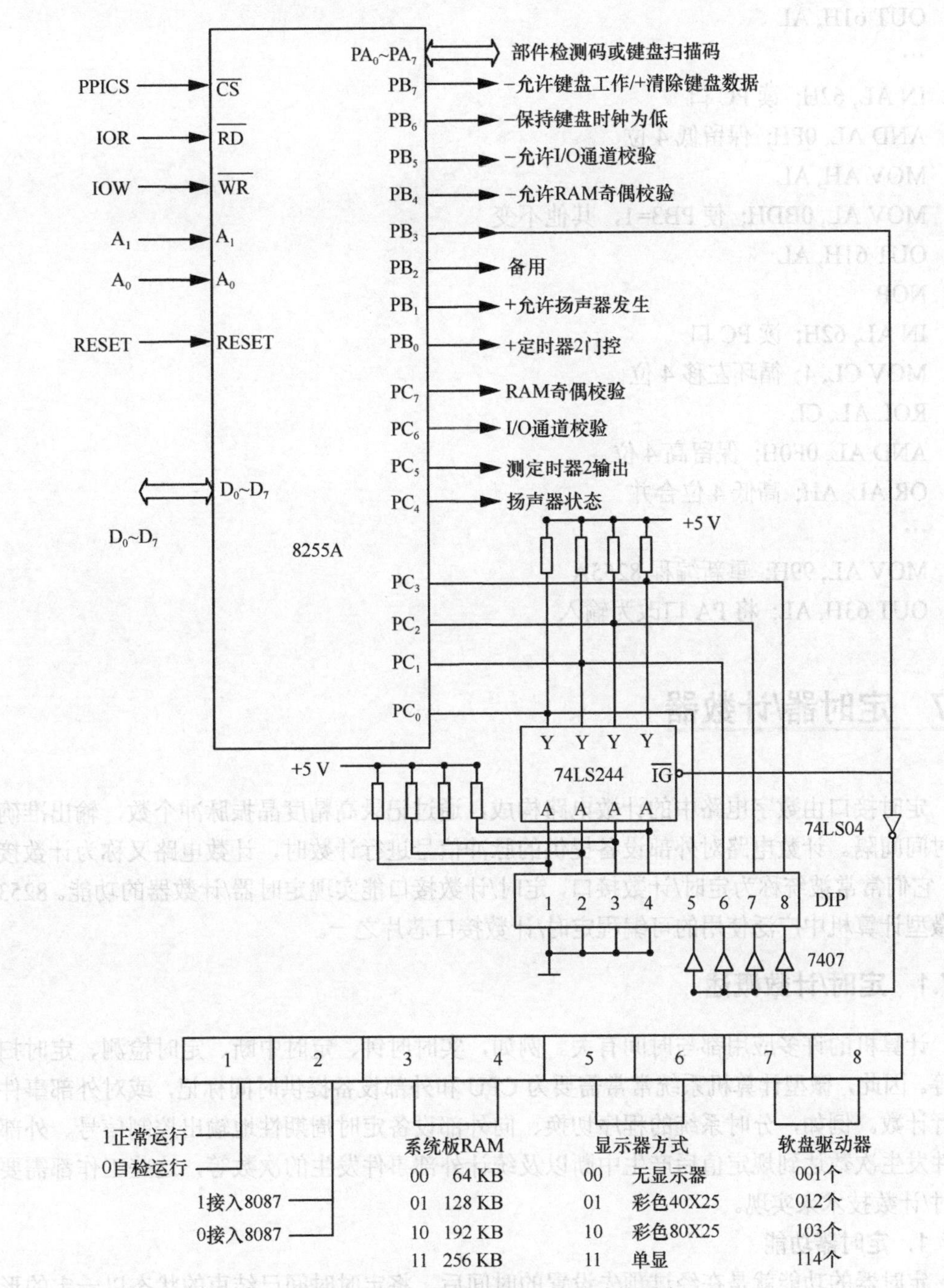

图 6-26　8255A 在系统板上的连接示意

IBM PC/XT 机在初始化时执行 BIOS 中一段有关 8255A 的程序，PA 口开始被设置为输出，自检中读完 DIP 开关状态后，又重新被设置为输入。

```
MOV AL, 89H; 控制字，方式 0，PA 口、PB 口输出，PC 口输入
OUT 63H, AL
```

```
MOV AL, 0A5H; PB 口输出，PB3=0 以读取 DIP 开关低 4 位
OUT 61H, AL
…
IN AL, 62H; 读 PC 口
AND AL, 0FH; 保留低 4 位
MOV AH, AL
MOV AL, 0BDH; 使 PB3=1，其他不变
OUT 61H, AL
NOP
IN AL, 62H; 读 PC 口
MOV CL, 4; 循环左移 4 位
ROL AL, CL
AND AL, 0F0H; 保留高 4 位
OR AL, AH; 高低 4 位合并
…
MOV AL, 99H; 重新编程 8255A
OUT 63H, AL; 将 PA 口改为输入
```

6.7 定时器/计数器

定时接口由数字电路中的计数电路构成，通过记录高精度晶振脉冲个数，输出准确的时间间隔。计数电路对外部设备提供的脉冲信号进行计数时，计数电路又称为计数接口，它们常常被统称为定时/计数接口，定时/计数接口能实现定时器/计数器的功能。8253 是微型计算机中广泛使用的可编程定时/计数接口芯片之一。

6.7.1 定时/计数概述

计算机的许多应用都与时间有关。例如，实时时钟、定时中断、定时检测、定时扫描等。因此，微型计算机系统常常需要为 CPU 和外部设备提供时间标记，或对外部事件进行计数。例如，分时系统的程序切换、向外部设备定时周期性地输出控制信号、外部事件发生次数达到规定值后产生中断以及统计外部事件发生的次数等，这些工作都需要定时/计数技术来实现。

1. 定时器功能

定时器的功能就是在经过预先设置的时间后，将定时时间已结束的状态以一定的形式反映出来。

定时器计时有两种方式。一种是正计时，将当前的时间定时加 1，直到与设定的时间相符时提示设定的时间已到，如闹钟就是使用这种工作模式。另一种是倒计时，将设定的时间定时减 1，直到为 0，此时提示设定的时间已到，如微波炉烹调、篮球比赛等即使用这种计时方式。

实现定时器的核心电路是计数器。计数器的用途广泛，利用计数器可以记录某个事件的发生次数，即计数器的计数脉冲由外部某一事件触发产生，计数的结果也就反映了该事件发生的次数。例如，可将计数器用于生产流水线的产量记录，每个产品经过流水线的特定位置时，通过传感器产生一个计数脉冲，由计数器记录脉冲的个数，这个计数值就是产量。

若在某个应用中，输入计数器的计数脉冲是频率恒定的时钟信号，那么，计数器的计数结果就能反映计数所经过时间的长短。例如，一个 4 位二进制加 1 计数器，对计数器的输入端加一个脉冲，计数值就加 1。若输入的计数脉冲的频率为 1 Hz，则输入脉冲的周期 T=1 s。由此可知，计数值每增加 1，所经过的时间就增加 1 s。如计数值为 10（0AH），那么计数所经过的时间就为 10 s。

若将一个 4 位二进制加 1 计数器开始工作的初值设为 0，当计数器计数值达到 15（0FH）时，再输入一个脉冲，计数器就会溢出，同时将计数值复位到初值。溢出信号可作为计数的结束信号，这样从计数开始到结束的时间为确定的时间，当时钟脉冲频率为 1 Hz 时，时间即为 16 s。用该时间作为定时时间，就实现了定时的功能。显然，只要对计数器设置不同的初值，就可实现不同的定时时间。如设置初值为 6，到计数溢出的整个定时时间就为 10 s。

从定时、计数问题还可以引出或派生出一些其他概念和术语。例如，把计数和定时联系起来，会引出频率的概念；采集数据的次数和时间会引出每秒采集次数，即采样频率的概念。由频率可以引出，声音的频率高，声音的音调就高；频率低，声音的音调就低。如果不仅考虑发声频率的高低，还考虑发声所占时间的长短，就会引出音乐的概念。把音调的高低和发声的长短巧妙地结合起来，便产生了美妙动听的音乐。

2. 微型计算机系统定时的分类

微型计算机系统的定时可以分为两类：内部定时和外部定时。

内部定时是计算机本身运行的时间基准，它使计算机每种操作都按照严格的时间节拍执行。外部定时是外部设备在实现某种功能时，外部设备与 CPU 之间或外部设备与外部设备之间的时间配合。

两者的区别是内部定时已由 CPU 硬件结构确定，有固定的时序关系，无法更改，而外部定时则由于外部设备和被控对象的任务不同，功能各异，无固定模式，因而往往需要用户自己设定。

3. 微型计算机系统的定时方法

为获得所需要的定时，需要准确而稳定的时间基准，产生这种时间基准通常采用两种方法——软件定时和硬件定时。

（1）软件定时

所谓软件定时，就是让机器循环执行一段程序，得到一个固定的时间段作为定时时间。正确地选择指令并安排循环次数就可以实现软件定时时间的控制，此方法主要用于短时间定时。软件定时的优点是不需要增加设备，缺点是 CPU 执行延时程序降低了 CPU 的利用率。并且，软件定时的时间随 CPU 工作频率不同而发生变化，即定时程序的通用性差。

（2）硬件定时

所谓硬件定时，就是用硬件方式实现定时，通常采用集成电路来实现。硬件定时根据所用的电路不同，其定时时间及定时范围可以是固定的，也可以是可编程的。

① 不可编程的硬件定时

采用数字电路中的分频器将系统时钟进行适当分频产生需要的定时信号，也可以采用单稳电路或简易定时电路（如常用的555定时器）由外接RC电路控制定时时间。这样的定时电路比较简单，利用分频值的不同或改变电阻、电容值，还可以使定时时间在一定范围内改变。但是，这种定时电路在硬件接好后，定时范围不易由程序改变和控制，使用不方便，而且定时精度也不高。

② 可编程的硬件定时

这种定时器为大规模集成电路，硬件电路含有用于设置计数器计数初值的电路及其他控制电路，CPU可通过程序来访问计数器，并能很容易地用软件来确定和改变定时器的定时初值、定时器的工作方式，因此，具有功能强、使用灵活的特点，尤其是定时准确，定时时间不受CPU工作频率的影响，定时程序具有通用性，故得到广泛应用。目前，常用的定时器/计数器芯片有很多，如Intel 8253/8254A等，8254A与8253在引脚和功能上完全兼容。后面将以8253为例进行介绍，所有内容均适合于8254A。

6.7.2 定时器/计数器8253

Intel系列可编程计数/定时器有8253（2.6 MHz）、8253-5（5 MHz）、8254 （8 MHz）、8254-5（5 MHz）、8254-2（10 MHz）等，它们的引脚及功能都是兼容的，只是工作的最高计数频率有所差异。

8253内部有3个独立的16位计数器（计数通道），每个计数器都有自己的时钟输入CLK、计数输出OUT和控制信号GATE，可以按照二进制计数或十进制计数 （BCD计数）。每个计数器都有6种工作方式，通过编程设置工作方式，计数器既可作计数用，也可作定时用。

6.7.3 8253的外部特性

8253是24引脚DIP芯片，+5 V电源供电。8253的引脚分布如图6-27所示。

（1）D_0～D_7：8位双向数据总线，CPU可以通过数据总线对8253读/写数据和传送命令。

（2）$\overline{CS}$片选信号，低电平有效。当$\overline{CS}$有效时，CPU 选中 8253，可以对其进行操作。$\overline{CS}$通常连接系统中地址译码器的输出。

（3）$\overline{WR}$写信号，输入，低电平有效。

（4）$\overline{RD}$读信号，输入，低电平有效。

（5）A_0、A_1：地址信号。连接系统地址总线，用来选择 8253 内部寄存器，以便对它们进行读/写操作。8253读/写操作及端口地址分配见表6-6。

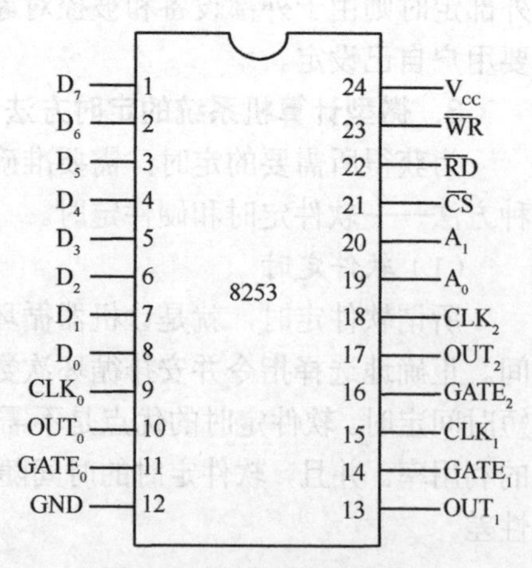

图6-27 8253的引脚分布

表 6-6 8253 读/写操作及端口地址分配

$\overline{CS}$	$\overline{RD}$	$\overline{WR}$	A_1	A_0	操作	PC	实验板
0	1	0	0	0	向计数器 0 写入计数初值	40H	304H
0	1	0	0	1	向计数器 1 写入计数初值	41H	305H
0	1	0	1	0	向计数器 2 写入计数初值	42H	306H
0	1	0	1	1	向控制寄存器写入方式字或命令	43H	307H
0	0	1	0	0	从计数器 0 读出当前计数值	40H	304H
0	0	1	0	1	从计数器 1 读出当前计数值	41H	305H
0	0	1	1	0	从计数器 2 读出当前计数值	42H	306H
0	0	1	1	1	无效操作	—	—
0	1	1	×	×	无操作三态	—	—
1	×	×	×	×	禁止三态	—	—

（6）CLK：计数器时钟信号，输入。3 个计数器各有一个独立的时钟输入信号，分别为 CLK_0、CKL_1、CLK_2。时钟信号的作用是在 8253 进行定时或计数工作时，每输入一个时钟脉冲信号 CLK，便将计数值减 1。

（7）GATE：计数器门控选通信号，输入。3 个计数器各有一个门控信号，分别为 $GATE_0$、$GATE_1$、$GATE_2$。GATE 信号用来禁止、允许或启动计数操作。

（8）OUT：计数器输出信号，输出。3 个计数器各有一个计数器输出信号，分别为 OUT_0、OUT_1、OUT_2。OUT 信号的作用是，计数器工作时，每来 1 个时钟脉冲，计数器作减 1 操作，当计数值减为 0（或某一特定值）时，就在输出线上输出一个 OUT 信号，表示定时已到或计数结束或处于某种计数状态等。

6.7.4 8253 的内部逻辑结构与功能

8253 内部有 6 个功能模块，其内部结构如图 6-28 所示。

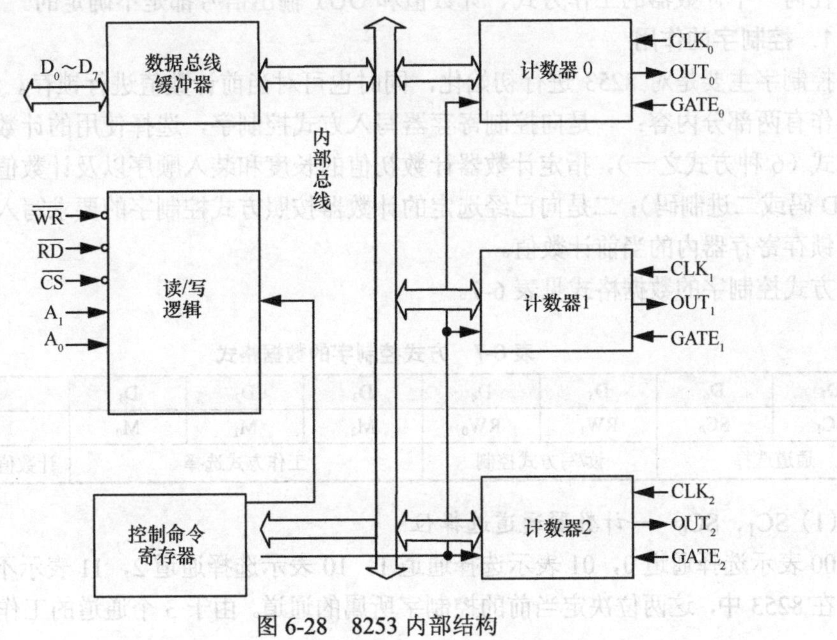

图 6-28 8253 内部结构

从图 6-28 可知，8253 的内部结构可分为两大部分：用于与 CPU 相连的总线接口部分和用于定时计数的电路部分。

总线接口部分以数据总线缓冲器为核心，实现 CPU 与定时器的连接。它由数据总线缓冲器、读/写逻辑、控制命令寄存器组成，有 3 个基本功能：向 8253 写入工作方式的命令字、向计数寄存器装入初值、读出计数器的初值或当前值。

定时计数电路部分以计数器为核心实现定时功能。8253 内部共有 3 个独立、功能结构完全相同的 16 位计数器，称为 3 个独立的计数通道，每个通道的减法计数器可通过设置工作方式起计数或定时的作用。

计数器含有一个计数初值寄存器，用于存放计数初值（定时常数、分频系数），其长度为 16 位，最大计数值为 65 536（即初值为 0）。计数初值寄存器的值在计数器计数过程中保持不变，故该寄存器的作用是在自动重装操作时为减 1 计数器提供计数初值，以便重复计数。

计数器有一个 16 位的减 1 计数器，用于进行减 1 计数操作，每来一个时钟脉冲，它就作一次减 1 运算，直到减为 0。如果要连续进行计数，则重新装入计数初值寄存器的内容即可。

计数器还有一个 16 位的当前计数值锁存器，用于锁存减 1 计数器的内容，以便 CPU 读取和查询。

8253 可用程序设置成 6 种工作方式，并可按二进制或十进制计数，能用作方波频率发生器、分频器、实时时钟事件计数器以及程控单脉冲发生器等。

6.7.5 8253 的编程命令与读/写操作

8253 能提供 6 种工作方式，但在使用该芯片实现定时或计数功能前，必须编程设定工作方式控制字，设定每个通道计数器的工作方式和计数初值，即必须进行初始化，否则，任何一个计数器的工作方式、计数值和 OUT 输出信号都是不确定的。

1．控制字的作用

控制字主要是对 8253 进行初始化，同时也可对当前计数值进行锁存。8253 初始化的工作有两部分内容：一是向控制寄存器写入方式控制字，选择使用的计数器，设定工作方式（6 种方式之一），指定计数器计数初值的长度和装入顺序以及计数值的编码类型（BCD 码或二进制码）；二是向已经选定的计数器按照方式控制字的要求写入计数初值或读出锁存寄存器内的当前计数值。

方式控制字的数据格式见表 6-7。

表 6-7 方式控制字的数据格式

D_7	D_6	D_5	D_4	D_3	D_2	D_1	D_0
SC_1	SC_0	RW_1	RW_0	M_2	M_1	M_0	BCD
通道选择		读/写方式控制		工作方式选择			计数值编码类型选择

（1）SC_1、SC_0——计数器通道选择位

00 表示选择通道 0，01 表示选择通道 1，10 表示选择通道 2，11 表示不用。

在 8253 中，这两位决定当前的控制字所属的通道。由于 3 个通道的工作是完全独立

的，所以，需要有 3 个控制字寄存器分别规定相应通道的工作方式。但它们的地址是同一个地址，即控制字寄存器地址，所以，用这两位来决定是哪一个通道的控制字。因此，在对 8253 的 3 个通道编程时，需要向同一个地址控制字寄存器写入 3 个控制字。

（2）RW_1、RW_0——计数器读/写方式控制位

00：计数器锁存命令，把由 SC_1、SC_0 指定的计数器的当前计数值锁存在锁存寄存器中，以便 CPU 读取。

01：仅读/写一个低 8 位字节。

10：仅读/写一个高 8 位字节。

11：读/写两个字节，先读/写低 8 位字节，后读/写高 8 位字节。

CPU 向计数通道写入初值或读取它们的当前计数值时必须设置这两位。

（3）M_2、M_1、M_0——计数器工作方式选择位

000 表示选择方式 0，X11 表示选择方式 3，001 表示选择方式 1，100 表示选择方式 4，X10 表示选择方式 2，101 表示选择方式 5。

（4）BCD——计数值编码类型选择位

0 表示选择二进制计数，1 表示选择 BCD 码计数。

当 8253 选择二进制计数时，写入计数器的初值范围是 0000H～FFFFH。初值等于 0001H 为最小，代表 1；初值等于 0000H 为最大，代表 65 536。

当 8253 选择 BCD 码计数时，写入计数器的初值范围是 0000～9999。初值等于 0001 为最小，代表 1；初值等于 0000 为最大，代表 10 000。

2．8253 的读/写操作

8253 的控制字寄存器和 3 个独立通道都有相应的 I/O 端口地址，因此，利用 OUT 和 IN 指令可以方便地对 8253 进行读/写操作。

（1）写操作——计数通道的初始化

在计数通道的初始化过程中，可按任意次序对 3 个通道分别进行初始化，而对某个通道初始化时必须先写入方式控制字寄存器，随后装入计数初值。

计数通道初始化的步骤如下。

① 用 OUT 指令设置方式控制字寄存器，为选择的通道计数器指定工作方式。

② 用 OUT 指令对所选择的通道计数器装入计数初值。

【例 6-6】 选择 2 号计数器，以方式 3 工作，计数初值为 566H（2 个字节），采用二进制计数。因此，方式控制字为 10110110B=0B6H，其初始化程序段如下。

```
MOV DX, 307H; 8253 控制口
MOV AL, 0B6H; 2 号计数器的初始化命令字
OUT DX, AL; 写入控制字寄存器
MOV DX, 306H; 2 号计数器数据端口
MOV AX, 566H; 计数初值
OUT DX, AL; 先传送低字节
MOV AL, AH; 取高字节到 AL
OUT DX, AL; 后传送高字节
```

(2) 读操作——读当前计数值

用 IN 指令可以读出所选通道计数器的当前计数值。16 位的计数值在读出时，可先读低字节，再读高字节，但必须将高、低字节全部读出后，才能对计数器进行其他操作。

在事件计数的应用中，常常需要读取计数器的当前计数值，以便根据这个数值作计数判断。例如，自动化工厂的生产流水线，要对生产的工件进行自动装箱，每包 1 000 个，装满后，就移走箱子，并通知控制系统开始对下一个包装箱装箱。计数器从初值 999 开始计数，每通过一个工件，计数器减 1，当减到 0 时，向 CPU 发出中断请求，通知控制系统移走箱子。如果在箱子尚未装满时，想了解箱子已装了多少个工件，可通过读取计数器的当前计数值来实现。这时，可先从计数器中读取当前计数值，再用 1 000 减去这个值，即可求得当前装入包装箱的工件数目。

在读取计数器当前计数值时，计数过程仍在进行，而且不受 CPU 控制。因此，在 CPU 读取计数器的输出值时，计数器的输出可能正在发生改变，即数值不稳定，导致读数错误。为此，需要利用 8253 提供的锁存后读操作功能，使 CPU 能在不干扰计数过程的情况下，方便地读出当前计数值。这种锁存后读操作对计数器的工作方式不会产生任何影响，已锁存通道的当前计数值全部读出后，数值锁存状态被自动解除，输出锁存器的值又将随着计数器的值而变化。具体操作步骤如下。

① 将锁存操作的方式字写入控制字寄存器，锁存指定通道的当前计数值。

② 对指定的通道执行读操作，即可得到锁定通道的当前计数值。

【例 6-7】 要求读出并检查 1 号计数器的当前计数值，并检查是否全为“1”，如果不是全为“1”则等待，如果是则继续执行程序。锁存命令字为 01000000B=40H，则程序段如下。

```
LI: MOV DX, 307H; 8253 控制口
    MOV AL, 40H; 1 号计数器的锁存命令字
    OUT DX, AL; 写入控制字寄存器
    MOV DX，305H; 1 号计数器数据端口
    IN AL, DX; 读 1 号计数器的当前值低 8 位
    MOV AH, AL; 保存低 8 位
    IN AL, DX; 读 1 号计数器的当前值高 8 位
    XCHG AH, AL; 将计数值置于 AX 中
    CMP AX, 0FFFFH; 把 AX 的内容进行比较
    JNE LI; 非全 1，再读等待
    …; 继续执行程序
```

6.7.6 8253 的工作方式及其特点

8253 的 3 个计数器按照工作方式寄存器中控制字的设置进行工作，可供选择的工作方式有 6 种：计数结束中断、可编程单稳态、频率发生器、方波发生器、软件触发选通和硬件触发选通。

1. 方式 0——低电平输出（GATE 信号上升沿继续计数）

方式 0 又称计数结束中断工作方式。当计数结束时，输出端 OUT 由低电平变为高电

平。可用于当设定的时间或计数已到时，通过向 CPU 发出中断请求信号，请求 CPU 进行处理的场合。8253 的方式 0 工作时序波形如图 6-29 所示。

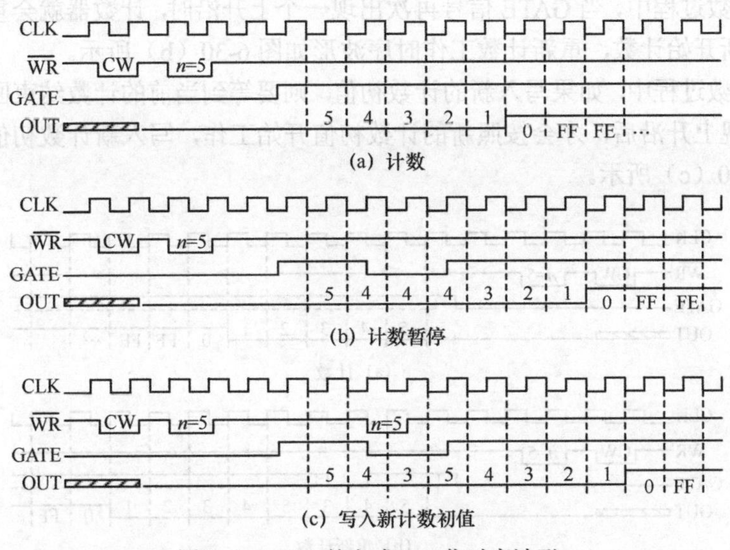

图 6-29 8253 的方式 0 工作时序波形

方式 0 的主要特点如下。

① 当程序写入方式控制字之后，计数器的输出端 OUT 立即变成低电平。作为初始电平，在向计数器写入计数初值后，输出仍将保持为低电平。只有当门控信号 GATE 为高电平时，才开始计数，计数器对输入端 CLK 的输入脉冲开始作减 1 计数，当计数器从初始值减为全 0 时，在输出端 OUT 产生一个高电平输出，该输出信号可作为向 CPU 发出的中断请求信号。这一高电平输出一直保持到该计数器装入新的方式控制字或计数初值为止。计数工作时序波形如图 6-29（a）所示。

② 在计数过程中，如果 GATE 信号变低则计数暂停，当 GATE 信号变高时接着计数。计数暂停工作时序波形如图 6-29（b）所示。

③ 在计数过程中，如果写入新的计数初值，只要写入完毕，计数器就会在下一个时钟脉冲的下降沿处按新的计数初值重新开始计数，写入新计数初值的工作时序波形如图 6-29（c）所示。

2．方式 1——低电平输出（GATE 信号上升沿重新计数）

方式 1 又称为可编程单稳态工作方式。其功能是在 GATE 信号的上升沿作用下开始计数，输出端 OUT 产生一个负脉冲信号，负脉冲的宽度可由计数器的计数初值和时钟频率编程确定。8253 的方式 1 工作时序波形如图 6-30 所示。

方式 1 的主要特点如下。

① 当程序写入方式控制字之后，计数器的输出端 OUT 立即变成高电平，作为初始电平，在向计数器写入计数初值后，输出端 OUT 仍保持为高电平，计数器并不开始计数。只有当门控信号 GATE 的上升沿过后，第一个 CLK 脉冲的下降沿到来时才开始计数过程，同时使 OUT 变为低电平，等到减 1 计数器为全 0 时，OUT 才变为高电平。因此，GATE 信号实际上是单稳态电路的触发信号。这种单稳态工作方式是可重复触发的，即

在任何GATE信号的上升沿后，都将重新启动计数过程，输出设定宽度的负脉冲，计数工作时序波形如图6-30（a）所示。

② 在计数过程中，当GATE信号再次出现一个上升沿时，计数器就会重新装入原计数初值并重新开始计数，重新计数工作时序波形如图6-30（b）所示。

③ 在计数过程中，如果写入新的计数初值，则要等到当前的计数结束回零并且门控信号再次出现上升沿后，才会按照新的计数初值开始工作，写入新计数初值的工作时序波形如图6-30（c）所示。

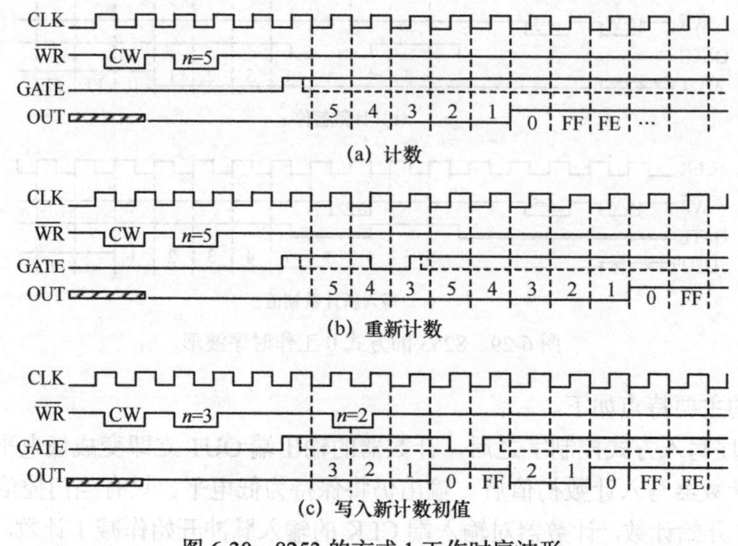

图6-30 8253的方式1工作时序波形

方式0与方式1的功能很相似。都是在计数过程中OUT输出为低电平，当计数为0时，OUT变为高电平。但是，方式0的计数启动工作是由软件实现的，即当CPU向8253的计数通道写入计数初值后，只要GATE信号为高电平，内部的减1计数器就开始计数，直到计数为0；而方式1的计数启动工作是在GATE信号发生一次由低到高的跳变时，内部的减1计数器才开始计数的，并且GATE信号的每一次跳变，都会启动一次计数器的工作。

3. 方式2——周期性负脉冲输出

方式2又称为频率发生器工作方式。在需要产生周期性负脉冲信号或将某一个较高频率的脉冲信号分频为较低频率的脉冲信号时，可使用该方式。8253的方式2工作时序波形如图6-31所示。

方式2的主要特点如下。

① 当程序写入方式控制字之后，计数器的输出端OUT立即变成高电平，作为初始电平，写入计数初值后，只要GAET信号为高电平，计数器就立即对输入时钟CLK计数，在计数过程中OUT保持不变，直到计数器减到1时，OUT将变为低电平，再经过一个CLK周期，OUT恢复为高电平，并按已设定的计数初值重新开始计数，计数工作时序波形如图6-31（a）所示。

② 在计数过程中，如果写入新的计数初值，则计数器仍按原计数值继续计数，等到

当前的计数结束回 0 并且输出一个 CLK 周期的负脉冲之后，才会按照新写入的计数初值开始工作，写入新计数初值的工作时序波形如图 6-31（b）所示。

③ 在计数过程中，如果 GATE 信号变低则计数暂停，当 GATE 信号变高时接着计数，计数暂停工作时序波形如图 6-31（c）所示。

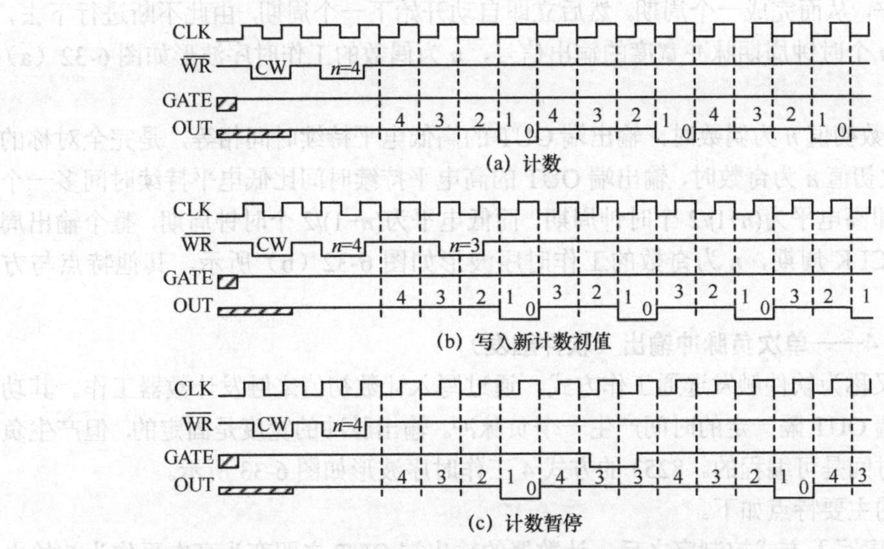

(a) 计数

(b) 写入新计数初值

(c) 计数暂停

图 6-31　8253 的方式 2 工作时序波形

当方式 2 的计数初值设为 n 时，OUT 的输出频率是时钟 CLK 输入频率的 n 分频。若 n 为 4，CLK 的频率为 1 200 Hz，则 OUT 的输出频率就是 300 Hz。因此，方式 2 是一种具有自动装入时间常数（计数初值）的 n 分频器，但输出的高低电平非对称，OUT 变为低电平的时间是一个时钟周期，从一个输出脉冲到下一个输出脉冲之间的时间等于计数初值 n 与时钟周期的乘积。

4．方式 3——周期性方波输出

方式 3 又称为方波发生器工作方式。在需要产生连续方波脉冲信号或将某一个较高频率的脉冲信号分频为较低频率的脉冲信号时，可使用该方式。8253 的方式 3 工作时序波形如图 6-32 所示。

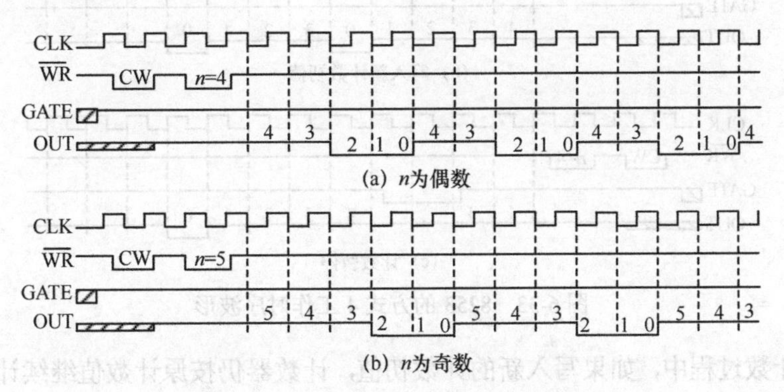

(a) n为偶数

(b) n为奇数

图 6-32　8253 的方式 3 工作时序波形

方式 3 的主要特点如下。

① 当程序写入方式控制字之后，计数器的输出端 OUT 立即变为高电平作为初始电平。在写入计数初值后，只要 GATE 信号为高电平，计数器就立即对输入时钟 CLK 计数，在计数减到一半时，输出变为低电平，计数器继续作减 1 计数，计数到终值 0 时，OUT 恢复为高电平，从而完成一个周期。然后立即自动开始下一个周期，由此不断进行下去，产生周期为 n 个时钟周期脉冲宽度的输出信号，n 为偶数的工作时序波形如图 6-32（a）所示。

② 当计数初值 n 为偶数时，输出端 OUT 的高低电平持续时间相等，是完全对称的方波。当计数初值 n 为奇数时，输出端 OUT 的高电平持续时间比低电平持续时间多一个 CLK 周期，即高电平为$(n+1)/2$ 个时钟周期，而低电平为$(n-1)/2$ 个时钟周期，整个输出周期仍为 n 个 CLK 周期，n 为奇数的工作时序波形如图 6-32（b）所示。其他特点与方式 2 类似。

5．方式 4——单次负脉冲输出（软件触发）

方式 4 又称为软件触发选通工作方式，通过写入计数初值来触发计数器工作。其功能是在输出端 OUT 隔一定的时间产生一个负脉冲。输出脉冲的宽度是固定的，但产生负脉冲的间隔时间是可编程的。8253 的方式 4 工作时序波形如图 6-33 所示。

方式 4 的主要特点如下。

① 当程序写入方式控制字之后，计数器的输出端 OUT 立即变为高电平作为初始电平。写入计数初值之后，只要 GATE 信号为高电平，计数器就立即对输入时钟 CLK 计数，在计数过程中 OUT 保持不变，直到计数器减到 0 时，OUT 变为低电平，再经过一个 CLK 周期，OUT 恢复为高电平，并一直保持高电平，计数工作时序波形如图 6-33（a）所示。

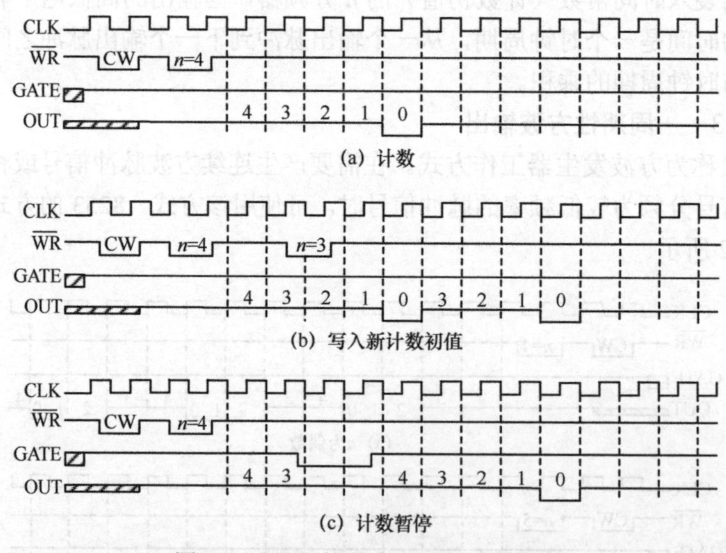

图 6-33　8253 的方式 4 工作时序波形

② 在计数过程中，如果写入新的计数初值，计数器仍按原计数值继续计数，等到当前的计数结束回 0 并且输出一个 CLK 周期的负脉冲之后，才会按照新写入的计数初值开始工作，写入新计数初值的工作时序波形如图 6-33（b）所示。

③ 在计数过程中，若 GATE 信号变为低电平则计数器停止工作，当 GATE 信号恢复高电平后，计数器会重新装入原计数初值并重新开始计数，计数暂停工作时序波形如图 6-33（c）所示。

6．方式 5——单次负脉冲输出（硬件触发）

方式 5 又称为硬件触发选通工作方式。8253 的方式 5 工作时序波形如图 6-34 所示。

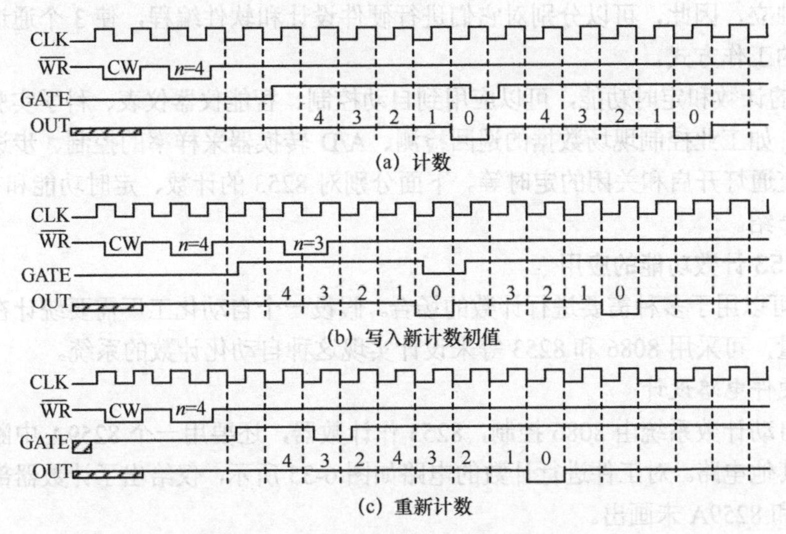

图 6-34　8253 的方式 5 工作时序波形

方式 5 的主要特点如下。

① 当程序写入方式控制字之后，计数器的输出端 OUT 立即变为高电平作为初始电平。在向计数器写入计数初值后，输出端 OUT 仍保持为高电平，计数器并不开始计数，只有当门控信号 GATE 的上升沿过后第一个 CLK 脉冲的下降沿到来时才开始计数过程，等到减 1 计数器为全 0 时，OUT 将变为低电平，再经过一个 CLK 周期，OUT 才变为高电平，并一直保持高电平。因此，由 GATE 信号的上升沿触发计数器工作。这种工作方式是可重复触发的，即在任何 GATE 信号的上升沿后，都将重新启动计数过程，自动将计数初值重新装入计数器，然后开始计数过程，输出一个 CLK 宽度的负脉冲，计数工作时序波形如图 6-34（a）所示。

② 在计数过程中，如果写入新的计数初值，则计数器仍按原计数值继续计数，等到当前的计数结束回 0 并且输出一个 CLK 周期的负脉冲之后，在 GATE 信号再次出现上升沿以后，才会按照新写入的计数初值开始工作，写入新计数初值的工作时序波形如图 6-34（b）所示。

③ 在计数过程中，当 GATE 信号再次出现一个上升沿时，计数器就会重新装入原计数初值并重新开始计数，重新计数工作时序波形如图 6-34（c）所示。

方式 5 的工作类似于方式 4，主要的不同之处是 GATE 信号的作用不同。方式 5 的计数过程由 GATE 的上升沿触发，在 GATE 上升沿过后的 CLK 下降沿到来时，将计数初值装入计数器，然后立即计数。当计数结束时，OUT 将输出一个 CLK 周期的低电平信号。

6.7.7 8253 应用举例

8253 可以用在微型计算机系统中，构成各种计数器、定时器电路或脉冲发生器等。使用 8253 时，先根据实际需求设计硬件电路，然后用输出指令 OUT 向有关通道写入相应控制字和计数初值，对 8253 进行初始化编程，这样 8253 就能正常工作。由于 3 个计数器完全独立，因此，可以分别对它们进行硬件设计和软件编程，使 3 个通道工作于相同或不同的工作方式。

8253 的计数和定时功能，可以应用到自动控制、智能仪器仪表、科学实验、交通管理等场合，如工业控制现场数据的巡回检测、A/D 转换器采样率的控制、步进马达转动的控制、交通灯开启和关闭的定时等。下面分别对 8253 的计数、定时功能和在 PC 中的应用进行介绍。

1. 8253 计数功能的应用

8253 可以用于多种需要进行计数的场合。假设一个自动化工厂需要统计在流水线上的工件数量，可采用 8086 和 8253 等来设计实现这种自动化计数的系统。

（1）硬件电路设计

这个自动计数系统由 8086 控制，8253 作计数器，还要用一个 8259A 中断控制器芯片和若干其他电路。对工件进行计数的电路如图 6-35 所示，仅给出了计数器部分的电路图，8086 和 8259A 未画出。

电路由一个红外 LED、一个光电晶体管、两个施密特触发器 74LS14 及一个 8253 芯片构成。

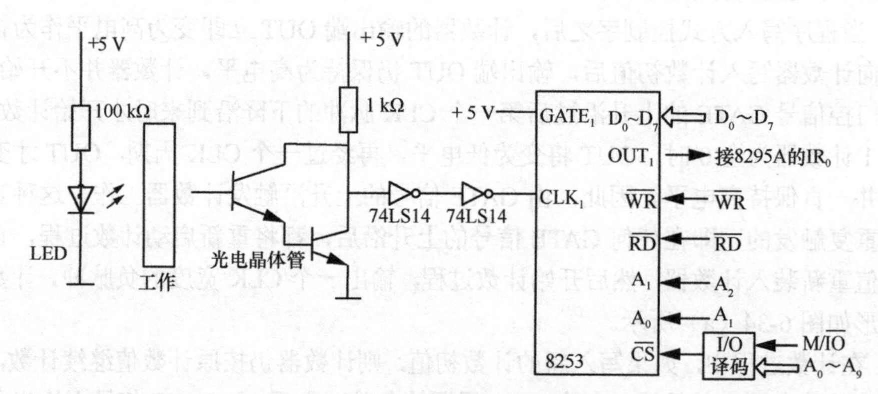

图 6-35 对工件进行计数的电路

用 8253 的通道 1 进行计数，工作过程如下。

当 LED 与光电晶体管之间无工件通过时，LED 发出的光能照到光电晶体管上，使光电晶体管导通，集电极变成低电平。此信号经施密特触发器驱动整形后，送到 8253 的 CLK_1，使 8253 的 CLK_1 也变成低电平。当 LED 与光电晶体管之间有工件通过时，LED 发出的光被工件挡住，照不到光电晶体管上，光电晶体管截止，其集电极输出高电平，从而使 CLK_1 也变成高电平。待工件通过后，CLK_1 又回到低电平。这样，每通过一个工件，就从 CLK_1 输入一个正脉冲，利用 8253 的计数功能对此脉冲进行计数，即可统计工件的个数。两个施密特触发器 74LS14 的作用是将光电晶体管集电极上的缓慢上升信号

变换成满足计数电路要求的 TTL 电平信号。

（2）初始化编程

设计了硬件电路之后，还需要对 8253 进行初始化编程，计数电路才能工作。编程时，可选择计数器 1 以方式 0 工作，按 BCD 码计数，先读/写低字节，后读/写高字节，控制字的内容可设定为 01110001B。如选取计数初值 n=499，则经过 n+1 个脉冲，也就是 500 个脉冲，OUT_1 将输出一个正跳变。它作用于 8259A 的 IR_0 端，通过 8259A 的控制，向 CPU 发出一次中断请求，表示计满了 500 个数，在中断服务子程序中，使工件总数加上 500。中断服务子程序执行后返回主程序，这时需要由程序把计数初值 499 再次装入计数器 1，才能继续进行计数。

设 8253 的 4 个端口地址分别为 F0H、F2H、F4H、F6H，则初始化程序如下。

```
MOV AL, 01110001B 中心; 控制字
OUT 0F6H, AL
MOV AL, 99H
OUT 0F2H, AL; 将计数初值低字节送计数器 1
MOV AL, 04H
OUT 0F2H, AL; 将计数初值高字节送计数器 1
```

这种计数方案也可用于其他场合，如统计高速公路上行驶的车辆数、统计进入工厂的人数等。

2．8253 定时功能的应用

用 8253 定时功能可产生各种定时波形。

【例 6-8】 如果 8253 芯片可利用 8088 的外部设备接口地址 310H～313H，已知加到 8253 上的时钟信号频率为 2 MHz，利用计数器 0、1、2 分别产生周期为 100 μs 的对称方波，并实现每 1 s 和 10 s 产生一个负脉冲，试说明 8253 如何连接，并编写包括初始化在内的程序。

外部计数器的时钟频率为 2 MHz，利用此时钟，计数器 0 以方式 3 工作，赋计数初值为 200，即可得到周期为 100 μs 的对称方波。

当计数时钟频率为 2 MHz 时，用一个计数器直接获得周期为 1 s 和 10 s 的负脉冲，需要的计数初值超出计数器允许的最大值 65 536，因此，用一个计数器无法做到，可将 OUT_0 的输出接到计数器 1 的时钟输入端，此时，把周期为 100 μs 的对称方波作为 CLK_1，让计数器 1 以方式 2 工作，计数初值设定为 10 000，则 1 s 可以从计数器 1 的 OUT_1 输出一个负脉冲。依次把计数器 1 的 OUT_1 作为计数器 2 的时钟输入，赋计数初值为 10，即可满足要求，8253 的定时波形产生电路如图 6-36 所示。

编程如下。

```
；初始化计数器 0
MOV DX, 313H; 控制端口地址
MOV AL, 00010110B; 通道 0 控制字，只写低字节，方式 3，二进制计数
OUT DX, AL; 写入方式字
MOV AL, 200
MOV DX, 310H; 通道 0 端口地址
```

```
OUT DX, AL; 通道 0 赋计数初值 200
; 初始化计数器 1
MOV DX, 313H
MOV AL, 01110100B
OUT DX, AL; 通道 1 控制字，先写低字节，后写高字节，方式 2，二进制计数
MOV DX, 311H; 通道 1 端口地址
MOV AX, 10000; 通道 1 赋计数初值 10 000
OUT DX, AL; 先写低字节
MOV AL, AH
OUT DX, AL; 后写高字节
; 初始化计数器 2
OUT DX, 313H
MOV AL, 10010100B
OUT DX, AL; 通道 2 控制字，只写低字节，
MOV DX, 312H; 通道 2 端口地址
MOV AL, 10
OUT DX, AL; 通道 2 赋计数初值 10
```

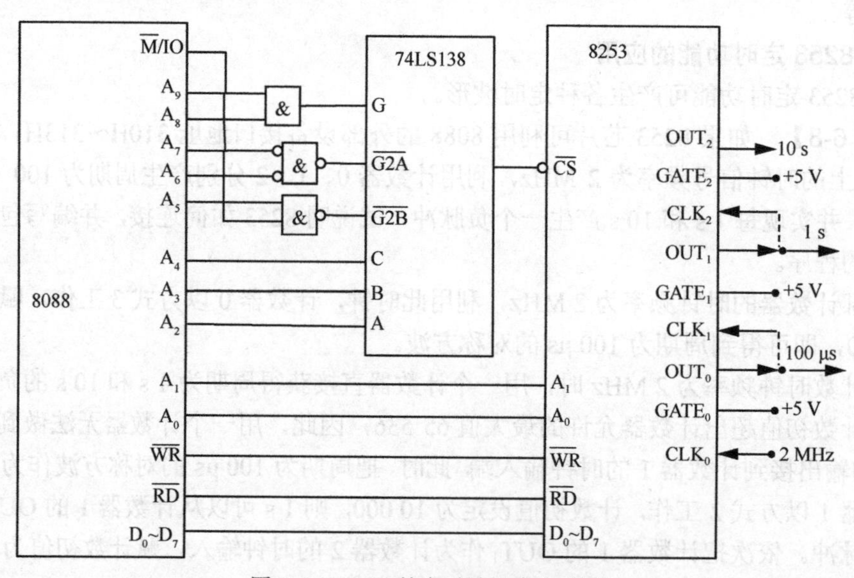

图 6-36　8253 的定时波形产生电路

3．8253 在 PC 中的应用

IBM PC/XT 机主机板上有一个 8253 用作计数/定时电路，IBM PC/XT 机中 8253 的连接如图 6-37 所示。

从图 6-37 可以看出，8253 的 $\overline{RD}$ 、$\overline{WR}$ 信号与系统中相应的控制信号相连，A_1、A_0 与地址总线相应的对应端相连，片选信号与 I/O 译码器的输出信号 T/CCS 相连，地址在 40H～5FH 范围内均有效（A9～A5＝00010）。当 ROM BIOS 访问 8253 时，内部 3 个

计数器的端口地址为 40H、41H、42H，控制字端口地址为 43H。外部时钟信号 PCLK 由 8284 时钟发生器产生，其频率为 2.386 36 MHz，经过二分频后，形成频率为 1.193 18 MHz 的脉冲信号，作为 3 个计数器的输入时钟。8253 的 3 个计数器都有专门的用途，下面分别介绍它们的使用方法。

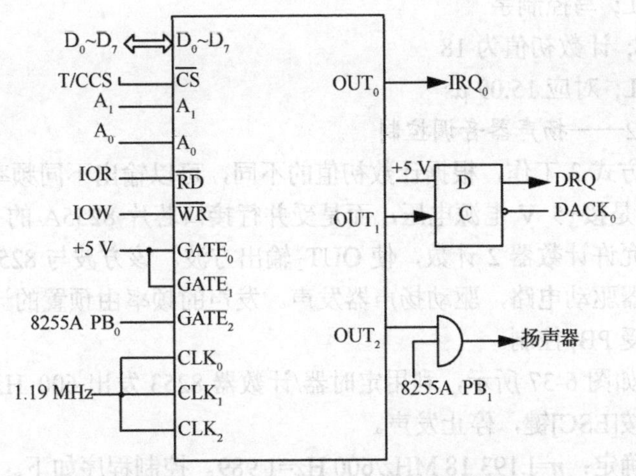

图 6-37　IBM PC/XT 机中 8253 的连接

（1）计数器 0——实时时钟

计数器 0 用作定时器，$GATE_0$ 接+5 V 电源电压，使计数器 0 处于常开状态，开机初始化后，它就一直处于计数工作状态，为系统提供时间基准。在对计数器 0 进行初始化编程时，选用方式 3，二进制计数。对计数器预置的计数初值 $n = 0$，相当于 2^{16} =65 536，这样在输出端 OUT 可以得到周期性方波，其频率为 1.193 18 MHz/65 536 =18.2 Hz。它经系统板上的总线 IRQ_0 被直接送到 8259A 中断控制器的中断请求输入端 IR_0，使计算机每秒产生 18.2 次中断，即每隔 55 ms 请求一次中断，CPU 可以以此作为时间基准，在中断服务子程序中对中断次数进行计数，即形成实时时钟。例如，中断 100 次，时间间隔即为 5.5 s。这在对时间精度要求不太高的场合中是很有用的。

对 8253 的计数器 0 进行初始化的程序如下。

```
MOV AL, 36H
OUT 43H, AL; 写控制字
MOV AL, 0; 计数初值为 65 536
OUT 40H, AL; 写入计数初值低位
OUT 40H, AL; 写入计数初值高位
```

（2）计数器 1——动态 RAM 刷新定时器

计数器 1 的 $GATE_1$ 也接+5 V 电源电压，使计数器 1 处于常开状态，它定时向 DMA 控制器提供动态 RAM 刷新请求信号。在对计数器 1 进行初始化编程时，选用方式 2，对计数器预置的计数初值为 18，这样在输出端 OUT_1 可以得到周期性负脉冲，其频率为 1.193 18 MHz/18=66.287 8 KHz，周期为 15.09 μs，OUT_1 输出的负脉冲的上升沿使 D 触发器置 1，从 Q 端输出信号送到 DMA 控制器 8237A 的 $DREQ_0$ 端，作为通道 0 的 DMA

请求信号。在通道 0 执行 DMA 操作时，对 DRAM 进行刷新，并且每隔 15.09 μs 向 DMA 控制器提出一次 DMA 刷新请求，由 DMA 控制器实施对动态 RAM 的刷新操作。

对 8253 的计数器 1 进行初始化的程序如下。

```
MOV AL, 54 H
OUT 43H, AL; 写控制字
MOV AL, 18; 计数初值为 18
OUT 41H, AL; 对应 15.09 μs
```

（3）计数器 2——扬声器音调控制

计数器 2 以方式 3 工作，根据计数初值的不同，可以输出不同频率的方波。但该计数器的 $GATE_2$ 不是接+5 V 电源电压，而是受并行接口芯片 8255A 的 PB_0 控制。当 PB_0 送来高电平时，允许计数器 2 计数，使 OUT_2 输出方波。该方波与 8255A 的 PB_1 信号相遇后，送到扬声器驱动电路，驱动扬声器发声。发声的频率由预置的计数初值 n 决定，发声时间的长短受 PB_1 控制。

【例 6-9】 如图 6-37 所示，利用定时器/计数器 8253 发出 600 Hz 的声音。按任意键，开始发声；按[ESC]键，停止发声。

计数初值的确定：n=1.193 18 MHz/600 Hz=1 989。控制程序如下。

```
CODE SEGMENT
ASSUME CS: CODE
START: ; 关闭扬声器
IN AL, 61H; 取 8255 PB 口原输出值
AND AL, OFCH; 置 PB0 和 PB1 为 0，关闭 GATE2 和与门
OUT 61H, AL
; 初始化计数器 2
MOVAL, 0B6H; 10110110B，计数器 2，先写低字节，后写高字节，方式 3，二进制
OUT 43H, AL; 控制字写入控制口
MOV AX , 1989; 计数初值
OUT 42H, AL; 对应 600 Hz，送至低字节
MOV AL, AH
OUT 42H, AL; 送至高字节
; 按任意键，启动发声器
MOV AH, 01 H; 单字符输入 DOS 功能调用
INT21H; 有键按下，程序往下执行，启动扬声器发声
INAL, 61 H; 取 8255 PB 口原输出值
OR AL, 03; 设 PB1=PB0=1
OUT 61H, AL; 使扬声器发声
; 判断是否是 ESC 键按下
MOV AH, 01H; 单字符输入 DOS 功能调用
INT 21H; 有键按下，程序往下执行，启动扬声器发声
IN AL, 61H; 取 8255 PB 口原输出值
```

```
OR AL, 03; 设 PB1=PB0 = 1
OUT 61H, AL; 使扬声器发声
; 判断是否是 ESC 键按下
WAIT1: MOV AH, 01H; 单字符输入 DOS 功能调用
INT 21H
CMP AL, 1BH; ESC 键的 ASCll 码为 1 BH
JNE WAIT1; 不是 ESC 键按下，循环判断
; ESC 键按下, 关闭扬声器，停止发声
QUIT: INAL, 61H; 是 ESC 键按下，停止发声
AND AL, 0FCH; 置 PB0 和 PB1 为 0，关闭 GATE2 和与门
OUT 61H, AL
MOV AH, 4CH
INT 21H
CODE ENDS
END START
```

【例 6-10】　如图 6-37 所示，利用定时器/计数器 8253 发声。编写程序，在程序运行时，使 PC 机成为一架可弹奏的“钢琴”。当按下数字键 1～7 时，依次发出 do、re、mi、fa、sol、la、si 7 个音调；按 q 键则退出“钢琴”状态。

给 8253 定时器装入不同的计数初值，可以使其输出不同频率的波形。按下 1～7 中的某个键，则把相应的计数初值送入 8253，发出相应频率的声音，键抬起声音停止，按其他键不发声。键入字符与对应音符及其频率、计数初值的对应关系见表 6-8。

表 6-8　键入字符与对应音符及其频率、计数初值的对应关系

键入字符	1	2	3	4	5	6	7
对应音符	do	re	mi	fa	sol	la	si
对应频率/Hz	261	294	330	349	392	440	494
计数初值	4 571	4 058	3 616	3 419	3 044	2 712	2 415

编写程序如下。

```
DATA SEGMENT
TABLE DW 4571, 4058, 3616, 3419, 3044, 2712, 2415; 定义各音符对应的计数初值
DATA ENDS
CODE SEGMENT
ASSUME CS: CODE, DS: DATA
START: MOV AX, DATA
MOV DS, AX; 初始化 DS
BEGIN: MOV AH, 07; 接收键盘输入的单字符，字符不在屏幕上回显
INT 21H
CMP AL, 71H; 判断是否是字符 q
```

```
JE EXIT; 是字符 q 则退出程序
CMP AL, 31H
JB BEGIN; 小于 1，重新接收键盘输入
CMP AL, 37H
JA BEGIN; 大于 7，重新接收键盘输入
SUB AL, 30H; 由 ASCII 码得到对应的数值
SUB AL, 1; 数值减 1
SHL AL, 1; 乘以 2 得到存放对应计数初值的存储单元的地址偏移量
MOV AH, 0
LEA BX, TABLE
ADD BX, AX; 得到存放对应计数初值的存储单元地址
MOV AX, [BX]; 取得需要发音音符对应的计数初值
CALLSOUND; 调用发音子程序
DELAY: IN AL, 60H
TEST AL, 80H
JZ DELAY; 按键未抬起，继续发声
IN AL, 61H
AND AL, 0FCH
OUT 61H, AL; 按键抬起，发声结束，关闭扬声器
JMP BEGIN; 重新接收键盘输入
EXIT: MOV AH, 4CH; 结束返回
    INT 21H
SOUND PROCNEAR; 发音子程序
    PUSH AX; 保存计数初值
    INAL, 61H; 发音设置，打开扬声器
OR AL, 03H
    OUT 61H, AL
MOV AL, 10110110B; 初始化 8253
OUT 43H, AL
    POP AX; 恢复计数初值
    OUT 42H, AL; 传送计数初值至低字节
    MOV AL, AH
OUT 42H, AL; 传送计数初值至高字节
RET
SOUND ENDP
CODE ENDS
END START
```

思　考　题

1. 外部设备为什么要通过接口电路和主机系统相连？

2. 什么叫端口？计算机为 I/O 端口编址时通常采用哪几种方法？

3. CPU 与输入/输出设备之间传送的信息有哪几类？

4. CPU 与外部设备之间的数据传送方式有哪几种?分别简述适用范围。

5. 如果地址线 A_5～A_{15} 直接采用线选法作为芯片选择信号，地址线 A_2～A_4 作为 I/O 接口电路的寄存器选择输入信号，那么系统有多少 I/O 设备能被使用？每个设备接口电路所能包含寄存器的最大数目是多少？（每个寄存器都有一个独立的端口地址。）

6. 简述并行接口的主要功能和特点。

7. 8255A 有哪几种工作方式？在每一种工作方式中，PA 口、PB 口、PC 口是如何分配的？

8. 写出 8255A 的工作方式控制字格式和 PC 口置位/复位控制字格式。

9. 8253 定时器/计数器内部结构由哪些部分组成？各具有什么功能？

10. 写出 8253 的控制字格式，并说明各位的含义。

11. 试比较硬件定时与软件定时的优缺点。

第7章 中断

7.1 中断原理

7.1.1 从无条件传输、条件传输到中断传输

CPU 与外部设备之间的数据传输方式包含多种形式：无条件传输、条件传输以及中断传输等。

1．无条件传输

无条件传输又叫直接程序存储。在这种传输方式下，CPU 始终认为外部设备处于准备好的状态，因此，当 CPU 需要与外部设备进行数据交换时，可以不需要询问外部设备的状态，直接通过 IN 或者 OUT 指令进行数据传输。这种数据传输方式的软件和硬件接口电路都比较简单，硬件接口电路通常只需要译码电路、输入接口以及输出接口。输入接口要有三态输出能力，以便能与总线挂接，如果外部设备具有数据保持能力，可以直接使用三态缓冲器，如果外部设备没有数据保持能力，可以使用具有三态输出的锁存器；输出接口通常直接使用锁存器；软件只需要输入/输出指令。这种传输方式通常只适用于开关、发光二极管以及步进电机等简单外部设备。一个典型的无条件传输的硬件接口电路如图 7-1 所示。

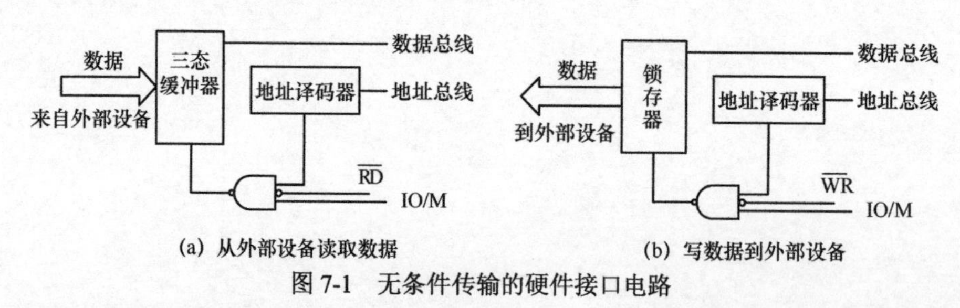

图 7-1 无条件传输的硬件接口电路

在无条件传输的硬件接口电路中，译码电路产生 2 个地址输出，分别对应输入和输出端口地址。CPU 可以直接通过下面两条指令完成数据传输。

OUT PORT2, AL

IN AL, PORT1

2．条件传输

条件传输又叫查询传输。在这种传输方式下，CPU 通过询问外部设备状态来确定外部设备是否准备好，从而决定是否进行数据传输。这种传输方式适用于 CPU 与外部设备处于异步工作状态的情况，因此，是一种异步传输。外部设备接口中需要用来表示外部设备当前状态的端口，通常将其称为状态端口。状态端口用来表示外部设备当前是处于准备好还是忙的状态，在 CPU 与外部设备进行数据传输之前，先通过一个输入指令读取状态端口的数据来确定外部设备当前是否准备好。若外部设备已经准备好，则 CPU 可以通过输入/输出指令与外部设备进行数据交换；若外部设备没有准备好，通常需要不停地读取状态端口的数据直到外部设备准备好。这种数据传输方式的软件和硬件接口电路都比无条件传输的复杂，对于硬件接口电路而言，需要增加状态端口。一个典型的条件传输的硬件接口电路如图 7-2 所示。

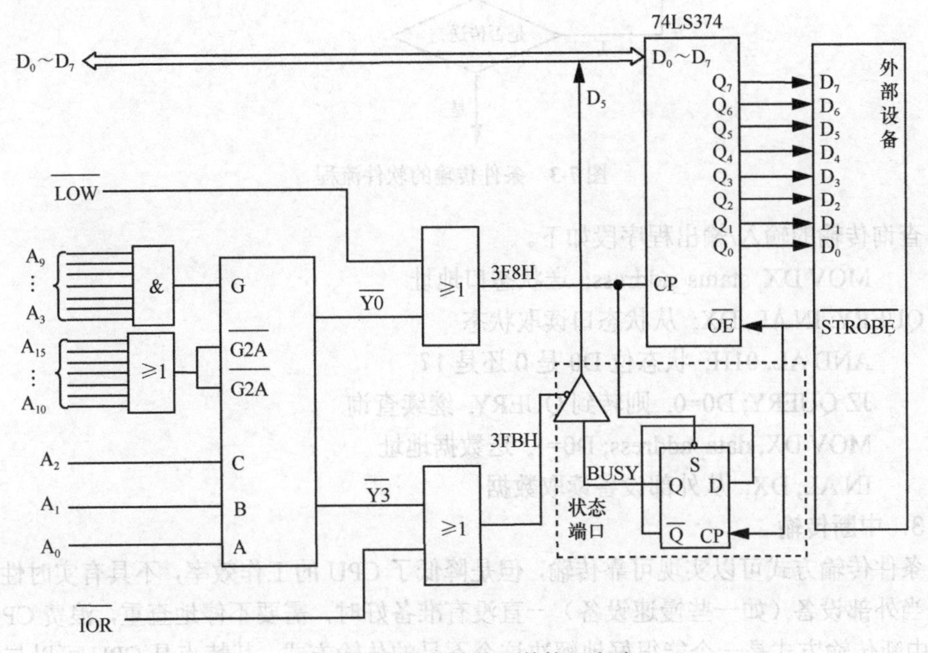

图 7-2　条件传输的硬件接口电路

在外部设备准备好以后，从 $\overline{STROBE}$ 输出一个选通信号，这个选通信号一方面使状态端口触发器的状态翻转（从没有准备好的逻辑 0 状态到数据准备好的逻辑 1 状态），同时使 74LS374 的输出允许信号线 $\overline{OE}$ 有效。当微处理器需要进行数据传送时，通过一个 IN 指令从状态端口（地址是 3FBH）读取状态，状态端口中的三态缓冲器打开，状态信息（Q）通过三态缓冲器传输到数据总线上。如果 Q 端为高电平，表示外部设备已经准备好，则可以通过 IN 指令从数据端口（地址是 3F8H）读取数据，同时使状态端口输出（Q）清 0。表示数据已经被取走而下一个数据还没有到来。

对于软件而言，需要增加条件查询指令，一个典型的条件传输的软件流程如图 7-3 所示。

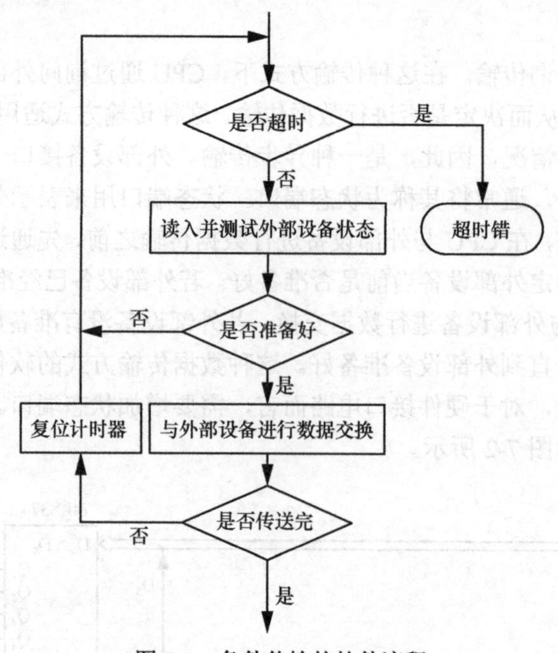

图 7-3　条件传输的软件流程

查询传输的输入/输出程序段如下。

```
      MOV DX, status_address; 送状态口地址
QUERY: IN AL, DX; 从状态口读取状态
      AND AL, 01H; 状态位 D0 是 0 还是 1?
      JZ QUERY; D0=0, 则转到 QUERY, 继续查询
      MOV DX, data_address; D0=1, 送数据地址
      IN AL, DX; 从外部设备读取数据
```

3．中断传输

条件传输方式可以实现可靠传输，但是降低了 CPU 的工作效率，不具有实时性。特别是当外部设备（如一些慢速设备）一直没有准备好时，需要不停地查重，浪费 CPU 资源。中断传输方式是一个能很好地解决这个不足的传输方式，其特点是 CPU 可以与外部设备并行工作，CPU 不需要查询外部设备是否准备好，而是去完成自己的工作。外部设备在需要进行数据传输时，主动向 CPU 发送中断请求信号，CPU 在能响应中断的前提下会响应外部设备的中断请求，暂停现行工作，转向与外部设备进行数据交换。这种方式能够消除外部设备长时间未准备好导致的“踏步”现象，提高了 CPU 的工作效率。

3 种传输方式的优缺点见表 7-1。

表 7-1　3 种传输方式的优缺点

传输方式	优点	缺点
无条件传输	软件和硬件都很简单	只适用于简单外部设备且传送不能太频繁
条件传输	比无条件传输方式可靠	浪费 CPU 资源，不具有实时性
中断传输	CPU 的工作效率高，具备实时性，可并行工作	适合突发数据传输，每次响应中断进行数据传输都需要保存现场

7.1.2 中断概念

中断是现代计算机中的一项重要技术，也是CPU程序运行的一种方式。中断是提高CPU工作效率、计算机的可靠性以及计算机之间通信效率的一种必不可少的方式。中断是指计算机在执行正常程序的过程中，当微型计算机系统发生了紧急情况、异常事件或其他必要事件时，CPU会暂时停止当前正在执行的程序，而转去处理紧急情况或其他必要事件，处理完成后，CPU会回到原来被打断的地方继续执行正常程序。微型计算机中断与现实生活中断的对比如图7-4所示。

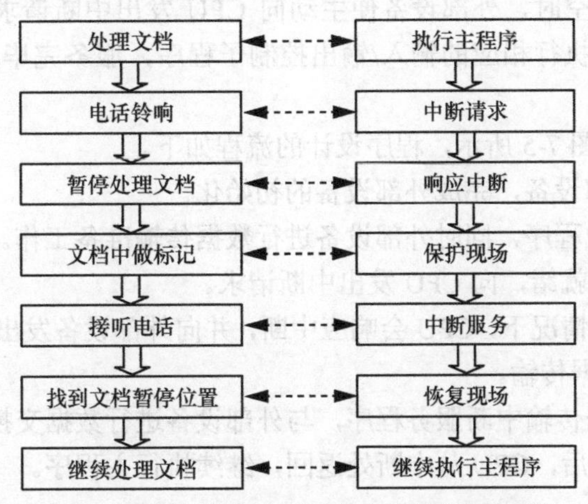

图7-4 微型计算机中断与现实生活中断的对比

通常把申请中断的设备或事件称为中断源，一些紧急情况、异常事件或其他必要事件都是中断源。中断源何时产生中断对CPU而言是随机的，但需要CPU处理的方法是确定和已知的，也就是中断服务程序是事先写好放在存储器中的，中断只有被响应后才会被执行，因此，中断服务程序的执行具有一定的随机性。

中断技术存在下列很多优点。

（1）可以实现并行工作

CPU和外部设备可以并行工作，外部设备只有在需要CPU处理某些事件时，才会打断CPU的正常工作。比如在数据传输时，外部设备准备好数据以后，通过中断的方式通知CPU将数据取走；定时器外部设备，只有当定时时间到时，才向CPU申请中断，CPU进而完成相应的工作。引入了中断概念后，CPU 和外部设备（甚至多个外部设备）可以同时工作，就避免了CPU把大量时间耗费在等待、查询状态信号等操作上，从而大大提高CPU的效率。

（2）使系统具有实时处理能力

在工业控制领域，一些突发状况需要CPU进行实时处理，如温度过高、电压过高以及电流过高等。如果不及时处理，可能会发生事故，而这种突发状况的发生时间是随机的，不能采用查询的方式解决，通常采用中断方式。发生突发状况后，外部设备向CPU发出中断请求，CPU收到中断请求以后，根据突发状况进行相应的处理。

（3）可以实现多任务/多程序同时工作

当系统需要多个外部设备或者多个程序同时运行时，可以在操作系统的控制下，实现多个程序的交替运行。如给每一个程序分配一个固定的运行时长，运行时间到了以后就切换到另一个程序。虽然说在某个特定的时间点，只有一个程序在运行，但是从用户的宏观角度来看，是多个程序在同时运行，这种切换需要定时器参与，定时器定时到时以后就向 CPU 申请中断。

（4）可以实现分时操作

当系统有多个外部设备时，外部设备的速度通常远远低于 CPU 的速度，因此，CPU 可以根据外部设备的轻重缓急分时执行相应的处理程序。

采用中断控制的方式也可以实现中断控制传输，当外部设备的输入数据准备好或接收数据的锁存器为空时，外部设备便主动向 CPU 发出中断请求，于是 CPU 暂停现行程序的执行，转去执行相应的输入/输出控制子程序，服务完毕后返回原来的程序继续执行。

中断传输流程如图 7-5 所示，程序设计的流程如下。

① CPU 启动外部设备，完成外部设备的初始化。

② CPU 执行其他程序，同时外部设备进行数据传输准备工作。

③ 外部设备准备就绪，向 CPU 发出中断请求。

④ 在满足条件的情况下，CPU 会响应中断，并向外部设备发出中断响应信号，通知外部设备马上进行数据传输。

⑤ CPU 执行数据传输中断服务程序，与外部设备进行数据交换。

⑥ 数据传输完毕后，CPU 从中断处返回，继续执行主程序。

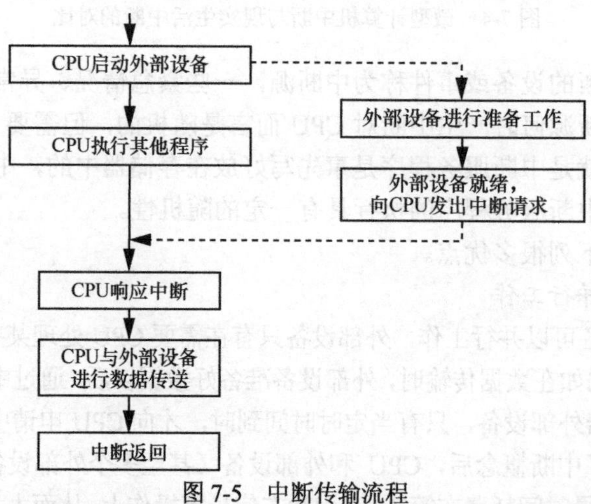

图 7-5　中断传输流程

7.2　中断系统组成及其功能

7.2.1　与中断有关的触发器

在微型计算机系统中，有 3 个与中断有关的触发器，分别是中断请求触发器、中断

屏蔽触发器以及中断允许触发器。

1．中断请求触发器

中断请求触发器需要有两个功能：

① 能够向 CPU 发出中断请求，并且在 CPU 响应之前一直保持中断请求；

② 当 CPU 响应了该中断请求，转去执行中断服务子程序以后，中断请求触发器要能清除该请求信号，以免外部设备重复申请同一事件。

一个典型的中断请求触发器如图 7-6 所示。

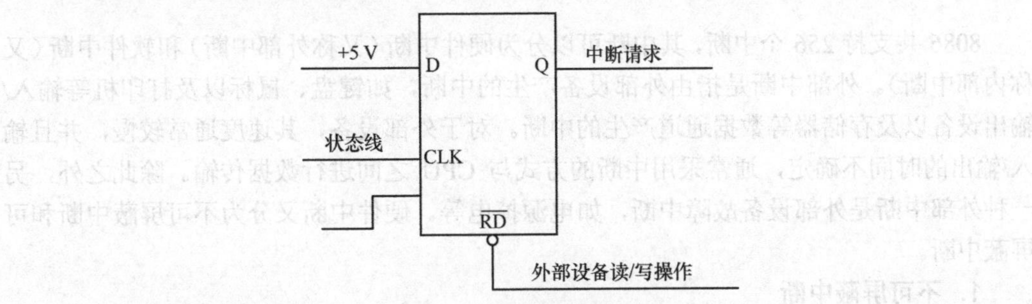

图 7-6　中断请求触发器

2．中断屏蔽触发器

当外部设备发出中断请求信号以后，系统是否将该信号发送给 CPU 还取决于中断屏蔽触发器。中断屏蔽触发器根据设置（是否屏蔽）决定是否将中断请求信号发送给 CPU，通过中断屏蔽触发器，系统可以实现对中断源的控制。一个典型的中断屏蔽触发器如图 7-7 所示。

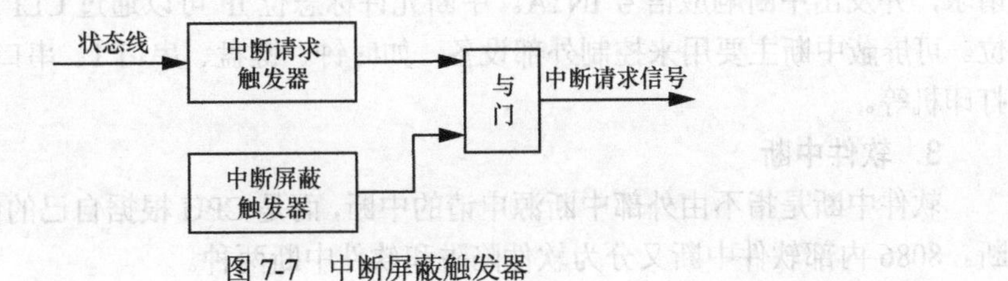

图 7-7　中断屏蔽触发器

3．中断允许触发器

CPU 可以通过对中断允许触发器进行设置来决定是否响应某个中断请求。要注意中断允许触发器与中断屏蔽触发器的区别，中断屏蔽触发器决定了是否会向 CPU 申请中断，而中断允许触发器决定了 CPU 是否会响应某个中断。

7.2.2　中断响应条件

CPU 中断响应条件包括以下内容。

① 由中断源发出的中断请求

外部中断源向 CPU 发出中断请求是 CPU 响应中断的第一步。8086 有两个与中断申请有关的引脚：非屏蔽中断申请（Non-Maskable Interrupt，NMI）引脚和可屏蔽中断申请（Interrupt Request，INTR）引脚。NMI 引脚上升沿有效，INTR 引脚高电平有效。CPU

每执行一条指令，都会在指令周期的最后一个时钟周期检测 INTR 引脚上的电平高低，如果引脚为高电平，则表示有外部设备在申请中断。

② 中断允许标志位 IF=1，CPU 允许响应可屏蔽中断

如果外部设备从 INTR 引脚申请中断，CPU 是否响应这个中断还取决于中断允许标志位 IF 的值，如果 IF=1，表示 CPU 需要响应这个中断。

③ 没有更高级的中断正在被响应。

7.2.3 8086 中断系统

8086 共支持 256 个中断，其中断可以分为硬件中断（又称外部中断）和软件中断（又称内部中断）。外部中断是指由外部设备产生的中断，如键盘、鼠标以及打印机等输入/输出设备以及存储器等数据通道产生的中断。对于外部设备，其速度通常较慢，并且输入/输出的时间不确定，通常采用中断的方式与 CPU 之间进行数据传输。除此之外，另一种外部中断是外部设备故障中断，如电源掉电等。硬件中断又分为不可屏蔽中断和可屏蔽中断。

1. 不可屏蔽中断

不可屏蔽中断是指从 NMI 引脚申请的中断，这个申请信号上升沿有效。不可屏蔽中断要求 CPU 必须立即响应，并停止正在执行的程序，转去执行中断服务程序。不可屏蔽中断不能由 IF 禁止，因此，它常用于紧急情况，如故障处理等。

2. 可屏蔽中断

可屏蔽中断是指从 INTR 引脚申请的中断，8086 的 INTR 引脚上的电平为高电平就表示有外部设备在申请中断。但是只有当中断允许标志位 IF=1 时，CPU 才会响应中断请求，并发出中断响应信号 INTA。中断允许标志位 IF 可以通过 CLI 复位并通过 STI 置位。可屏蔽中断主要用来控制外部设备，如时钟、键盘、串口 1、串口 2、硬盘、软盘和打印机等。

3. 软件中断

软件中断是指不由外部中断源申请的中断，而是 CPU 根据自己的内部逻辑调用的中断。8086 内部软件中断又分为软件陷阱和软件中断两种。

软件陷阱是指在指令执行过程中，CPU 出现了某种状态而转去执行对应的中断服务程序。软件陷阱包括错误陷阱及单步陷阱。错误陷阱包括中断类型码为 0 的除 0 错误、中断类型码为 4 的溢出错误。单步陷阱用于程序调试，包括单步中断和断点中断。在标志寄存器 FR 中有一个陷阱标志位 TF，当将 TF 置位时，CPU 每执行完一条指令就会产生一个类型号为 1 的单步中断，直到 TF 复位为止。另外，一个新程序编写完成后，通常需要反复调试才能正确可靠地工作。在程序调试过程中，为了检查中间结果或寻找问题所在，往往会在程序中设置断点。如果设置了断点，CPU 执行到断点处，就会产生一个中断类型码为 3 的断点中断。

软件中断是指由中断指令引起的中断。采用 INT n 指令形式，其中 n 为中断类型码，也称软中断号。这类中断的共同特点是既不使用中断控制器，也不能被屏蔽。

8086 中断系统分类如图 7-8 所示。

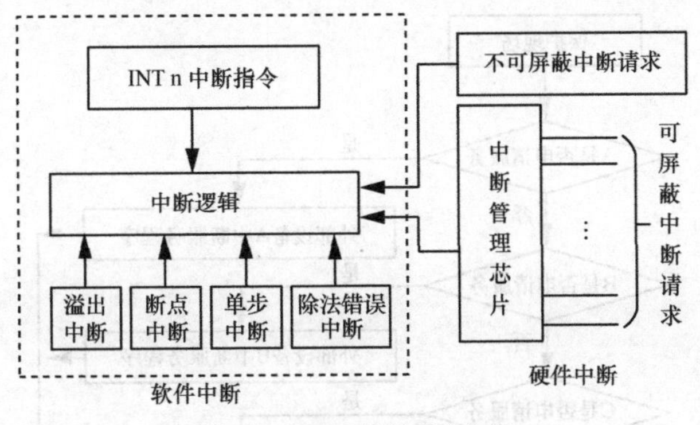

图 7-8　8086 中断系统分类

7.2.4　中断响应过程

不同微型计算机系统的中断响应过程会有一些区别，但一般完整的中断响应过程通常包括中断请求、中断排队、中断响应、中断处理及中断返回 5 个过程。

1. 中断请求

提出中断请求是中断响应过程的起点，即中断响应过程的第一步。中断源产生中断请求的条件，因中断源的不同而有所差异。

2. 中断排队

8086 同一时刻只能处理一个中断，因此，当有多个外部中断源同时申请中断时，就需要有一个机制从多个中断源中选出一个需要优先被响应的中断，在这个中断源的中断请求被处理完毕以后再响应其他中断，这个机制称为中断排队。中断排队机制的另一个作用就是实现中断嵌套。即 CPU 响应了某一个中断，在执行中断服务子程序时，若有另一个新的中断源申请中断，CPU 是否应该响应这个中断？通常，如果新申请的这个中断优先级比当前中断更高，则中断排队电路会向 CPU 发出中断请求，CPU 会响应新的中断。反之，如果新申请的这个中断源优先级比当前的中断源低，则需要等当前中断源处理完毕后再响应新的中断。8086 中断优先级如图 7-9 所示。

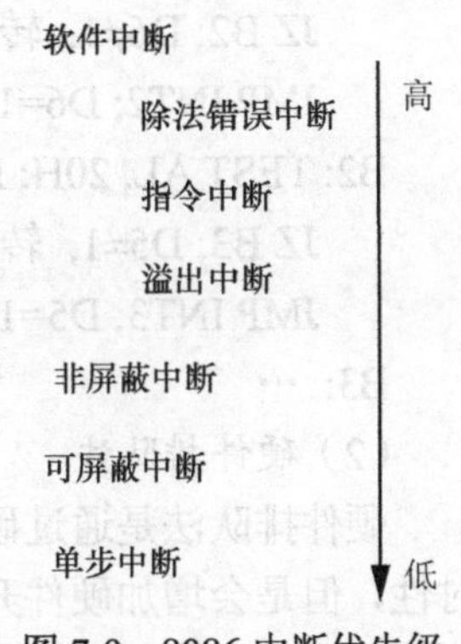

图 7-9　8086 中断优先级

如果在同一中断优先级上同时有多个中断申请，则需要对这些中断进一步区分优先级，方法主要有软件查询法和硬件排队法两种。

（1）软件查询法

软件查询法是指 CPU 通过程序逐个询问的方式来确定中断优先级，很显然，第一个被询问的中断源优先级最高。这种方法的优点是不需要额外的硬件开销，缺点是如果同一优先级中的中断源较多，则询问的时间可能很长，从中断申请到转入中断服务程序的时间较长，这不利于中断响应要求的实时性。软件查询法的程序流程如图 7-10 所示。

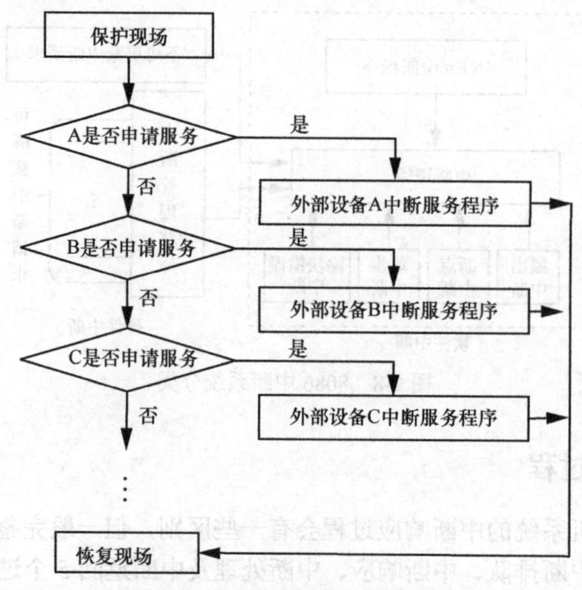

图 7-10　软件查询法的程序流程

软件查询法中断程序参考如下。

```
    IN AL, 30H; 读中断触发器，是否有中断请求
    TEST AL, 80H; D7=1？
    JZ B1; D7≠1，转到 B1 继续查询
    JMP INT1; D7=1，转中断服务子程序 1
B1: TEST AL, 40H; D6=1？
    JZ B2; D6≠1，转到 B2 继续查询
    JMP INT2; D6=1，转中断服务子程序 2
B2: TEST AL, 20H; D5=1?
    JZ B3; D5≠1，转到 B3 继续查询
    JMP INT3; D5=1，转中断服务子程序
B3: …
```

（2）硬件排队法

硬件排队法是通过硬件电路筛选出优先级最高的中断源的。这种方法具有很好的实时性，但是会增加硬件开销。硬件排队电路分为菊花链排队电路以及中断管理芯片。在这里主要介绍菊花链排队电路，中断管理芯片将会在第 7.3 节介绍。

一个典型的菊花链排队电路如图 7-11 所示。很显然，当中断输入 1～5 中的任何一个发出中断请求信号（假设为高电平）时，都会由或门输出 INTR 向 CPU 申请中断。CPU 收到这个中断申请后，如果允许响应中断，就会从 INTA 引脚发出中断应答信号（假设为高电平）。此时，如果是中断输入 1 发起了中断请求，则与门 A1 输出高电平，向中断输入 1 发出中断应答信号。同时与门 A2 的输出为低电平，屏蔽了后面所有的中断应答信号，CPU 不会响应后面所有中断，即中断输入 1 的中断优先级最高。以此类推，当中断输入 1 没有中断申请时，则会响应中断输入 2 的中断请求。

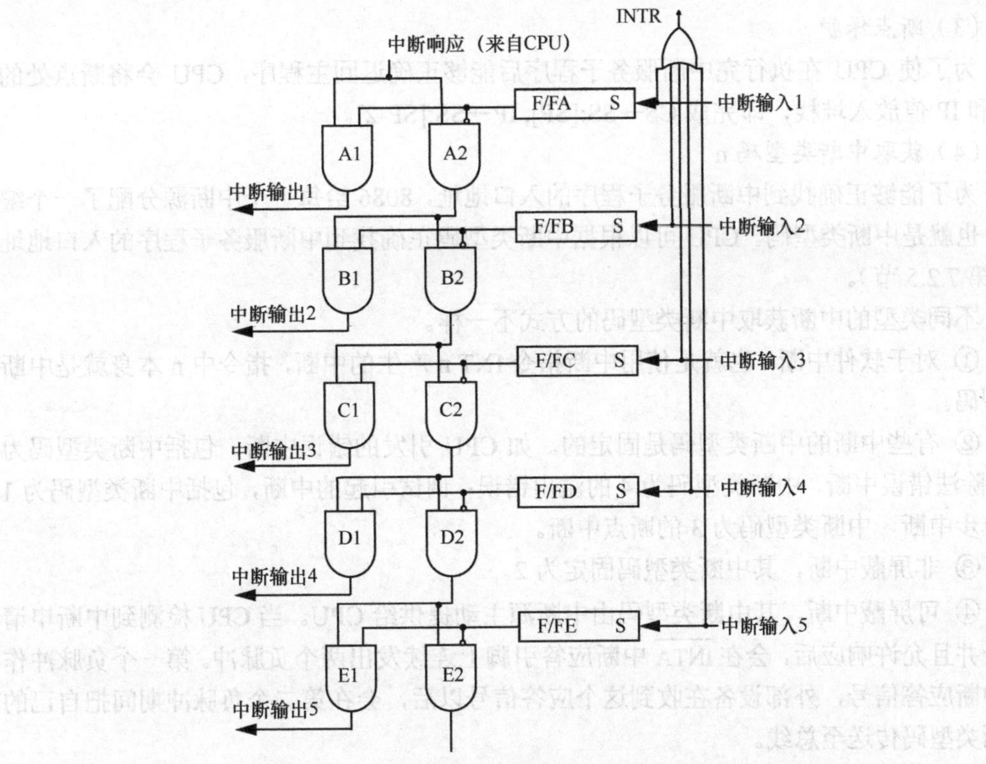

图 7-11　菊花链排队电路

在菊花链排队电路中，若上级与门输出为 0（上一级有中断请求），则会屏蔽本级以及后面的所有中断。若上级与门输出为 1（上一级没有中断请求），且本级有中断请求时，则会响应该中断，并使本级与门输出 0，屏蔽后面的所有中断。若本级没有中断请求，则与门输出为 1，允许下一级中断。很显然，在菊花链排队电路中，排在链的最前面的中断源优先级最高。

3．中断响应

CPU 在响应了外部中断以后，则会转入执行相应的中断服务子程序，也就是将中断服务子程序的入口地址传送至 CS 和 IP 中，这个过程由硬件自动完成。在 CPU 执行中断服务子程序之前，需要完成以下工作。

（1）FR 进栈

为了使从中断返回后程序运行不出错，在 CPU 执行中断服务子程序之前，会由硬件把标志寄存器 FR 放入堆栈，即完成 FR→SS:[SP]。要注意的是，在 8086 中断处理过程中，FR 进栈是由硬件自动完成的，不需要用户完成。这需要与 MCS-51 单片机进行区分。由于要使用堆栈保护 FR，因此，如果要使用中断，就必须在主程序中设置堆栈块。

（2）TF、IF 清 0（复位）

硬件会自动将 TF、IF 清 0，这表示在 8086 中，响应一个中断以后，默认不允许响应其他可屏蔽中断，即不允许中断嵌套。如果用户需要允许中断嵌套，可以在中断服务子程序中使用 STI 指令将中断允许标志位置 1。但是，需要注意的是，开中断一定要在完成现场保护之后进行，以免引起中断返回混乱。

（3）断点保护

为了使 CPU 在执行完中断服务子程序后能够正确返回主程序，CPU 会将断点处的 CS 和 IP 值放入堆栈，即完成 CS→SS:[SP], IP→SS:[SP-2]。

（4）获取中断类型码 n

为了能够正确找到中断服务子程序的入口地址，8086 给每一个中断源分配了一个编号，也就是中断类型码。CPU 可以根据中断类型码正确找到中断服务子程序的入口地址（见第 7.2.5 节）。

不同类型的中断获取中断类型码的方式不一样。

① 对于软件中断，也就是使用中断指令 INT n 产生的中断，指令中 n 本身就是中断类型码。

② 有些中断的中断类型码是固定的。如 CPU 引发的错误中断，包括中断类型码为 0 的除法错误中断，中断类型码为 4 的溢出错误；调试引起的中断，包括中断类型码为 1 的单步中断，中断类型码为 3 的断点中断。

③ 非屏蔽中断，其中断类型码固定为 2。

④ 可屏蔽中断，其中断类型码由中断源主动提供给 CPU。当 CPU 检测到中断申请信号并且允许响应后，会在 $\overline{\text{INTA}}$ 中断应答引脚上连续发出两个负脉冲。第一个负脉冲作为中断应答信号，外部设备在收到这个应答信号以后，会在第二个负脉冲期间把自己的中断类型码传送至总线。

（5）获取中断向量并且将其装入 CS 和 IP

不同中断源的中断服务程序都是预先写好放在存储器的某个位置的，中断源的入口地址称为中断向量或中断矢量。CPU 在执行中断服务子程序之前，必须将中断矢量装入 CS 和 IP。而通常中断矢量与中断类型码是一一对应的，其对应关系将在第 7.2.5 节详细介绍。

4．中断处理

一旦 CPU 响应中断，就可转入中断服务程序。中断处理流程如图 7-12 所示。

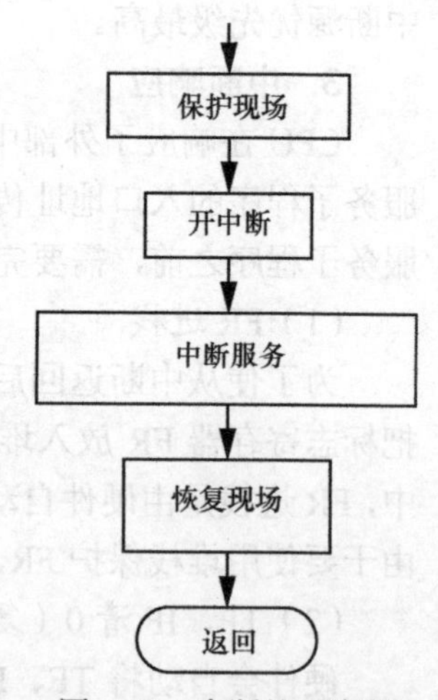

图 7-12　中断处理流程

一个中断服务子程序通常包含以下几个步骤。

① 保护现场，通常由一系列入栈指令 PUSH 完成，对中断服务子程序中将使用的跟主程序冲突的专用寄存器进行保护。如果中断服务子程序使用的寄存器与主程序使用的寄存器没有冲突，这一步骤可以省略。保护现场要跟断点保护（FR 入栈等）区别，断点保护由 CPU 自动完成，现场保护由用户完成。

② 开中断，由 STI 指令实现。由于在中断响应时，CPU 会复位 IF，因此，如果用户需要允许中断嵌套，则需要在现场保护完成后利用 STI 指令打开中断。

③ 中断服务，根据中断服务需要编写的程序部分。

④ 恢复现场，通常由一系列出栈指令 POP 完成。将现场保护过程中保护的专用寄存器从堆栈中弹出。出栈跟入栈需一一对应，按照先入后出的原则出栈。在恢复现场之前，通常需要使用 CLI 指令关闭中断，以免在恢复现场过程中有新的中断申请出现。

5．中断返回

使用中断返回指令 IRET 完成中断返回，中断返回指令通常是中断服务子程序的最后一条指令。中断返回又称断点恢复，主要功能是将保存在堆栈区的断点地址弹出到 CS 和 IP，并且恢复 FR。也就是完成：SS:[SP]→IP，SS:[SP+2]→CS，SS:[SP+4]→FR。值得注意的是，不能使用一般的子程序返回指令 RET 完成中断返回，因为 IRET 指令除了能恢复断点地址，还能恢复 FR 的值，而这一个动作是 RET 指令不能完成的。中断返回指令同时起到了开中断的作用。

中断处理可参考如下程序。

```
PUSH AX; 保护 AX
PUSH BX; 保护 BX
…; 保护其他寄存器
STI; 打开中断，允许中断嵌套
…; 中断处理
CLI; 关闭中断，防止在恢复现场时响应中断
…
POP BX; 恢复 BX
POP AX; 恢复 AX
IRET; 中断返回，同时起到开中断的作用
```

7.2.5　8086 的中断向量

8086 中的每一个中断源都有一个 8 位的中断类型码。微型计算机系统处理中断的步骤就是根据不同的中断源执行相应的中断服务子程序。每一个中断服务子程序的入口地址，称为中断向量。处理器在响应中断以后，需要将中断向量放入 CS 和 IP，才能够正确转入中断服务子程序。8086 为了更好地管理中断向量，按照中断类型码的大小，把中断向量按照从小到大的顺序放在存储器的某个特定区域。这个存放中断向量的存储区域通常称为中断向量表，或中断服务子程序入口地址表。

8086 一共支持 256 个中断，这 256 个中断的中断类型码为 00H～FFH，每一个中断都有一个中断向量，每一个中断向量需要 4 个字节（2 个字节的段地址，2 个字节的偏移地址），因此，中断向量表一共包含 256×4=1024 字节数据。8086 将存储器的前 1 024 个字节单元作为中断向量表，存放中断向量，也就是中断向量表的地址范围是 00000H～003FFH。在存放中断的过程中，前两个字节存放中断服务子程序的偏移地址 IP，后两个字节存放中断服务子程序的段地址 CS。中断类型码与中断向量所在位置之间的对应关系如图 7-13 所示。

由于中断向量是按照顺序存放在中断向量表中的，因此，中断类型码、中断向量以及中断向量在中断向量表中的位置是一一对应的。若知道中断类型码 N，就能够知道这个中断的中断向量在中断向量表中的位置，则可以从中断向量表把中断向量取出存放在 CS 和 IP 中，从而可以转入中断服务子程序运行。

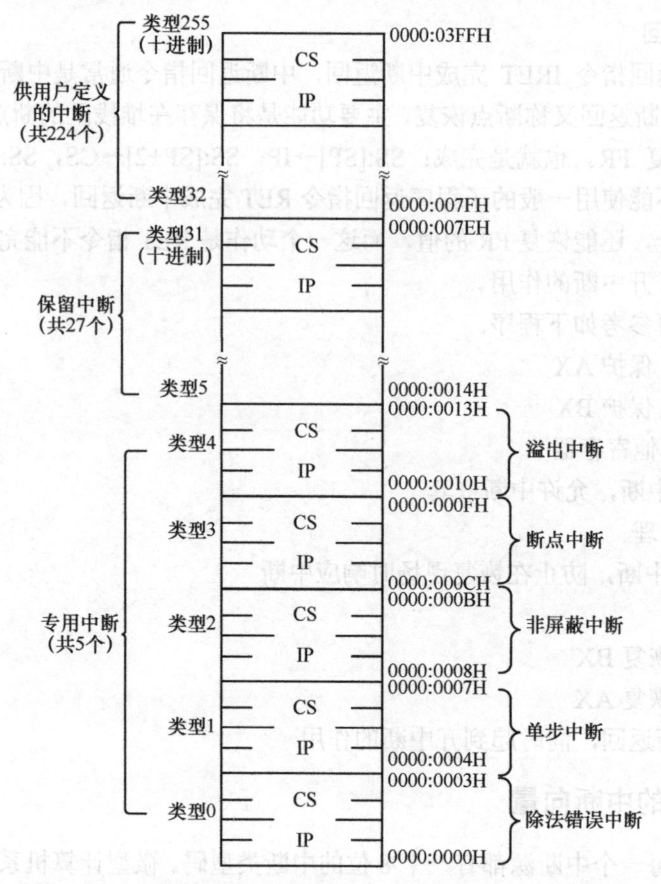

图 7-13　中断类型码与中断向量所在位置之间的对应关系

中断向量地址与中断类型码之间的关系为

中断向量地址=0000:N×4

通过中断类型码 N×4 即可计算出某个中断的中断向量在中断向量表中的位置。如中断类型码为 20H，则中断向量的存放位置为 0000:20H×4=0000:0080H。若该中断服务子程序的入口地址为 1A30H:0210H，则在 0000:0080H～0000:0083H 中就应顺序放入 10H、02H、30H、1AH。当系统响应 20H 号中断时，会自动从中断向量表中查找中断向量，取出地址 0000:0080H～0000:0083H 的数据，分别装入 CS、IP，即可转入允许中断服务子程序。

很显然，在使用中断的时候，需要先将中断向量放入中断向量表，才能在中断响应的时候正确载入。中断向量装入中断向量表的方法很多，可以采用直接装入法和串指令装入法。

（1）直接装入法

```
...
MOV DS, AX
MOV AX, OFFSET INTPRG; 中断服务子程序入口偏移地址
MOV WORD PTR[002CH], AX; 将偏移地址写入中断向量表，中断类型码 0BH
MOV AX, SEG INTPRG; 中断服务子程序入口段基址
MOV WORD PTR[002EH], AX; 将段基址写入中断向量表
```

```
…
中断服务子程序
INTPRG PROC
…
```

（2）串指令装入法

使用串操作指令同样可以实现装载中断入口地址。

```
…
CLI; 关中断
MOV AX, 0
MOV ES, AX; 置附加段段基址
MOV DI, n*4
MOV AX, OFFSET INTPRG; 中断服务子程序入口偏移地址
CLD
STDSW; 将偏移地址写入中断向量表
MOV AX, SEG INTPRG; 中断服务子程序入口段基址
STDSW; 将段基址写入中断向量表
STI
…
中断服务子程序
INTPRG PROC
…
```

7.3　可编程中断控制器 8259A

Intel 8259A（简称 8259A）可编程中断控制器是专门为控制中断而设计的集成电路，它具有优先级排队、中断源识别和提供中断类型码等功能。对 8259A 进行编程，在不增加额外电路的基础上，就可以管理 8 级外部中断，并且可以选择优先级模式和中断请求方式。8259A 旨在将处理多级优先级中断的软件和实时开销降至最低。它有多种模式，允许针对各种系统的需求进行优化。

8259A 有如下特点。

① 一片 8259A 可管理 8 级中断，并且允许级联，9 片 8259A 级联可以管理 64 级中断系统。

② 可以对每一个中断源进行单独的屏蔽或允许。

③ 可以设置为电平触发或边沿触发方式。

④ 可以通过编程改变中断类型码。当 CPU 响应中断时，为 CPU 提供中断类型码。

⑤ 可以通过对 8259A 编程改变外部中断的优先级排列方式。

⑥ 8259A 有多种工作方式，可通过编程进行选择。

⑦ 不需要时钟周期。

7.3.1 8259A 的内部结构及引脚分配

1．8259A 的引脚特性

8259A 是 28 引脚 DIP 芯片，其引脚分布如图 7-14 所示。

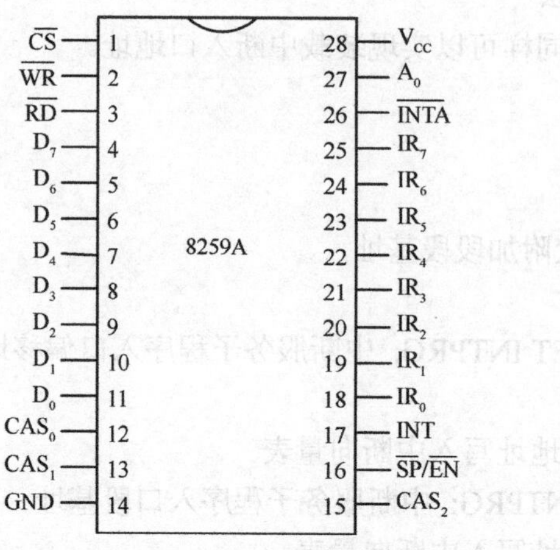

图 7-14 8259A 引脚分布

V_{CC} 和 GND：电源和接地引脚。芯片采用+5 V 电压电源供电。

D_7～D_0：8 位双向数据引脚。

$\overline{RD}$：读信号引脚，低电平有效，CPU 从 8259A 读取信息时有效。

$\overline{WR}$：写信号引脚，低电平有效，将信息写入 8259A 时有效。

$\overline{CS}$：片选信号引脚，低电平有效，引脚为低电平时才能访问 8259A。

A_0：地址选通引脚，与 $\overline{CS}$、$\overline{RD}$ 和 $\overline{WR}$ 一起使用，用于对 8259A 内部的各个寄存器进行读/写。

IR_0～IR_7：8 个异步中断请求输入引脚，这些中断请求可以编程为电平触发或边沿触发模式。

INT：中断请求信号引脚，高电平有效，8259A 向 CPU 发出中断请求信号引脚。

$\overline{INTA}$：中断应答信号引脚，8259A 从 $\overline{INTA}$ 接收 CPU 发出的中断应答信号。

CAS_0～CAS_2：级联控制引脚。仅当系统中有多个 8259A 时使用，中断控制系统可能有一个主 8259A 和最多 8 个从 8259A。

$\overline{SP}/\overline{EN}$：主/从允许缓冲引脚，该引脚具有双重功能。当 8259A 不经过缓冲器，直接与系统总线连线时，该引脚用来区分主/从片。此时，若 $\overline{SP}/\overline{EN}$ 为高电平，表示该 8259A 为主片，反之为从片。当 8259A 经过缓冲器与系统总线连接时，$\overline{SP}/\overline{EN}$ 不再用于区分主/从片，而是用作缓冲器的允许接收或发送控制线。

2．8259A 的内部结构

8259A 内部结构如图 7-15 所示。8259A 由多个模块组成，包括数据缓冲器、控制逻辑、优先级比较器、中断请求寄存器（Interrupt Request Register，IRR）、中断服务寄存器（Interrupt Service Register，ISR）、中断屏蔽寄存器（Interrupt Mask Register，IMR）、级联缓冲器/比较器以及读/写逻辑。

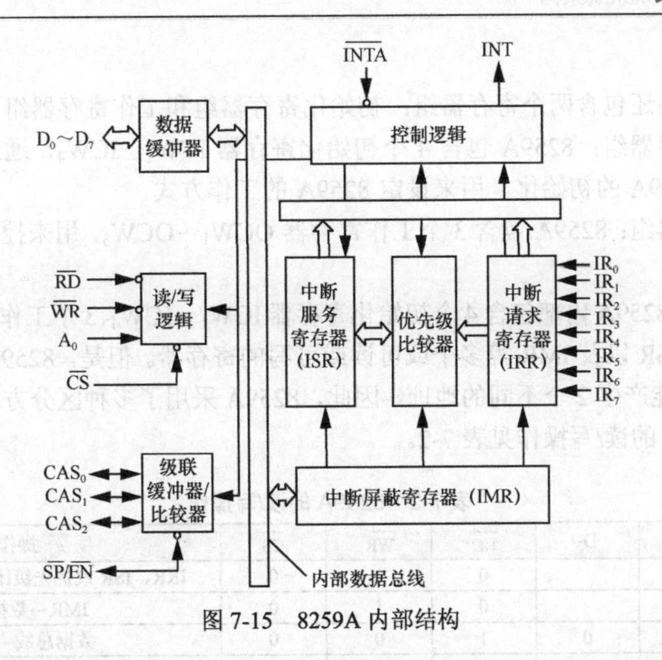

图 7-15　8259A 内部结构

① 数据缓冲器

该模块通过充当缓冲器，起到 8259A 和 CPU 之间的数据缓存作用。

② 控制逻辑

该模块是 8259A 的核心，控制 8259A 的每个模块。它有与 CPU 相连的两个引脚 INT 和引脚 $\overline{INTA}$，INT 用于向 CPU 发出中断请求，引脚 $\overline{INTA}$ 用于接收 CPU 发出的中断应答信号。

③ 优先级比较器

这是一个优先级比较电路，会根据 IRR（有中断请求）、ISR（是否有更高级的中断正在被响应）以及 IMR（中断是否被屏蔽）3 个寄存器的值从中断请求中选出一个优先级最高的未被屏蔽的中断，送入 ISR。

④ IRR

当外部设备从 IR_0～IR_7 的某个引脚向 CPU 申请中断时，IRR 的对应位会自动置 1，表示该引脚有中断请求。当 CPU 响应了这个中断以后，IRR 自动复位。

⑤ ISR

当 CPU 响应了某个中断以后，ISR 中的对应位置 1，表示该中断正在被服务，处理完毕后，ISR 的对应位复位。

⑥ IMR

通过编程，可以屏蔽或者允许某个引脚的中断请求，若允许中断，则将 IMR 的对应位置 1，若禁止某个引脚的中断请求，则将 IMR 的对应位清 0。被屏蔽的中断不参与优先级比较，也就不会向 CPU 申请中断。

⑦ 级联缓冲器

一片 8259A 只能管理 8 级外部中断，当需要管理更多中断时，通过使用级联缓冲器来进一步级联更多数量的 8259A。

⑧ 读/写逻辑

接收 CPU 的 $\overline{RD}$、$\overline{WR}$ 和 A_0 信号，用来对初始化寄存器组以及工作寄存器组进行读/

写操作。

8259A 内部还包含两个寄存器组：初始化寄存器组和工作寄存器组。

初始化寄存器组：8259A 包含 4 个初始化寄存器 ICW_1～ICW_4，通过写入这 4 个寄存器完成对 8259A 的初始化，用来设定 8259A 的工作方式。

工作寄存器组：8259A 包含 3 个工作寄存器 OCW_1～OCW_3，用来控制和反映 8259A 的工作状态。

可以看出，8259A 内部包含 4 个初始化寄存器 ICW_1～ICW_4、3 个工作寄存器 OCW_1～OCW_3、IRR、ISR 以及 IMR 等多个或可读或可写的寄存器。但是，8259A 只有一个地址线 A_0，最多只能产生 2 个不同的地址，因此，8259A 采用了多种区分方式来区分不同的寄存器。8259A 的读/写操作见表 7-2。

表 7-2　8259A 的读/写操作

A_0	D_4	D_3	$\overline{RD}$	$\overline{WR}$	$\overline{CS}$	操作
0			0	1	0	IRR、ISR 或优先级比较器→数据总线
1			0	1	0	IMR→数据总线
0	0	0	1	0	0	数据总线→OCW_2
0	0	1	1	0	0	数据总线→OCW_3
0	1	×	1	0	0	数据总线→ICW_1
1	×	×	1	0	0	数据总线→OCW_1、ICW_2、ICW_3、ICW_4
×	×	×	1	1	0	无操作
×	×	×	×	×	1	无操作

从表 7-2 可以看出，对于地址 A_0=0，包含了主初始化寄存器 ICW_1、工作寄存器 OCW_2 和 OCW_3、IRR、ISR 以及优先级比较器。其中，ICW_1、OCW_2 以及 OCW_3 只能写不能读，在写的过程中通过标志位来区分 D_4、D_3（详见表 7-2 及第 7.3.3 节）。IRR、ISR 和优先级比较器只能读不能写（写操作由 8259A 自动完成），在读之前，先写 OCW_3，通过写入数据的不同来确定接下来 A_0=0 读出的是哪一个寄存器。对于地址 A_0=1，包含了 ICW_2、ICW_3、ICW_4 以及 OCW_1，这 4 个寄存器在写入时必须继续按照顺序写入，读取时，读取的是 IMR。

7.3.2　8259A 的中断管理方式

1．8259A 的编程结构

8259A 可以通过编程设置成多种不同的工作方式，8259A 的编程设置包括两类。一类是对 8259A 的初始化编程，也就是在 8259A 开始正常工作之前，需要向初始化寄存器 ICW_1～ICW_4 写入数据来完成对 8259A 的初始化，初始化编程一般只需要写入一次。另一类是工作方式设置，也就是向工作寄存器 OCW_1～OCW_4 写入数据来设置 8259A 的工作方式，包括对中断屏蔽、结束中断方式、优先级循环和中断状态等的设置。工作寄存器组可以在 8259A 初始化后的任何时间进行设置，并且可以多次重复修改写入。

2．优先级方式

8259A 可以设置多种不同的优先级方式，包括固定优先级方式、自动循环优先级方式以及按编码循环优先级方式。

（1）固定优先级方式

在这种方式下，优先级是固定的。IR_0～IR_7 的中断优先级由高到低的顺序是 IR_0、IR_1、

IR_2、…、IR_7。也就是 IR_0 的优先级最高，IR_7 的优先级最低。若 IR_4 和 IR_6 同时申请中断，处理器会优先响应 IR_4 的中断。

（2）自动循环优先级方式

在这种方式下，IR_0～IR_7 的优先级是不固定的，并且是循环式的。当某一个中断请求 IR_i 被响应以后，8259A 将该中断的优先级降到最低，而将中断请求 IR_{i+1} 的优先级自动升为最高。在初始状态，优先级从高到低是 IR_0、IR_1、IR_2、…、IR_7。如果有外部设备从 IR_3 向 CPU 申请中断，CPU 响应后，8259A 会将 IR_3 的优先级设置成最低，将 IR_4 的优先级设置成最高。新的优先级序列从高到低是 IR_4、IR_5、IR_6、IR_7、IR_0、IR_1、IR_2、IR_3。这种方式是为了避免某个中断源垄断中断服务，而其他中断源被“饿死”。

（3）按编码循环优先级方式

在这种方式下，由用户指定某个中断请求 IR_i 优先级最高（通过写 OCW_2），其余中断请求按照闭环循环。例如，当指定 IR_5 优先级最高，则优先级序列从高到低是 IR_5、IR_6、IR_7、IR_0、IR_1、IR_2、IR_3、IR_4。

3．中断嵌套方式

8259A 的中断嵌套方式分为普通完全嵌套和特殊完全嵌套两种。

（1）普通完全嵌套方式

此方式是 8259A 在初始化时默认选择的方式。在此方式下，当某个中断源被 CPU 响应时，若有新的中断请求进来，只允许比当前服务的优先级更高的中断响应，对于同级或低级的中断请求则禁止响应。

（2）特殊完全嵌套方式

跟普通嵌套方式不一样的地方是，在某中断被 CPU 响应期间，除了允许高级别中断响应外，还允许同级别中断响应，从而实现了对同级中断请求的特殊嵌套。

在多片 8259A 级联的情况下，主片通常设置为特殊完全嵌套方式（Specially Fully Nested Mode，SFNM），从片设置为普通嵌套方式。例如，从片接至主片的 IR_2 引脚，在外部设备通过从片的 IR_5 引脚向 CPU 申请中断并被响应处理的过程中，另一外部设备通过从片的 IR_3 向 CPU 发出中断请求，很显然，该 IR_3 中断的优先级比正在响应的 IR_5 中断的优先级高，CPU 需要响应该中断。但若主片设置为普通嵌套方式，从片 IR_3 中断和 IR_5 中断对于主片而言，都是从主片 IR_2 引脚申请的，属于同级中断，则主片不会向 CPU 申请中断。因此，只有主片工作于特殊完全嵌套方式时，从片才能实现嵌套。

4．中断屏蔽方式

8259A 的中断屏蔽方式分为普通屏蔽方式和特殊屏蔽方式两种。

（1）普通屏蔽方式

在这种方式下，屏蔽完全由 IMR 确定，若需要屏蔽某个中断，只需要写入操作命令字 OCW_1，将对应位置 1。

（2）特殊屏蔽方式

在这种方式下，不论优先级高低，所有未被屏蔽的中断请求皆可被响应。即低优先级的中断可以打断正在服务的高优先级中断。

5．中断结束方式

当某个中断被 CPU 响应以后，8259A 会将 ISR 中对应位置 1，表示该中断正在被

CPU 响应处理。很显然，当 CPU 的中断处理完成以后，需要及时将该中断在 ISR 对应的位清 0，否则意味着该中断服务还在继续，致使比它优先级低的中断请求无法得到响应，这就是中断结束。值得注意的是，中断服务子程序的执行是在 CPU 中完成的，而 ISR 的清 0 是由 8259A 完成的。这将涉及 8259A 如何知道 CPU 已经执行完某中断服务子程序的问题，8259A 提供了 3 种中断结束方式。

（1）自动结束方式

在自动结束方式（Automatic End of Interrupt，AEOI）下，在 8259A 收到 CPU 发出的第二个中断应答 $\overline{INTA}$ 脉冲时，自动将 ISR 中的对应标志位清 0。需要注意的是，此时中断服务子程序并没有真正结束，也就是 8259A 并没有任何标志来表示当前有中断正在被服务。此时，若有新的中断源发出中断请求，无论其优先级如何，都会向 CPU 申请中断（因为从 8259A 的角度来看，此时并没有中断在被 CPU 处理），若 CPU 允许中断，则会响应该新的中断。

（2）普通结束方式

在这种方式下，在中断服务子程序中断返回之前，向 8259A 发送一个普通中断结束（End of Interrupt，EOI）命令（写入操作命令字 OCW_2，不指定中断源），8259A 收到该中断结束指令，将 ISR 中优先级最高的中断服务标志位清 0。

（3）特殊结束方式

在这种方式下，在中断服务子程序中向 8259A 发送一个特殊 EOI 指令（写入操作命令字 OCW_2，指定中断源），8259A 收到该中断结束指令，将特殊 EOI 命令中指定的中断服务标志位清 0。

7.3.3 8259A 的编程与应用

在使用 8259A 时，必须先对其编程以确定其工作状态。8259A 的编程包括初始化编程和工作编程。8259A 有 4 个初始化命令字 ICW_1～ICW_4，它们必须按一定的顺序写入，而且一般不重复写入，8259A 编程流程如图 7-16 所示。

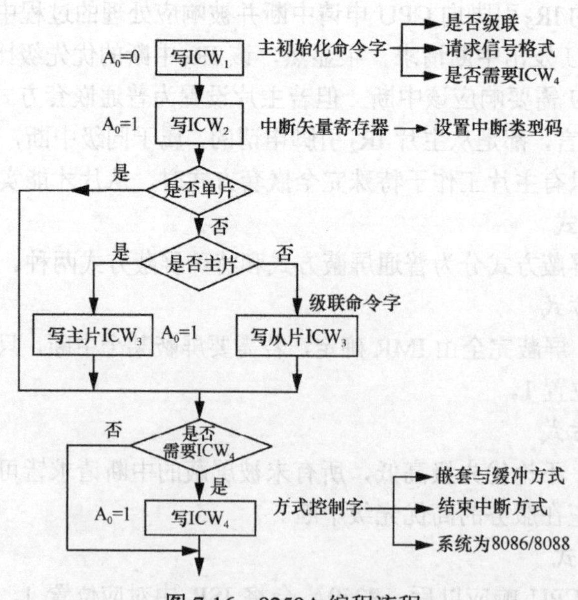

图 7-16 8259A 编程流程

1．主初始化命令字 ICW_1

主初始化命令字 ICW_1 格式如图 7-17 所示，主初始化命令字的地址 A_0=0，其中 D_4 是特征位，固定为 1。ICW_1 各位的含义如下。

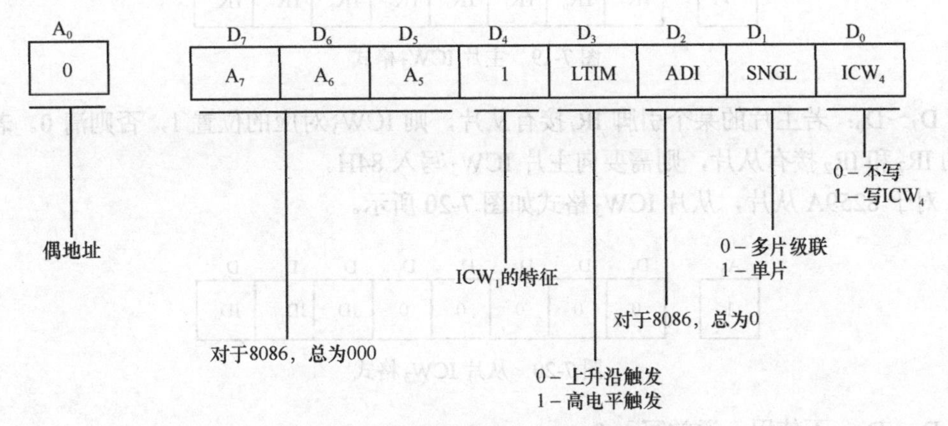

图 7-17 主初始化命令字 ICW_1 格式

D_0：ICW_4，是否写 ICW_4。D_0=0，不需要写 ICW_4；D_0=1，需要写 ICW_4。

D_1：SNGL（Single），单片还是级联。D_1=0，多片级联，D_0=1，单片。如果是多片级联，则需要写 ICW_3；如果是单片，则不需要写 ICW_3。

D_2：ADI（Address Interval），对于 8086，固定为 0。

D_3：LTIM（Level/Edge Triggered Mode），触发方式选择。D_3=0，上升沿触发；D_3=1，高电平触发。

D_5、D_6、D_7：对于 8086，固定为 000。

2．中断矢量命令字 ICW_2

中断矢量命令字 ICW_2 格式如图 7-18 所示，中断矢量命令字 ICW_2 的地址 A_0=1，用于确定 IR_0～IR_7 的中断类型码，中断类型码的高 5 位由 ICW_2 的高 5 位 D_3～D_7 确定，中断类型码的低 3 位由中断申请引脚 IR_i 确定。若向 ICW_2 写入的数据为 30H，则 IR_0～IR_7 对应的中断类型码分别为 30H～37H。如果向 ICW_2 写入的数据为 34H，IR_0～IR_7 对应的中断类型码同样为 30H～37H。因为在写入 34H 时，只有高 5 位有含义。

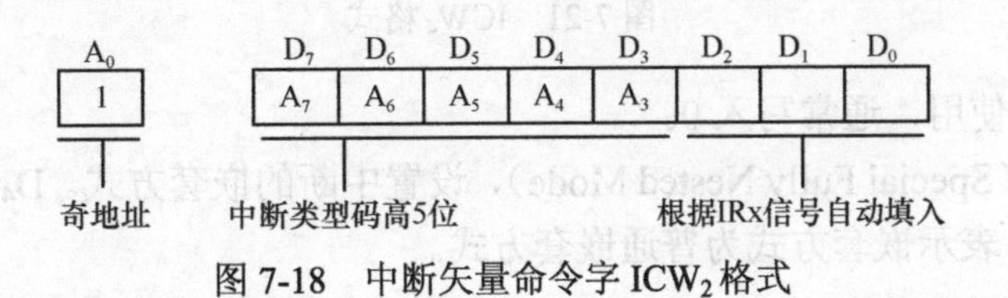

图 7-18 中断矢量命令字 ICW_2 格式

3．主/从片初始化命令字 ICW_3

主/从片初始化命令字 ICW_3 的地址 A_0=1。若系统采用的是多片 8259A 级联管理中断结构，则系统所有 8259A（包括主片和所有从片）都必须写 ICW_3。若系统没有采用级联结构，只有一片 8259A，则不需要写 ICW_3。主片和从片写 ICW_3 的方式不一样。

对于 8259A 主片，主片 ICW_3 格式如图 7-19 所示。

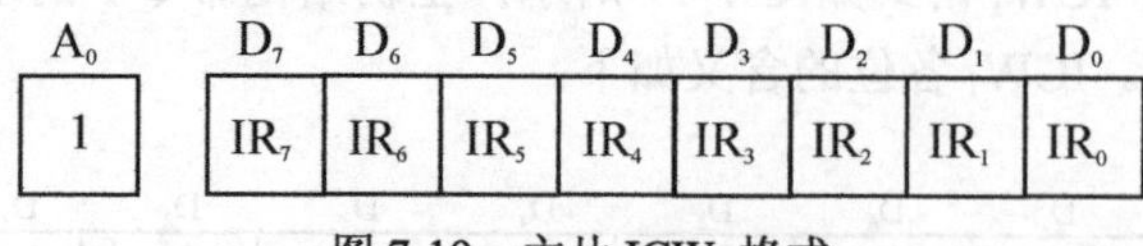

图 7-19 主片 ICW_3 格式

D_7～D_0：若主片的某个引脚 IR_i 接有从片，则 ICW_3 对应的位置 1，否则清 0。若主片的 IR_7 和 IR_2 接有从片，则需要向主片 ICW_3 写入 84H。

对于 8259A 从片，从片 ICW_3 格式如图 7-20 所示。

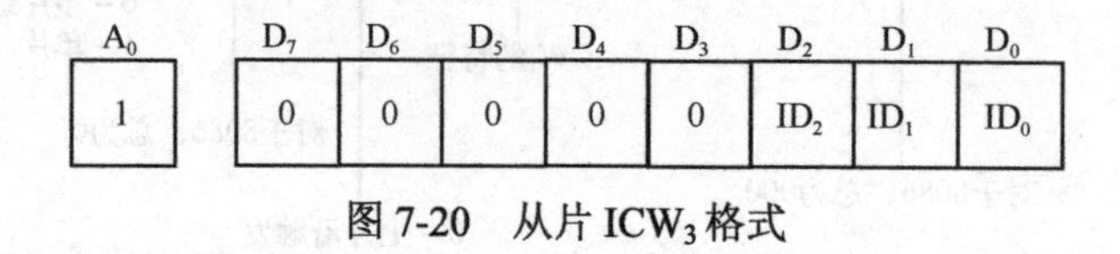

图 7-20 从片 ICW_3 格式

D_7～D_3：不使用，通常写入 0。

D_2～D_0：取决于从片的 INT 引脚接在主片的哪个 IR_i 上。若从片的 INT 接至主片的 IR_6 上，则需要向从片的 ICW_3 写入 06H。

4．方式控制初始化命令字 ICW_4

方式控制初始化命令字 ICW_4 的地址引脚 A_0=1，是否需要写 ICW_4 取决于 ICW_1 的 D_0 位。ICW_4 主要用来设置 8259A 的嵌套方式、中断结束方式以及缓冲方式等，ICW_4 格式如图 7-21 所示。

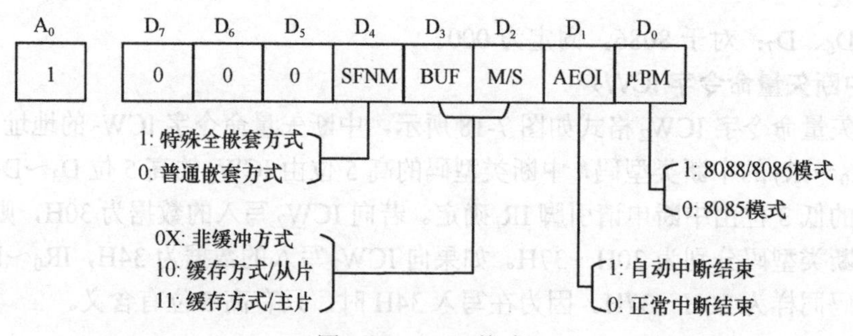

图 7-21 ICW_4 格式

D_7～D_5：不使用，通常写入 0。

D_4：SFNM（Special Fully Nested Mode），设置中断的嵌套方式。D_4=1 表示嵌套方式为 SFNM，D_4=0 表示嵌套方式为普通嵌套方式。

D_3～D_2：BUF（Buffer）、M/S（Master/Slave），用于设置 8259A 是否以缓冲方式工作以及 8259A 的主从片区分，这个设置位也与 $\overline{SP}/\overline{EN}$ 引脚功能有关。若 D_3=0，8259A 以非缓冲方式工作，此时 $\overline{SP}/\overline{EN}$ 引脚电平可以用来区分主从片，即 $\overline{SP}/\overline{EN}$ 为高电平表示主片，低电平表示从片。若 D_3=1，8259A 以缓冲方式工作，$\overline{SP}/\overline{EN}$ 引脚用作允许缓冲器接收/发送的控制信号，此时通过 D_2 位来区分主从片，D_2=0 表示为从片，D_2=1 表示为主片。

D_1：AEOI，指定 8259A 的中断结束方式。D_1=1 表示 8259A 采用自动中断结束方式，D_1=0 表示 8259A 采用普通结束方式。

D_0：μPM，用于指定 CPU 的类型，D_0=1 表示 8259A 工作于 8088/8086 系统中，D_0=0 表示 8259A 工作于 8085 系统中。

初始化编程是必须完成的，完成初始化编程后，8259A 就进入工作状态。8259A 还有 3 个工作命令字，通过写入工作命令字设置 8259A 的工作方式。工作命令字可以写也可以不写，并且在 8259A 工作期间，可以重新设置。

（1）中断屏蔽工作命令字 OCW_1

中断屏蔽工作命令字 OCW_1 的地址 A_0=1，OCW_1 格式如图 7-22 所示。

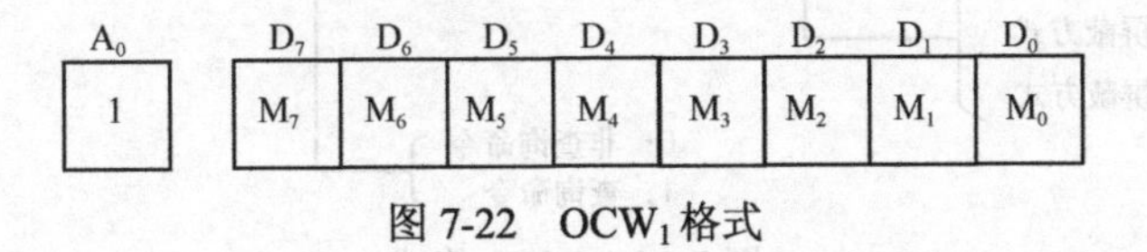

图 7-22　OCW_1 格式

OCW_1 又叫工作屏蔽寄存器，通过写入 OCW_1 可以对 IR_i 引脚的中断申请信号进行屏蔽或者允许，若向 OCW_1 写入 03H，8259A 会屏蔽 IR_0 和 IR_1 的中断申请。

（2）控制中断结束和优先级循环的工作命令字 OCW_2

控制中断结束和优先级循环的工作命令字 OCW_2 的地址 A_0=0，其格式如图 7-23 所示。

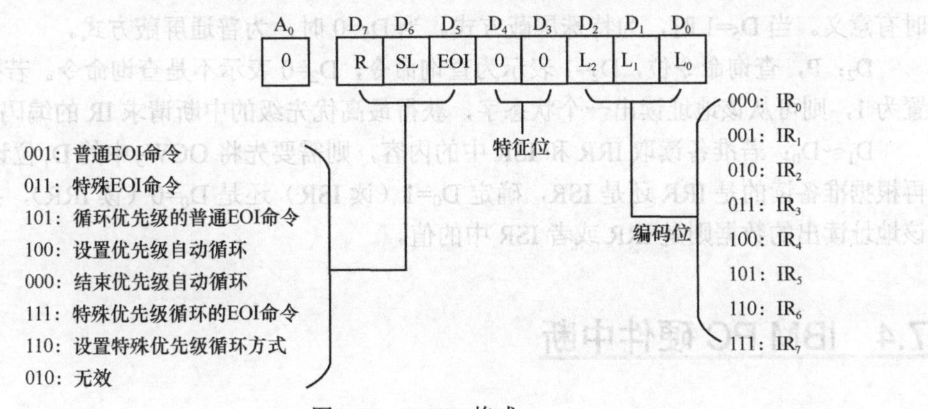

图 7-23　OCW_2 格式

D_4～D_3：OCW_2 特征位，固定为 00。

D_7：R，优先级循环位，R=1 为优先级循环，R=0 为固定优先级。

D_6：SL，编码是否有效，当 SL=1 时，L_2～L_0 指定的 IR 编码有效；当 SL=0 时，L_2～L_0 指定的 IR 编码无效。

D_5：EOI，是否是中断结束命令。EOI=1 表示是中断结束命令，EOI=0 表示不是中断结束指令。前面介绍过，在普通结束方式和特殊结束方式下，需要处理器向 8259A 写入一个中断结束指令，实际就是向 8259A 写入 OCW_2，并使 D_5=1。在普通中断结束方式下，使 D_6=0，则后面编码无效，8259A 将中断优先级最高的中断源对应的 ISR 清 0。在特殊中断结束方式下，使 D_6=1，后面编码有效，8259A 清除 L_2～L_0 编码所代表的中断服务标志位。

D_2～D_0：编码，当 SL=1 时，编码才有效。配合 R、EOI 的设置，用来确定一个中断优先级的编码。L_2、L_1、L_0 的 8 种编码 000～111 分别与 IR_0～IR_7 相对应。

（3）控制 8259A 的中断屏蔽、查询和读寄存器等状态命令字 OCW_3

OCW_3 的地址 A_0=0，其格式如图 7-24 所示。

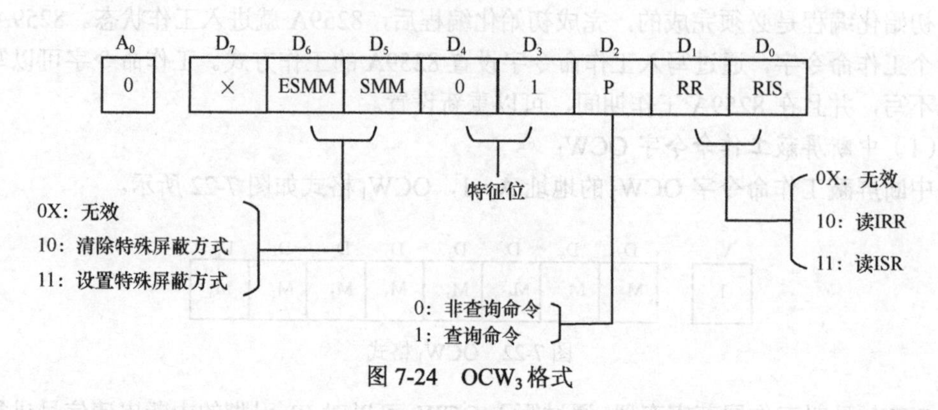

图 7-24　OCW_3 格式

D_4～D_3：OCW_3 的标志位，固定为 01。

D_6：ESMM（Enable Selection of Mask Mode），允许或禁止 D_5 起作用。当 D_6=1 时，D_5 有效；当 D_6=0 时，D_5 无效。

D_5：SMM（Selection of Mask Mode），设置中断屏蔽方式选择位，此位只有当 D_6=1 时有意义。当 D_5=1 时，为特殊屏蔽方式。当 D_5=0 时，为普通屏蔽方式。

D_2：P，查询命令位，D_2=1 表示为查询命令，D_2=0 表示不是查询命令。若把该位设置为 1，则可从该地址读出一个状态字，获得最高优先级的中断请求 IR 的编码。

D_1～D_0：若准备读取 IRR 和 ISR 中的内容，则需要先将 OCW_3 中的 D_1 位设置为 1，再根据准备读的是 IRR 还是 ISR，确定 D_0=1（读 ISR）还是 D_0=0（读 IRR），接下来从该地址读出的数据则是 IRR 或者 ISR 中的值。

7.4　IBM PC 硬件中断

7.4.1　IBM PC 中断设置

IBM PC/XT 机的可屏蔽中断由一片 8259A 管理，IBM PC/AT 机为了增强处理中断的能力，在系统中还级联了一片 8259A 进行中断管理，多扩展了 7 个外中断，提供 15 个硬件中断源。从片 8259A 的 INT 接至主片 8259A 的 IR_2，所以 IR_2 不能被用户使用，这 15 个中断源按优先级顺序排列是 IR_0、IR_1、IR_2（IR_8、IR_9、IR_{10}、IR_{11}、IR_{12}、IR_{13}、IR_{14}、IR_{15}）、IR_3、IR_4、IR_5、IR_6、IR_7。

主片 8259A 提供的中断源编号为 IR_0～IR_7，对应的中断号为 08H～0FH，从片 8259A 的中断源编号为 IR_8～IR_{15}，对应的中断号为 70H～77H。主片地址是 20H 和 21H，从片地址是 0A0H 和 0A1H。IBM PC/AT 机中断源及中断申请引脚情况见表 7-3。

表 7-3 IBM PC/AT 机中断源及中断申请引脚情况

中断申请引脚		中断源	中断申请引脚		中断源
主片	IR_0	计数器 0	从片	IR_0	定时中断
	IR_1	键盘中断		IR_1	IR_9 申请引脚
	IR_2	从片 8259A		IR_2	IR_{10} 申请引脚
	IR_3	网络通信		IR_3	IR_{11} 申请引脚
	IR_4	串行通信		IR_4	IR_{12} 申请引脚
	IR_5	硬盘中断		IR_5	IR_{13} 申请引脚
	IR_6	软盘中断		IR_6	IR_{14} 申请引脚
	IR_7	打印机中断		IR_7	IR_{15} 申请引脚

7.4.2 中断应用举例

【例 7-1】 某系统有一片 8259A，其占用的地址为 0E0H～0E1H，采用非缓冲、普通嵌套、电平触发、普通结束方式，中断类型码为 70H～77H，禁止 IR_2、IR_3 中断，试写出 8259A 的初始化程序段。

解：根据题意，系统为单片系统，不需要写 ICW_3，需要写 ICW_4。

初始化程序段如下。

MOV AL, 0001 1011B; 电平触发、单片、要写 ICW_4

OUT 0E0H, AL; 写入 ICW_1

MOV AL, 0111 0000B; 中断类型码为 70H～77H

OUT 0E1H, AL; 写入 ICW_2

MOV AL, 0000 0001B; 普通嵌套、普通结束方式

OUT 0E1H, AL; 写入 ICW_4

MOV AL, 0000 1100B; 禁止 IR_2、IR_3 中断

OUT 0E1H, AL; 写入 OCW_1

【例 7-2】 某微型计算机系统使用主、从两片 8259A 管理中断，主从式系统硬件连接方式如图 7-25 所示，从片中断请求 INT 与主片的 IR_2 连接。设主片工作于特殊完全嵌套、非缓冲和普通结束方式，中断类型码为 40H，端口地址为 20H 和 21H。从片工作于普通嵌套、非缓冲和普通结束方式，中断类型码为 70H，端口地址为 80H 和 81H。试编写主片和从片的初始化程序。

解：根据题意，写出 ICW_1、ICW_2、ICW_3 和 ICW_4 的格式。编写初始化程序如下。

主片 8259A 的初始化程序如下。

MOV AL, 00010001B; 级联，边沿触发，需要写 ICW_4

OUT 20H, AL; 写 ICW_1

MOV AL, 01000000B; 中断类型码为 40H～47H

OUT 21H, AL; 写 ICW_2

MOV AL, 00000100B; 主片的 IR_2 引脚接从片

OUT 21H, AL; 写 ICW_3

MOV AL, 00010001B; 特殊完全嵌套、普通结束方式

OUT 21H, AL; 写 ICW_4

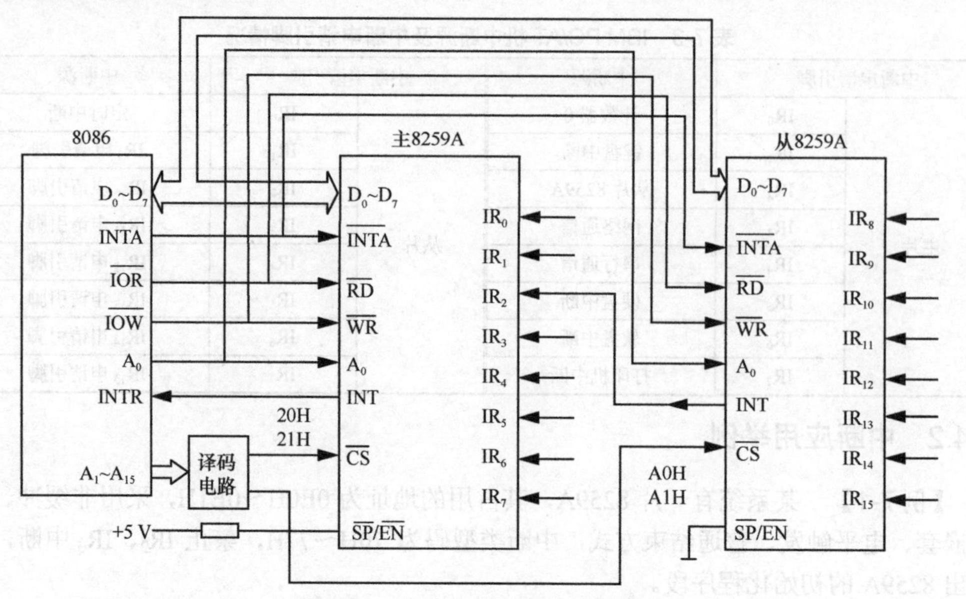

图 7-25 主从式系统硬件连接方式

从片 8259A 初始化程序如下。

MOV AL, 00010001B; 级联，边沿触发，需要写 ICW_4

OUT 80H, AL; 写 ICW_1

MOV AL, 01110000B; 中断类型码为 70H～77H

OUT 81H, AL; 写 ICW_2

MOV AL, 00000010B; 接主片的 IR_2 引脚

OUT 81H, AL; 写 ICW_3

MOV AL, 00000001B; 普通嵌套、普通结束方式

OUT 81H, AL; 写 ICW_4

思 考 题

1. 简述中断的类型及各类型的特点。

2. CPU 在响应外部设备中断并进入中断服务子程序的过程中，要完成哪些工作？

3. 中断的含义是什么？INTR 中断与 NMI 中断有何区别？

4. 名词解释：DMA、中断向量、不可屏蔽中断、软中断、中断矢量。

5. 试比较中断过程与调用子程序过程。

6. 8086/8088 外部中断包括哪两类？有何主要区别？CPU 响应外部中断时如何确定中断服务子程序入口地址？

7. 8259A 的普通完全嵌套和特殊完全嵌套方式有何异同？自动循环优先级方式是什么？什么是特殊屏蔽方式？如何设置成该方式？

8. 中断向量表在存储器的什么位置？向量表的内容是什么？

9. 中断向量表安排在内存的什么区域？最多可以安排多少个中断向量？若对应

中断类型码为47H的中断服务子程序存放在2300H:3460H开始的区域中，则该中断向量在内存中是如何存放的？试编写程序段完成该中断向量的设置。

10. 请写出8088系统中8259A的初始化程序（并作出相应注释）。要求如下。

① 系统有一个8259A，中断请求信号采用电平触发方式；

② 中断类型码为80H～87H，采用特殊完全嵌套方式，无缓冲，采用自动结束方式；

③ 8259A的端口地址为73H、74H。

第8章 串行通信

计算机通信建立在计算机点到点通信的基础上，而点到点通信又建立在通信接口的基础上。微型计算机与外部设备交换信息的方式有两种：并行通信（Parallel Communication）和串行通信（Serial Communication），并行通信一次可以通过多条传输线传送一个或 *n* 个字节的数据，传输速度快，但成本高，因此，这种通信方式适合近距离通信。如芯片内部的数据传输，同一块电路板上芯片与芯片之间的数据传输，以及同一系统中的电路板与电路板之间的数据传输。串行通信则是广泛应用于计算机系统的另一种通信方式，串行通信是指在一条传输线上，从低位到高位一位一位地依次传送数据，比并行通信成本低，但传输速度慢，适合远距离通信。

8.1 串行通信概述

串行通信是指通信双方按位依次进行传输，每位数据占据固定的时间长度，按照一定的时序传输的通信方式。相对于并行通信，串行通信只需要少数几根通信线路就可以完成信息的交换，减少了线路的数量，因此，特别适用于计算机与计算机、计算机与外部设备之间的远距离通信。

串行通信的特点如下。

① 通信线路少，节省成本。在并行通信中，必须给传输数据的每一位单独配置一根数据线。对于常见的字节数据传输而言，至少需要 8 根数据线和一些控制线，传输成本高。在串行通信中，可以只需要 1 根数据线和少量控制线，这在远距离通信时显得特别重要。

② 布线简便，结构灵活。

③ 数据传输效率低。每次只能传输一位，因此，与并行通信相比，传输效率相对较低。

④ 可以在通信系统中协商协议，传输自由度及灵活度较高。

串行通信在电子电路、信息传递等方面被广泛使用。

串行通信均采用美国电子工业协会（Electronic Industries Association，EIA）制定的串行接口标准。串行接口标准是指数据终端设备（Data Terminal Equipment，DTE）（如计算机或终端）的串行接口电路与数据通信设备（Data Communications Equipment，DCE）（如调制解调器（Modem）等）之间的连接标准。标准化的通用总线结构能使系统结构化、模块化，大大简化系统软/硬件设计工作，被企业界普遍采用。目前，常用的有代表性的串行接口标准有 RS-232C、RS-422A、RS485 和 USB 等。

8.1.1　串行通信的数据传输方式

串行通信按照数据的传输方向和时间可以分为单工、半双工以及全双工等。

1．单工（Sim-duplex）通信方式

单工通信方式是指数据信号只能从发送方传送到接收方。数据传输的方向是单向的，发送方和接收方的身份是固定的，发送方只发送数据，接收方只接收数据。如遥控、遥测等。

2．半双工（Half-duplex）通信方式

半双工通信方式是指发送方与接收方都可以发送和接收数据，数据传输的方向是双向的，但是发送方和接收方共用一个信道，因此，同一时刻数据只能从一方传输到另一方。如对讲机，在同一时刻只允许一方讲话。

3．全双工（Full-deplex）通信方式

全双工通信方式是指发送方与接收方都可以发送和接收数据，并且两者可以同时进行。全双工通信方式需要两根数据线。如电话，说话的同时也能够听到对方的声音。

串行通信的数据传输方式如图 8-1 所示。

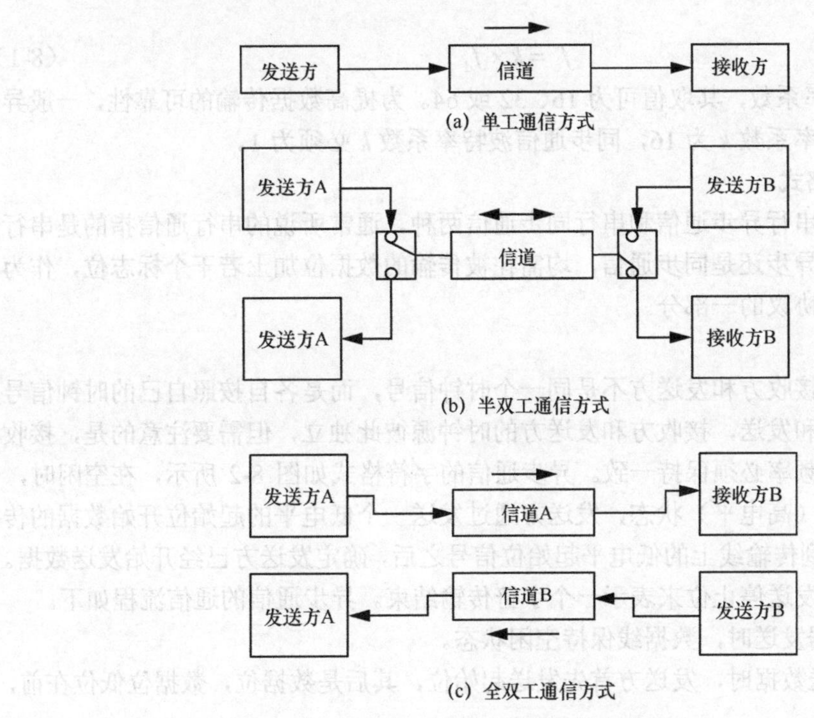

图 8-1　串行通信的数据传输方式

8.1.2　数据传输协议

数据传输协议是指为了保证数据通信的顺利进行，规范通信双方在进行数据交换时的预约规则。它主要定义数据传输时的通信速率、数据通信格式、时钟同步等。

1．波特率与接收/发送时钟

（1）波特率

在计算机串行通信中，常用波特率（Baud Rate）来表示数据传输速率，是指在单位时间内传输二进制数据的位数，其单位是 bit/s，即波特。常用的国际标准值有 300 bit/s、600 bit/s、2 400 bit/s、4 800 bit/s、9 600 bit/s、19 200 bit/s 等。也可用位时间（T_d）来表示传输速率，它是波特率的倒数，表示每传送一位二进制位所需要的时间。如在某异步通信中，每秒传输 480 个字符，而每个字符由 10 位（1 个起始位、7 个数据位、1 个奇校验位、1 个停止位）组成，则数据传输的波特率为

$$f_d = 10 \times 480 \text{ bit/s} = 4\,800 \text{ bit/s}$$

传送一位的时间 $T_d = 1/4\,800 \text{ s} = 0.208 \text{ ms}$。

（2）接收/发送时钟

在异步通信中，大多数串行端口接收和发送的波特率均可分别设置，由接收器和发送器各用一个时钟来确定，分别称为接收时钟和发送时钟。在数据传输过程中，为了对被传输的数据进行严格的定位，要求收发双方必须用同频的标准时钟。为了有利于收发双方同步、提高抗干扰的能力，接收/发送时钟频率 f_c 一般不等于接收/发送波特率 f_d，两者之间的关系为

$$f_c = k \times f_d \tag{8-1}$$

其中，k 称为波特率系数，其取值可为 16、32 或 64。为提高数据传输的可靠性，一般异步通信通常取波特率系数 k 为 16，同步通信波特率系数 k 必须为 1。

2．数据通信格式

串行通信分为串行异步通信和串行同步通信两种。通常所说的串行通信指的是串行异步通信。无论是异步还是同步通信，均需在被传输的数据位加上若干个标志位，作为收发双方数据通信协议的一部分。

（1）异步通信

异步通信是指接收方和发送方不是同一个时钟信号，而是各自按照自己的时钟信号来控制数据的接收和发送，接收方和发送方的时钟源彼此独立，但需要注意的是，接收方和发送方的时钟频率必须保持一致。异步通信的字符格式如图 8-2 所示，在空闲时，数据线保持逻辑 1（高电平）状态，发送方通过发送一个低电平的起始位开始数据的传输，接收方在检测到传输线上的低电平起始位信号之后，确定发送方已经开始发送数据。同样，发送方通过发送停止位来表示一个字符传输结束。异步通信的通信流程如下。

① 在没有数据发送时，数据线保持空闲状态。

② 当开始发送数据时，发送方首先发送起始位，其后是数据位，数据位低位在前，高位在后。

③ 检验位紧跟在数据最高位之后，也可不使用检验位。检验可以采用奇偶校验、累加和检验以及循环冗余码检验（Cyclic Redundancy Check，CRC）等。

④ 数据发送完后，发送方发送一位停止位，表示一个字节数据结束。

异步通信的特点是，通信时以收/发一个字符为独立的通信单位，两个相邻字符之间的时间间隔可以是任意的，但在通信空闲时，必须用 1 来填充（即不停地传输逻辑 1）。每个字符由以下 4 个部分组成。

① 起始位：1 位，逻辑 0，表示传输字符的开始。

② 数据位：可以是 5～8 位逻辑 0/逻辑 1，与双方约定的编码形式有关，如 ASCII 码（7 位）、扩展的 BCD 码（8 位）等，起始位之后紧跟着的是数据的最低位 D_0。

③ 奇偶校验位：1 位逻辑 0/逻辑 1，双方可以约定采用奇校验、偶校验或无校验位，用于检错。

④ 停止位：1 位、1.5 位或 2 位逻辑 1，表示字符的结束，停止位的宽度，由双方预先约定。

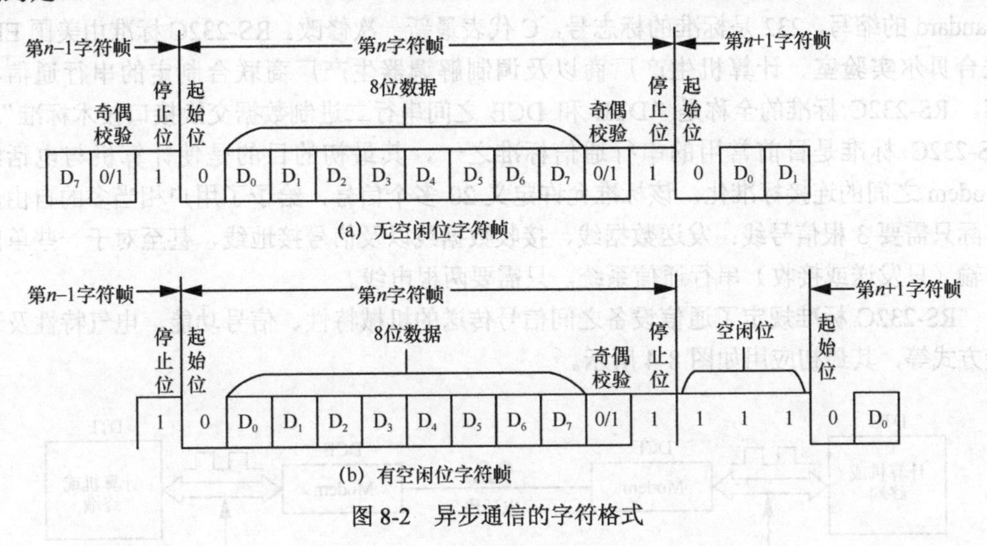

图 8-2 异步通信的字符格式

（2）同步通信

在异步通信中，每个字符都要用起始位和停止位来使通信双方同步，这些附加的信息，使得异步通信的传输效率不高。在需要传输大量数据的场合，为了提高传输效率和速率，常去掉这些附加位，即采用同步通信，同步通信格式如图 8-3 所示。

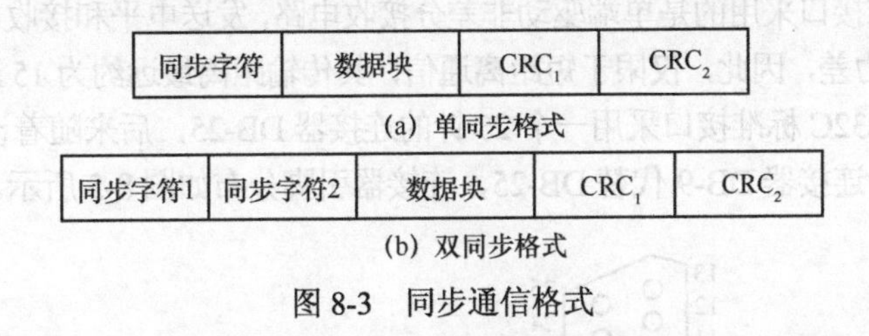

图 8-3 同步通信格式

同步通信的特点是，收发双方以一个或两个预先约定的同步字符作为数据块传送的开始，数据块由几十到几千甚至更多字节组成。对每个字符的检错一般可用奇校验，数据块的末尾用 CRC 校验整个数据块传输过程是否出错。为了防止因收发双方时钟频率偏差的积累效应而产生错位，从而导致通信出错，同步通信要求接收和发送的时钟完全同步，不能有误差。在实际应用中，同步通信常在收发双方使用同一时钟，故硬件电路比较复杂。

CRC 校验码是将所传输的数据块看作一组连续的二进制数，并将其作为被除数，用一个约定的二进制多项式作为除数，按照模 2 除法运算，所得的余数作为发送数据时的循环冗余数据附加在需发送数据块的后面。接收方再用与发送方同样的多项式作为除数，对接收的数据块（包括 CRC 校验码）执行模 2 除法，若结果余数为 0，表示传输过程无误，否则出错。

8.2 RS-232C 标准

RS-232C 标准是串行异步通信普遍采用的串行总线标准，其中 RS 是 Recommended Standard 的缩写，232 是标准的标志号，C 代表最新一次修改。RS-232C 标准由美国 EIA 联合贝尔实验室、计算机生产厂商以及调制解调器生产厂商联合制定的串行通信标准。RS-232C 标准的全称是“DTE 和 DCE 之间串行二进制数据交换接口技术标准”。RS-232C 标准是目前常用的串行通信标准之一，其最初的目的是使计算机与电话线 Modem 之间的连接标准化，该标准允许定义 20 多个信号，给予了用户相当多的自由，实际只需要 3 根信号线：发送数据线、接收数据线以及信号接地线，甚至对于一些单向传输（只发送或接收）串行通信系统，只需要两根电线。

RS-232C 标准规定了通信设备之间信号传送的机械特性、信号功能、电气特性及连接方式等，其最初应用如图 8-4 所示。

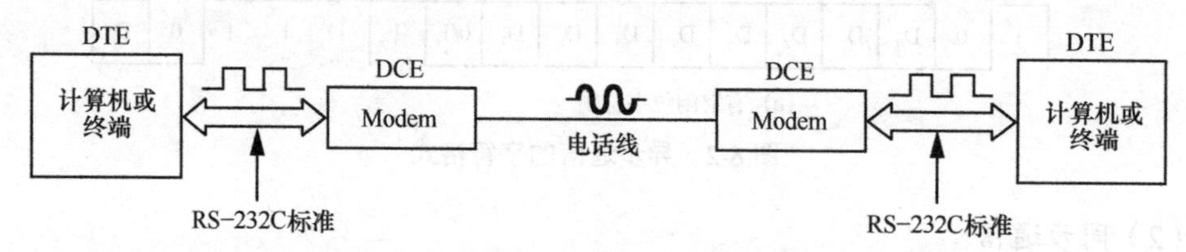

图 8-4　RS-232C 标准的最初应用

8.2.1　信号接口

RS-232C 标准接口采用的是单端驱动非差分接收电路，发送电平和接收电平的差只有 2～3 V，共模抑制能力差，因此，仅限于短距离通信，其传输距离最远约为 15 m，最高速率也仅为 20 kbit/s。RS-232C 标准接口采用一个 25 针的连接器 DB-25，后来随着设备的不断改进，现在通常使用 9 针连接器 DB-9 代替 DB-25，连接器引脚分布如图 8-5 所示。

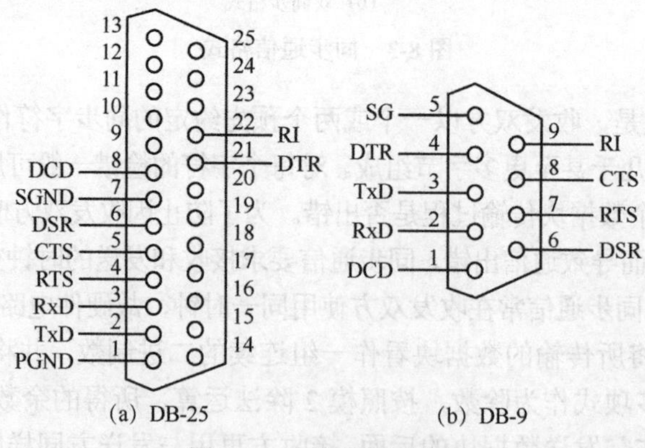

图 8-5　连接器引脚分布

RS-232C 标准规定 DB-25 连接器接口有 25 个引脚，并对每个引脚进行了定义，包括 11 根联络控制信号线、4 根数据发送/接收线、3 个定时线以及 7 根未定义线。DB-25 连接器引脚功能见表 8-1，DB-25 与 DB-9 引脚功能的对应关系见表 8-2。

表 8-1 DB-25 连接器引脚功能

引脚	名称	说明
1	保护地	设备外壳接地
2	发送数据	数据发送至 Modem
3	接收数据	从 Modem 接收数据
4	请求发送	在半双工时控制发生器的开和关
5	允许发送	Modem 允许发送
6	数据装置准备好	Modem 准备好
7	信号地	信号公共地
8	接收信号检出	Modem 正在接收另一端送来的信号
9	空	
10	空	
11	空	
12	接收信号检出（2）	在第二通道检测到信号
13	允许发送（2）	第二通道允许发送
14	发送数据（2）	第二通道发送数据
15	发送器定时	为 Modem 提供发送器定时信号
16	接收数据（2）	第二通道接收数据
17	接收器定时	为接口和终端提供定时
18	空	
19	请求发送（2）	连接第二通道的发送器
20	数据终端准备好	数据终端准备好
21	空	
22	振铃指示	振铃指示
23	数据率选择	选择两个同步数据率
24	发送器定时	为接口和终端提供定时
25	空	

表 8-2 DB-25 与 DB-9 引脚功能的对应关系

引脚数		信号名称	缩写	传送方向及功能说明
25 脚	9 脚			
2	3	发送数据	TxD	DTE→DCE，输出数据到 Modem
3	2	接收数据	RxD	DTE→DCE，由 Modem 输入数据
4	7	请求发送	RTS	DTE→DCE，DTE 请求发送数据
5	8	允许发送	CTS	DTE→DCE，表明 Modem 同意发送
6	6	数据装置准备好	DSR	DTE→DCE，表明 Modem 已准备就绪
7	5	信号地	GND	无方向，所有信号的公共地线
8	1	载波检测	DCD	DTE→DCE，Modem 正在接收载波信号
20	4	数据终端准备好	DTR	DTE→DCE，通知 Modem DTE 已准备好
22	9	振铃指示	RI	DTE→DCE，表明 Modem 已收到拨号呼叫

1．联络控制信号线

数据装置准备好（Data Set Ready，DSR）：DB-25 和 DB-9 都是第 6 引脚，表明数据装置已经准备好，处于可以使用的状态。

数据终端准备好（Data Terminal Ready, DTR）：DB-25 是第 20 引脚，DB-9 是第 4 引脚，表明数据终端已经准备好，可以使用。

这两个信号线通常也直接连接到电源上，一上电就立即有效。

请求发送（Request to Send，RTS）：DB-25 是第 4 引脚，DB-9 是第 7 引脚，用来表示 DTE（如 PC）请求 DCE（如 Modem）发送数据。它用来控制 Modem 是否要进入发送状态。

允许发送（Clear to Send，CTS）：DB-25 是第 5 引脚，DB-9 是第 8 引脚。它是 RTS 信号的应答信号，表示 DCE 已准备好接收 DTE 发来的数据，通知数据终端开始发送数据。

RTS、CTS 请求应答联络信号主要用在半双工通信系统中，实现发送和接收之间的切换，在全双工系统中通常不需要。

接收线信号检出（Data Carrier Detect，DCD）：DB-25 是第 8 引脚，DB-9 无此信号线，用来表示 DCE 检测到数据信号，告知 DTE 准备接收数据。

振铃指示（Ringing，RI）：DB-25 是第 22 引脚，DB-9 是第 9 引脚。当 Modem 接收交换台发送来的振铃呼叫信号时，通知终端，已被呼叫。

2．数据发送与接收线

发送数据（Transmitted Data，TxD）：DB-25 是第 2 引脚，DB-9 是第 3 引脚，DTE 通过 TxD 引脚将数据串行发送到 DCE。

接收数据（Received Data，RxD）：DB-25 是第 3 引脚，DB-9 是第 2 引脚，DTE 通过 RxD 引脚接收从 DCE 发来的数据信息。

3．地线

信号地（Signal Ground，SGND）：DB-25 是第 7 引脚，DB-9 是第 5 引脚。

保护地（Protective Ground，PGND）：DB-25 是第 1 引脚。

8.2.2 电气特性

RS-232C 标准接口采用负逻辑工作（EIA 电平），即逻辑 1 用负电平表示，有效电平范围是−15～−3 V；逻辑 0 用正电平表示，有效电平范围是+3～+15 V；−3～+3 V 为过渡区，逻辑状态不定，为无效电平。为了能够同计算机串行接口使用的 TTL 芯片连接，必须在 RS-232C 标准接口与 TTL 电路之间进行电平转换。

为了让计算机能利用 RS-232C 标准接口与外界连接，则必须在 RS-232C 标准接口与 TTL 电路之间进行电平转换。实现这种转换的电路，可以采用分立元件或集成电路芯片。利用分立元件实现从 TTL 电路到 RS-232C 标准接口的电平转换电路如图 8-6 所示，当 TTL 输入逻辑 1（高电平+3.6 V）时，T_1 管截止，T_2 管也截止，输出的 RS-232C 信号为−12V；反之，当 TTL 输入逻辑 0（低电平+0.4 V）时，T_1、T_2 管均导通，输出的 RS-232C 信号为+5 V。利用分立元件实现从 RS-232C 标准接口到 TTL 电路的电平转换电路如图 8-7 所示，原理很简单，请读者自己分析。

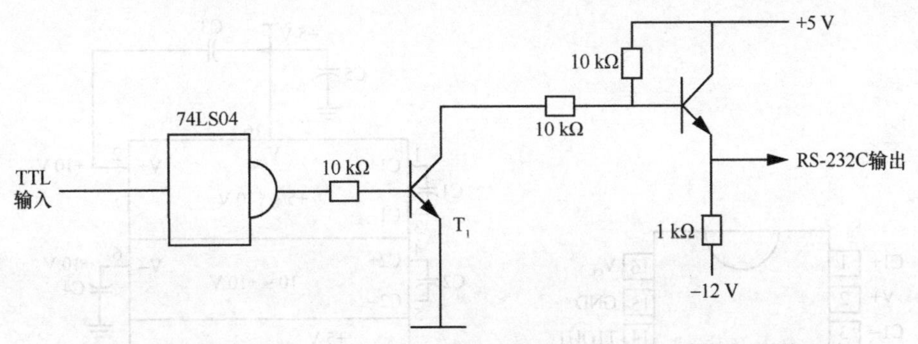

图 8-6 利用分立元件实现从 TTL 电路到 RS-232C 标准接口的电平转换电路

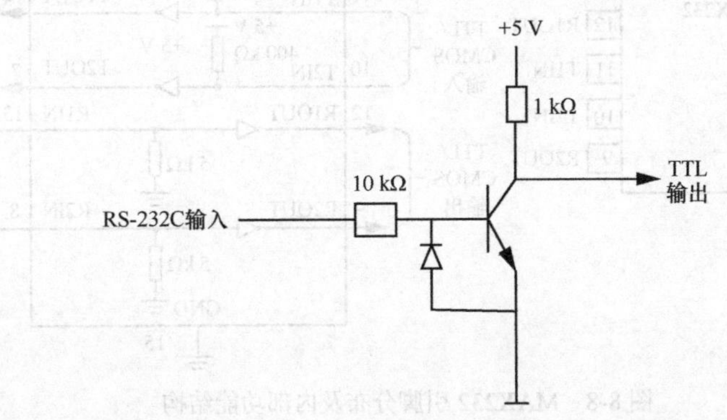

图 8-7 利用分立元件实现从 RS-232C 标准接口到 TTL 电路的电平转换电路

8.2.3 MAX232

MAX232 是 Maxim 公司专为 RS-232C 标准接口设计的芯片，可以实现 EIA 电平与 TTL 电平之间的相互转换。MAX232 引脚分布及内部功能结构如图 8-8 所示。

MAX232 主要包括以下特点。

① 符合 RS-232C 标准，内部集成 2 个 RS-232C 驱动器。

② 只需单一+5 V 电源电压。

③ 片内电荷泵具有升压、电压极性反转功能，能够产生+10 V 和−10 V 电压。

④ 功耗低，典型供电电流为 5 mA。

⑤ 集成度高，只需要外接 4 个电容即可工作。

MAX232 在使用过程中需要外接 4 个电解电容 C1～C4（如图 8-8 所示），这 4 个电容用于内部电平转换，C5 为 0.1 μF 的去耦电容。MAX232 的引脚 T1IN，T2IN，R1OUT，R2OUT 接 TTL/CMOS 电平引脚，引脚 T1OUT, T2OUT，R1IN，R2IN 接 RS-232C 电平引脚。

RS-232C 与 MCS-51 单片机的接口连接示意如图 8-9 所示，T1IN（MAX232 引脚 11）引脚与 MCS-51 单片机的串行发送引脚 TxD 连接，R1OUT（MAX232 引脚 12）与 MCS-51 单片机的串行接收引脚 RxD 连接，T1OUT（MAX232 引脚 14）与 PC 的接收端 RxD 连接，R1IN（MAX232 引脚 13）与 PC 的发送端 TxD 连接。

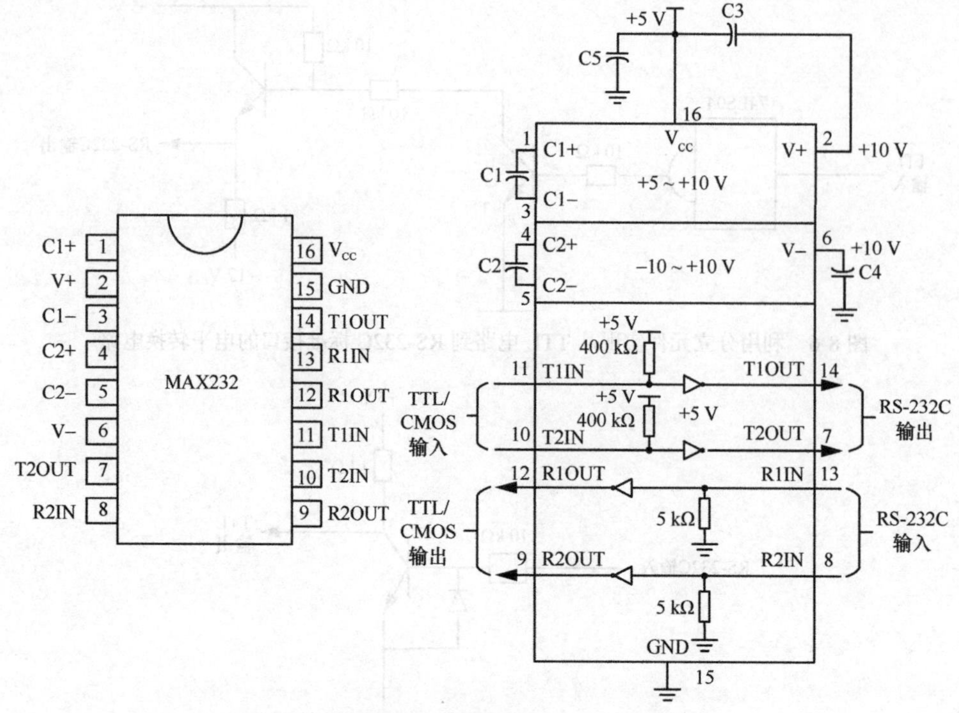

图 8-8　MAX232 引脚分布及内部功能结构

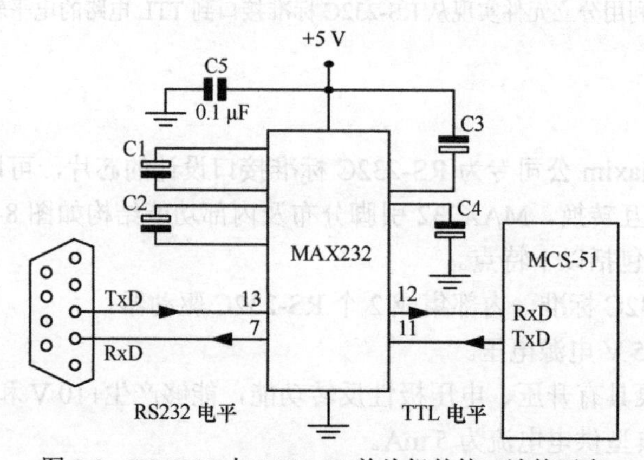

图 8-9　RS-232C 与 MCS-51 单片机的接口连接示意

在编程实现方面，单片机主要完成数据的收发，使用汇编语言编写的程序如下。

```
        ORG 0030H
MAIN: MOV TMOD, #20H; 串行接口波特率为 9 600 bit/s，定时器/计数器 1 以方式 2 工作
        MOV TH1, #0FDH; 设置计数初始值
        MOV TL1, #0FDH
        MOV PCON, #00H; SMOD=0
        SETB TR1; 启动定时/计数器 1
        MOV SCON, #0D8H; 串行接口以方式 3 工作
```

```
LOOP: JBC RI, Rec; 接收到数据后立即发出去
        SJMP LOOP
Rec: MOV A, SBUF
        MOV SBUF, A
Send: JBC TI, SendEnd
        SJMP Send
SendEnd: SJMP LOOP
        END
```

8.2.4　RS-232C 标准接口在通信中的连接

RS-232C 标准接口的信号线连接与通信的距离有关，一般从远、近两方面考虑。

（1）远距离连接

当通信距离较远时，两个设备通信需要借助于 DCE（Modem 或其他远传设备）和电话线，采用 Modem 时 RS-232C 标准接口的信号线使用如图 8-10 所示。

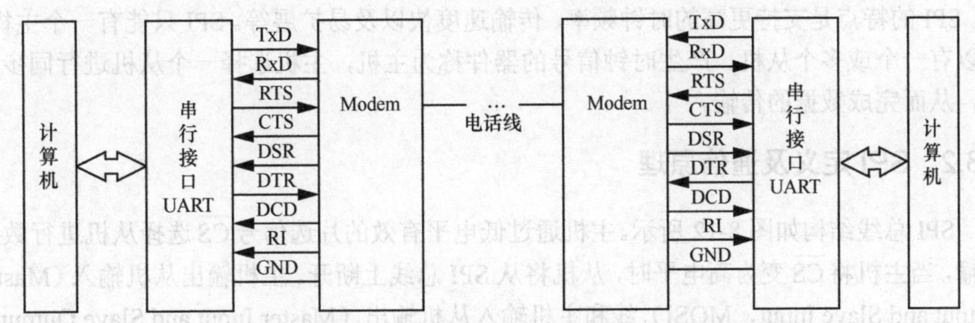

图 8-10　采用 Modem 时 RS-232C 标准接口的信号线使用

（2）近距离连接

近距离（少于 15 m）通信时，可不采用 Modem（亦称为零 Modem 方式），通信双方可以直接连接。利用 RS-232C 标准接口，在最简单的情况下，只要用 3 根线即可实现双向异步通信，如图 8-11（a）所示。若为了适应那些需要检测清除发送、载波检测、数据装置准备好等信号的通信程序，则可采用如图 8-11（b）所示的方式，除连接 3 根最基本的信号线外，再在连接器的相应引脚上自行短接形成几根自反馈控制线。

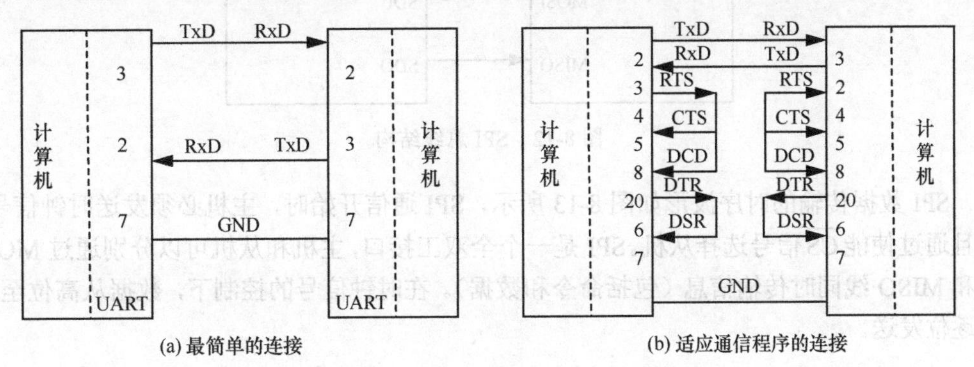

图 8-11　零 Modem 方式连接

在图 8-11 的无 Modem 方式下，请注意通信双方的 RS-232C 接口的 2、3 脚是相互交叉连接的，而在图 8-10 所示的连接方式中，串行接口与 Modem 之间的 RS-232C 引脚是相同引脚号一一对应直接连接的。

8.3 SPI 通信接口

8.3.1 SPI 概述

串行外部设备总线接口（Serial Peripheral Interface，SPI）是 Motorola 公司推出的高速、全双工、同步串行外部设备总线。SPI 总线是一种 4 线总线（SPI 在单向传输时，3 根线也可以），节约了芯片的管脚，给印刷电路板（Printed Circuit Board，PCB）布局提供了方便，并且由于 SPI 硬件功能强大，是目前应用最广泛的总线接口之一。越来越多的芯片内部都集成了 SPI，如微控制器、模数转换器、移位寄存器、静态随机存取存储器等。SPI 的特点是支持更高的时钟频率、传输速度快以及易扩展等。SPI 只能有一个主机，可以有一个或多个从机。产生时钟信号的器件称为主机，主机选择一个从机进行同步通信，从而完成数据的传输。

8.3.2 SPI 定义及通信原理

SPI 总线结构如图 8-12 所示。主机通过低电平有效的片选信号 $\overline{CS}$ 选择从机进行数据传输，当主机将 $\overline{CS}$ 变为高电平时，从机将从 SPI 总线上断开。主机输出从机输入（Master Output and Slave Input，MOSI）线和主机输入从机输出（Master Input and Slave Output，MISO）线是数据信号线。MOSI 将数据从主机传输至从机，MISO 将数据从从机传输至主机。SCLK 是同步时钟信号，由主机产生。

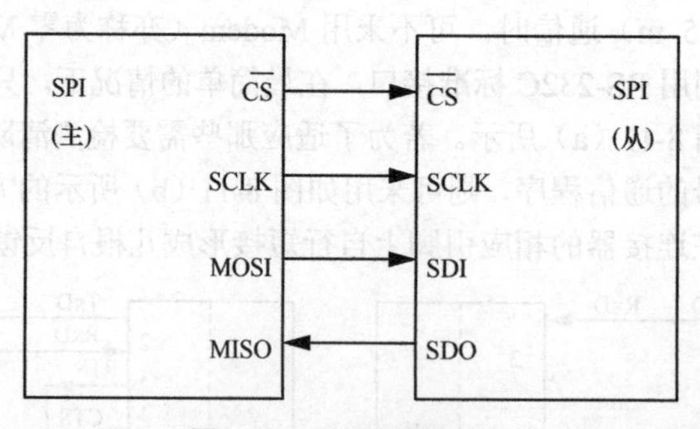

图 8-12 SPI 总线结构

SPI 数据传输的时序波形如图 8-13 所示，SPI 通信开始时，主机必须发送时钟信号，并且通过使能 $\overline{CS}$ 信号选择从机。SPI 是一个全双工接口，主机和从机可以分别通过 MOSI 线和 MISO 线同时传输信息（包括命令和数据）。在时钟信号的控制下，数据从高位至低位逐位发送。

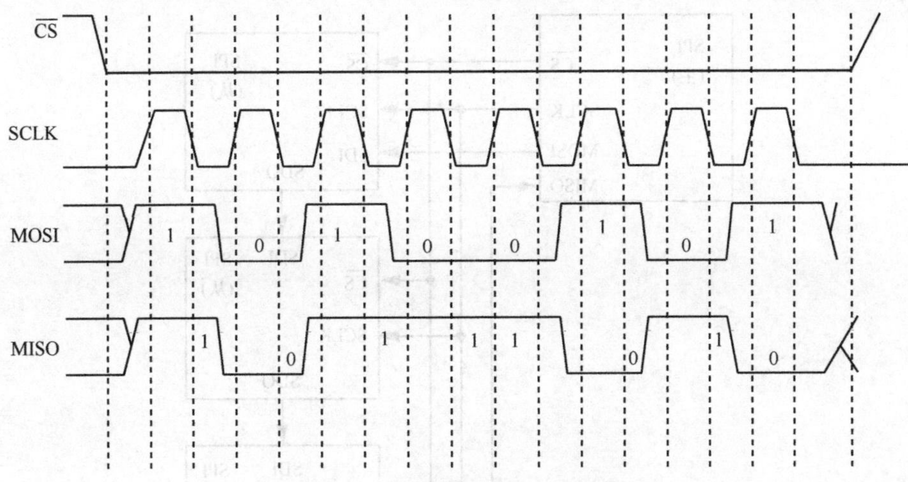

图 8-13 SPI 数据传输的时序波形

当系统包含一个 SPI 主机和多个 SPI 从机时，连接方式可以采用常规模式或菊花链模式。

（1）常规模式

SPI 多从机常规模式连接方式如图 8-14 所示，在常规模式下，主机为每个从机配置单独的片选信号。一旦某个从机的片选信号被主机使能（拉低），主机发出的时钟信号和 MOSI/MISO 线上的数据信息就作用于所选从机。如果多个从机被同时选中，MISO 线上的数据将被破坏，因为主机无法识别是哪个从机在传输数据。从图 8-14 可以看出，随着从机数量的增加，主机芯片选择线的数量也会增加。

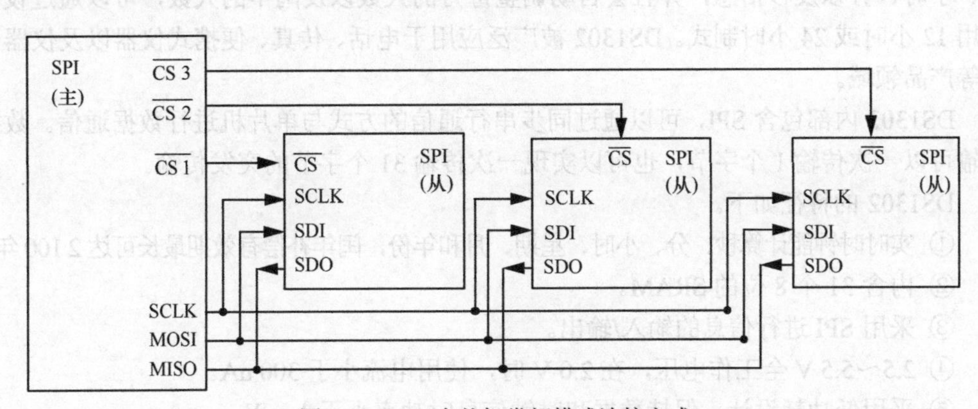

图 8-14 SPI 多从机常规模式连接方式

（2）菊花链模式

SPI 多从机菊花链模式连接方式如图 8-15 所示，在菊花链模式下，所有从机的片选信号 $\overline{CS}$ 连接在一起，并与主机的 $\overline{CS}$ 相连。在这种方式下，所有从机同时接收相同的 SPI 时钟。来自主机的数据直接传送到第一个从机，由该从机向下一个从机传送数据，依此类推。在这种方式中，当数据从主机传送到某一个从机时，所需的时间与菊花链中的从机数量成正比。在图 8-15 中，第 3 个从机需要 24 时钟脉冲才能获得数据，而常规模式下只需要 8 个时钟脉冲。并非所有 SPI 器件都支持菊花链模式。

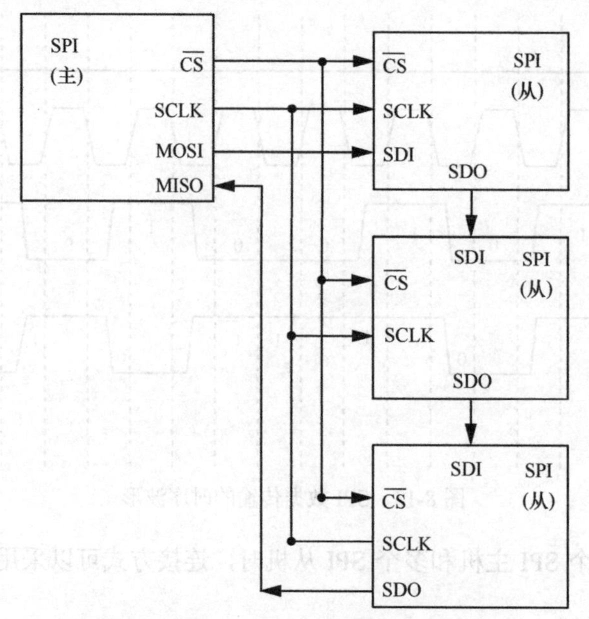

图 8-15 SPI 多从机菊花链模式连接方式

8.3.3 DS1302 实时时钟

时钟芯片 DS1302 是美国 DALLAS（已被 Maxim 收购）公司推出的实时时钟芯片，其内部包含一个实时时钟/日历电路。实时时钟/日历电路可以提供年份、月份、星期、日期、小时、分以及秒信息，并且会自动调整每月的天数以及闰年的天数，可以通过设置采用 12 小时或 24 小时制式。DS1302 被广泛应用于电话、传真、便携式仪器以及仪器仪表等产品领域。

DS1302 内部包含 SPI，可以通过同步串行通信的方式与单片机进行数据通信。数据传输可以一次传输 1 个字节，也可以实现一次传输 31 个字节的突发传输。

DS1302 的特征如下。

① 实时时钟能计算秒、分、小时、星期、月和年份，闰年补偿有效期最长可达 2 100 年。

② 内含 31 个 8 位的 SRAM。

③ 采用 SPI 进行信息的输入/输出。

④ 2.5～5.5 V 全工作电压，在 2.0 V 时，使用电流小于 300 nA。

⑤ 采用低功耗设计，保持数据和时钟信息时功率小于 1 mW。

⑥ 能实现单字节或多字节（突发模式）数据传输。

⑦ 多种封装方式。

⑧ 双电源引脚，可以用于主电源和备份电源供应。

⑨ 兼容 TTL（V_{CC} = 5 V）。

DS1302 内部结构及引脚分布如图 8-16 所示，DS1302 内部包含了电源控制、命令及控制逻辑、时钟与分频、输入移位寄存器、RAM 以及实时时钟等模块，采用 DIP 封装方式时有 8 个引脚。

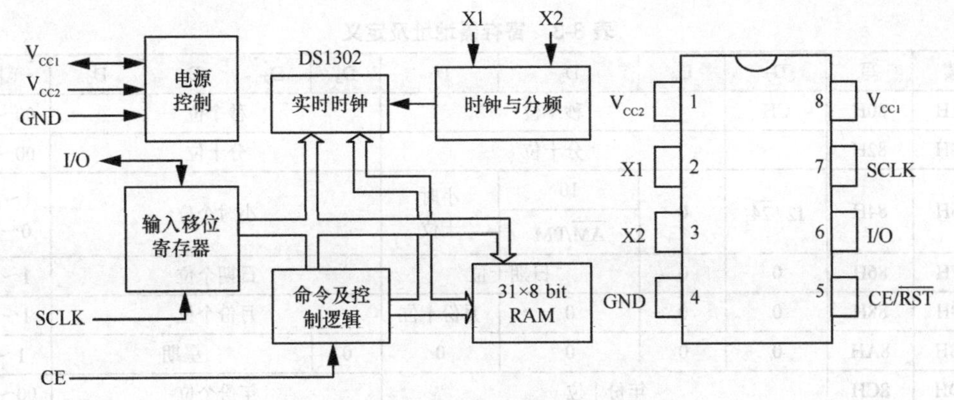

图 8-16　DS1302 内部结构及引脚分布

1．引脚描述

V_{CC1}、V_{CC2}：电源引脚，DS1302 可以配置成双电源。在双电源配置下，V_{CC2} 连接主电源，V_{CC1} 连接备用电源。DS1302 从 V_{CC1} 和 V_{CC2} 中选择电压较大的一个给器件供电，当 $V_{CC2}>V_{CC1}$ 且 $V_{CC2}>0.2$ V 时，V_{CC2} 给 DS1302 供电，当 $V_{CC2}<V_{CC1}$ 时，V_{CC1} 给 DS1302 供电。

X1、X2：时钟信号引脚，如果使用 DS1302 内部时钟电路，则 X1、X2 接标准的 32.768 kHz 石英晶体。当使用外部时钟时，X1 引脚连接外部振荡器时钟信号线，X2 引脚悬空。外部时钟频率同样应该为 32.768 kHz。

CE/$\overline{RST}$：片选/复位复用线。只有当 CE 引脚为高电平时，才能对 DS1302 进行读/写操作。如果在数据传输过程中，CE/$\overline{RST}$ 变成低电平，数据传输会被终止，I/O 引脚变为高阻态。该引脚通过内部 40 kΩ（典型值）下拉电阻接地。

I/O：双向输入/输出数据引脚。该引脚通过内部 40 kΩ（典型值）下拉电阻接地。

SCLK：同步时钟信号线。该引脚通过内部 40 kΩ（典型值）下拉电阻接地。

2．输入移位寄存器及 SRAM

DS1302 内部有 12 个寄存器，其中，7 个寄存器与日历、时钟相关，包括秒寄存器、分寄存器、小时寄存器、日期寄存器、星期寄存器、月份寄存器以及年份寄存器，数据的存放格式采用 BCD 码方式。寄存器地址及定义见表 8-3，输入移位寄存器在读/写时地址不同。通过写入（读取）对应的寄存器，可以设置（获得）时间和日历信息。星期寄存器中的数值会在午夜自动递增。但是值得注意的是，对应于星期的值是用户自己定义的，但必须是连续的，即若 1 代表星期日，那么 2 则代表星期一，依此类推。

只要写入秒寄存器，时钟就会复位，为了避免翻转问题，一旦时钟复位，剩余的时间和日期寄存器必须在 1 s 内写入。DS1302 可以工作在 12 小时或 24 小时制式下。小时寄存器的 D_7 位为 12 小时或 24 小时制式选择位。D_7=1 代表 12 小时制式，D_7=0 代表 24 小时制式。在 24 小时制式下，用 D_4、D_5 表示小时的十位数。在 12 小时制式下，用 D_4 表示小时的十位数，D_5 表示 AM 或 PM。当修改时间制式时，小时数据必须重新初始化。

此外，DS1302 还有控制寄存器、充电寄存器、时钟突发寄存器等。时钟突发寄存器可一次性顺序读/写除充电寄存器外的所有寄存器内容。

表 8-3 寄存器地址及定义

读	写	D_7	D_6	D_5	D_4	D_3	D_2	D_1	D_0	范围
81H	80H	CH	秒十位			秒个位				00～59
83H	82H		分十位			分个位				00～59
85H	84H	12/$\overline{24}$	0	10 $\overline{AM}$/PM	小时十位	小时个位				1～12/ 0～23
87H	86H	0	0	日期十位		日期个位				1～31
89H	88H	0	0	0	月份十位	月份个位				1～12
8BH	8AH	0	0	0	0	0	星期			1～7
8DH	8CH	年份十位				年份个位				00～99
8FH	8EH	wp	0	0	0	0	0	0	0	
BFH	BEH	时钟突发寄存器								

DS1302 内部还有 31 个可以临时存放数据的字节型 SRAM 和一个 RAM 突发寄存器，同样地，RAM 突发寄存器可一次性顺序读/写所有 RAM 中的内容。

3．命令字节

单片机在读/写 DS1302 内部寄存器及 RAM 之前，必须先向 DS1302 传输命令字节，命令字节是用来启动数据传输的。命令字节格式如图 8-17 所示，其中，D_7 位固定为逻辑 1 表示允许向 DS1302 写入数据，反之，则表示禁用写入。D_6 位是读/写内部寄存器或 RAM 选择位，若 D_6 位为逻辑 1，则表示对内部 RAM 进行操作，反之，则表示对时钟/日历寄存器进行操作。D_5～D_1 位表示要读取或写入的寄存器（或 RAM）的地址。D_0 位表示进行写操作或读操作，D_0 位为逻辑 1 表示读操作，反之，代表写操作。

D_7	D_6	D_5	D_4	D_3	D_2	D_1	D_0
1	RAM $\overline{CK}$	A_4	A_3	A_2	A_1	A_0	RD $\overline{WR}$

图 8-17 命令字节格式

4．数据输入及输出

数据传输必须在 CE 引脚为逻辑 1 时进行，若是单字节传输，主机先根据需要向从机发送命令字节，指示要读/写的是寄存器还是 RAM、要读/写的地址、要进行的是读操作还是写操作。从机在收到指令字节以后，根据命令字节信息将所需要的数据送至 I/O 引脚或从 I/O 引脚读出数据放至指定的地址。完成一个数据的读取或写入需要 8 个 SCLK 周期，在数据读取过程中，如果额外多出了时钟周期，这些时钟周期会被忽略。但是如果是在写入过程中，额外的 SCLK 周期会导致数据字节的重新传输。DS1302 数据读/写时序波形如图 8-18 所示。

5．突发模式

若在写入命令字节时，地址位 D_1～D_5 全为逻辑 1，可以指定时钟/日历寄存器或 RAM 为突发模式。在突发模式下，可以一次性读取或写入所有的时钟/日历寄存器或 RAM。但是要注意的是，时钟/日历寄存器的地址 9～31 以及 RAM 的地址 31 没有数据存储容量。在突发模式下写入时钟/日历寄存器时，必须写入全部前 8 个寄存器。但是在写入 RAM

时，可以不必写入全部31个地址，写入的每个字节都将被传输到RAM。

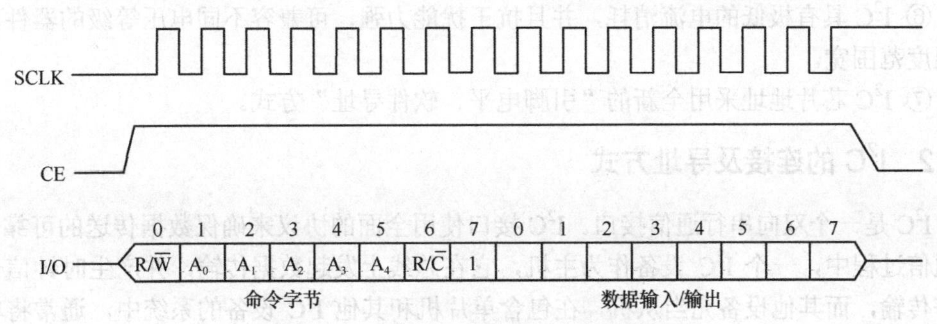

图8-18 DS1302数据读/写时序波形

8.4 I²C通信接口

8.4.1 I²C概述

集成电路总线（Inter Integrate Circuit BUS，IIC或I²C）是由Philips公司开发的一种串行总线技术。I²C的数据传输速率在高速模式下可以达到3.4 Mbit/s，即使在标准模式下也可以达到约100 kbit/s。I²C的物理连接非常简单，只需要与总线的两根线连接就可以实现挂在总线上的所有I²C器件之间的数据传输。I²C通信协议的时序模拟也较为方便，即使是没有I²C接口的单片机，也可以通过简单的编程模拟时序来实现和I²C的连接。当然，现在很多单片机都具有I²C接口，比如MCS-51单片机系列的P87LPCXXX/C8051FXX等，一些具有I²C接口的外围器件也得到了迅速发展，比如存储器、A/D转换器、D/A转换器、I/O设备、LED驱动以及日历芯片等。

I²C特点可以概括如下。

① I²C只需要一根串行数据线（Serial Data，SDA）和一根串行时钟（Serial Clock Line，SCL），总线接口已经集成在芯片内部，不需要特殊的接口电路。SCL提供数据传输所需要的同步时序，SDA用于传输数据。

② I²C是一个多主机总线，I²C可以挂载多个I²C器件，每个器件既可以作主机也可以作从机，但同一时刻只能有一个作为主机。每个连接到总线上的I²C器件都有一个唯一的7位地址，主机利用这个独立的地址对I²C从机设备进行访问。数据传输和地址设定由编程设定，非常灵活。在总线上新增或删除外围器件不影响其他器件的工作。如果多个主机同时使用总线，I²C还可以进行冲突检测和仲裁，以免数据产生冲突。

③ I²C挂载器件的数量只受总线最大电容400 pF的限制。但是，一个总线最多挂载8个同型号的I²C器件，这主要是受器件地址位的限制。

④ I²C传输数据支持标准、快速以及高速3种模式。传输速率在标准模式下可达100 kbit/s，在快速模式下可达400 kbit/s，在高速模式下可达3.4 Mbit/s。但是，目前大多数I²C器件还不支持高速模式。传输速率主要是通过编程调整I²C的时序来实现的，传输速率同时也跟外接的上拉电阻的电阻值有关。

⑤ I^2C 上的 SDA 和 SCL 都要外接一个阻值为 5～10 kΩ 的上拉电阻。

⑥ I^2C 具有极低的电流消耗，并且抗干扰能力强，可兼容不同电压等级的器件，工作温度范围宽。

⑦ I^2C 芯片地址采用全新的“引脚电平、软件寻址”方式。

8.4.2 I^2C 的连接及寻址方式

I^2C 是一个双向串行通信接口。I^2C 接口使用全面的协议来确保数据传送的可靠性。在通信过程中，一个 I^2C 设备作为主机，它在总线上发起数据传输，并产生时钟信号以允许传输，而其他设备充当从机，在包含单片机和其他 I^2C 设备的系统中，通常将单片机作为主机。I^2C 接口器件的典型连接示意如图 8-19 所示。

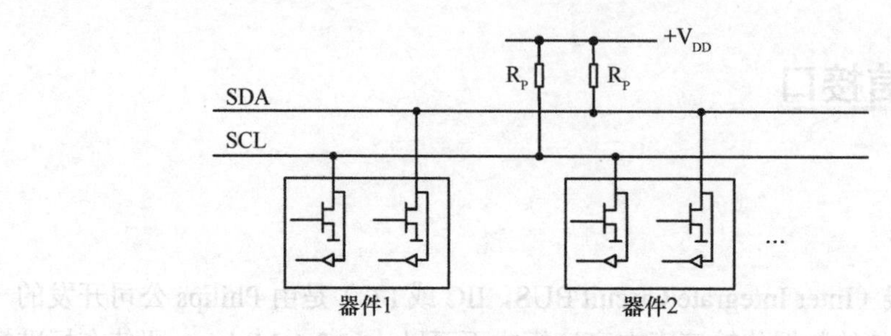

图 8-19　I^2C 接口器件的典型连接示意

I^2C 通过对 SCL 进行高低电平控制，来产生 I^2C 协议所需要的时序信号。当总线处于空闲状态时，SDA 和 SCL 都会被外接的上拉电阻拉成高电平。连接到 I^2C 上的任意器件输出低电平都会将总线拉成低电平。时钟信号是主机输出、从机接收的。数据信号可以是主机输出的（主机作为发送方），也可以是从机输出的（主机作为接收方）。SDA 和 SCL 都是双向的，驱动 SDA 和 SCL 的器件的输出级必须是漏极开路，以便实现总线的与功能。

在 I^2C 协议中，每个 I^2C 设备都有一个 7 位地址信息，地址信息分成两部分，高位 D_7～D_4 为器件标识符，器件标识符由器件类型确定，通常可以在 I^2C 器件的数据手册查询得到。常用 I^2C 芯片的器件标识符见表 8-4，如 PCF8562 芯片，器件标识符为 0111。器件地址的另外 3 位 D_1～D_3 可配置，它根据器件地址引脚 A_0～A_2 的电平确定。若在一个系统中，I^2C 芯片 PCF8562 的地址引脚 A_0～A_2 全接地，则该 PCF8562 芯片的器件地址为 0111 000。这种器件地址定义方式使得总线上的所有 I^2C 设备都具有唯一的 I^2C 地址，但也使总线上所能挂载的同类型 I^2C 器件受到限制。

表 8-4　常用 I^2C 芯片的器件标识

器件类型	器件	器件标识			
实时时钟/日历芯片	PCF8563	1	0	1	0
键盘及 LED 驱动器	ZLG7290	0	1	1	1
温度传感器	LM75A	1	0	0	1
带 32×1 024×4 bit RAM 低复用率的通用 LCD 驱动器	PCF8562	0	1	1	1
通用低复用率 LCD 驱动器	PCF85760	0	1	1	1
内嵌 I^2C 总线、EEPROM、RESET、WDT 功能的电源监控器件	CAT1161/2	1	0	1	0

当主机需要启动数据传输时，首先发送一个寻址指令，I^2C 芯片寻址指令编码格式如图 8-20 所示，寻址指令包括了主机想要通信的从 I^2C 器件地址以及数据传输方向位 D_0。如果 D_0 为 1，则表示主机从从 I^2C 器件读取信息，反之，则表示向从 I^2C 器件写入数据。在实际的应用中，通常把带有 I^2C 接口的单片机作为主机，而把挂接在总线上的其他 I^2C 器件都作为从机。通常情况下，SCL 都是由主机产生的。

D_7	D_6	D_5	D_4	D_3	D_2	D_1	D_0
从机地址							R/W

图 8-20　I^2C 芯片寻址指令编码格式

8.4.3　I^2C 协议

I^2C 协议规定：只有当总线不忙时，才能启动数据传输，数据的传输以一个起始信号作为开始，以一个停止信号作为停止。并且在数据传输期间，只要 SCL 为高电平，SDA 就必须保持稳定。也就是在 SCL 为高电平时，SDA 中的任何变化（高电平到低电平或低电平到高电平）都将被理解为传输的开始或停止。I^2C 条件定义如图 8-21 所示。

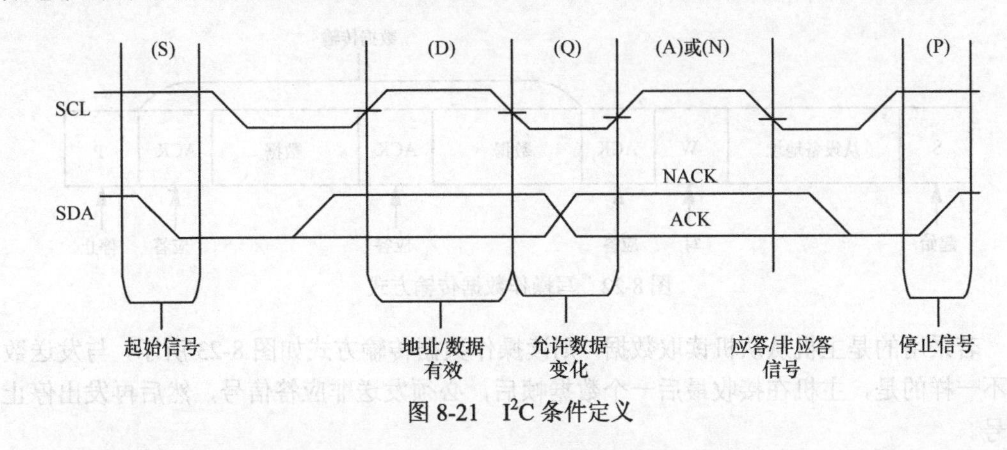

图 8-21　I^2C 条件定义

起始信号：当总线处于空闲状态时，SCL 和 SDA 都保持高电平。在 SCL 为高电平期间，若 SDA 出现高电平到低电平的跳变，则表示产生了一个起始信号。所有数据传输都必须从一个起始信号开始，在起始信号产生后，总线被本次数据传输的主/从 I^2C 设备独占，其他 I^2C 器件无法访问总线。起始信号总是由主机产生的。

停止信号：在 SCL 为高电平期间，若 SDA 出现低电平到高电平的跳变，表示产生了一个停止信号。所有数据传输必须以停止信号作为结束，停止信号产生后，本次数据传输的主/从设备将释放总线，总线再次处于空闲状态。停止信号总是由主机产生的。

如果器件本身具有 I^2C 硬件接口，则可以自动检测起始和停止信号。对于不具备 I^2C 硬件接口的单片机而言，可以通过在每个时钟周期内对 SDA 采样两次并判断前后两次电平变化的方式检测起始和停止信号。

数据信号：起始信号之后，SDA 的状态代表有效数据，并且在时钟信号为高电平期间保持稳定，数据信号的跳变发生在 SCL 为低电平期间。数据传输以字节为单位，每个时钟周期传送一位有效数据。

应答信号：当一个字节的数据按照从高位到低位的顺序传输完成后，如果接收正常，接收方需要发送一个应答信号。应答信号是指在第 9 个 SCL 为高电平期间，发送方释放 SDA，接收方再将 SDA 拉低作为应答信号。发送方收到应答信号后，才表示一个字节数据传输完毕，可以继续发送下一个数据。

非应答信号：在接收方未收到数据信息，或者数据传输已经完成，接收方需要发送一个非应答信号，非应答信号是指接收方在第 9 个时钟周期时间，使 SDA 保持高电平。在非应答信号后，主机发出停止信号或新的起始信号。

数据传输是以帧为单位，每次传送帧的数量不受限制。每帧数据包含 8 个数据位和一个应答信号（或非应答信号），数据传输顺序是先高位后低位。I^2C 采用的传送方式为主从式，一般有两种工作方式：主机发送和从机接收、从机发送和主机接收。若采用的是主机向从机发送数据，则写操作数据传输方式如图 8-22 所示，主机先发送起始信号，然后发出 8 位寻址指令，寻址指令的前 7 位是从机地址，最后一位为 0。从机在接收寻址指令以后，如果接收正确，则发出应答信号。主机在收到应答信号以后，开始发送数据帧，从机发出应答信号。在数据传输完毕后，主机再发出停止信号。

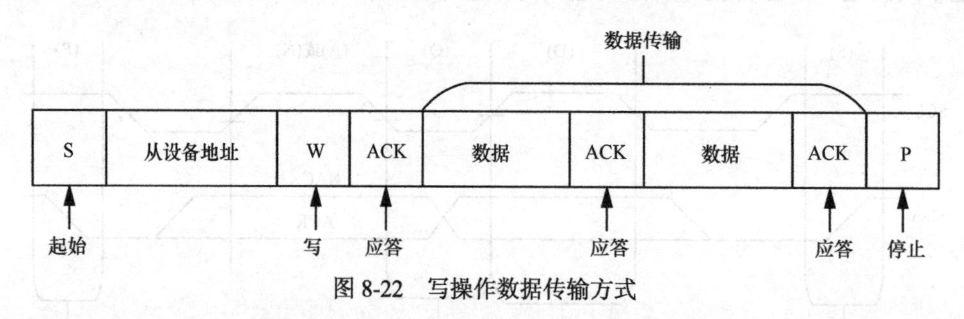

图 8-22　写操作数据传输方式

若采用的是主机从从机读取数据，则读操作数据传输方式如图 8-23 所示，与发送数据不一样的是，主机在接收最后一个数据帧后，必须发送非应答信号，然后再发出停止信号。

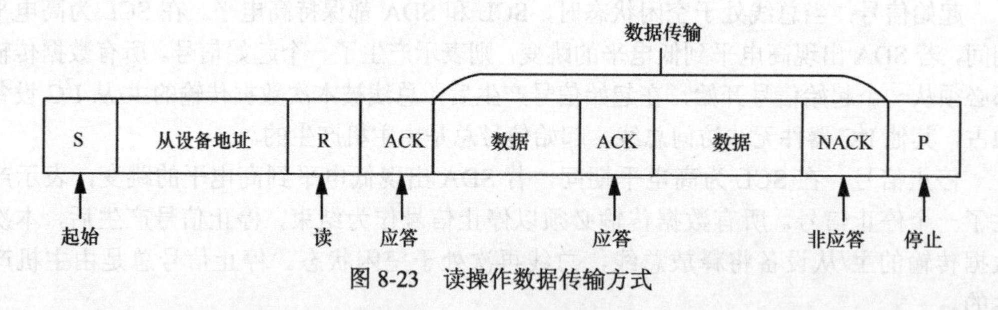

图 8-23　读操作数据传输方式

主机可以先向从 I^2C 器件写入数据，写完以后，紧接着从从 I^2C 器件读取数据。或者，主机先从从 I^2C 器件读取数据，读完以后，紧接着向从 I^2C 器件写入数据。改变读/写方式的数据传输方式如图 8-24 所示，值得注意的是，当改变数据传输方向时，需要重新发送起始信号。

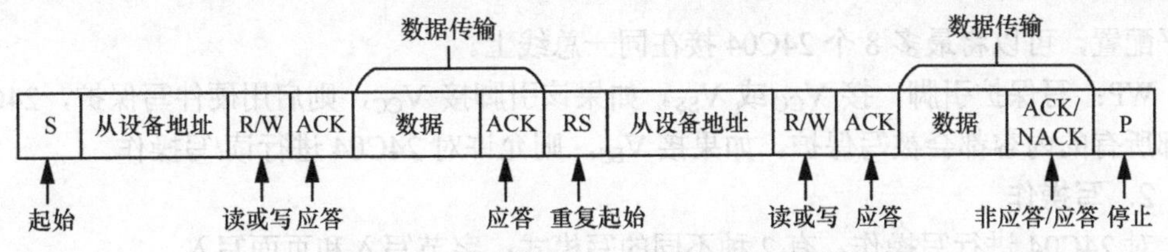

图 8-24　改变读/写方式的数据传输方式

8.4.4　24C04 基本应用

24C04 是 Atmel 公司生产的电可擦可编程只读存储器（EEPROM），24C04 通过 I^2C 接口进行读/写操作，容量为 512 B。

24C04 的特性如下。

① 单电源供电，工作电压范围为 2.5～5.5 V。

② 采用低功耗 CMOS 技术制备，读取电流最大为 1 mA，待机电流最大为 5 μA。

③ 内部有专门的写保护功能。

④ 内部有一个 16 字节页写缓冲器，具有页写入能力。字节和页面写入时间的典型值为 2 ms。

⑤ 超过 100 万次的擦除/写入次数，数据保留时间超过 200 年。

⑥ 具有噪声防护功能，SDA 和 SCL 输入具有施密特触发器和滤波器电路，可抑制噪声尖峰，确保器件即使在高噪声总线上也能正常工作。

24C04 内部结构及引脚分布如图 8-25 所示。

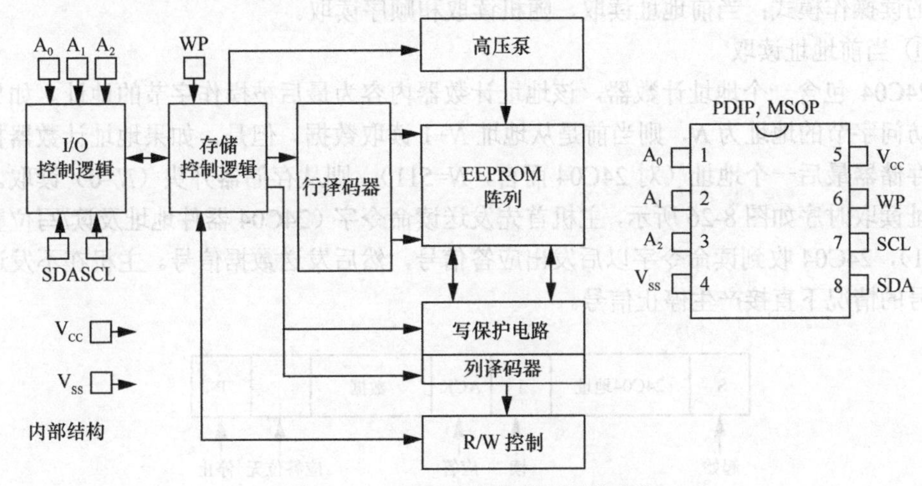

图 8-25　24C04 内部结构及引脚分布

1. 引脚描述

SCL：串行时钟输入引脚，提供器件之间数据传输所需的发送或接收时钟。

SDA：双向串行数据（地址）引脚，地址和数据信息从该引脚读入或输出。SDA 引脚内部漏极开路，因此需要外接一个上拉电阻。

A_0、A_1、A_2：器件地址选择端。这些引脚必须接高电平或低电平，通过不同的引脚电平配置，可以将最多 8 个 24C04 接在同一总线上。

WP：写保护引脚，接 V_{CC} 或 V_{SS}。如果该引脚接 V_{CC}，则启用硬件写保护，24C04 内部所有的内容都会被写保护。如果接 V_{SS}，则允许对 24C04 进行读/写操作。

2. 写操作

对 24C04 进行写操作，有 2 种不同的写模式：字节写入和页面写入。

① 字节写入

字节写入模式是指一次写入一个字节数据，主机首先发送写命令字（24C04 器件地址及读/写位为 0），在收到从机应答信号后再送出要写的字节地址，在从机再次应答后开始发送数据。24C04 在检测到主机发送的停止信号以后，将主机发送的数据信息写入芯片，在内部擦/写过程中不再响应主机的任何请求。如果在 WP 引脚为高电平时尝试写入字节，设备将确认该命令，但不会写入任何数据。

② 页面写入

页面写入模式是指一次写入一页（16 字节）数据。页面写入模式与字节写入模式相似，不同的是在发送完一个字节数据以后，主机不会产生停止信号，而是继续发送数据，这些数据会被暂时保存在 24C04 的页缓冲器，24C04 在主机发送停止信号之后再将缓冲器中的数据写入存储器。值得注意的是，页面写入一次最多只能传输 16 个字节的数据，如果主机在发送停止信号之前传输的数据超过 16 个字节，则地址计数器将翻转，后面传输的数据将会覆盖前面的数据。

3. 读操作

读操作与写操作方式基本相同，但是需要把寻址指令的读/写位置为逻辑 1。有 3 种不同的读操作模式：当前地址读取、随机读取和顺序读取。

① 当前地址读取

24C04 包含一个地址计数器，该地址计数器内容为最后被操作字节的地址。如果最后被访问字节的地址为 N，则当前是从地址 N+1 读取数据。但是，如果地址计数器指向的是存储器最后一个地址（对 24C04 而言，N=511），则从存储器开头（N=0）读取。当前地址读取时序如图 8-26 所示，主机首先发送读命令字（24C04 器件地址及读/写位置为逻辑 1），24C04 收到读命令字以后发出应答信号，然后发送数据信号。主机在不发送应答信号的情况下直接产生停止信号。

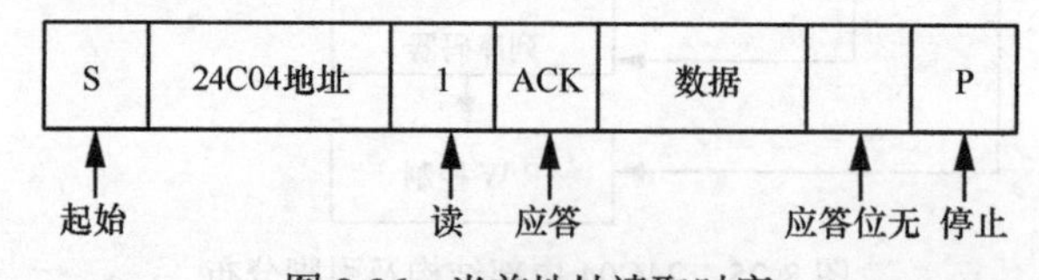

图 8-26 当前地址读取时序

② 随机读取

随机读取操作允许主机对 24C04 存储器内部的任意一个字节进行读操作，很显然，主机需要向 24C04 发送要读取数据的字节地址。随机读取时序如图 8-27 所示，主机通过发送起始信号、写命令字以及数据地址来告知 24C04 要读取数据的地址信息。24C04 响应以后，主机重新发送起始地址和读命令字，24C04 随后发出应答信号并开始传输指定

地址的数据信息，主机收到数据后不发送应答信号，但是发送停止信号。

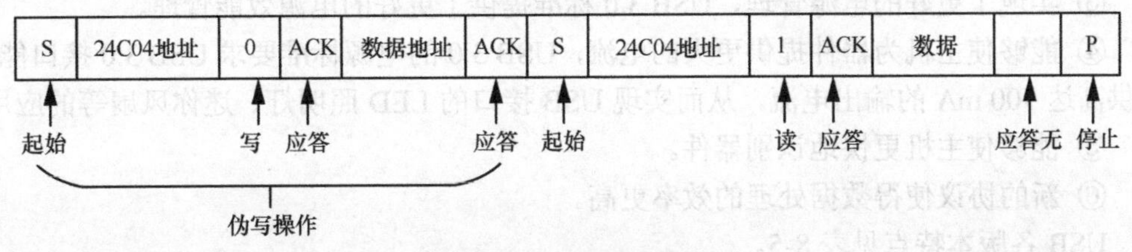

图 8-27 随机读取时序

③ 顺序读取

顺序读取模式与随机读取模式基本相同，只是顺序读取模式在 24C04 传输完第一个数据字节之后，主机发出应答信号（随机读取时，主机不发送应答信号而直接发送停止信号），指示 24C04 继续传送下一个数据信息，整个顺序读取在主机发送停止信号以后结束。

8.5 USB 通信接口

通用串行总线（Universal Serial Bus，USB）是一种相对新型的串行接口。由 Intel 等 7 家著名的计算机和通信公司共同开发。USB 的出现满足了计算机连接更多外部设备的需要，为不同设备提供了一个通用的标准串行接口。

8.5.1 USB 概述

1. USB 发展历程

USB 提供了能够将计算机外围设备（如键盘和鼠标）连接到个人电脑的简单且有效的方式，并规范了计算机与外部设备之间的通信方式，因此，成为了计算机领域最常见的外部总线标准串行接口之一。USB 由 Intel、Compaq、IBM、Microsoft 等 7 家公司于 1994 年 11 月份联合提出，第一个版本号为 USB 0.7。1996 年 2 月，USB 1.0 版本发布，该版本规定了低速 1.5 Mbit/s 和高速 12 Mbit/s 两种不同的传输速率。随着 USB 1.0 的完善以及对更快数据传输速率的需求，最高传输速率达 480 Mbit/s 的新一代 USB 标准 USB 2.0，于 2000 年 4 月 27 日正式对外发布，USB 2.0 完全兼容 USB 1.0。随着通用串行总线重要性的提升，新标准很快就被采用。USB 2.0 不仅支持更高的传输速率，而且允许更多的外部设备通过 USB 接口连接到计算机。随着 NAND 闪存技术的不断进步，NAND 闪存产品（如 U 盘）对传输速率的需求已经超越 USB 2.0 标准所规定的理论最高传输速率。2008 年 11 月 18 日，USB 3.0 标准发布， USB 3.0 在保持与 USB 2.0 的兼容性的同时，还提供了下面几项增强功能。

① 极大提高了传输速率，USB 3.0 的理论最高传输速率为 5 Gbit/s，与 USB 2.0 不同的是，USB 3.0 采用 8/10 编码方式，包含 2 bit 的控制信号，因此，理论最高数据传输速率为 5 Gbit/s/10=500 Mbit/s。

② USB 3.0 采用全双工数据传输方式，而 USB 3.0 之前的版本只支持半双工数据传

输方式。

③ 实现了更好的电源管理，USB 3.0 标准提供了更好的电源效能管理。

④ 能够使主机为器件提供更大的电流，USB 3.0 的电源标准要求 USB 3.0 接口能够提供高达 900 mA 的输出电流，从而实现 USB 接口的 LED 照明灯、迷你风扇等的应用。

⑤ 能够使主机更快地识别器件。

⑥ 新的协议使得数据处理的效率更高。

USB 各版本特点见表 8-5。

表 8-5　USB 各版本特点

USB 版本	理论最大传输速率	速率称号	供电电流	推出时间
USB 1.0	1.5 Mbit/s	低速（Low-Speed）	5 V/500 mA	1996 年 1 月
	12 Mbit/s	全速（Full-Speed）	5 V/500 mA	1998 年 9 月
USB 2.0	480 Mbit/s	高速（High-Speed）	5 V/500 mA	2000 年 4 月
USB 3.0	5 Gbit/s	超高速（Super-Speed）	5 V/900 mA	2008 年 11 月
USB 3.1	10 Gbit/s	超高速（Super-Speed+）	20 V/5 A	2013 年 12 月

2．USB 的特点

相比于其他串行总线，USB 具有很多优点。

① 使用方便、连接灵活

USB 的连接方式十分灵活，一个 USB 控制器上最多可以连接 127 个 USB 设备，通过 USB 集线器（Hub）可以实现 USB 外部设备的扩展。USB 集线器作为一个外部设备，连接到主机（或者另一个集线器）的连接口，同时给其他 USB 外部设备提供连接口。通过这种菊花链式的连接，可以很容易地实现 USB 外部设备的扩展。USB 设备支持热插拔，即插即用，也就是 USB 外部设备连接到计算机时，不必打开计算机机箱，也不需要关闭主机电源。在软件方面，USB 驱动程序可以自动启动，无需用户干预，而且 USB 设备也不涉及中断冲突等问题。

② 传输速度快

USB 1.0 提供了低速 1.5 Mbit/s 和全速 12 Mbit/s 两种传输速率，全速下比 RS-232C 标准接口的 9 600 bit/s 快 1 000 多倍。而 USB 2.0 的数据传输速度可以达到 480 Mbit/s，这已经远远超过了 RS-232C 标准接口的传输速率。USB 3.0 接口的传输率更是可以达到 5 Gbit/s。

③ 独立供电

USB 可以给外部设备提供电源，USB 1.0 和 USB 2.0 可以提供最大 500 mA 的电流，USB 3.0 可以提供 900 mA 的电流。USB 键盘、USB 鼠标以及 U 盘等低功耗外部设备可以直接采用这种方式供电，但是高功耗 USB 设备仍然需要自带电源，如扫描仪等。USB 还采用高级电源管理（Advanced Power Management，APM）技术，它通过设备工作超时设定来使 USB 设备转换到低耗能状态，这能有效地节省电源功耗。

④ 接口灵活方便

USB 采用一个 4 芯的标准接口，其中 2 芯是数据线，另外 2 芯是+5 V 电源线和地线。

8.5.2 USB系统的组成

1. USB系统的拓扑结构

一个USB系统通常定义为USB主机、USB设备以及USB互联3个部分。在任何USB系统中，USB主机只能有一个，而USB设备最多可以有127个。USB互联是指USB设备和USB主机之间的连接和通信操作。USB互联主要包括总线的拓扑结构、内部层次结构、数据流模式以及USB调度等。USB的物理连接采用的是有层次性的阶梯式星型拓扑结构。USB系统的拓扑结构如图8-28所示，可以看出，主机包含一个根集线器，用于提供USB设备的连接点，USB设备包含USB集线器（Hub）和USB功能部件（Function）。USB功能部件为USB系统提供具体的功能，如鼠标、键盘、扬声器、U盘、打印机以及游戏杆等。USB集线器给USB功能部件提供了更多的连接点。

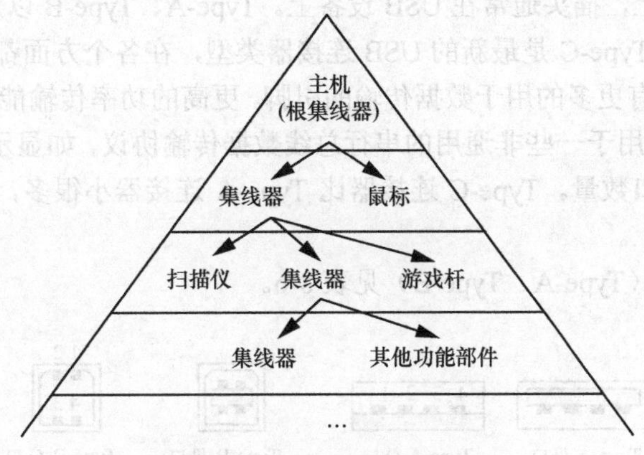

图8-28 USB系统的拓扑结构

2. USB系统的软件结构

USB系统的软件包含USB设备驱动程序、USB驱动程序和主控制器驱动程序，采用模块化分层结构，位于最底层的是主控制器驱动程序。USB系统的软件结构如图8-29所示。

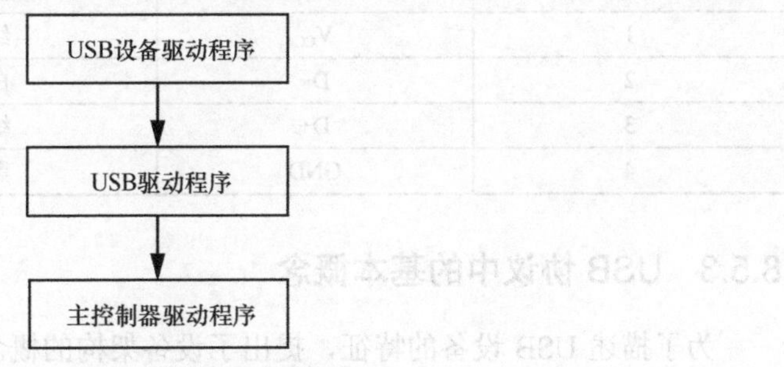

图8-29 USB系统的软件结构

① USB设备驱动程序

位于USB系统软件结构的最上层，是USB系统软件与USB应用程序的接口，用来实现对特定的USB设备（如显示器等）的管理和驱动。

② USB 驱动程序

用来实现 USB 的驱动、带宽的分配、管道的建立和控制管道的管理等功能，通常操作系统（如 Windows 98）可提供 USB 驱动程序。

③ 主控制器驱动程序

用来管理和控制 USB 主控制器硬件，一般 USB 主控制器是一个可编程的硬件接口，其驱动程序则用来实现与主控制器通信以及对其控制等功能。

3．USB 连接器类型

在 USB 的发展过程中，出现了几种主要的接口连接器类型：Type-A、Type-B、Micro 型、Mini 型以及 Type-C。需要注意的是，USB 连接器类型并不决定所支持的 USB 版本。如 USB Type-A 型连接器可以连接 USB 2.0 和 USB 3.0，但是 USB 版本将决定数据传输的最大速率。一般连接器分为插头（公口）和插座（母口），插座一般集成到主机（如计算机）上或集线器上，插头通常在 USB 设备上。Type-A、Type-B 以及 Type-C 连接器示意如图 8-30 所示。Type-C 是最新的 USB 连接器类型，在各个方面都优于所有其他类型的 USB 连接器。它有更多的用于数据传输的引脚，更高的功率传输能力，并且更加耐用。它的 24 针引脚可以用于一些非通用的串行总线数据传输协议，如显示器等，这可以减少移动设备所需的端口数量。Type-C 连接器比 Type-A 连接器小很多，并且支持盲插，而不必检查哪一面向上。

USB 引脚定义（Type-A、Type-B）见表 8-6。

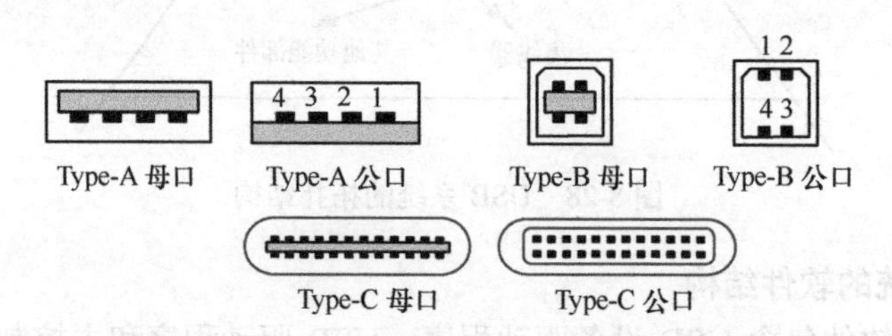

图 8-30　Type-A、Type-B 以及 Type-C 连接器示意

表 8-6　USB 引脚定义（Type-A、Type-B）

引脚	名称	线缆颜色	功能描述
1	V_{CC}	红	电源
2	D−	白	数据（负）
3	D+	绿	数据（正）
4	GND	黑	地

8.5.3　USB 协议中的基本概念

为了描述 USB 设备的特征，提出了设备架构的概念。也就是可以把 USB 设备看作由一些配置、接口、端点等逻辑组织而成。其中，配置和接口是对 USB 设备功能的抽象，而实际的数据传输由端点来完成。通常，用设备描述符来说明 USB 设备的总体情况，如设备包含多少个配置等信息。

配置：一个 USB 设备可以包含一个或多个配置。USB 设备在使用之前，必须为其

选择一个合适的配置。USB 各个配置的特性由配置描述符说明，如一个配置包含的接口数量等，必须给 USB 设备的每一个配置分配一个配置描述符。

接口：一个配置通常包含一个或多个接口，接口之间通常互不干扰，一个接口可以理解为一个功能。如对于 USB 光驱而言，如果用其传输文件，则使用的是大容量存储接口，如果用其播放 CD，则使用的是音频接口。

端点：端点是 USB 设备中的实际物理单元，用来存放和发送 USB 的各种数据，也是 USB 设备中唯一可识别的部分。USB 数据传输实际是在 USB 主机与 USB 设备的端点之间进行的。一个 USB 设备通常包含多个端点，每一个端点都有唯一的端点号。每个端点的数据传输方向一般是确定的，但是也有一些芯片提供了对端点数据方向进行配置的功能。利用设备地址、端点号和传输方向就可以实现数据在主机与 USB 设备之间的传输。

字符串：USB 设备通常还含有说明一些专用信息的字符串描述符，如设备制造商以及设备的序列号等信息，这些信息可以被用户读取。

管道：管道是主机和 USB 设备间通信流的抽象。USB 数据传输是在主机和 USB 设备的各个端点之间进行的，通常把它们之间的连接称为管道。

1. USB 的信号

USB 使用差分信号传输数据，差分信号是指利用两个信号的电压差来表示逻辑 1 或逻辑 0，而不是直接用数据线上的高低电平来表示。差分信号传输具有更强的抗干扰能力，当数据传输过程存在很强的外部干扰时，两条线路的电平可能会出现大幅度的升高或降低的情况，但是只要二者的电平变化方向和幅度一致，两者的电压差就可以保持不变，从而不影响数据的准确性。

USB 传输数据采用反向不归零编码（No Return Zero-Inverse，NRZI）方式。NRZI 编码方式的编码规则如图 8-31 所示，也就是对于逻辑 0，电平发生跳变（从高电平到低电平或者从低电平到高电平），对于逻辑 1，电平保持不变。NRZI 编码必须保持与输入数据的同步性，确保数据被正确采样。使用 NRZI 编码方式可以保证数据传输的完整性，而且不要求传输过程有独立的时钟信号。

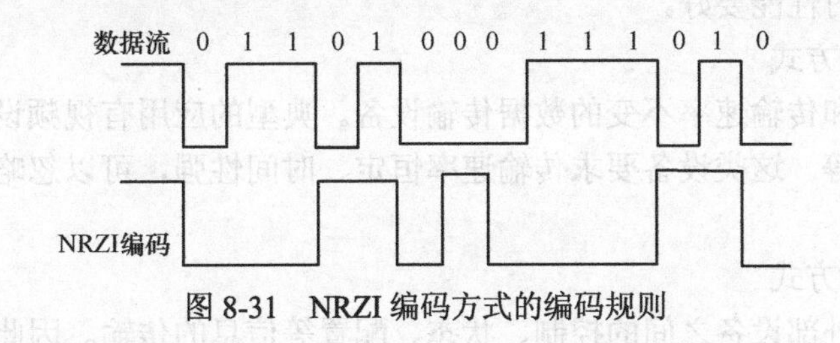

图 8-31 NRZI 编码方式的编码规则

2. 设备连接和速度检测

当有 USB 设备连接主机或集线器时，USB 系统要求能够自动检测到这个 USB 设备，并且识别其速率。USB 通过在 D+和 D−数据线上增加 1.5 kΩ 上拉电阻的方式来识别 USB 连接，USB 检测设备连接和速度的方式如图 8-32 所示。当没有 USB 设备连接时，D+和 D−数据线通过 15 kΩ 下拉电阻接地，D+和 D−数据线都为低电平。当有 USB 低速/全速设备连接以后，由于 USB 低速设备的 D−数据线上接有 1.5 kΩ 的上拉电阻，USB 全速设备的 D+数据线上接有 1.5 kΩ 的上拉电阻，这导致低速设备的 D−数据线、全速设备的

D+数据线会出现 V_{CC}×15/（15+1.5）的高电平电压。USB 主机通过检测这种电平变化检测设备连接和速度。

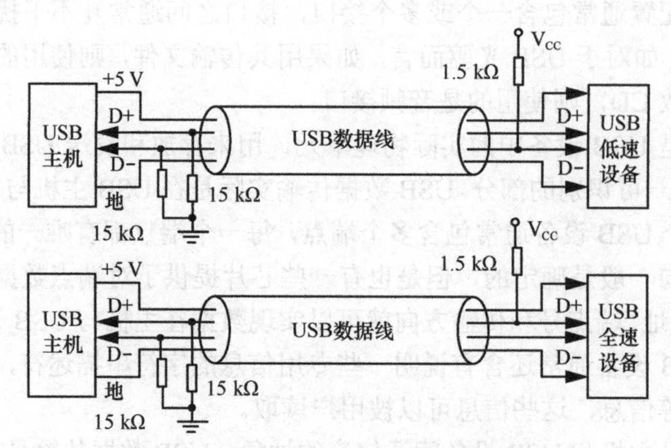

图 8-32　USB 检测设备连接和速度的方式

8.5.4　USB 通信传输方式

1．传输方式定义

USB 标准规定了 4 种传输方式，即数据块（Bulk）传输、中断传输、等时（Isochronus）传输和控制传输，主要是为了满足不同类型传输的需要。

① 数据块传输方式

用于传输大批数据，这种数据对实时性要求不是太高，但对数据的正确性要求很高，典型的应用有支持打印机、数码相机等设备的数据输入/输出。

② 中断传输方式

用于数据传输量小、但具有突发性特点的设备。典型的应用有鼠标、键盘、游戏棒等手动输入设备，这类设备不会因要传输大量的数据而占用 USB 较长的时间，但对响应时间敏感，即实时性能要好。

③ 等时传输方式

用于周期性和传输速率不变的数据传输设备。典型的应用有视频设备、数字声音设备、数码摄相机等。这类设备要求传输速率恒定、时间性强，可以忽略传输错误（没有安排差错校验）。

④ 控制传输方式

用于主机与外部设备之间的控制、状态、配置等信息的传输。因此，控制传输方式传输的是控制信息流，而不是数据流。这种方式为主机与外部设备之间提供了一个控制通道，例如，USB 设备接入时，主机将通过控制传输对此设备进行配置。控制传输方式是 USB 中最重要的传输方式，控制传输又包含控制读取、控制写入以及无数据控制 3 种不同的控制传输类型。每一种控制数据传输类型又包含设置阶段、数据传输阶段（无数据控制类型没有此阶段）以及状态阶段 3 个阶段。设置阶段主要完成从 USB 设备获取配置信息，并设置设备的配置值。数据传输阶段主要完成 USB 主机与 USB 设备之间的数据传输。状态阶段主要用来表示整个传输过程的结束。状态阶段数据传输的方向与数据传输阶段数据的传输方向相反，也就是当数据是从USB设备到USB主机（控制读取）时，状态阶段信息就是从USB主机到USB设备。

2．USB的传输结构

USB传输结构如图8-33所示，一个传输由多个事务构成，而一个事务通常由2～3个包组成，一个包由多个域构成。

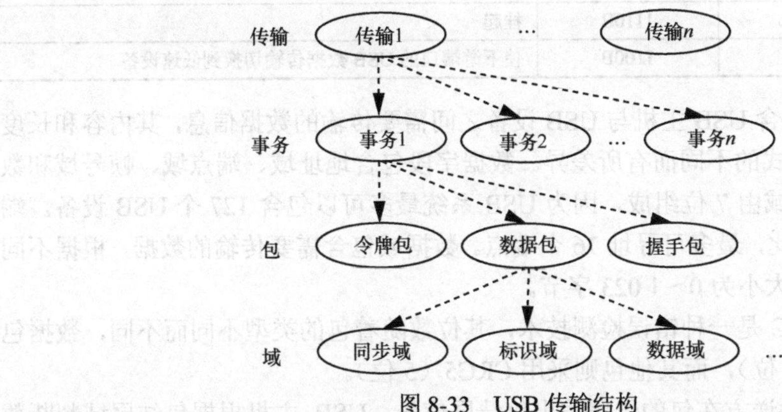

图8-33　USB传输结构

事务是指在USB上的一次数据信息接收或发送处理过程，因此，事务可以分为In事务、Out事务、Setup事务等。一个事务通常包含2～3个数据包，不同的事务类型以及设备状态包含包的数量和种类也是不同的。比如，正常的In事务通常包括令牌包、数据包和握手包，而如果设备忙或设备出错时，则只包含令牌包和握手包。

包是USB系统信息传输的基本单元，包可以分为令牌包、数据包、握手包和特殊包4种。USB包可以由多个域构成，包的基本格式如图8-34所示，包括同步域、标识域（Packet Identity Domain，PID）、包含多个域的数据字段、CRC域以及包结尾域。

同步域	标识域	数据字段	CRC域	包结尾域

图8-34　包的基本格式

① 同步域：由一个字节构成，用来使USB设备与总线的包传输同步，它的数值固定为00000001。

② 标识域：用来表示数据包的类型，由一个字节构成，其中4位（PID_0～PID_3）用来表示PID编码，另外4位（PID_4～PID_7）是PID检验码，检验码通过PID编码的每一位求反码得到。PID编码见表8-7。

表8-7　PID编码

包类型	PID名称	PID号	意义
令牌包	OUT	0001B	数据输出（数据从USB主机到USB设备）
	IN	1001B	数据输入（数据从USB设备到USB主机）
	SOF	0101B	帧的起始标记与帧码
	SETUP	1101B	开始控制传输

（续表）

包类型	PID 名称	PID 号	意义
数据包	DATA0	0011B	偶数数据包
	DATA1	1011B	奇数数据包
握手包	ACK	0010B	确认，表示接收到正确数据
	NAK	1010B	不确认，表示无法接收或发送数据
	STALL	1110B	挂起
特殊包	PRE	1100B	使下游端口的 USB 数据传输切换到低速设备

③ 数据字段：包含 USB 主机与 USB 设备之间需要传输的数据信息，其内容和长度随着 PID 域、传输方式的不同而有所差异。数据字段包含地址域、端点域、帧号域和数据域等。其中，地址域由 7 位组成，因为 USB 系统最多可以包含 127 个 USB 设备。端点域由 4 位组成，因此，最多可寻址 16 个端点。数据域包含需要传输的数据，根据不同的传输方式，其字节大小为 0～1 023 字节。

④ CRC 域：CRC 是一种错误检测技术，其位数随着包的类型不同而不同，数据包通常采用 CRC16（16 位），而其他包则采用 CRC5（5 位）。

⑤ 包结尾域：发送方在包的结尾发出包结尾信号，USB 主机根据包结尾域判断数据包的结束。

8.6 CAN 总线接口

8.6.1 CAN 总线概述

控制器局域网络（Controller Area Network，CAN）总线是在 20 世纪 80 年代中期由德国汽车电子系统供应商 BOSCH 公司开发，其最初的目的是让汽车更可靠、更安全，并降低汽车线束的复杂性。但是，由于 CAN 总线具有高性能、高可靠性和独特的设计，其应用范围已经扩展到机械、机器人、数字控制机床、医疗器械等领域。现在，关于 CAN 总线已有一套国际标准——ISO 11898，是国际上应用最广泛的现场总线之一。

CAN 总线的主要特点如下。

① 允许总线上有多个主机。

② 具有不同的消息优先级。

③ 可以通过消息优先级进行非破坏性的总线仲裁。

④ 具有 CRC 及其他错误检测和恢复机制，保证了数据传输的可靠性。

⑤ CAN 节点在错误严重时可以自动关闭输出，保证总线上其他节点不受影响。

⑥ 在物理层，CAN 总线协议支持差分数据传输。

⑦ CAN 总线具有很强的数据传输实时性，CAN 控制器可以在多种方式下工作，网络中的各节点都可以根据总线访问优先级竞争向总线发送数据，且 CAN 总线协议对通信数据进行编码而不是对站地址进行编码，这样可使不同的节点同时接收相同的数据，这些特点可以保证 CAN 总线数据传输的实时性。

⑧ CAN 通过对报文进行滤波就可以实现点对点、一对多及全局广播等不同的数据传输方式。

⑨ CAN 的节点数主要取决于总线的驱动能力。

⑩ 采用短帧结构，传输时间短。

⑪ 直接通信距离最远可达 10 km，通信速率可达 1 Mbit/s。

8.6.2　CAN 的报文传输

1．CAN 的通信参考模型

CAN 只采用了开放式系统互联（Open System Interconnection，OSI）模型中的物理层和数据链路层。CAN 通信模型的分层结构如图 8-35 所示。

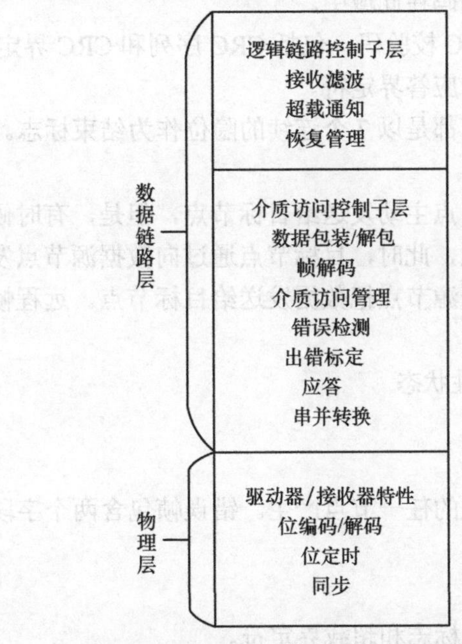

图 8-35　CAN 通信模型的分层结构

① 物理层

物理层主要定义信号怎样传送，涉及的是电气连接、驱动器/接收器特性、位编码/解码、位定时及同步等内容。CAN 物理层选择灵活，可以采用共地的单线制、双线制、同轴电缆、双绞线、光缆等。

② 数据链路层

CAN 的数据链路层包括逻辑链路控制（Logical Line Control，LLC）子层和介质访问控制（Media Access Control，MAC）子层。LLC 子层的功能主要是报文滤波、超载通知和恢复管理等。MAC 子层是 CAN 协议的核心，它的功能主要是传送规则，即控制帧结构、执行总线仲裁、错误检测、出错标定和故障界定等。

2．报文传送与帧结构

CAN 的报文由数据帧、远程帧、错误帧和超载帧等 4 种不同类型的帧表示和控制。数据帧包含所需要传输的数据；远程帧由总线单元发送，用来请求发送具有相同标识符的数据帧；错误帧在检测到总线出错后，可由任何单元发送；超载帧用于提供当前的和后续的数据帧的附加。报文中的位流按照 NRZI 编码方式编码。

① 数据帧

一个数据帧通常包含帧起始、标识符、远程传送请求（Remote Transfer Request，RTR）位、控制域、数据域、CRC 域、应答域和帧结束等，数据域长度可以为 0。

帧起始：用来标志数据帧和远程帧的开始，它仅由一个显位构成。

标识符：用来表示数据的优先级。如果有几个节点需要同时发送数据，那么具有高优先级的节点优先发送。

RTR 位：用来编码远程传送请求。

控制域：控制域由 6 位组成，包含 4 位数据长度码位和 2 位保留位。

数据域：发送的数据被编码在此域中。

CRC 域：传递数据的 CRC 校验码，包括 CRC 序列和 CRC 界定符。

应答域：包括应答间隙和应答界定符。

帧结束：数据帧和远程帧都是以 7 个连续的隐位作为结束标志。

② 远程帧

数据传输通常由数据源节点主动发送给目标节点，但是，有时候也会出现目标节点向源节点请求数据发送的情况，此时，目标节点通过向数据源节点发送一个远程帧来激活该数据源节点，从而让数据源节点把数据发送给目标节点。远程帧与数据帧存在以下两个不同点。

- 远程帧的 RTR 位为隐性状态
- 远程帧没有数据字段

③ 错误帧

错误帧由检测到总线错误的任一节点产生。错误帧包含两个字段：错误标志字段和错误界定字段。

④ 超载帧

超载帧包括两个位：超载标志和超载界定符。

8.7 可编程串行通信接口芯片 8251

8.7.1 8251 的结构及引脚

8251 是 Intel 公司生产的通用同步/异步收发器 USART（Universal Synchronous/Asyn-Chronous Receiver Transmilter），既能实现异步通信，也能实现同步通信，其结构和引脚分布如图 8-36 所示。

1．基本性能

（1）同步通信波特率为 0～64 kbit/s，异步通信波特率为 0～18.2 kbit/s。

（2）同步通信方式下，每个字符可为 5 位、6 位、7 位或 8 位。内同步与外同步两种方法实现同步，可进行奇偶校验。

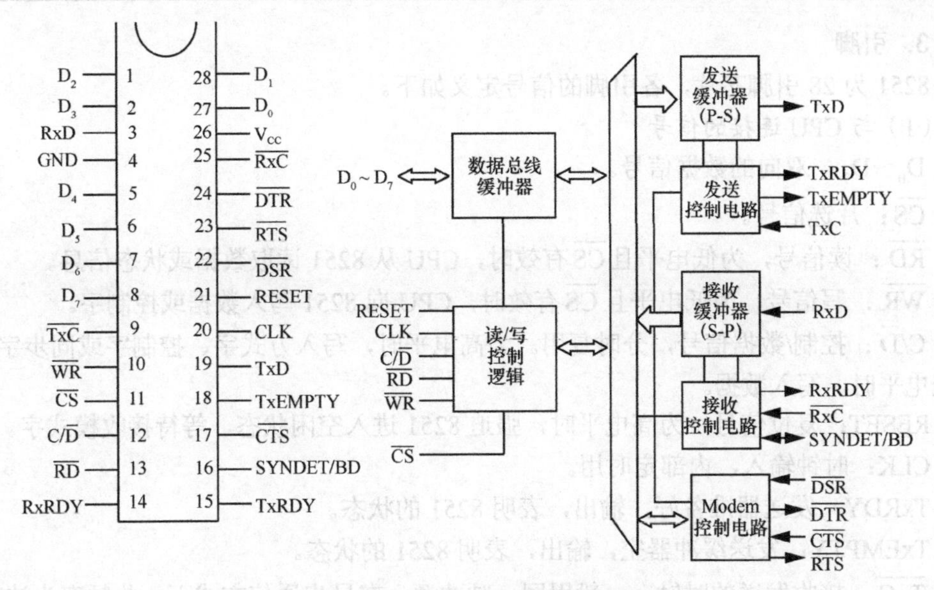

图 8-36　8251 结构及引脚分布

(3) 异步通信方式下，每个字符可定义为 5 位、6 位、7 位或 8 位，用 1 位作奇偶校验位。时钟频率可由软件定义。

(4) 能进行出错校验，带有奇偶、溢出和错误帧等检测电路。

2．结构

主要有数据总线缓冲器、读/写控制逻辑、发送缓冲器与发送控制电路、接收缓冲器与接收控制电路、Modem 控制电路。各个模块的功能如下。

(1) 数据总线缓冲器

通过 8 位数据线 D_0～D_7 把接收的信息传送至 CPU，接收 CPU 发来的信息传送至发送端口，把状态信息传送至 CPU，把方式字传送至方式寄存器，把控制字传送至控制寄存器，把同步字传送至同步字寄存器。

(2) 读/写控制逻辑

接收与读/写有关的控制信号 $\overline{CS}$、$C/\overline{D}$、$\overline{RD}$、$\overline{WR}$，组合产生 8251 执行的操作。

(3) 发送缓冲器与发送控制电路

发送缓冲器包括发送移位寄存器和数据输出寄存器。发送控制电路对串行数据的发送实行控制。当控制电路发现发送移位寄存器为空时，数据输出寄存器将来自 CPU 的数据传送至发送移位寄存器。发送移位寄存器通过 8251 的 TxD 引脚将串行数据发送出去。

(4) 接收缓冲器与接收控制电路

接收缓冲器包括接收移位寄存器和数据输入寄存器。串行输入的数据通过 8251 的 RxD 引脚逐位输入接收移位寄存器，然后变成并行格式输入数据输入寄存器，等待 CPU 读取。接收控制电路用来控制数据接收工作。

(5) Modem 控制电路

为 Modem 提供控制信号。数据通信传输的是数字信号，要求传输线的频带很宽，若传输带宽很窄，直接传输数字信号，信号容易发生畸变。因此，需用调制器将数字信号转换成模拟信号进行传输，接收方再用解调器将其转换成数字信号。

3．引脚

8251为28引脚芯片，各引脚的信号定义如下。

（1）与CPU连接的信号

$D_0 \sim D_7$：双向的数据信号。

$\overline{CS}$：片选信号。

$\overline{RD}$：读信号，为低电平且$\overline{CS}$有效时，CPU从8251读取数据或状态信息。

$\overline{WR}$：写信号，为低电平且$\overline{CS}$有效时，CPU向8251写入数据或控制字。

$C/\overline{D}$：控制/数据信号，分时复用。为高电平时，写入方式字、控制字或同步字符；为低电平时，写入数据。

RESET：复位信号，为高电平时，强迫8251进入空闲状态，等待接收模式字。

CLK：时钟输入，内部定时用。

TxRDY：发送器准备好，输出，表明8251的状态。

TxEMPTY：发送缓冲器空，输出，表明8251的状态。

$\overline{TxC}$：接收发送的时钟，一般用同一脉冲源。在异步通信方式下，此频率为波特率的若干倍（波特率因子）；在同步通信方式下，此频率与波特率相同。

RxRDY：接收器准备好，输出，表明8251的状态。

SYNDET/BD；同步检测/断路检测，双向。

$\overline{RxC}$：接收器时钟信号。

（2）与外部设备之间的接口信号

TxD：发送数据输出端，CPU送来的数据经串并转换后，通过TxD引脚输出给外部设备。

RxD：接收数据输入端，接收外部设备送来的串行数据，数据输入8251后转换为并行数据。

$\overline{RTS}$：请求发送信号，输出，低电平有效。这是8251向Modem或外部设备发送的控制信息，在初始化时，由CPU向8251写控制命令字来设置。该信号有效时，表示CPU请求通过8251向Modem发送数据。

$\overline{CTS}$：发送允许信号，输入，低电平有效，是Modem或外部设备传送给8251的信号，是对RTS的响应信号。只有当$\overline{CTS}$为有效低电平时，8251才执行发送操作。

$\overline{RTS}$：和$\overline{CTS}$一样，是8251与通信双方的一对联络信号。

$\overline{DTR}$：DTE准备好，8251送往外部设备的信号。

$\overline{DSR}$：DCE准备好，外部设备传送至8251的信号，表示外部设备准备好数据。

$\overline{DTR}$和$\overline{DSR}$是8251与通信对方的另一对联络信号。

8.7.2 8251的初始化

8251在使用前必须进行初始化，以确定工作方式、传输速率、字符格式以及停止位长度等，改变8251的工作方式时，必须再次进行初始化编程。8251的初始化主要包括工作方式控制字的写入、命令字的写入和状态字的读出。工作方式控制字用于规定8251的工作方式；命令字使8251处于规定的工作状态，准备接收或发送数据；状态字用于寄存8251的工作状态。

1．异步通信方式控制字

异步通信方式控制字格式如图 8-37 所示，波特率因子用于描述时钟频率与波特率之间的关系。如要求 8251 进行异步通信、波特率因子为 64、字符长度为 8 位、采用奇校验、有两个停止位，则工作方式控制字为 11011111B。复位后当 C/$\overline{D}$=1 时写入。

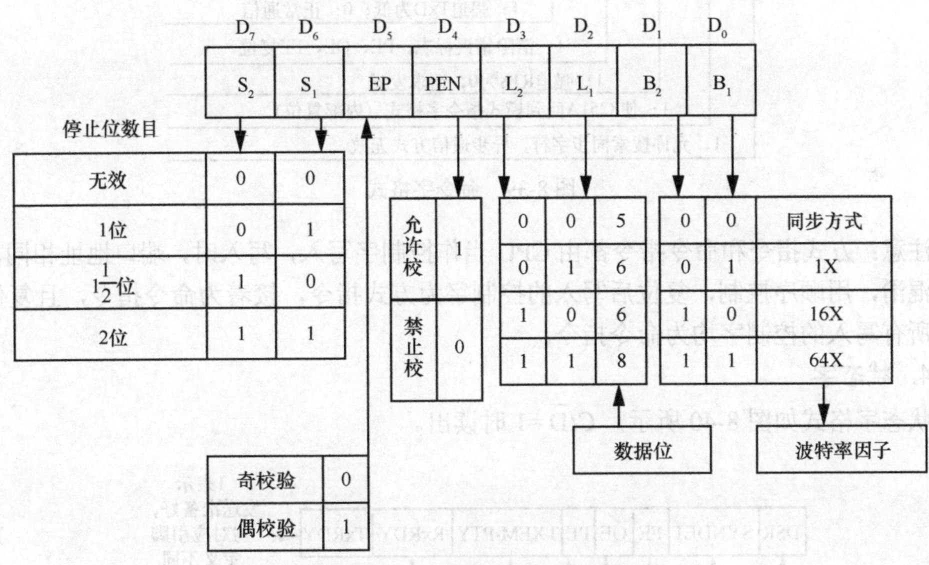

图 8-37　异步通信方式控制字格式

2．同步方式控制字

同步通信方式控制字格式如图 8-38 所示，如要求 8251 作为同步通信接口、数据位为 8 位、有两个同步字符、采用偶校验，则工作方式控制字为 01111100B。复位后当 C/$\overline{D}$=1 时写入。

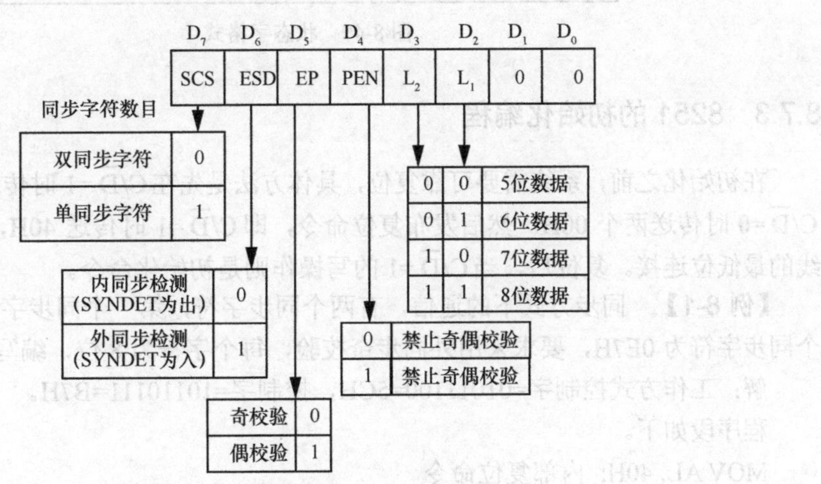

图 8-38　同步通信方式控制字格式

3．命令字

命令字格式如图 8-39 所示，通信过程中，C/$\overline{D}$=1 时写入。

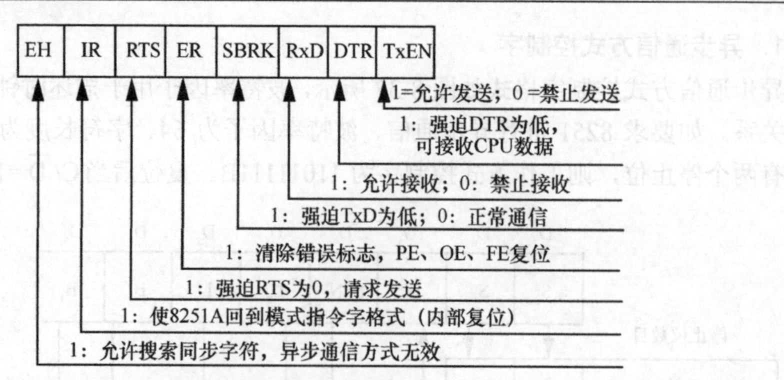

图 8-39　命令字格式

注意：方式指令和命令指令都由 CPU 当作控制字写入，写入时，端口地址相同，为避免混淆，用顺序控制，复位后写入的控制字为方式指令，接着为命令指令，且复位以前，所有写入的控制字均为命令指令。

4．状态字

状态字格式如图 8-40 所示，$C/\overline{D}$=1 时读出。

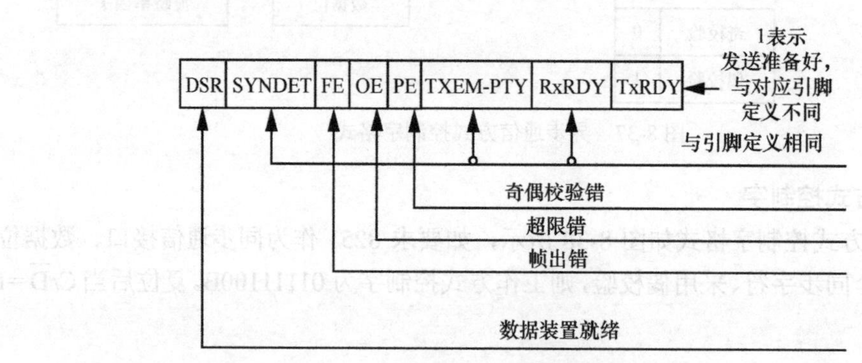

图 8-40　状态字格式

8.7.3　8251 的初始化编程

在初始化之前，系统需要可靠复位，具体方法是先在 $C/\overline{D}$=1 时传送 3 个 00H，再在 $C/\overline{D}$=0 时传送两个 00H。然后发布复位命令，即 $C/\overline{D}$=1 时传送 40H，$C/\overline{D}$ 通常与地址线的最低位连接。复位后，当 $C/\overline{D}$=1 的写操作则是初始化命令。

【例 8-1】　同步方式下的通信，有两个同步字符，第一个同步字符为 0A5H，第二个同步字符为 0E7H，要求采用外同步奇校验，每个字符为 8 位，编写相应的程序。

解：工作方式控制字=01011100=5CH，控制字=10110111=B7H。

程序段如下。

```
MOV AL, 40H; 内部复位命令
OUT PORTE, AL; 写入奇地址，使 8251 复位
MOV AL, 5CH; 工作方式控制字
OUT PORTS, AL
```

```
MOV AL, 0A5H; 第一个同步字符
OUT PORTS, AL
MOV AL, 0E7H; 第二个同步字符
OUT PORTS, AL
MOV AL, B7H; 命令字，设置控制源
OUT PORTS, AL; 启动发送器和接收器
```

【例 8-2】　异步外部接口如图 8-41 所示，要求在异步通信方式下，波特率因子为 16，数据为 8 位，有 1 位停止位，采用奇校验。在异步通信方式下输入 50 个字符，采用查询状态字的方法，在程序中要对状态寄存器的 RxRDY 位进行测试，查询 8251 是否已经从外部设备接收了一个字符。如果收到，D_1 位 RxRDY 变为有效的 1，CPU 用输入指令从偶地址取回数据输入数据缓冲区，当 CPU 读取字符后，RxRDY 自动复位，变为 0。除检测 RxRDY 位，还要检测 D_3 位（PE）、D_4 位（OE）、D_5 位（FE）是否出错，如果出错，则转错误处理程序，各种状态要求同例 8-1 的同步方式，编写相应的程序。

解：工作方式控制字=01011110=5EH，控制字=00110111=37H，

程序如下。

```
MOV AL, 40H; 复位 8251
OUT PORTS, AL
MOV AL, 5EH; 写入异步通信方式控制字
OUT PORTE, AL
MOV AL, 27H; 写入控制字
OUT PORTE, AL
MOV DI, 0; 变址寄存器置 0
MOV CX, 32H; 计数初值 50
INPUT: INAL, PORTE; 读取状态字
TEST AL, 02H; 测试状态字第 2 位 RxRDY
JZ INPUT; 8251 未收到字符，则重新读取状态
IN AL, PORTO; RxRDY 有效，从偶地址口输入数据
MOV DX, BUFFER; 缓冲区首地址送 DX
MOV DI, [DX+DI]; 将字符送入缓冲区
INC DI; 缓冲区指针加 1
IN AL, PORTE; 再读状态字
TEST AL, 38H; 测试有无 3 种错误
JNZ ERROR; 有错则转出错处理
LOOP INPUT; 无错，又不够 50 个字符，转 INPUT
ERROR: …
EXIT: …
```

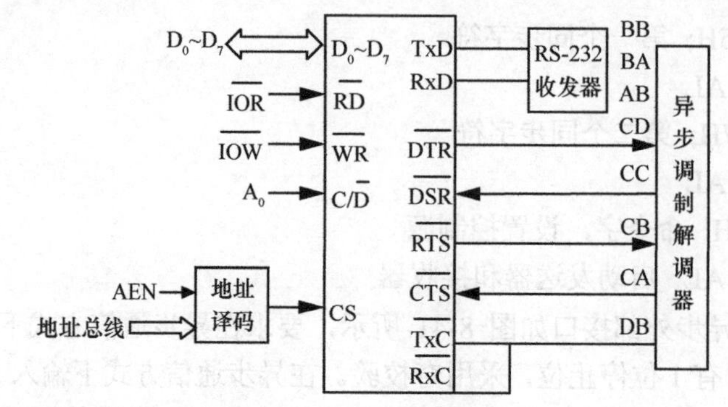

图 8-41　异步外部接口

8.8 USB 转接芯片 CH341

8.8.1　CH341 概述

CH341 是一个 USB 转接芯片，CH341 接口如图 8-42 所示，该芯片可提供异步串口、打印口、并口以及常用的 2 线/4 线同步串行接口。

在异步串口方式下，CH341 提供串口发送使能、串口接收就绪等交互式的速率控制信号以及常用的 Modem 联络信号，为计算机扩展异步串口，或者将普通的串口设备直接升级为 USB。

在打印口方式下，CH341 提供了兼容 USB 相关规范和 Windows 操作系统的标准 USB 打印口，将普通的并口打印机直接升级为 USB。

在并口方式下，CH341 提供了增强型并口（Enhanced Parallel Port，EPP）方式或存储器读/写（MEM）方式的 8 位并行接口，在不需要单片机/DSP/MCU 的环境下，可直接输入/输出数据。

除此之外，CH341B/F/A 还支持一些常用的同步串行接口，如 2 线（SCL 线、SDA 线）接口和 4 线（CS 线、SCK/CLK 线、MISO/SDI/D_{in} 线、MOSI/SDO/D_{out} 线）接口等。

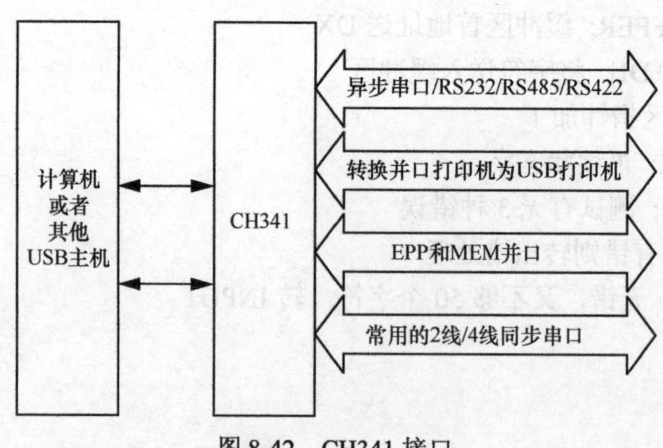

图 8-42　CH341 接口

8.8.2 CH341 引脚定义

CH341 的具体功能由复位后的功能配置决定，同一引脚在不同功能下的定义可能不同。CH341T 和 CH341H 采用 SSOP-20 封装，是 CH341A 的简装版，三者相同名称的引脚具有相同的功能。相关引脚的定义见表 8-8～表 8-12。

表 8-8 标准的公共引脚

引脚号			引脚名称	类型	引脚说明
CH341A	CH341T	CH341H			
28	20，13	20	V_{CC}	电源	正电源输入端，需要外接 0.1 μF 电源退耦电容
12，0	11，12	7，18	GND	电源	公共接地端，直接连接 USB 的地线
9	6	4	V3	电源	在 3.3 V 电源电压时，连接 V_{CC} 输入外部电源， 在 5 V 电源电压时，外接容量为 0.01～0.1 μF 的电源退耦电容
13	9	8	XI	输入	晶体振荡的输入端，需要外接晶体及振荡电容
14	10	9	XO	输出	晶体振荡的反相输出端，需要外接晶体及振荡电容
10	7	5	UD+	USB 信号	直接连接 USB 的 D+数据线
11	8	6	UD–	USB 信号	直接连接 USB 的 D–数据线
1	1	1	ACT#	输出	USB 设备配置完成状态输出，低电平有效
2	无	2	RSTI	输入	外部复位输入，高电平有效，内置下拉电阻
24	16	无	SCL	开漏输出	芯片功能配置输出，内置上拉电阻， 可以接串行 EEPROM 配置芯片的 SCL 引脚
23	15	无	SDA	开漏输出及输入	芯片功能配置输入，内置上拉电阻， 可以接串行 EEPROM 配置芯片的 SDA 引脚

表 8-9 异步串口方式的引脚

引脚号		引脚名称	类型	引脚说明
CH341A	CH341T			
5	3	TxD	输出	串行数据输出
6	4	RxD	输入	串行数据输入，内置上拉电阻
27	19	TEN#	输入	串口发送使能，低电平有效，内置上拉电阻
25	17	RDY#	输出	串口接收就绪，低电平有效
26	18	TNOW	输出	串口发送正在进行的状态指示，高电平有效
4	2	ROV#	三态输出	串口接收缓冲区溢出，低电平有效
15	无	CTS#	输入	Modem 联络输入信号，清除发送，低电平有效
16	无	DSR#	输入	Modem 联络输入信号，数据装置就绪，低电平有效
17	无	RI#	输入	Modem 联络输入信号，振铃指示，低电平有效
18	无	DCD#	输入	Modem 联络输入信号，载波检测，低电平有效
20	无	DTR#	三态输出	Modem 联络输出信号，数据终端就绪，低电平有效
21	无	RTS#	三态输出	Modem 联络输出信号，请求发送，低电平有效
19	无	OUT#	三态输出	自定义通用输出信号，低电平有效
7	5	INT#	输入	自定义中断请求，上升沿有效，内置上拉电阻
8	无	IN_3	输入	自定义通用输入信号，建议悬空不用
3	无	IN_7	输入	自定义通用输入信号，建议悬空不用
22	14	SLP#	三态输出	睡眠状态输出信号，低电平有效

表 8-10　打印口方式的引脚

H341A 引脚号	引脚名称	类型	引脚说明
15～22	D_0～D_7	三态输出	8 位并行数据输出，接 $DATA_0$～$DATA_7$
25	STB#	输出	数据选通输出，低电平有效，接 STROBE
4	AFD#	输出	自动换行输出，低电平有效，接 AUTO-FEED
26	INI#	输出	初始化打印机，低电平有效，接 INIT
3	SIN#	三态输出	选中打印机，低电平有效，接 SELECT-IN
5	ERR#	输入	打印机出错，低电平有效，内置上拉电阻，接 ERROR 或 FAULT
8	SLCT	输入	打印机联机，高电平有效，内置上拉电阻，接 SELECT 或 SLCT
6	PEMP	输入	打印机缺纸，高电平有效，内置上拉电阻，接 PEMPTY 或 PERROR
7	ACK#	输入	打印机数据接收应答，上升沿有效，内置上拉电阻，接 ACK
27	BUSY	输入	打印机正忙，高电平有效，内置上拉电阻，接 BUSY

表 8-11　并口方式的引脚

CH341A 引脚号	引脚名称	类型	引脚说明
15～22	D_0～D_7	双向三态	8 位双向数据总线，内置上拉电阻
25	WR#	输出	EPP 方式：写操作指示，低电平写，高电平读
			MEM 方式：写选通输出 WR#，低电平有效
4	DS#	输出	EPP 方式：数据操作选通，低电平有效
			MEM 方式：读选通输出 RD#，低电平有效
26	RST#	输出	复位输出，低电平有效
3	AS#	三态输出	EPP 方式：地址操作选通，低电平有效
			MEM 方式：地址线输出 ADDR 或者 A0
27	WAIT#	输入	对于 CH341A 芯片：请求等待，低电平有效，内置上拉电阻
7	INT#	输入	中断请求输入，上升沿有效，内置上拉电阻
5	ERR#	输入	自定义通用输入，内置上拉电阻
8	SLCT	输入	自定义通用输入，内置上拉电阻
6	PEMP	输入	自定义通用输入，内置上拉电阻

表 8-12　同步串口方式的引脚

引脚号		引脚名称	类型	引脚说明
CH341A	CH341H			
22	17	DIN	输入	4 线串口数据输入，别名 MISO 或 SDI，内置上拉电阻
21	16	DIN_2	输入	5 线串口数据输入 2，内置上拉电阻
20	15	DOUT	三态输出	4 线串口数据输出，别名 MOSI 或 SDO
19	14	$DOUT_2$	三态输出	5 线串口数据输出 2
18	13	DCK	三态输出	4 线/5 线串口时钟输出，别名 SCK
15～17	10～12	CS_0～CS_2	三态输出	4 线串口片选输出 0#～2#
24	无	SCL	开漏输出	2 线串口的时钟输出，内置上拉电阻
23	无	SDA	开漏输出及输入	2 线串口的数据输入输出，内置上拉电阻
26	19	RST#	输出	复位输出，低电平有效
7	3	INT#	输入	中断请求输入，上升沿有效，内置上拉电阻
5，8，6	无		输入	自定义通用输入，内置上拉电阻

8.8.3 功能说明

1. 硬件说明

CH341 的部分引脚具有多个功能，在芯片复位期间与复位完成后具有不同的特性。所有类型为三态输出的引脚，都内置了上拉电阻，在芯片复位完成后作为输出引脚，而在芯片复位期间，三态输出被禁止，由内置的上拉电阻提供上拉电流。也可以在电路中再加入外置的上拉电阻或下拉电阻，从而设定相关引脚在 CH341 复位期间的默认电平，外置上拉电阻或下拉电阻的阻值通常为 2～5 kΩ。例如，并口方式下的 AS#在芯片复位期间禁止三态输出，为了避免外部电路在此期间受到干扰而误操作，可以加入阻值为 3 kΩ 的上拉电阻，以维持较稳定的高电平。

CH341 的 ACT#引脚用于 USB 设备配置完成状态输出。当 USB 设备尚未配置或者取消配置时，该引脚输出高电平，当 USB 设备配置完成后，该引脚输出低电平。ACT#引脚可以外接串联了限流电阻的发光二级管，用于指示 USB 设备的配置完成状态。

CH341 内置了 USB 上拉电阻，UD+和 UD−引脚应该直接连接 USB。

CH341 内置了电源上电复位电路。CH341 的 RSTI 引脚用于从外部输入异步复位信号；当 RSTI 引脚为高电平时，CH341 被复位；当 RSTI 引脚恢复为低电平后，CH341 会继续延时 20 ms 左右复位，然后进入正常工作状态。为了在电源上电期间可靠复位并且减少外部干扰，可以在 RSTI 引脚与 V_{CC} 之间跨接一个容量为 0.1 μF 左右的电容。

CH341A/T/H 在正常工作时，需要外部向 XI 引脚提供 12 MHz 的时钟信号。在一般情况下，时钟信号由 CH341 内置的反相器通过晶体稳频振荡产生。外围电路只需要在 XI 和 XO 引脚之间连接一个 12 MHz 的晶体和对地振荡电容。

CH341B/F/C 支持外部时钟和内置时钟两种模式，外部时钟模式参考上述 CH341A 外接 12 MHz 晶体及电容，内置时钟模式应该将 XI 引脚接 GND，并悬空 XO 引脚。

CH341 支持 5 V 或 3 V 电源电压。当使用 5 V 电源电压时，CH341 的 V_{CC} 引脚输入外部 5 V 电源，并且 V3 外接容量为 0.01～0.1 μF 的电源退耦电容。当使用 3.3 V 工作电压时，CH341 的 V3 引脚应该与 V_{CC} 引脚相连，与 CH341 相连的其他电路的工作电压不能超过 3.3 V。

2. 功能配置

CH341 通过 SCL 和 SDA 引脚配置芯片的功能，有直接组合配置和外部芯片配置两种方式。直接组合配置是指将 SCL 引脚和 SDA 引脚进行连接组合，配置 CH341 的功能，直接组合配置见表 8-13。直接组合配置的特点是无需增加成本，但只能使用默认的厂商 ID 和产品 ID 等信息。在直接组合配置方式下，除了产品 ID，其他信息与外部芯片配置的默认值相同。CH341H 在内部已经将 SDA 接低电平。

表 8-13 直接组合配置

SCL 和 SDA 的引脚状态	芯片功能	默认的产品 ID
SDA 悬空，SCL 悬空	USB 转异步串口，仿真计算机串口	5523H
SDA 接低电平，SCL 悬空	USB 转 EPP/MEM 并口及同步串口	5512H
SDA 与 SCL 直接相连	转换并口打印机到标准 USB 打印机	5584H

外部芯片配置由SCL引脚和SDA引脚组成2线同步串口，连接外部的串行EEPROM配置芯片，通过EEPROM配置芯片定义芯片功能、厂商ID、产品ID等。配置芯片应该选用7位地址的24CXX系列芯片，如24C01A、24C02、24C04、24C16等。外部芯片配置的特点是可以灵活地定义芯片功能和USB产品的各种常用识别信息。通过Windows操作系统的工具软件CH341CFG.EXE，可以随时在线修改串行EEPROM配置芯片中的数据，重新定义CH341的芯片功能和各种识别信息。

一般情况下，复位后CH341首先通过SCL和SDA引脚查看外部配置芯片中的内容，如果内容无效，那么根据SCL和SDA的状态使用直接组合配置。为了避免上述配置过程使用SCL和SDA影响2线同步串口，可以在配置期间将CH341的ACT#引脚通过2 kΩ的电阻置为低电平，那么CH341将被强行配置为EPP/MEM并口及同步串口，而不会主动查看外部配置芯片。

CH341B、CH341F以及CH341C支持批量化功能程序定制以及批量化预置产品ID等。外部芯片配置见表8-14，给出了外部串行EEPROM配置芯片中的内容。其中，CFG定义的配置见表8-15。

表8-14 外部芯片配置

字节地址	简称	说明	默认值
00H	SIG	外部配置芯片有效标志，首字节必须是53H，其他值则配置数据无效，使用直接组合配置	53H
01H	MODE	选择通信接口：23H=串口，12H=打印口或并口，其他值则配置数据无效，使用直接组合配置	23H或12H
02H	CFG	芯片的具体配置，参考表8-15的按位说明	FEH
03H		（保留单元，必须为00H或0FFH）	00H
05H～04H	VID	Vendor ID，厂商识别码，高字节在后，任意值	1A86H
07H～06H	PID	Product ID，产品识别码，高字节在后，任意值	55??H
09H～08H	RID	Release ID，产品版本号，高字节在后，任意值	0100H
17H～10H	SN	Serial Number，产品序列号字符串，长度为8位	12345678
7FH～20H	DID	打印口：按照IEEE-1284定义的打印机的设备ID字符串	00H，00H
	PIDS	串口或者并口：非打印机的产品说明字符串	
其他地址		（保留单元）	00H或FFH

表8-15 CFG定义的配置

位地址	简称	说明	默认值
7	PRT	选择通信接口：对于串口，该值必须为1 对于非串口：0=标准USB打印口；1=并口	1
6	PWR	USB设备供电方式：0=外部及USB；1=仅USB	1
5	SN-S	产品序列号字符串：0=有效；1=无效	1
4	DID-S	打印机的设备ID字符串：0=有效；1=无效	1
	PID-S	非打印机的产品识别码：0=有效；1=无效	1
3	SPD	打印口的数据传输速度：0=高速；1=低速/标准	1
2	SUSP	USB空闲时自动挂起及低功耗：0=禁止；1=允许	1
1	PROT	定义USB设备的配置描述符中的接口协议：对于串口或者并口，有效值是0～3，建议为0；对于标准USB打印口，有效值是1和2，建议为2	1
0			0

3．异步串口

在异步串口方式下，CH341 的引脚包括数据传输引脚、硬件速率控制引脚、工作状态引脚、Modem 联络信号引脚和辅助引脚。

数据传输引脚包括 TxD 引脚和 RxD 引脚。串口空闲时，TxD 和 RxD 应该为高电平。

硬件速率控制引脚包括 TEN#引脚和 RDY#引脚。TEN#是串口发送使能，当其为高电平时，CH341 将暂停从串口发送数据，直到 TEN#为低电平才继续发送。RDY#引脚是串口接收就绪，当其为高电平时，说明 CH341 还未准备好接收，暂时不能接收数据，有可能是芯片正在复位、USB 尚未配置或取消配置、串口接收缓冲区已满等。

工作状态引脚包括 TNOW 引脚和 ROV#引脚。TNOW 以高电平指示 CH341 正在从串口发送数据，发送完成后为低电平，在半双工串口方式下，TNOW 可以用于指示串口收/发切换状态。ROV#以低电平指示 CH341 内置的串口接收缓冲区即将或已经溢出，后面的数据将有可能被丢弃，正常情况下接收缓冲区不会溢出，所以 ROV#应该为高电平。

Modem 联络信号引脚包括 CTS#引脚、DSR#引脚、RI#引脚、DCD#引脚、DTR#引脚、RTS#引脚。这些 Modem 联络信号都是由计算机应用程序控制并定义其用途的，而非直接由 CH341 控制，如果需要较快的速率控制信号，可以用硬件速率信号代替。

辅助引脚包括 INT#引脚、OUT#引脚、IN3 引脚和 IN7 引脚。INT#是自定义的中断请求输入，当其检测到上升沿时，计算机将收到通知；OUT#是通用的低电平有效的输出信号，计算机应用程序可以设定其引脚状态。这些辅助引脚都不是标准的串口信号，用途类似于 Modem 联络信号。

CH341 内置了独立的收发缓冲区，支持单工、半双工或全双工异步串行通信。串行数据包括 1 个低电平起始位、5～9 个数据位、1 或 2 个高电平停止位，支持奇校验/偶校验/标志校验/空白校验。CH341 支持常用的通信波特率标准。在外部时钟模式下，串口发送信号的波特率误差小于 0.3%，在内置时钟模式下，串口发送信号的波特率误差小于 1.3%，串口接收信号波特率的允许误差不小于 2%。

在计算机的 Windows 操作系统下，CH341 的驱动程序能够仿真标准串口，所以绝大部分与原来的串口应用程序完全兼容，串口应用程序通常不需要作任何修改。除此之外，CH341 还支持以标准的串口通信方式间接访问 CH341 外挂的串行 EEPROM 存储器。

CH341 可以用于升级原串口外围设备，或通过 USB 为计算机增加额外串口。通过外加电平转换器件，可以进一步提供 RS232、RS485、RS422 等接口。

4．打印口

打印口方式下，CH341 的引脚可以参照标准 Centronic 打印机接口的信号。

CH341 提供了标准的 USB 打印口，兼容 USB 规范、IEEE-1284 标准和 Windows 操作系统，在计算机的 Windows 2000、XP 和 Vista 操作系统下，不需要驱动程序（实际情况是 Windows 操作系统已经自带驱动程序），所有驱动程序和支持打印的应用程序都完全兼容，不需要作任何修改。

CH341 的打印口支持两种 USB 打印机的接口协议，可以在外部 EEPROM 配置芯片中定义，通过 USB 设备的配置描述符指明接口协议，PROT=1 为单向传输接口，PROT=2 为双向传输接口。在默认情况下，CH341 选择双向传输接口，数据传输效率比单向接口稍高，符合 IEEE-1284 标准。

CH341 的打印口支持两种数据传输速度：低速打印方式（标准打印方式）和高速打印方式。在低速打印方式下，CH341 需要检测打印机的应答信号 ACK#和忙状态信号 BUSY，并且数据选通脉冲 STB#的有效宽度是 1 μs，理想状态下的数据传输速度为 500 kbit/s。在高速方式下，数据选通脉冲 STB#的有效宽度是 0.5 μs，理想状态下的数据传输速度为 800 kbit/s。CH341 可以用于将各种标准的原并口打印机转换为 USB 打印机。

思 考 题

1. 简述计算机串行接口应具备的功能。
2. 在串行通信中波特率是指什么？
3. 串行异步通信字符格式中的停止位和空闲位有什么不同？
4. 8251 内部有哪些功能模块？其中，读/写控制逻辑电路的主要功能是什么？
5. 在串行异步通信中，通常采用 RS-232C 标准接口，简述该接口中 TxD、RxD、RTS、CTS、DSR、DTR 引脚信号功能。

第9章 A/D与D/A转换

9.1 A/D转换简介

9.1.1 概述

一个计算机控制系统的模拟信号输入和控制系统示意如图 9-1 所示。其中，A/D 转换器和 D/A 转换器分别是模拟量输入和模拟量输出的核心部件，并由此构成一个闭环的实时控制系统。

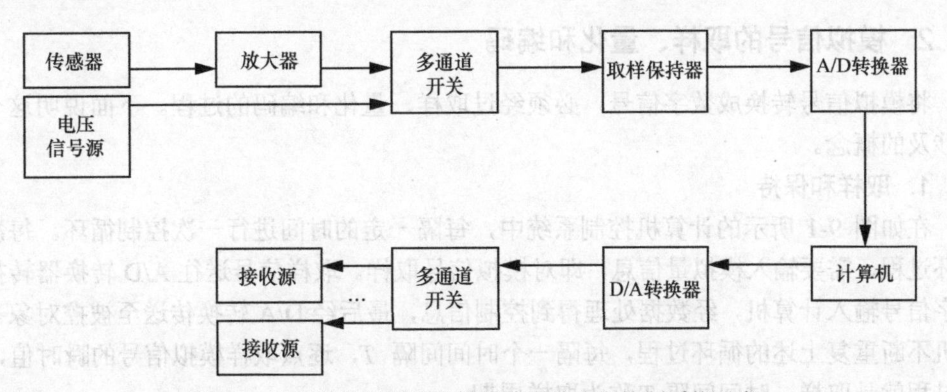

图 9-1 计算机控制系统的模拟信号输入和控制系统示意

计算机通过 A/D 转换器和 D/A 转换器实现了对物理量的连续处理。在微型计算机系统的应用中，数据采集占有一定的比例。这里以数据采集为例，介绍一些基本内容。

（1）传感器

在实际应用中，外界输入的各种物理信号都需要经过传感器转换成模拟信号或电压信号才能被进一步处理。传感器的种类很多，在应用时应根据需求选择合适的传感器。传感器有温度、压力、位移、流量、液面、生理、光学、色谱、霍尔等不同类型，使用的材料、制作工艺也不尽相同，相关的内容可参阅有关专业资料。

（2）放大器

传感器送出的信号往往很微弱，并混有干扰信号，因此，必须去除干扰，并将微弱信号放大。这要求选用的放大器具有高精度、高开环增益或高共模抑制比。有时，应用现场的电压信号源与计算机系统的电平不匹配或者不能共地，则还需要进行电隔离。这些因素在选用放大器时都需要考虑。

（3）多通道开关（MUX）

出于某些应用的需求，多个被控对象的信号源需要共用一个取样保持器、一个 A/D 转换器，这时，就需要使用 MUX 来切换模拟信号。通过计算机控制，分时地使输入的模拟信号轮流与 A/D 转换器接通。这种分时控制方法，适用于处理速度要求不高的系统。另外，MUX 的使用可以有效地减少相应部件的数量，从而达到降低成本的目的。

（4）取样保持器（S/H）

由于 A/D 转换需要一定的时间，因此，对高速的模拟信号进行取样时，会发生 A/D 转换还没有结束取样信号就已经发生变化的现象。为了确保 A/D 转换的有效性，需要把取样信号保存下来，这个保存装置被称为取样保持器（Sample Hold，S/H）。S/H 中的取样信号被保存，直到 A/D 转换结束，然后由下次取样信号覆盖。

（5）A/D 转换器和 D/A 转换器

对取样后的信号进行量化，将模拟信号转换成数字信号称为 A/D 转换；反之，将数字信号转换成模拟信号，即为 D/A 转换。

（6）计算机

在控制系统中，计算机作为信息采集、加工处理的核心，它可以是单片机也可以是微型计算机或微处理器。

9.1.2 模拟信号的取样、量化和编码

将模拟信号转换成数字信号，必须经过取样、量化和编码的过程。下面说明这个过程涉及的概念。

1. 取样和保持

在如图 9-1 所示的计算机控制系统中，每隔一定的时间进行一次控制循环。每次的循环过程，需要输入模拟量信息，即对模拟信号取样。取样信号送往 A/D 转换器转换成数字信号输入计算机，经数据处理得到控制信息，最后经 D/A 转换传送至被控对象。计算机不断重复上述的循环过程，每隔一个时间间隔 T，逐点取样模拟信号的瞬时值，这个过程就是取样，时间间隔 T 称为取样周期。

模拟连续信号的取样和量化如图 9-2 所示，被取样的信号是一个连续的时间函数，设为 $f(t)$，周期性地取 $f(t)$ 的瞬时值得到离散信号 $f(nT)$。这个把时间上连续变化的信号变成一系列时间上不连续的脉冲信号的过程，称为取样过程或离散化过程。

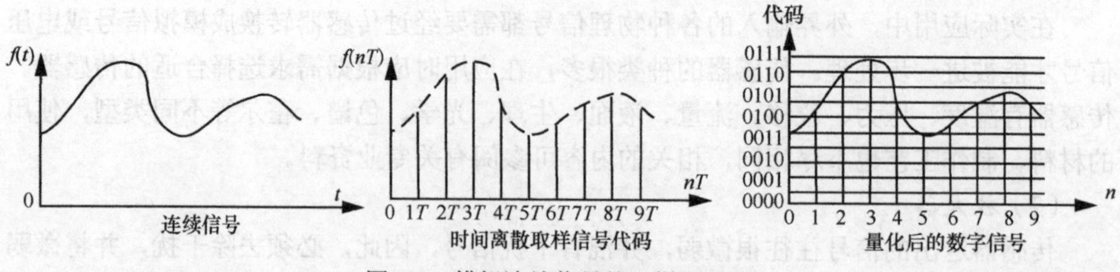

图 9-2 模拟连续信号的取样和量化

在取样过程中，将取样时刻 nT 的信号传送至 A/D 转换器，由于 A/D 转换需要一定

的时间，那么，取样后的信号就必须保存一段时间，维持到 A/D 转换结束。这个保存取样信息的装置，称为取样保持器。当连续信号变化较缓慢，在满足精度要求的条件下也可以不使用取样保持器。

2．取样定理

取样周期 T 是指第 n 次取样时间 $t(n)$和第 n+1 次取样时间 $t(n+1)$的时间间隔，即 $T=t(n+1)-t(n)$，取样频率是 $f=1/T$。

根据香农（Shannon）定理，设随时间变化的模拟信号的最高频率为 $f_{\max}$，只要使取样频率 $f \geqslant 2f_{\max}$，得到的取样信号就不会发生重叠现象。另外，对于混在信号中的其他高频信号，可以用一个理想的低通滤波器将其滤掉。但实际上，理想滤波器是不存在的，因此，信号的完全复原是不可能的。在工程上，只要满足一定的精度要求就可以了。由此可见，取样过程会造成信号的失真。

3．量化

取样后的信号仍然是数字上连续、时间上离散的模拟量，若用数字上和时间上都是离散的量化数字量来表示，就是用基本的量化电平 q 的个数来表示取样的模拟信号。例如，在图 9-2 中，若取样得到的信号的电压范围为 0～7 V（对应的二进制代码为 000～111），则可将其分为 8 层，每层为 1 V。每个分层的电压称为量化单位，每个分层的起始电压就是取样的数字量。若 t_0 时刻取样的实际电压为 3.7 V，它处于 3～4 V 层之间，因此，它对应的数字量为 3，依此类推，这个过程称为量化。

很显然，量化单位越小，电压的分层就越多，取样信号与量化信号之间的误差也就越小，精度也相应提高。此外，取样频率越高，量化过程的 T 就越小，同样也能提高量化精度。但是，取样频率越高，对 A/D 转换的品质要求也越高，这会增加相应的成本。

为了便于计算机的接收和处理，分层必须是 2^n，如上例的分层为 2^3。通常，用 n 来表示最小量化信号的能力，也就是 A/D 转换器的分辨率。

4．编码

编码就是对量化后的模拟信号（它一定是量化单位的整数倍）用二进制的数字编码来表示，如使用 BCD 码、补码、偏移二进制码（移码）等。

上述为 A/D 转换的全过程，而 D/A 转换则是 A/D 转换的逆过程。其中，量化和编码的原理也同样适用。

9.1.3　主要性能指标

A/D 转换器是将模拟信号转换成数字信号的电路器件。模拟信号可以是电信号，如电压、电流；也可以是非电信号，如压力、流量、温度、声音等。通常，这些模拟信号是通过传感器之类的装置进行采集的。从实用角度看，A/D 转换器的主要性能指标有以下几个。

1．精度

精度是指 A/D 转换器实际输出电压与理论输出电压之间的误差。精度有绝对精度和相对精度之分。通常，精度用最小有效位（Least Significant Bit，LSB）的分数值来表示。绝对精度是指理想条件，一般用 A/D 转换的数字位数表示，如 $\pm\frac{1}{2}$LSB。若满量程为 10 V，那么 10 位 A/D 转换的绝对精度为$\frac{1}{2}$LSB=$\frac{1}{2}\times(10\times10^3)\div2^{10}\ \text{V}\approx4.88\ \text{mV}$。相对精度通常用百分数表示，如 10 位的 A/D 转换器，其相对精度是$1\div2^{10}\approx0.1\%$。目前，A/D 转换器的精度范围为($\frac{1}{4}$～2)LSB。

2．分辨率

分辨率是指 A/D 转换器可以转换成数字信号的最小模拟电压值，即 A/D 转换最低有效位所具有的数值，如 8 位的 A/D 转换器分辨率为$\frac{1}{2^8}=\frac{1}{256}$。若满量程值为 5V，则 8 位 A/D 转换器的分辨率为$5\times\frac{1}{2^8}\ \text{V}\approx20\ \text{mV}$，若模拟信号输入值低于此值，转换器将不能识别。因此，分辨率也被称为对微小输入信号变化的敏感性。在实际应用中，常用位数来表示分辨率，如 8 位、10 位或 12 位 A/D 转换器的分辨率也为 8 位、10 位或 12 位。

值得注意的是，分辨率是指 A/D 转换器的最低有效位对微小输入信号的敏感性，精度则是由误差造成，两者不是一个概念。如 10 位 A/D 转换器满量程为 10 V，其分辨率为 9.77 mV，但实际上，精度受温度等因素影响，达不到这个指标。

一般 8 位以下 A/D 转换器的分辨率为低分辨率，9～12 位的为中分辨率，13 位以上的为高分辨率。

3．转换时间

转换时间是指完成一次 A/D 转换所需要的时间，即从启动转换命令时刻到转换结束信号（或输出数据就绪信号）时刻的时间间隔。转换时间的倒数称为转换速率。例如，15 位的逐次逼近式 A/D 转换，初始建立时间为 20 μs，每位的转换时间为 2 μs，于是总的转换时间是 50 μs，转换速率为 20 kHz。转换时间也被用来作为 A/D 转换的执行速度。目前，A/D 转换的执行速度有多个档次，毫秒（ms）级转换时间的为低速，微秒（μs）级的为中速；纳秒（ns）级的为高速，转换时间小于 1 ns 的为超高速。

4．电源变化灵敏度

电源变化灵敏度是指当 A/D 转换器的电源电压发生变化时，模拟输入信号产生的转换误差。一般要求电源电压 3%的变化造成的转换误差不应超过$\pm\frac{1}{2}$LSB。

5．温度系数

温度系数用来表示 A/D 转换受环境的影响，用每摄氏度温度变化所产生的相对误差来表示，单位为 ppm/℃（1 ppm 表示百万分之一）。

9.1.4　A/D 转换原理

A/D 转换器在将模拟信号转换成 n 位的数字信号时，实际上就是把连续变化的电压值转化成2^n个不同的数字值，并对每个取样值输出一个 n 位数字值。量化过程是个近似过程，只能从这2^n个数字中选取一个作为取样的近似值。因此，几乎所有的 A/D 转换器都有一个模拟比较器，以便使转换的数字值更接近实际的取样值。

完成 A/D 转换的方法很多，下面介绍 3 种常用的 A/D 转换方法，即计数器式、逐次逼近式和双积分式。

1．计数器（或伺服）式

计数器式是 A/D 转换最简单、最廉价的方法。它由一个计数器来控制 A/D 转换，计数器从 0 开始计数，A/D 转换器输出一个逐步上升的梯形电压。这时，输入的模拟电压和 A/D 转换生成的电压都被送入比较器进行比较，当两者一致或基本一致（在允许的量化误差范围内）时，比较器输出一个指示信号，立即停止计数器计数。此时，D/A 转换器的输出值是取样信号的模拟近似值，相应的数字值由计数器给出。

计数器式 A/D 转换的转换时间长，而且转换时间的长短不一致。

2．逐次逼近式

逐次逼近式 A/D 转换器由一个比较器、D/A 转换器（比较标准）和一些控制逻辑构成，逐次逼近式 A/D 转换原理如图 9-3 所示。逐次逼近式 A/D 转换的主要思想是将一个待转换的模拟输入信号与一个“推测”信号进行比较，调节“推测”信号的增减，逐步使“推测”信号向输入信号逼近。当“推测”信号“等于”输入信号时，即得到一个 A/D 转换的输入数字信号。

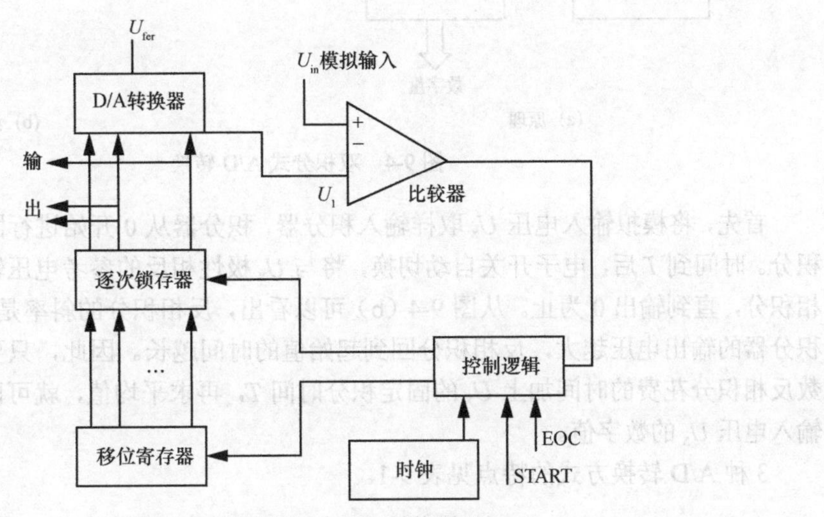

图 9-3 逐次逼近式 A/D 转换原理

具体做法是从最高位开始逐位试探。首先，将比较标准（D/A）寄存器各位清 0。转换时，先将最高位置 1，经 D/A 转换器输出 U_1，U_1 与输入模拟值 U_{in} 比较，如果 $U_{in}>U_1$，该位记 1，如果 $U_{in}<U_1$，该位记 0。然后，再将寄存器的下一位置 1，将 1 和上次所得的结果一起送入 D/A 转换器，转换后得到的 U_1 继续与 U_{in} 比较，由 $U_{in}>U_1$ 或 $U_{in}<U_1$ 来判断该位的值是 1 还是 0，如此重复，直至最低位完成同一过程。最后，寄存器中从最高位到最低位的最终值就是 A/D 转换的结果。

计数器式和逐次逼近式都属于反馈式比较型 A/D 转换器。对于 *n* 位的 A/D 转换器，逐次逼近式只需要进行 *n* 次比较就可以完成转换，而计数器式 A/D 转换的比较次数最多需要 2^n 次。因此，逐次逼近式的性能价格比较高，是常用的一种 A/D 转换方法。

3．双积分（或双斜）式

双积分式 A/D 转换的特点是转换精度高、抗工频干扰能力强，但转换速度较慢，双积分式 A/D 转换如图 9-4 所示。双积分式 A/D 转换器由比较器、积分器和控制逻辑等构成，双积分式 A/D 转换原理如图 9-4（a）所示。双积分式 A/D 转换是对模拟输入电压和参考电压进行两次积分，将其转换成与输入电压 U 成比例的时间值来间接测量，因此，也称为时间–电压型 A/D 转换。

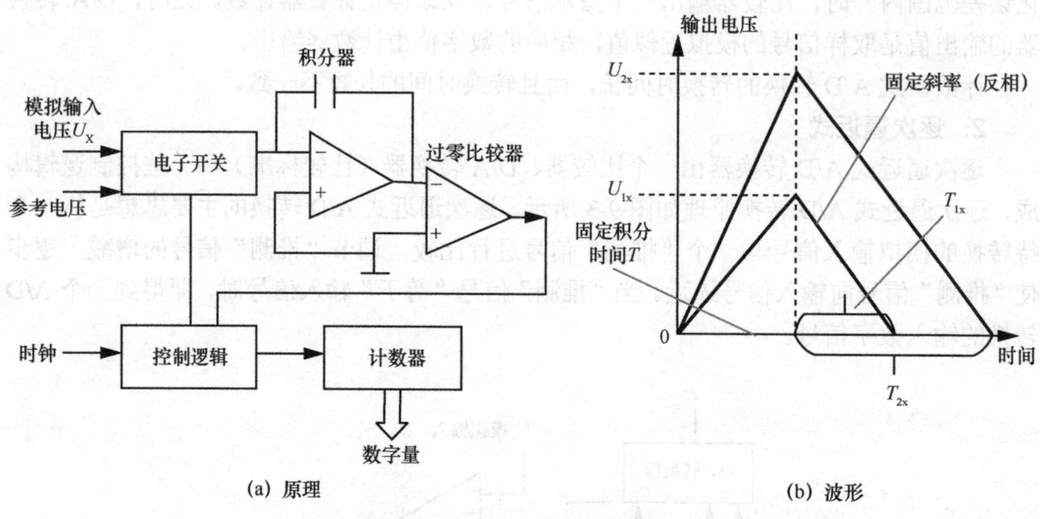

图 9-4　双积分式 A/D 转换

首先，将模拟输入电压 U_x 取样输入积分器，积分器从 0 开始进行固定时间 T 的正向积分。时间到 T 后，电子开关自动切换，将与 U_x 极性相反的参考电压输入积分器进行反相积分，直到输出 0 为止。从图 9-4（b）可以看出，反相积分的斜率是固定的，U_x 越大，积分器的输出电压越大，反相积分回到起始值的时间越长。因此，只要用高频时钟来计数反相积分花费的时间加上 U_x 的固定积分时间 T，再求平均值，就可以得到相应的模拟输入电压 U_x 的数字值。

3 种 A/D 转换方式的特点见表 9-1。

表 9-1　3 种 A/D 转换方式的特点

转换方式	转换精度	转换速度	价格	特点
计数器式	一般	较慢	低	电路简单，但转换时间不一致
逐次逼近式	较高	快	低	采用闭环控制，可靠性高
双积分式	高	慢	较高	转换频率小于 10 MHz

9.1.5　A/D 转换器的应用

目前，常用的 A/D 转换器芯片有很多种，为了更好地理解 A/D 转换器的应用，以 ADC0809 为例进行详细介绍。

1．ADC0809 简介

ADC0809 采用逐次逼近式 A/D 转换，是一个 8 位八通道的 A/D 转换器。ADC0809

引脚分布如图 9-5 所示，共 28 个引脚，功能简述如下。

（1）IN_0～IN_7：8 路模拟量输入端。

（2）START：转换启动控制端，下降沿有效。

（3）EOC：转换结束状态信号，高电平表示一次转换已经结束。

（4）OE：输出允许控制，高电平有效。

（5）参考电压输入端 $V_{REF(+)}$和 $V_{REF(-)}$。

（6）ALE：地址锁存控制端，用于锁存 ADDA～ADDC 的地址输入，上升沿有效。

（7）ADDC～ADDA：模拟量输入地址选择端。ADDA 为最低位，ADDC 为最高位，分别对应 8 路输入端。

（8）D_0～D_7（对应 2^{-1}～2^{-8}）：转换后的数据输出端。

（9）V_{CC}：电源输入端，+5 V。

（10）GND：接地端。

（11）CLOCK：时钟输入端。

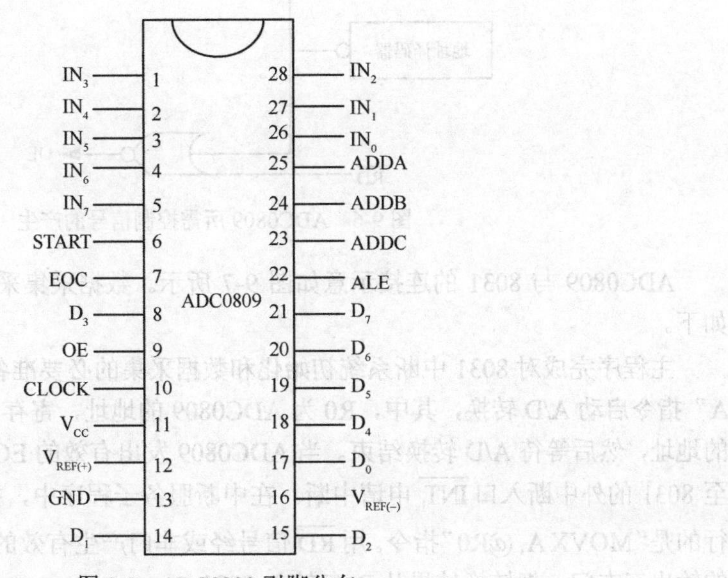

图 9-5　ADC0809 引脚分布

ADC0809 的工作时钟频率为 10 kHz～1.2 MHz，一次转换时间为 100 μs。在进行转换时，要求模拟量输入地址先送到 ADDA～ADDC，然后在 ALE 加入一个正跳变脉冲，将输入地址锁存在 ADC0809 内部的通道地址寄存器中。这样，对应的通道就与模拟量输入端接通，在 START 加载一个负跳变信号，启动 A/D 转换工作。此时，标志信号 EOC 由 1 变到 0（闲到忙），一旦一次转换结束，EOC 就由 0 变到 1，这时，只要在 OE 给一个高电平，就可以在 D_0～D_7 读出转换的数字量信息。

2. ADC0809 与 8031 的连接

连接方法有两种形式，一种是直接连接法，就是直接把 ADC0809 当作 8031 的外部 RAM，另一种是接口连接法，将 ADC0809 通过并行接口芯片（如 8055 等）与 8031 连接。

采用直接连接法时，应该给 ADC0809 分配一个外部 RAM 单元地址。但是，ADC0809

没有片选输入信号 $\overline{CS}$，因此，不能单独用地址译码器的输出来选中 ADC0809。不过，可以用地址译码信号来选通控制，产生 START 信号和 OE 信号，前者用来启动 A/D 转换，后者用来把转换结果读入 8031。ADC0809 所需控制信号的产生如图 9-6 所示，其中，$\overline{WR}$ 和 $\overline{RD}$ 为 8031 输出的控制信号，它们都是负脉冲，在地址信号有效（低电平有效）的前提下，就能产生一个正脉冲输送给 ADC0809。在一般情况下，可以用一根信号线来产生 ALE 和 START 信号，当 ALE=1 时，作为锁存模拟通道的选择地址。模拟通道地址取决于 ADDA～ADDC 与 8031 的连接。若它们接在 8031 的 P_0 口，当 $\overline{WR}$ 有效时，P_0 口上出现有效数据。此时，ADDA～ADDC 上的信号应该是 P_0 口有效数据的一部分。若 ADDA～ADDC 接在 8031 的 P_2 口，在执行 MOV 指令时，P_2 口上总是出现高 8 位 RAM 地址。在这种情况下，ADDA～ADDC 应是 P_2 口高 8 位地址的一部分，在使用或参考现有的连接图时，需要注意这两种的区别。

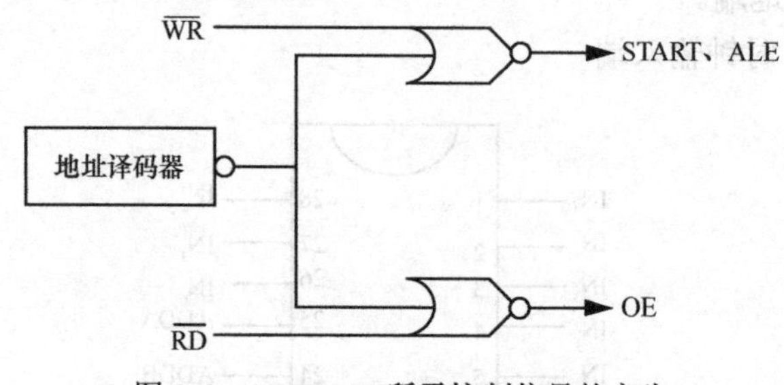

图 9-6　ADC0809 所需控制信号的产生

ADC0809 与 8031 的连接示意如图 9-7 所示。数据采集采用中断方式，其工作过程如下。

主程序完成对 8031 中断系统初始化和数据采集的必要准备后，用一条“MOVX@R0, A”指令启动 A/D 转换，其中，R0 为 ADC0809 的地址，寄存器 A 则保留所选模拟通道的地址，然后等待 A/D 转换结束。当 ADC0809 发出有效的 EOC 信号后，经反相器传送至 8031 的外中断入口 $\overline{INT_1}$ 申请中断。在中断服务子程序中，把转换结果读入 8031，执行的是“MOVX A, @R0”指令。用 $\overline{RD}$ 信号经或非门产生有效的 OE 信号，打开 ADC0809 的输出三态门，把转换结果从 P_0 口输入 8031。

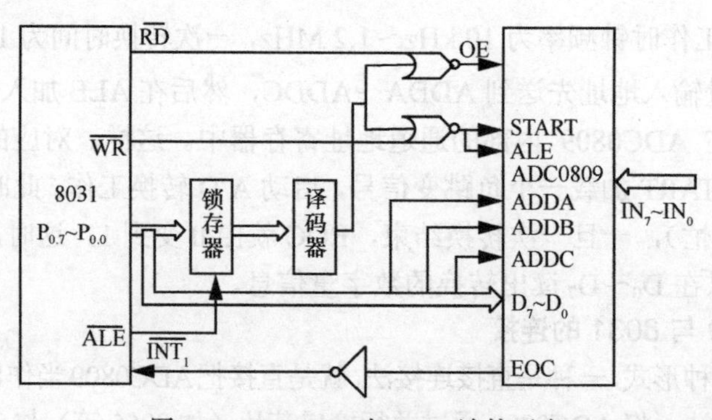

图 9-7　ADC0809 与 8031 连接示意

设数据区的首地址为 30H，ADC0809 的地址为 0F0H，地址线 ADDA～ADDC 接到

$P_{0.0}$～$P_{0.2}$，模拟地址为00H～07H。8路模拟输入经A/D转换后，分别存入存储器的程序如下。

```
ORG 0013H; 外中断入口地址
AJMP BINT1; 转至中断服务子程序
; 主程序
MOV R0, #30H; 数据区首地址
MOV P4, #8; 8路模拟输入
MOV R2, #0; 模拟通道IN
SETB EA; 开放中断
SETB EX1; 允许外中断
SETB IT1; 外中断边沿触发
MOV Rl, #0F0H; 传送ADC0809地址
MOV A, R2
MOVX @R0, A; 启动A/D转换
SJMP $; 等待中断
; 中断服务子程序
BINT1: MOV R0, #0F0H; ADC0809地址
        MOVX A, @R0; 输入转换结果
        MOV@R0, A; 存入内存
        INC R0; 数据区指针加1
        INC R2; 修改模拟通信地址
        MOV A, R2; 下一个模拟通道
        MOV @R0, A; 启动转换
        DJNZ R4, LOOP; 8路未采集完，循环
        CLR EX1; 关闭中断
        LOOP RETI; 中断返回
```

ADC0809的时钟信号可以由8031的ALE信号替代。在一般情况下，ALE信号在每个机器周期出现两次，故ALE信号的频率是8031时钟频率的1/6。若8031的时钟频率为6 MHz，则ALE信号的频率为1 MHz。这样，用一个双稳态触发器对ALE信号作二分频，便可得到500 kHz的信号作为ADC0809的时钟信号。当然，在执行MOVX指令时，ALE信号在一个机器周期中需要至少出现一次。但在要求不太高时，仍可将ALE信号分频后作为ADC0809的时钟信号。

3．A/D转换器使用时应注意的问题

一般地说，尽管A/D转换的方式和精度有些差别，但A/D转换器对外的引脚都是类似的。使用A/D转换器时，应注意下面两个问题。

（1）A/D正常转换

① 模拟输入电压的范围和极性。

② 取样保持电路的输出连接。

③ 参考电压V_{REF}的设定。

④ 当 A/D 转换要求时钟输入时，时钟频率的选取。

⑤ 启动 A/D 转换有脉冲和电平两种控制方式。脉冲启动方式只需要在启动端加一个符合要求的脉冲信号，即开始转换。电平启动方式需要在启动端加一个电平，并在整个 A/D 转换过程中保持这一电平，否则，A/D 转换将终止，需要用触发器或可编程并行 I/O 端口来锁存这个电平。

⑥ 取样频率的选取与取样保持电路时序的配合。

（2）A/D 转换器与 CPU 的连接

① A/D 转换器有无数据缓冲器、有无三态输出能力。

② 8 位以上 A/D 转换器与数据总线的连接。

③ 分时读取 8 位以上的数据以及判断 A/D 转换结束数据有效性的方法。

④ 读取 A/D 转换数据的方式选择。

9.2 A/D 转换设计

9.2.1 A/D 转换器

随着集成电路的发展，市场上现有的 A/D 转换器品种繁多，可满足不同的应用需求，这为模拟接口设计带来了便利。选择性能价格比高的 A/D 转换器直接作为模拟接口，可大大减少系统开发成本和开发周期。对于 A/D 转换器来说，选择的依据主要取决于应用场合、速度、成本、可靠性和开发周期等因素。

1. A/D 转换器的选择

（1）根据整个控制系统的控制范围和精度选择分辨率

A/D 转换器的分辨率代表了器件能量化的最小能力，而分辨率是精度的静态反映。虽然分辨率与精度是两个概念，但选取适当的分辨率，同样也能达到所要求的精度。通常的做法是，选取的分辨率比总精度要求的最低分辨率高一位。整个控制系统的总精度往往与多个不同部件或设备的精度相关，因此，应首先将总精度分解到目标被控对象，然后以此对象的测量范围和精度作为选择依据。

另外，选择分辨率还应考虑处理器的字长。原因是当 A/D 转换器与处理器连接时，数据处理位数的差异可能会造成不必要的控制问题。例如，处理器字长 8 位，A/D 转换器的分辨率为 10 位，那么就必须为 A/D 转换器增加数据缓冲器，以便处理器能分两次读取并处理数据。若处理器字长是 16 位，就不会出现这个问题。还要考虑 A/D 转换器是否带有与处理器兼容的接口、输出数据是否符合 TTL 标准等，这些对系统连接也会造成一定的影响。

（2）根据被控对象的取样要求选择转换速度

A/D 转换器的转换速度是指完成一次 A/D 转换的时间，即从启动 A/D 转换到转换结束的这段时间。转换时间也代表 A/D 转换器的速度，时间越长，A/D 转换器的速度越低。例如，完成一次 A/D 转换用时 25 μs，其转换速度为 4×10^4 次/s。也就是说，一个周期的波形需要取样 40 次。同时，要求处理器必须在 25 μs 内完成 A/D 转换以外的数据处理工作，以便连续地处理 A/D 转换的数据。显然，如果选取过高的转换速度，除了增加 A/D 转换成本，

还会增加处理器的工作压力。因此，A/D 转换速度的选取与整个系统的性能和成本密切相关。

A/D 转换速度与被控物理量有关。对于变化较缓慢的模拟量，即以毫秒为单位变化的模拟量，如温度、压力、流量等，可采用低速 A/D 转换器。对那些以微秒为单位变化的模拟量，如生产过程控制、语音处理等，可采用中速 A/D 转换器。对于数字通信、实时光谱分析、视频数字转换等变化快的模拟量，应采用高速或超高速 A/D 转换器。

（3）根据 A/D 转换速度和模拟信号的速度选择取样保持器

如果 A/D 转换速度比模拟信号变化速度慢，则会造成 A/D 转换器还没有完成一次转换而下一个模拟信号又来了的情况。为了保证 A/D 转换的有效性，就必须在 A/D 转换器之前加一个取样保持器，使得在 A/D 转换期间输入的模拟信号保持不变。一般说来，对于变化缓慢的模拟信号，在满足精度要求的情况下可以不使用取样保持器。

2. A/D 转换器的引脚处理

A/D 转换器有几个特殊引脚与应用有直接联系，如参考电压、模拟输入量程和输入极性偏置等。在实际使用中应注意以下 3 个方面的问题。

（1）A/D 转换器的不同电压

① 工作电压是确保 A/D 转换器正常工作的电源电压。

② 基准电压是为确保转换精度的基本条件而设立的与工作电压分开的高精度电源电压。

③ 参考电压与基准电压相似，主要是为转换量程提供对称参考电压，提高对模拟量的测量精度。例如，某些 A/D 转换器提供 $V_{REF(+)}$ 和 $V_{REF(-)}$ 两个参考电压，通常将 $V_{REF(+)}$ 接 A/D 转换器的工作电压，$V_{REF(-)}$ 接地。

（2）模拟输入量程

A/D 转换器提供不同的模拟输入量程，对应不同幅度的模拟信号输入。如 AD574 等提供 $10U_{in}$ 和 $20\ U_{in}$ 两个模拟输入端。

（3）输入极性偏置

有的 A/D 转换器的输入端还提供输入极性偏置，使得输入端的量程由此得到改变。该偏置端若接地，则为单极性；若接参考电压，则为双极性。例如，AD574 的 U_{in} 和 $20\ U_{in}$ 两个模拟输入，单极性偏置的输入量程为 0～10 V、0～20 V，双极性偏置的输入量程为−5～+5 V、−10～+10 V。

3. A/D 转换器的应用

在 A/D 转换器的应用中，应注意以下 3 个方面的问题。

（1）A/D 转换器的电源

A/D 转换器对电压特别敏感，瞬间断电、电压波动等不稳定情况都直接影响其正常工作。

（2）A/D 转换器的电气特性

① A/D 转换速度与被控对象的变化速度不协调，如 A/D 转换器与外接的工作频率不适配。

② 与相连部件的电气特性不匹配，如 A/D 转换器的负载与相连部件不适配。

③ 电源布线尽可能单独构成回路。需要预防外来干扰的信号线可采用屏蔽隔离线。

④ 在电路布线的过程中，应尽可能减少长线、平行线，防止线间的相互干扰。

⑤ 现场环境对 A/D 转换器的影响，如电磁场、温度等。

（3）保护措施的选择

① 在 A/D 转换器的工作电压输入端，添加的退耦电容要适当，一般为 0.01～0.047 μF。

② 增设限流电阻，串接在 A/D 转换器的 V_{DD} 电源正端（如 MC14433、ICL7135 等），电阻取值为 100～200 Ω，以防止输入信号电平高于工作电源电压带来过流发热造成的门锁现象。

9.2.2 模拟接口插件卡

目前，在微型计算机系统上设计有模拟接口插件卡，直接利用总线技术，将模拟接口作为通用插件卡。模拟接口的标准化，使得模拟信号的取样和处理更加方便。这是模拟技术应用的重大突破，是当前应用的主流。

在微型计算机系统中，语音信号采集及其数字化电路如图 9-8 所示。在图 9-8 中，没有画出的部分包括由话筒输出的语音信号、经前置放大器和 0.3～3.4 kHz 的低通滤波器后送至取样保持器的部分。如图 9-8 所示仅包括 AD574A 和一些控制电路。

AD574A 是一个 12 位 A/D 转换器，内部包含与微型计算机接口兼容的逻辑电路、参考电压源和时钟电路，转换精度较高，转换时间为 25 μs。

语音信号的频率范围为 0.3～3.4 kHz。根据取样定理，选取取样频率为 8 kHz，那么取样时间间隔为 125 μs。转换时间 25 μs 加上取样保持的时间，仍远小于取样间隔时间，所以可选用 AD574A，其转换速度满足取样频率的要求。

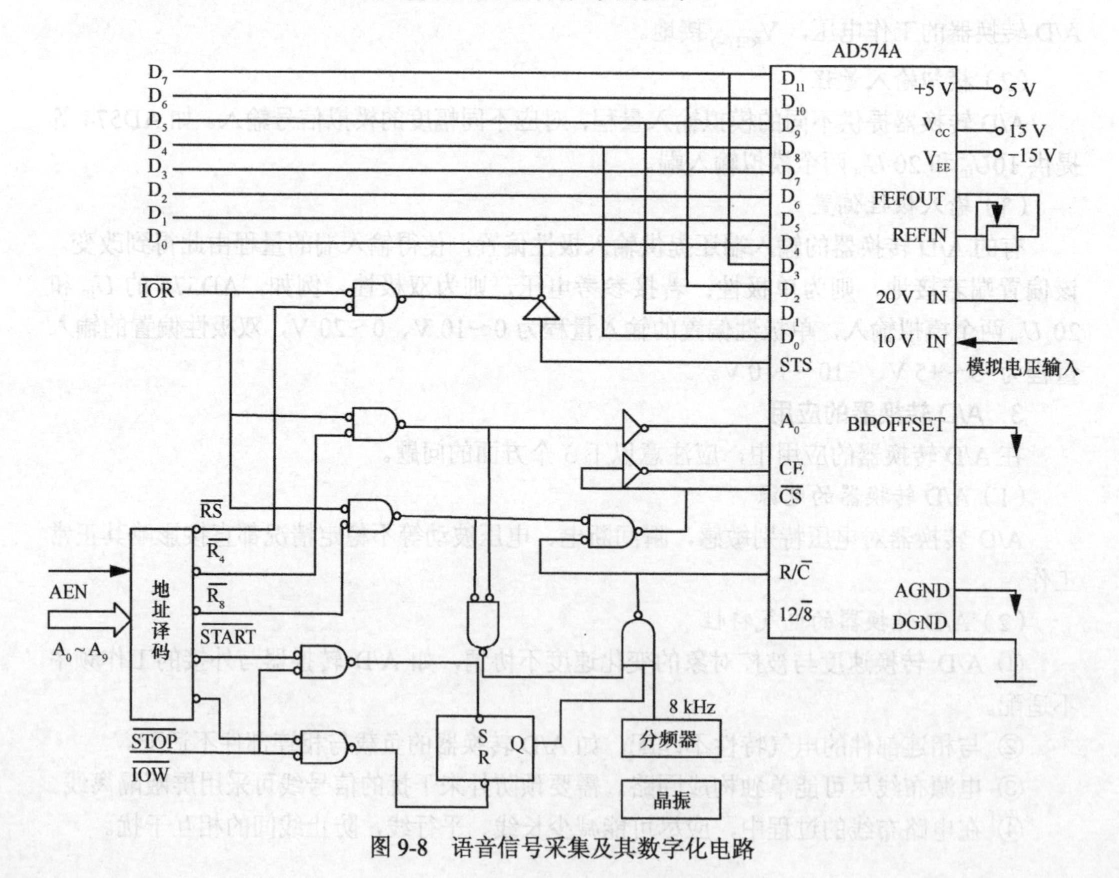

图 9-8 语音信号采集及其数字化电路

下面介绍该电路板的基本工作情况。

1．AD574A 以 125 μs 的时间间隔连续地取样转换

当启动 AD574A 转换后，RS 触发器置为 1。若没有读取 8 位或 4 位数据的操作，则 8 kHz 的方波信号经与非门传送至 $R/\overline{C}$，此时，A_0 的输入为低电平，于是 $R/\overline{C}$ 为低电平时启动一次 12 位的转换。由于没有读取 8 位或 4 位数据的操作，当 $R/\overline{C}$ 为高电平时，CE、$\overline{CS}$ 均为无效，故转换结果并未读至数据总线，对其他总线操作无影响。

处理器在读取 12 位的转换结果数据时，与非门暂时关闭，8 kHz 的方波信号不能传送至 $R/\overline{C}$，此时，$R/\overline{C}$ 为高电平，$12/\overline{8}$ 已固定接数字地。在读操作期间，CE、$\overline{CS}$ 均有效，分两次读取 8 位数据总线上的数据（12 位）。先置 A_0 为 0，读取高 8 位数据，然后再置 A_0 为 1，读取低 4 位数据。

2．I/O 控制采用查询方式

状态输出端 STS 经一个三态门接至数据总线的 D_0，处理器执行读状态操作时，三态门打开。当然，除了用查询方式，也可采用中断方式。中断方式这里不作介绍。

下面为读取 512 次转换结果并存入 1 KB 内存缓冲区 BUF 的程序段。假定状态端口 $\overline{RS}$、8 位端口 $\overline{R_8}$、4 位端口 $\overline{R_4}$、启动端口 $\overline{START}$、停止端口 $\overline{STOP}$ 是可直接寻址的端口。

```
BEGIN: MOV AX, BUT_SEG; DS：BX 指向 BUF 缓存
        MOV DS, AX
        MOV BX, OFFSET BUF
        MOV CX, 0; 字计数器清 0
        OUT START, AL; 启动 A/D 连续转换
        …
LOOP: IN AL, RS; 读 STS 状态输出
        TEST AL, 01H; 只测试 D0
        JNZ LOOP; 为 1，说明仍在转换，循环等待
        IN AL, R8; 否则，先读高 8 位
        MOV AH, AL
        IN AL, R4; 再读低 4 位
        AND AL, 0F0H; AX 高 12 位为转换结果
        MOV [BX], AX; 存入缓冲区一个字
        INC BX; 存入地址指针加 2
        INC BX
        INC CX; 计数值加 1
        CMP CX, 512
        JNZ LOOP; 未满 512 个取样值，继续
```

9.3 D/A 转换器

D/A 转换器可接收数字信息，输出一个与数字值成正比例的电流或电压信号。与 A/D 转换器相比，D/A 转换器的一个明显的优点是它接收、保持和转换的是数字信息，不存在随温度、时间变化的问题。因而，D/A 转换器的电路简单。

9.3.1 D/A 转换器的工作原理

D/A 转换器的任务就是将二进制数字信息转换成正比例的电流或电压信号。被转换的数字量是由数位构成的，每个数位代表一定的权。如 8 位二进制的最高位权值为 $2^7=128$，若该数位为 1，那么就表示 128。将数字量转换成模拟量，就是把每一位的代码对照的权值转换成模拟量，再把各位所对应的模拟量相加，这个总模拟量就是转换得到的数据。为了了解 D/A 转换器的工作原理，先分析一个四路输入加法器，权电阻网络 D/A 转换器如图 9-9 所示。

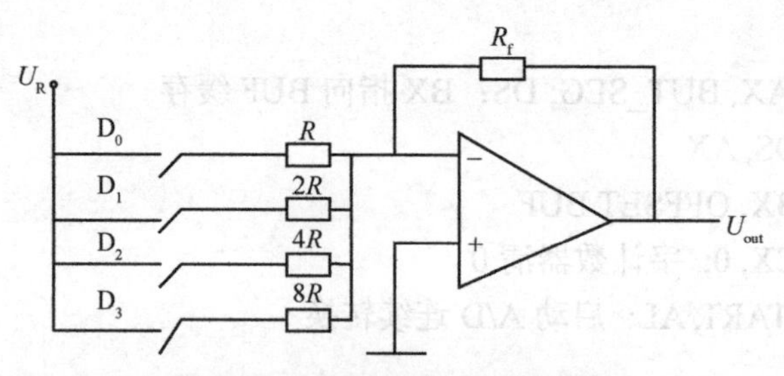

图 9-9 权电阻网络 D/A 转换器

其中，D_0～D_3 是数位，R、$2R$、$4R$ 和 $8R$ 是二进制加权电阻。运算放大器的同相输入端接地，由于输入阻抗很高，流入反相输入端的电流几乎为 0，同相输入端和反相输入端之间的电流很小，因此，反相输入端的输入电压也为 0。这样，将反相输入端当作相加点，当某个开关闭合时，电流就从 U_R 经过相应的电阻流入相加点，运算放大器将输出对应的模拟电压。

运算放大器的输出电流 I_o 等于每个支路上电流(I_1、I_2、I_3、I_4)的总和，即

$$\begin{aligned}I_o &= D_0I_1 + D_1I_2 + D_2I_3 + D_3I_4\\ &= D_0U_R/R + D_1U_R/(2R) + D_2U_R/(4R) + D_3U_R/(8R)\\ &= 2U_R/R(D_0\times 2^{-1} + D_1\times 2^{-2} + D_2\times 2^{-3} + D_3\times 2^{-4})\end{aligned}$$

运算放大器的输出电压为 $U_{out}=-I_oR_f$。

例如，如图 9-9 所示电路的参数为 $U_R=5$ V、$R_f=10\,\Omega$、R=100 kΩ，若输入 $D_0D_1D_2D_3$= 1 000，则其对应的输出电压 U_{out}=−0.5 V。若 $D_0D_1D_2D_3$=1 100，那么输出电压 U_{out}=−0.75 V。

U_R 为权电阻支路提供权电流，可依据各支路中的权电阻产生对应的二进制权电流，电阻与电流大小呈反比关系。运算放大器对各支路的权电流求和，产生相应的输出电压 U_{out}，即为得到的模拟量。

可见，D/A 转换器的核心是一组按输入二进制数字控制开关产生二进制加权电流的部件，而这些部件被集成在 D/A 转换器芯片中。D/A 转换方式还有多种，但加权电阻法是最基本的。

9.3.2 D/A 转换器的性能和指标

D/A 转换器的性能和指标与 A/D 转换器基本相似，主要的性能指标有精度、分辨率、建立时间和线性误差等。其中，精度、分辨率与 A/D 转换器的相应概念相似，不再详细介绍。

① 精度

精度是指 D/A 转换器实际输出电压与理论输出电压之间的误差。

② 分辨率

分辨率是指 D/A 转换器能转换的二进制数的位数。位数越多，分辨率越高，如 8 位 D/A 转换器，若转换后满量程为 8 V，它能分辨的最小电压为 $8/2^8=1/32$ V。

③ 建立时间

建立时间是指从数字量输入到建立稳定的输出信号的这段时间，故可称为稳定时间，用 t_s 表示。低速 D/A 转换器有 t_s>100 μs，中速 D/A 转换器的 t_s 为 10～100 μs，高速 D/A 转换器的 t_s 为 10 μs～100 ns，超高速 D/A 转换器有 t_s<100 ns。

④ 线性误差

线性误差是用理想输入、输出的偏差与满量程输出之比的百分数来表示的。一般要求线性误差小于 $\frac{1}{2}$LSB。例如，8 位 D/A 转换器的线性误差应小于 0.2%，12 位 D/A 转换器的线性误差应小于 0.1%。

9.3.3 D/A 转换器的应用

D/A 转换器有许多种类型，这里以常用的 DAC0832 为介绍实例。

DAC0832 是电流型输出的 8 位 D/A 转换器，带有参考电压和两个数据缓存器，分别是输入寄存器和 ADC 寄存器，建立时间为 1 μs。DAC0832 引脚分布如图 9-10 所示，20 条引脚信号含义如下。

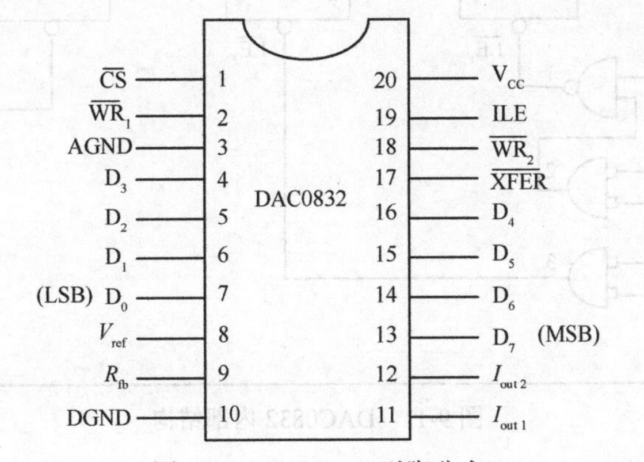

图 9-10 DAC0832 引脚分布

（1）D_0～D_7：数字量输入端，D_7为最高位，D_0为最低位，它们可以直接与CPU数据总线相连。

（2）I_{out1}和I_{out2}：模拟电流输出端。

（3）$\overline{CS}$：片选端，低电平有效。

（4）ILE：允许数据输入锁存。

（5）$\overline{WR_1}$：输入寄存器写信号，负脉冲有效。

（6）$\overline{WR_2}$：ADC寄存器写信号，负脉冲有效。

（7）$\overline{XFER}$：传送控制信号，低电平有效。

（8）R_{fb}：反馈电阻接出端（电阻的另一端与I_{out1}相连，电阻R_{fb}约为15 kΩ）。

（9）V_{ref}：参考电压，为−10～+10 V。

（10）V_{CC}：电源电压，为5～15 V。

（11）AGND：模拟量的地。

（12）DGND：数字量的地。

DAC0832内部结构如图9-11所示，DAC0832内部有两个数据缓冲寄存器：8位输入寄存器和8位D/A转换寄存器。8位输入寄存器的数字量输入端D_0~D_7。可直接与CPU数据总线相连，其时钟输入端LE_1由门1进行控制。当CS和WR_1为低电平、ILE为高电平时，$\overline{LE_1}$为高电平，此时，输入寄存器的输出Q跟随输入D。这3个控制信号任意一个无效，如$\overline{WR_1}$由低变高，则$\overline{LE_1}$变低，输入数据立刻被锁存。8位D/A转换寄存器的时钟输入端$\overline{LE_2}$由门3进行控制，当$\overline{XFER}$和$\overline{WR_2}$两者都有效时，D/A转换寄存器的输出Q跟随输入D，此后，若$\overline{XFER}$和$\overline{WR_2}$中任意一个信号变高时，输入数据被锁存。

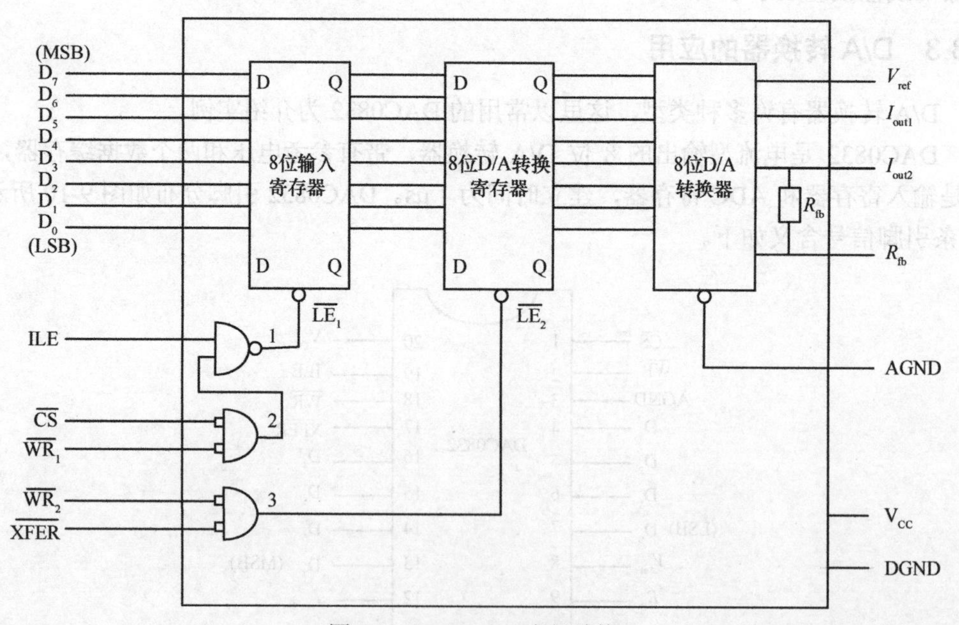

图9-11　DAC0832内部结构

DAC0832的输出是电流，在实际应用中，一般需要接运算放大器来完成电流与电压之间

的转换。DAC0832 组成的输出电路如图 9-12 所示，若不连接第二个运算放大器 OA_2 及有关的电阻 R_1、R_2、R_3，那么在第一个运算放大器的 U_{out} 输出端，就可以得到单极性模拟电压为

$$U_{out1} = -I_{out1} \times R_{fb} = -\left(\frac{N}{256}\right) \times \left(\frac{V_{ref}}{3R}\right) \times R_{fb}$$

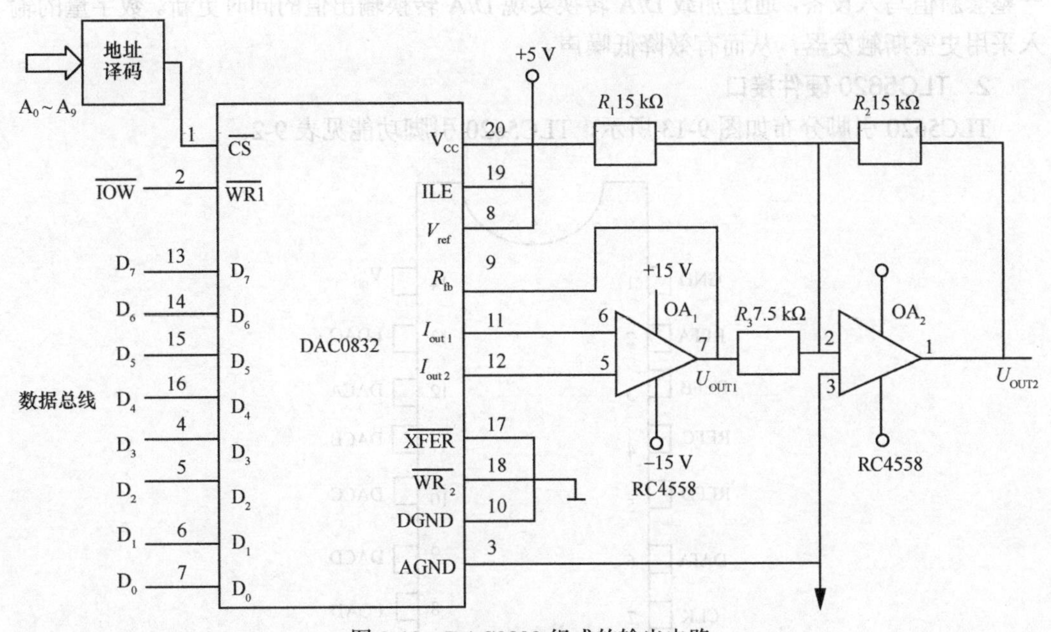

图 9-12 DAC0832 组成的输出电路

由于电路的负反馈电阻就是芯片内的电阻 R_{fb}（15 kΩ），于是有

$$U_{out1} = -(N/256) \times V_{ref}$$

即模拟输出电压的大小与输入二进制数字量的大小成比例。输出电压的极性是单一的，和 V_{ref} 的极性相反。若 V_{ref} =+5 V，则 U_{out1} 的输出在 0（N=0）～4.98 V（N=FFH）范围内变动。

1LSB 位的输出为 $(1/256) \times |V_{ref}| = 0.004 \times |V_{ref}|$。若 $|V_{ref}|$=5 V，则 1LSB 位的输出为 0.02 V。

为了得到双极性电压输出，在运算放大器 OA_1 后面加了反相比例求和电路 OA_2，使 OA_1 的输出电压两倍于参考电压 V_{ref} 求和。OA_2 的 U_{out2} 输出电压为

$$U_{out2} = -(R_2/R_3 \times U_{out1} + R_2/R_1 \times V_{ref})$$

由于在图 9-12 中，$R_1 = R_2 = 15\ \text{k}\Omega$，$R_3 = 7.5\ \text{k}\Omega$，于是有

$$U_{out2} = (N-128)/128 \times V_{ref}$$

即模拟输出电压为双极性。当 N=80H，U_{out2}=0；当 N 为 81H～FFH 时，U_{out2} 与参考电压 V_{ref} 同极性；当 N 为 00H～7FH 时，U_{out2} 与参考电压极性相反。若 V_{ref}=5 V，则 1LSB 位的输出为 0.039 V。

9.3.4 D/A 转换器 TLC5620

1. TLC5620 简介

TLC5620 是带有高阻抗缓冲输入的 4 通道 8 位电压输出 D/A 转换器集合。这些转换

器可以产生单调的、1～2 倍于基准电压和接地电压差值的输出。在通常情况下，TLC5620 的供电电压为 5 V，器件内集成上电复位功能。

对 TLC5620C 的数字控制通过一根简单的 3 路串行总线实现。该总线兼容 CMOS，并易于向所有的微处理器和微控制器设备提供接口。D/A 转换寄存器采用双缓存，允许一整套新值写入设备，通过加载 D/A 转换实现 D/A 转换输出值的同时更新。数字量的输入采用史密斯触发器，从而有效降低噪声。

2．TLC5620 硬件接口

TLC5620 引脚分布如图 9-13 所示，TLC5620 引脚功能见表 9-2。

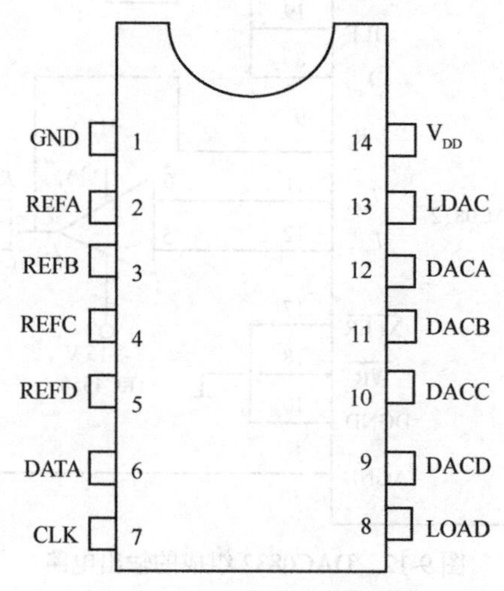

图 9-13　TLC5620 引脚分布

表 9-2　TLC5620 引脚功能

引脚名称	序号	输入/输出	功能
CLK	7	输入	串行接口时钟。引脚出现下降沿时，将输入的数字量转发到串行接口寄存器
DACA	12	输出	D/A 转换器 A 模拟信号输出
DACB	11	输出	D/A 转换器 B 模拟信号输出
DACC	10	输出	D/A 转换器 C 模拟信号输出
DACD	9	输出	D/A 转换器 D 模拟信号输出
DATA	6	输入	存放数字量的串行接口
GND	1	输入	地回路及参考终端
LDAC	13	输入	加载 D/A 转换。当引脚出现高电平时，即使有数字量被读入串口也不会对 D/A 转换的输出进行更新。只有当引脚从高电平变为低电平时，D/A 转换输出才更新
LOAD	8	输入	串口加载控制。当 LDAC 是低电平，并且 LOAD 引脚出现下降沿时，数字量被保存到锁存器，随后输出端产生模拟电压
REFA	2	输入	输入 D/A 转换器 A 的参考电压。这个电压定义了输出模拟量的范围
REFB	3	输入	输入 D/A 转换器 B 的参考电压。这个电压定义了输出模拟量的范围
REFC	4	输入	输入 D/A 转换器 C 的参考电压。这个电压定义了输出模拟量的范围
REFD	5	输入	输入 D/A 转换器 D 的参考电压。这个电压定义了输出模拟量的范围
V_{DD}	14	输入	正极电源

TLC5620 可以方便地与单片机连接使用。TLC5620 与单片机的接口如图 9-14 所示。

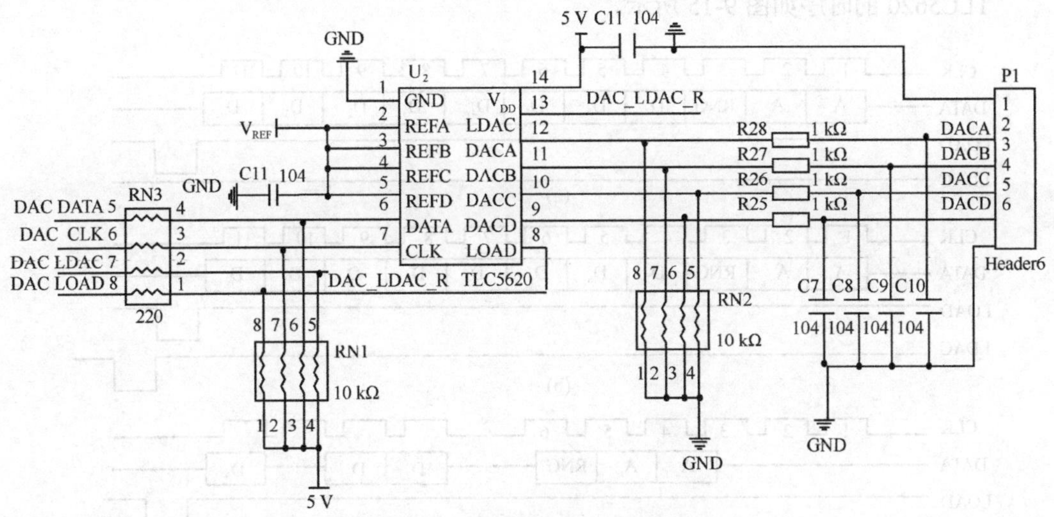

图 9-14 TLC5620 与单片机的接口

其中，V_{REF} 为 2.5 V 基准电压，4 个通道都采用 V_{REF} 作为基准电压，输入 5 V 电压，输出电压都经过了滤波，以保证精度。

3．TLC5620 工作时序

TLC5620 是串联型 8 位 D/A 转换器，它有 4 路独立的电压输出 D/A 转换器，具备各自独立的基准电压，输出还可以编程为 2 倍或 1 倍，在控制 TLC5620 时，只需要对它的 DATA、CLK、LDAC、LOAD 端口进行控制即可，TLC5620 控制字为 11 位，包括 8 位数据位、2 位通道选择位和 1 位增益选择位。其中，命令格式的第 1 位、第 2 位分别为 A_1、A_0，是通道选择位；第 3 位为增益选择位 RNG，可编程放大输出倍率；第 4～11 位为数据位，高位在前，低位在后。TLC5620 通道输出关系见表 9-3。

表 9-3 TLC5620 通道输出关系

A_1	A_0	D/A 转换输出
0	0	D/A 转换器 A
0	1	D/A 转换器 B
1	0	D/A 转换器 C
1	1	D/A 转换器 D

TLC5620 中每个 D/A 转换器的核心是带有 256 个抽头的单电阻，每一个 D/A 转换器的输出可配置增益输出，上电时，D/A 转换器被复位且代码为 0。每一通道输出电压 V_O 的表达式为

$$V_O=V_{ref}\times(CODE/256)\times(1+RNG)$$

其中，CODE 的范围为 0～255，RNG 是串行控制字内的 0 或 1。DATA 为芯片串行数据输入端，CLK 为芯片时钟，数据在每个时钟下降沿输入 DATA，在数据输入的过程中，LOAD 始终处于高电平，一旦数据输入完成，LOAD 置低，则 D/A 转换输出，实验中，LDAC 一直保持低电平，DACA、DACB、DACC、DACD 为四路转换输出，REFA、REFB、

REFC、REFD 为其对应的参考电压。

TLC5620 的时序如图 9-15 所示。

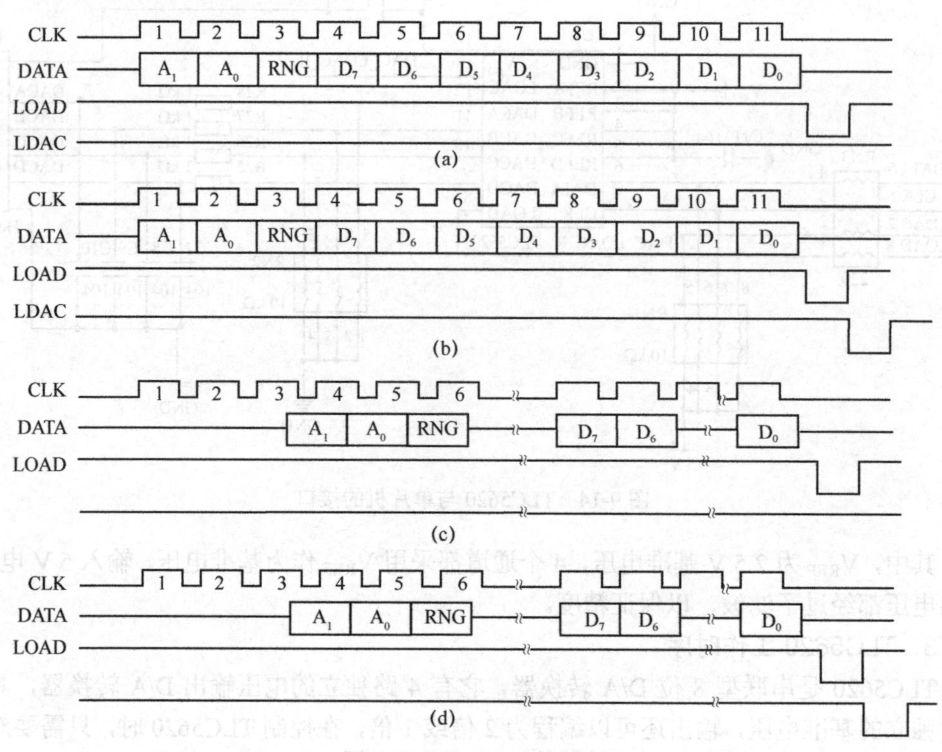

图 9-15　TLC5620 的时序

当 LOAD 为高电平时，数据在 CLK 每一下降沿由时钟同步送入 DATA。如图 9-15（a）所示，一旦所有的数据位送入 DATA，LOAD 变为脉冲低电平，以便把数据从串行输入寄存器传送到所选择的 D/A 转换器。如果 LDAC 为低电平，则所选择的 D/A 转换器输出电压更新且 LOAD 变为低电平。在图 9-15（b）中，在串行编程期间，LDAC 为高电平，新数值被 LOAD 的脉冲低电平打入第一级锁存器后，再由 LDAC 脉冲低电平传送到 D/A 转换器输出。数据输入时，最高有效位在前。两个 8 时钟周期的数据传送如图 9-15（c）和图 9-15（d）所示。

9.4　A/D 与 D/A 转换应用设计

【例 9-1】　利用 DAC0832 产生正锯齿波。

用 DAC0832 产生正锯齿波的原理及波形如图 9-16 所示，其中，DAC0832 工作于单缓冲方式。

将 8 位数据从 00H 开始逐渐递增 1，并传送至 D/A 转换器，直到数据为 FFH，再回 0。重复上述过程，即可得到周期性的锯齿波电压。用该方法得到的锯齿波，从 0 到电压最大值，中间分为 256 个小台阶，但从宏观上看，它就是一个线性增长电压。

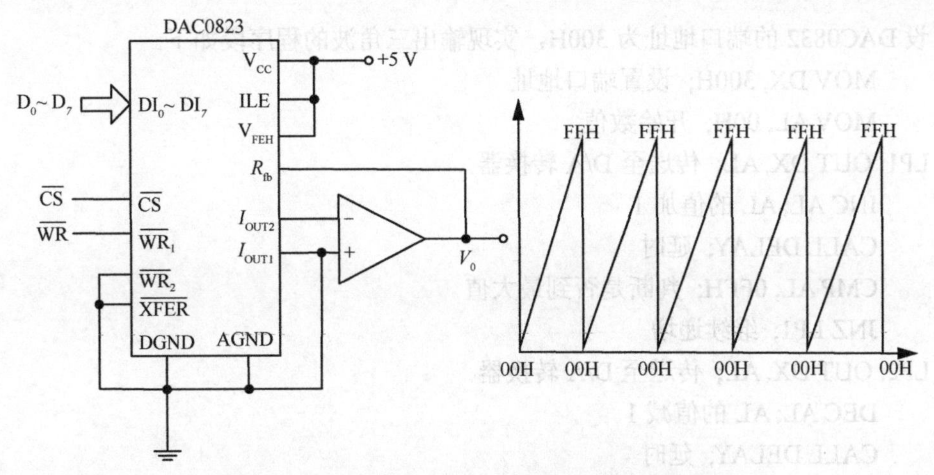

图 9-16　用 DAC0832 产生正锯齿波的原理及波形

设 DAC0832 的端口地址为 300H，能实现此过程的程序段如下。

```
    MOV DX, 300H; 设置端口地址
    MOV AL, 00H; 开始数值
LP: OUT DX, AL; 传送至 D/A 转换器
    INC AL; AL 的值加 1
    CALL DELAY; 延时
    JMP LP
```

其中，DELAY 是一个延时子程序，延时时间的长短影响正锯齿波的斜率和锯齿波的周期。另外，在该子程序中，不应使 AL 的内容发生任何改变。

【例 9-2】　利用 DAC0832 产生三角波。

用 DAC0832 产生三角波的原理及波形如图 9-17 所示，其中，DAC0832 工作于单缓冲方式。首先，将 8 位数据从 0 开始逐渐递增（加 1），并传送至 D/A 转换器，直到数据为 FFH，然后依次递减（减 1），回到 00H。重复上述过程，即可得到周期性的三角波电压。

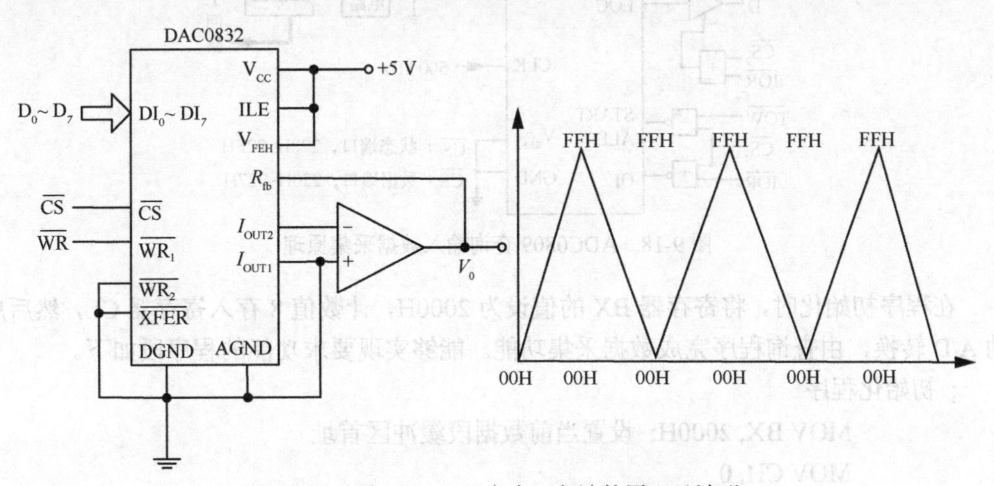

图 9-17　用 DAC0832 产生三角波的原理及波形

设 DAC0832 的端口地址为 300H，实现输出三角波的程序段如下。

```
     MOV DX, 300H; 设置端口地址
     MOV AL, 00H; 开始数值
LP1: OUT DX, AL; 传送至 D/A 转换器
     INC AL; AL 的值加 1
     CALL DELAY; 延时
     CMP AL, 0FFH; 判断是否到最大值
     JNZ LP1; 继续递增
LP2: OUT DX, AL; 传送至 D/A 转换器
     DEC AL; AL 的值减 1
     CALL DELAY; 延时
     CMP AL, 00H; 判断是否到最小值
     JNZ LP2; 继续递减
     JMP LP1; 重复
```

【例 9-3】 利用 ADC0809 进行数据采集。

设计一个电动机主回路电流数据采集电路，使用 ADC0809A/D 转换器的输入通道 0 采集数据，将结果连续存入当前数据段从 2000H 开始的 8 个 RAM 单元。

ADC0809 查询输入数据采集原理如图 9-18 所示，把 ADC0809 的 A/D 转换结束信号 EOC 经过三态门接 CPU 数据总线的 D_7，作为状态查询信号，设状态端口地址为 228H～22FH。系统地址总线的最低 3 位分别连接 ADC0809 的地址线，在启动 A/D 转换的同时，选定要进行 A/D 转换的模拟通道。设对应 8 个模拟通道的 I/O 地址分别为 220H～227H。

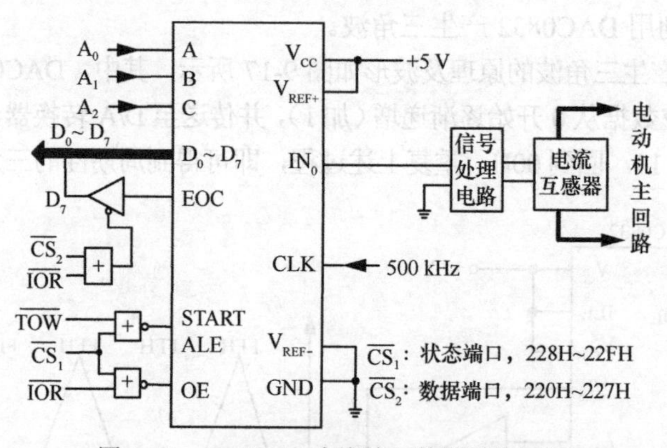

图 9-18 ADC0809 查询输入数据采集原理

在程序初始化时，将寄存器 BX 的值设为 2000H，计数值 8 存入寄存器 CL，然后启动 A/D 转换，由查询程序完成数据采集功能。能够实现要求功能的程序段如下。

```
；初始化程序
        MOV BX, 2000H; 设置当前数据段缓冲区首址
        MOV CH, 0
        MOV CL, 8; 采集次数
```

```
LP0: MOV DX, 220H; 通道0地址端口
     OUT DX, AL; 启动A/D转换
     MOV DX, 228H; 状态端口
LP1: IN AL, DX, ; 读取EOC状态
     TEST AL, 80H; 先判断EOC是否为低电平
     JNZ LP1; 未变低，继续查询等待
LP2: IN AL, DX, ; 读取EOC状态
     TEST AL, 80H; 再判断EOC是否为高电平，即转换结束
     JNZ LP2; 未变高，继续查询等待
     MOV DX, 220H; 通道0地址端口
     IN AL, DX; 转换结束，读取数据
     MOV [BX], AL; 传送至缓冲区保存
     INC BX; 调整数据指针
     LOOP LP0; 采集下一个数据
     …; 采集完毕，进行数据处理（略）
```

思 考 题

1. A/D转换器的作用是什么？其主要性能指标有哪些？设某16位的A/D转换器的满量程输入电压为5 V，请问其电压分辨率、量化误差分别是多少？

2. D/A转换器的作用是什么？其主要性能指标有哪些？设某14位的D/A转换器的满量程输出电压为5 V，请问其电压分辨率、量化误差分别是多少？

3. 在A/D转换器和D/A转换器的主要性能指标中，量化误差、分辨率和精度有何区别？

4. 对于电流输出型的D/A转换器，如何将电流转换成电压？

5. 用一路A/D转换通道扩展16个按键甚至更多按键的原理是什么？

6. 用D/A转换器设计信号发生器时，如何修改其输出信号（如方波、三角波、正弦波等）波形的频率？

第 10 章　嵌入式系统

嵌入式系统是嵌入对象体系中的专用计算机系统。嵌入式系统有多种形式，随着半导体技术、计算机技术和通信技术的发展，嵌入式设备已经与我们的工作、生活息息相关，遍布许多行业，在商业、消费产品、工厂自动化、机器人、电子商务和办公设备等领域有普遍的应用。可以预计，随着技术的进一步发展，嵌入式系统所涉及的领域也将越来越广，如手机、空调、车载导航、工业控制、军事装备、多媒体终端等。

10.1　嵌入式系统概述

10.1.1　嵌入式系统的定义

根据电气和电子工程师协会（Institute of Electrical and Electronics Engineers，IEEE）的定义，嵌入式系统是控制、监视或者辅助机器或设备运行的装置。可以看出，嵌入式系统是软件和硬件的综合体，还可以涵盖机械等附属装置。目前国内人员普遍认同的嵌入式系统定义是以应用为中心，以计算机技术为基础，软件、硬件可裁剪，适应应用系统对功能、可靠性、成本、体积、功耗严格要求的专用计算机系统。

嵌入式系统框图如图 10-1 所示。基于输入变量的信息，运行存储在内存中的专用程序，运算后输出结果，还能与其他系统相连。系统内的所有元器件，通常被称为硬件，在其上运行的程序被称为软件。嵌入式系统有一个非常重要的变量——时间，如图 10-1 中的深色箭头所示，系统执行各种操作、生成数据流或及时响应等各种中断信息都需要准确的时间信息，以保证各种操作在精确的预定时间内发生。

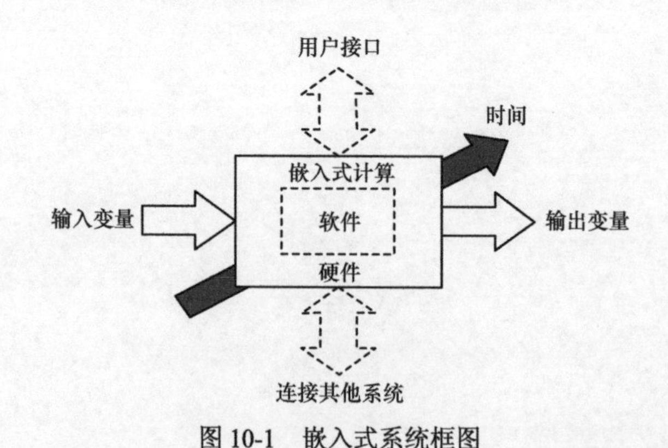

图 10-1　嵌入式系统框图

嵌入式系统一般与具体应用相结合，面向用户、产品、应用，大多数嵌入式系统开发不仅需要计算机专业的人才，还需要各相关领域人才共同参与才能完成。

10.1.2 嵌入式系统的特点

（1）专用性强

嵌入式系统通常面向特定应用，执行单个功能。嵌入式系统的硬件和软件都为特定用户群设计，软件和硬件结合非常紧密，具有某种专用性，只解决有限范围内的问题。例如，微波炉中的嵌入式系统可以有不同设置，以控制不同物体的加热，但微波炉永远是微波炉，不能将其重新编程为洗碗机。

（2）高实时性

许多嵌入式系统有实时性要求。广泛应用于生产过程控制、数据采集、传输通信等场合的嵌入式系统都面临实时性的问题，武器装备中的嵌入式系统、火箭中的嵌入式系统、一些工业控制系统等应用对实时性要求极高。因此，在设计嵌入式系统的软/硬件时需要非常注意，使嵌入式系统可快速地响应外部事件。当然，不是所有的嵌入式系统都对实时性有很高要求，如手持式计算机、掌上电脑等。但总体来说，实时性是设计者和用户重点考虑的一个重要指标。

（3）严格的约束

嵌入式系统一般有严格的约束，通常有非常具体的性能参数，系统必须在限定的参数下运行。例如，一个城市只允许通信设备使用特定的无线电频率，一个手持电子游戏机的价格必须低于500元，一个汽车主动防撞系统只能在设定的速度20 km/h以上才启动，一个便携式MP3播放器充一次电必须可以工作12 h。

（4）良好的可裁剪性

嵌入式系统的开发与其他项目一样，成本始终是需要考虑的重要因素之一。通用性可以有效地降低成本，但嵌入式系统的专用性强，因此，必须在通用性和专用性之间达到某种平衡。目前大部分企业的做法是，将嵌入式系统硬件和操作系统设计成可裁剪方式，系统开发人员能够根据实际应用的需要进行搭配，使系统在满足应用要求的前提下达到最精简的配置。

（5）可靠性高

部分嵌入式设备，如消费类电子产品、医疗设备、汽车控制器和军事硬件等，涉及人身安全，或者需要工作在无人值守的场合，如危险性高的工业环境中、人迹罕至的气象检测系统中等，所以，与普通系统相比，嵌入式系统对可靠性的要求极高。

（6）专门的开发工具和环境

在嵌入式系统开发中有主机和目标机的概念，主机用于程序的开发，目标机为最后的执行机，开发时需要交替结合进行，并需要专门的开发工具和环境。由于嵌入式系统本身不具备自主开发能力，在设计完成以后，用户通常也不能对其中的程序功能进行修改，因此，必须有一套专门的开发工具和环境才能进行开发，这些工具和环境一般包括通用计算机、逻辑分析仪、示波器、仿真器等。

（7）微内核

嵌入式设备的系统资源相对于桌面系统的资源来说非常有限，所以内核较传统的操作系统的大小要小得多。如 VxWorks 实时操作系统，其内核代码的大小只有 8 KB，而 Windows10（x86-Chinese-Simplified）仅安装包的大小就超过 3 GB。

10.1.3 嵌入式系统的分类

嵌入式系统有多种不同的分类方法，根据系统的复杂程度，可以将嵌入式系统分为以下 3 类。

（1）单个微处理器

该类嵌入式处理器集成了存储器、I/O 设备、接口设备（如 A/D 转换器），微处理器框图如图 10-2 所示，加上简单的电路（如电源、时钟信号等）就可以开始工作。这种由单个微处理器组成的系统可以在许多小型设备（如温度传感器、烟雾和气体探测器及断路器）中找到。常用的嵌入式处理器如 Philips 公司的 89LPC 系列、Motorola 公司的 MC68HC05、MC68HC08 系列等就属于单个微处理器。

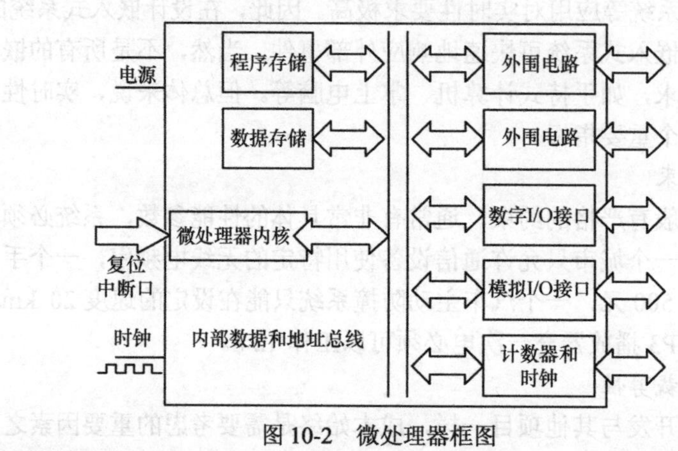

图 10-2 微处理器框图

（2）可扩展的嵌入式处理器系统

该处理器系统可根据应用的需要扩展存储器，也可以使用片上的存储器，处理器容量一般在 64 KB 左右，字符宽度为 8 位或 16 位，可扩展的嵌入式处理器如图 10-3 所示。可以在处理器上扩展少量的存储器和外部接口，以构成嵌入式系统。这类系统可在过程控制、信号放大器、位置传感器及阀门传动器等嵌入式设备中找到。

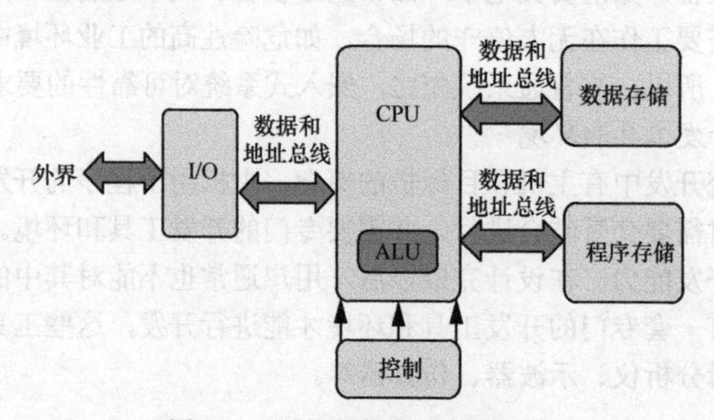

图 10-3 可扩展的嵌入式处理器

（3）复杂的嵌入式系统

在嵌入式系统中，嵌入式处理器的字符宽度一般是16位、32位等，在许多应用中，由于实现的任务复杂，软件代码量大，因此需要扩展存储器。扩展的容量一般在1 MB以上，外部设备接口一般仍然集成在处理器上，复杂的嵌入式系统如图10-4所示。常用的嵌入式处理器有ARM系列、Motorola公司的PowerPC系列和Coldfire系列等。这类系统可见于开关装置、控制器、电话交换机、电梯、数据采集系统、医药监视系统、诊断及实时控制系统。

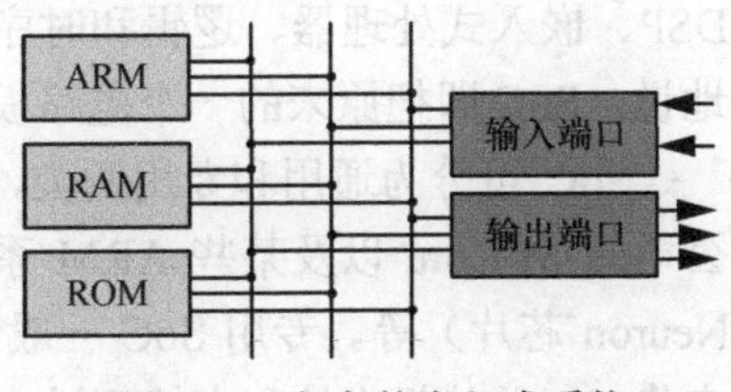

图10-4　复杂的嵌入式系统

10.1.4　嵌入式处理器的发展状况

据不完全统计，目前全世界嵌入式处理器的品种总量已经超过1 000种，流行的体系结构有30多个系列。其中，8051体系结构的处理器占多半，生产此类单片机的半导体厂商有20多个，8051体系结构的处理器有350多种衍生产品。几乎每个半导体制造商都生产嵌入式处理器，越来越多的公司有自己的处理器设计部门，仅Philips公司就有近100种型号的嵌入式处理器。嵌入式处理器的寻址空间一般为64 KB～16 MB，处理速度为0.1～2 000百万次指令/s。

嵌入式系统从产生到现在，经历了单片机时代、单板机时代、嵌入式计算机时代，未来将沿着以下几个方向发展。

（1）单片机

单片机面向小的控制系统应用，如家用电器（微波炉、热水器）的控制。整个控制系统包括CPU、程序存储器、数据存储器、EEPROM、外围接口等，并将其集成在一个单芯片上。为了降低系统的复杂性和成本，一般程序存储器不能扩展，容纳的代码量较小。随着半导体技术的发展，单片机的存储器容量也在扩展，例如，Atmel公司的AT91系列单片嵌入式处理器的闪存容量最高已达2 MB。

（2）各种微处理器

越来越复杂的测控任务要求不仅有完善的计算机体系结构、大容量的数据和程序存储空间，还要有许多能应用于测控对象的接口电路，如A/D转换器、D/A转换器、高速通用I/O接口、捕获单元、保证程序可靠运行的看门狗电路、串行总线接口（如SPI、I^2C总线）、CAN总线接口等。这一时期单片机的主要任务就是增强上述部分功能，同时进一步提高集成度。几乎所有大规模的电气厂商、半导体厂商都开展了微处理器的开发，如Microchip公司的PIC系列微处理器、Philips公司的LPC系列微处理器、Motorola公司的PowerPC系列、Atmel公司的AVR系列、Intel公司的MC196系列16位微处理器等。

（3）片上系统

一般地，嵌入式系统由嵌入式处理器、存储器、外部接口设备组成，其中外部接口设备集成在处理器上。除此之外，处理器的电路板可能需要一些逻辑电路、时序电路、数据处理电路等，这些电路的功能可以由处理器或可编程逻辑器件（Programmable Logic Device，PLD）等来完成，但这样做的缺点是电路板的面积大，处理速度有限。近年来，出现了片上系统（System on Chip，SoC）的概念，把除了处理器、存储器之外的部分使用单芯片PLD完成，这样的嵌入式系统包括嵌入式处理器、存储器、PLD。而且，有的PLD内部设计了CPU，进一步提高了集成度、丰富了功能。目前，PLD实现的功能有DSP、嵌入式处理器、逻辑和时序电路、数字信号处理电路（如数字滤波器）等。通俗地说，SoC即把原来的一个电路板设计到了一个PLD上。

SoC可分为通用和专用两类，通用SoC包括如Infineon公司的TriCore、Motorola公司的M-Core以及某些ARM系列器件（例如，Echelon和Motorola公司联合研制的Neuron芯片）等。专用SoC一般专用于某个或某类系统，如Philips公司的SmartXA，它将XA单片机内核和支持超过2 048位复杂RSA加密算法的功能单元制作在一块硅片上，形成一个可加载Java或C语言的专用SoC，可用于Internet安全方面。

10.1.5 嵌入式软件的发展情况

嵌入式软件市场约占整个软件市场的10%。国际上许多大型跨国企业已经瞄准了嵌入式系统这个巨大的市场，例如，Mentor公司连续收购了著名的嵌入式系统软件开发商Microtec公司、ATI公司等。进入我国的嵌入式系统软件商有十几个，例如，常见的WindRiver公司、Microsoft公司、QNX公司、ATI公司等。虽然目前我国的嵌入式软件市场刚刚起步，但巨大的国内软件产品需求和极具发展潜力的国际软件市场，将给我国软件产业的跨越式发展带来重大机遇。考虑未来数字化产品的快速普及会促使嵌入式软件需求进一步增大，我们有理由相信嵌入式软件市场的增长率将超过软件市场的平均增长率。

近几年，随着Linux技术的兴起，越来越多的企业和科研机构把目光转向嵌入式Linux的开发和研究上。对于国内不少嵌入式操作系统开发商来说，以Linux作为突破口似乎是很自然的一种选择，Linux所具备的稳定、高效、易定制、易裁剪、硬件支持广泛等特点，结合其所独有的免费、开放源码等特征，使得Linux在近两年迅速成为嵌入式领域的一匹“黑马”。目前，国内的嵌入式Linux厂商的队伍正在逐渐壮大，掀起了国内嵌入式软件市场的新一轮热潮。

国内的嵌入式Linux厂商主要有中国软件与技术服务股份有限公司、北京中科红旗软件技术有限公司、广州博利思公司、蓝点软件技术（深圳）有限公司、北京网虎科技有限公司和共创软件联盟等，它们均有各自的发展特点和技术特色。例如，中国软件与技术服务股份有限公司开发的中软嵌入式Linux操作系统，具有微秒级的强实时功能，已经在数控领域得到很好的应用；北京中科红旗软件技术有限公司的嵌入式Linux在机顶盒、彩票机等产品的开发上也做了不少工作；北京网虎科技有限公司已经推出完整的嵌入式Linux解决方案——XLinux，并应用在多种国际主流的信息家电所采用的芯片上，从而可以轻松实现网上浏览、语音输入、录音录像、字典、MP3以及各种多媒体播放功能。

除了嵌入式Linux，开放源码的嵌入式操作系统还有μC/OS-II系统，这些系统在国内也有大量的应用，特别是在高等学校。此外，研究开放源码的嵌入式操作系统及其应用的单位也很多。

嵌入式软件除了向嵌入式操作系统方向发展，还向嵌入式协议栈、嵌入式人机界面、嵌入式软件组件化等方向发展。嵌入式系统软件发展的目标是能与各种专用电脑的应用

相适应，实现普遍化计算。

10.1.6 嵌入式系统的发展情况

嵌入式系统的发展表现在如下几个方面。

（1）开发平台的完备化

嵌入式系统的开发是一项系统工程，涉及软件、硬件、系统集成等诸多方面，有的嵌入式系统部件厂商不仅提供嵌入式处理器，还能提供开发工具。开发工具包括软件开发工具和硬件开发工具。

除了嵌入式处理器的制造商提供开发工具外，还有许多开发工具的提供商致力于开发工具的研发，如仿真器、软件开发工具，具体包括编译器、连接定位器、集成开发环境（Integrated Development Environment，IDE）。一些处理器的制造商也提供硬件的参考设计、板级支持包软件等。通过利用这些完备的开发工具，嵌入式系统的开发者只需要把精力放在解决实际问题上，而不需要考虑一些开发平台方面的问题。

（2）嵌入式系统的网络化

嵌入式系统的网络化表现在两个方面，一方面是嵌入式处理器集成了网络接口，另一方面是嵌入式设备应用于网络环境。

许多嵌入式处理器集成了基本的网络功能，例如，必备的串行接口，此外，还有高级数据链路控制接口、以太网接口、CAN 总线接口等。基于这样的趋势，用户在开发基于特定应用的嵌入式系统时，一般不需要外接网络芯片，只需选择符合功能要求的嵌入式处理器即可，所需要安装的只是物理层的收发器。

随着网络技术特别是 Internet 技术的发展，未来的嵌入式设备大部分需具备网络功能，支持传输控制协议/网际协议（Transmission Control Protocol Internet Protocol，TCP/IP）协议、IEEE 1394 协议、USB 接口、无线接口（例如，蓝牙、红外数据通信等），并且支持嵌入式全球广域网服务器和嵌入式浏览器，成为网络式计算的一个节点。通过网络技术的集成，嵌入式设备可以随时随地与网络进行连接，实现资源共享。

（3）系统集成度的提高和性能指标的提高

未来的嵌入式系统是软/硬件高度集成的产品，为了提高系统的可靠性、降低系统的功耗，需要设计者尽量精简系统的内核（包括软件内核和硬件内核）、降低成本、提高可靠性、降低系统的功耗。除了芯片提供商要不断努力以外，软件开发者在应用操作系统方面需要对操作系统进行裁剪，开发应用软件时要使用高效率的算法。

（4）友好的人机界面

提供友好的人机界面是嵌入式系统的基本要求之一，大多数嵌入式系统都需要与人进行交互。提供图形化的人机界面是基本的配置要求，大多数图形界面采用与 Windows 类似的界面，以方便用户的使用。随着嵌入式技术的发展，新的人机界面将不断被开发出来，如手写输入技术、语音输入/输出技术、图像输出技术等。

10.1.7 ARM 的世界

嵌入式芯片不可回避 ARM 公司，它如同 IT 行业的 Intel 公司、Microsoft 公司，统治着嵌入式系统的“世界”。ARM 是一家诞生于英国的处理器设计与软件公司，总部位于英国的剑桥，其主要业务是设计ARM架构的处理器，同时提供与ARM处理器相关的配套软件，包括各种SoC系统的IP、物理IP、CPU、视频和显示等产品。虽然在普通人眼中，ARM公司的知名度远没有Intel公司的高，甚至不如华为、高通、苹果、联发科和三星等这些厂商那般耳熟能详。但ARM公司与许多其他高科技初创企业一样，其整个发展史也是一个引人入胜的故事。

1．发展简史

ARM公司的前身为橡子电脑公司。1981年，英国广播公司启动了计算机教育项目，所有可提供此类计算机的公司都可参与竞标，最后橡子电脑公司胜出，从此，在英国橡子电脑成为了一种非常流行的计算机，得到了广泛的应用。橡子电脑公司使用了一个8位的、MOS Technology公司生产的6502微处理器，在当时性能强劲。随后的几十年，市场对个人计算机的需求增长迅速，吸引了大量公司参与计算机的开发中来，IBM公司于1981年生产了世界上第一台PC，采用了功能更强大的英特尔16位8088微处理器，苹果公司也于1983年1月19日推出了全球首台图形界面的个人电脑Apple Lisa。这些早期的机器彼此之间几乎不兼容，也不清楚谁最终会占据主导地位，但到了80年代后期，IBM PC的影响力不断增强，其竞争对手开始衰落。尽管橡子电脑公司在英国取得了成功，但它的出口情况并不理想，未能在世界范围的竞争中占有一席之地。

截至目前，橡子电脑公司实现了3次转型。第一次转型是橡子电脑公司想推出一种新电脑，但除了6502微处理器，它找不到适合所需的可升级处理器，这时开始意识到自身有能力设计微处理器，而不需要从它处购买，当时的小型团队承受了巨大的商业压力，设计出了一个复杂性很高的小型处理器，以此构建的计算机Archimedes在当时是一台非常先进的计算机，但需要与IBM公司竞争。橡子电脑公司审视了自身的现状，发现不足以参与商业计算机的竞争，于是开始了它的第二次转型。因为掌握了性能很强的微处理器设计方法，那么未来可以不出售完整的计算机，从而避开竞争。于是，在1990年，Acorn为了和苹果公司合作，专门成立了ARM公司。橡子电脑公司的第三次转型是发现微处理器行业中最重要的是设计中的思想，所以不一定要制造出MCU，设计也可以作为知识产权（IP）出售。

ARM公司的技术一直在引领行业发展，其一系列智能微处理器的设计作为IP出售给全球多个大型制造商，ARM公司靠出售IP取得了巨大的成功，那些购买了IP的公司可将设计整合到自己的产品中。例如，Mbed平台就使用ARM Cortex内核，但Mbed平台中的内核在LPC1768微控制器中，该微控制器不是由ARM公司制造的，而是由NXP半导体公司制造的。

2．设计路线——RISC

ARM公司将RISC作为其设计路线。任何一个微控制器都必需执行从其指令集中提取的程序，指令集由CPU硬件定义。在早期微处理器的开发时代，设计者都试图使指令集尽可能先进和复杂，这带来的后果是计算机硬件更加复杂、昂贵，这种指导思想的微处理器称为CISC。6502微处理器和8088微处理器都属于CISC路线占主导时代的CISC芯片。CISC的基本特征是指令具有不同的复杂度，简单的代码用简短的指令代码表示，如一个字节的命令，然后快速执行；复杂的代码用几个字节的代码来定义，需花费很长时间执行。

随着编译器的进步和各种高级计算机语言的出现，专注于原始指令集本身的功能已

经意义不大，因为编译器可以轻松解决大多数高级语言的编程问题。因此，CPU 设计的另一路线是保持简单，限制指令集，即精简指令集计算机（Reduced Instruction Set Computing，RISC）路线。RISC 路线更像是一个回归原始的过程，一个 RISC CPU 可以快速执行代码，但为了完成给定的任务，它可能需要执行更多的指令。随着存储器的密度越来越大、价格越来越便宜、编译器越来越高效，这一缺点正在被弱化。RISC 的每个指令都包含在一个二进制字中，该字必须包含所有必要的信息，包括指令代码以及所需的任意地址或数据信息，而且由于结构简单，执行每一条指令所需的时间相同，该特点可很容易地实现很多有用的功能（例如，流水线功能），即执行一条指令的同时从内存中提取下一条指令。RISC 指令执行过程简单、功耗低，这对于采用电池供电的产品非常重要，这也是为什么手机选择了 ARM 芯片的原因。

10.2 嵌入式系统开发设计

嵌入式系统设计包括软件系统架构设计和硬件系统架构设计，但两者需要协同，开发过程不仅涉及软件领域的知识，还涉及硬件领域的综合知识。嵌入式系统的开发过程包括需求分析、系统设计、实现和测试 4 个基本阶段，每个阶段都有其独有的特征和重点。嵌入式系统应用软件的设计方案随应用领域的不同而不同，但分析与设计方法遵循软件工程的一般原则，许多成熟的分析和设计方法都可以在嵌入式领域中得到应用。本节主要介绍嵌入式系统开发设计的技术与方法，并分析设计过程中面临的主要问题。

10.2.1 嵌入式系统设计概述

嵌入式系统设计需要面对以下特点，包括微处理器类型的多样性，嵌入式操作系统的多样性、可利用的系统资源相对较少、要求特殊的开发工具、软件和硬件需协同并行开发、有实时性的要求、调试很困难，这些特点给嵌入式系统的设计带来的挑战如下。

（1）硬件资源的选型、设计问题，需要了解硬件的计算能力，包括选择使用何种处理器、所需的存储器数量、所使用外部设备的性能等，以满足性能需求。当然，还需考虑性价比，尽可能节省费用。

（2）系统的功耗问题，嵌入式系统在很多情况下采用电池供电，功耗是一个十分敏感的问题，即便是对于非电池供电的系统，高功率也带来散热的麻烦。降低运算速度是降低功耗的一种方法，但会导致系统性能降低，因此，在设计时必须考虑功耗的约束。

（3）系统的可靠性问题，可靠性是所有系统的一项重要指标，在嵌入式系统的应用中尤为重要。

（4）调试、控制的问题，大部分嵌入式系统不会配备显示设备和键盘，只能通过观察信号来了解软件执行情况。在某些实时系统中，还只能在动态环境中进行观察，调试、检测的难度很大。

（5）开发环境的受限问题，嵌入式系统的开发环境（例如，开发软件、硬件工具）通常比通用计算机或工作站上的可用环境更加受限，且只能采用交叉式开发方法，给开发进度带来很大影响。

10.2.2 嵌入式系统开发模型

嵌入式系统的开发可以采用软件工程中常见的开发模型，主要有瀑布模型、螺旋模型、逐步求精模型及层次模型。

（1）瀑布模型

瀑布模型是最早出现的软件开发模型，它将软件生命周期划分为制定计划、需求分析、软件设计、程序编写、软件测试和运行维护等6个基本活动，并且规定了它们自上而下、相互衔接的固定次序，如同瀑布流水，逐级下落。瀑布模型如图10-5所示。

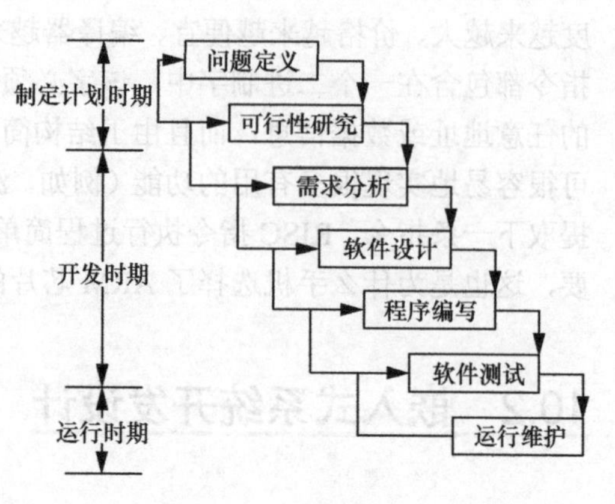

图10-5 瀑布模型

（2）螺旋模型

螺旋模型是一种演化软件开发过程模型，以进化的开发方式为中心，在每个项目阶段使用瀑布模型。模型最大的特点在于引入了其他模型不具备的风险分析，使软件在无法排除重大风险时有机会停止，减少损失。同时，在每个迭代阶段构建原型是螺旋模型降低风险的途径之一。该模型的每个周期都包括需求分析、风险分析、工程实现和评审4个阶段，由这4个阶段进行迭代。软件开发过程每迭代一次，软件开发前进一个层次。简化的螺旋模型如图10-6所示。

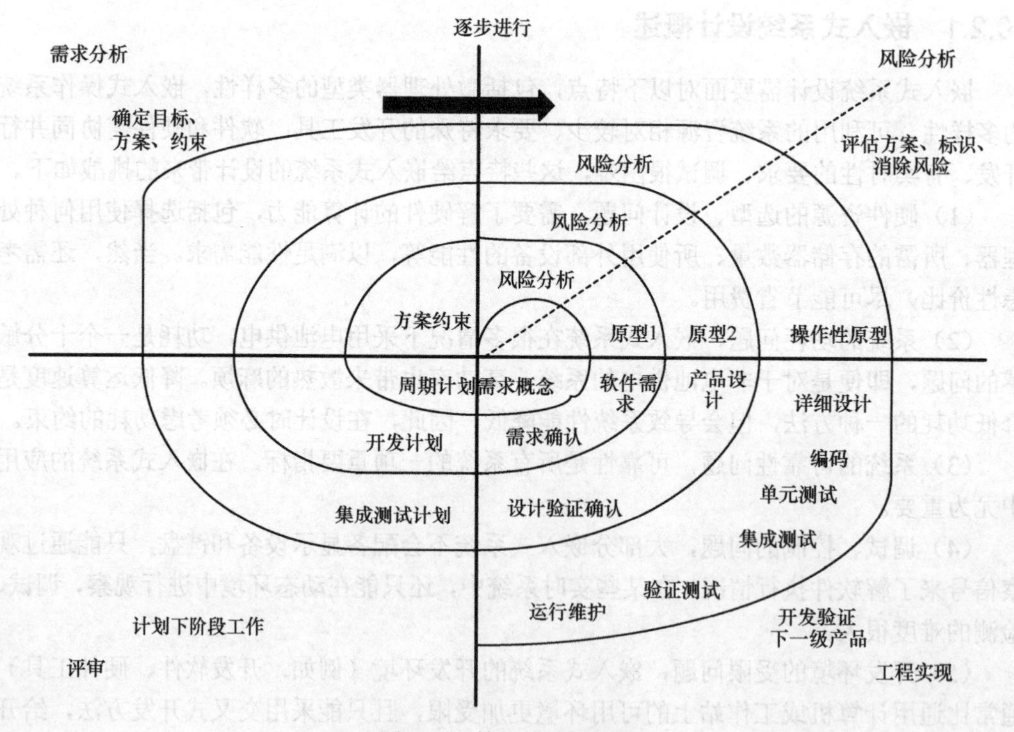

图10-6 简化的螺旋模型

（3）逐步求精模型

逐步求精模型是开发人员先根据用户的基本需求快速开发出一个原型系统，向用户展示原型系统的部分功能和性能，征求用户的意见，然后进一步使需求精确化、完全化。同时，测试人员对这一原型系统进行测试、修改，评价其性能，再根据用户和测试人员的反馈意见修改原型系统，如此迭代，不断完善和丰富系统功能，直到最终完成，逐步求精模型流程如图 10-7 所示。

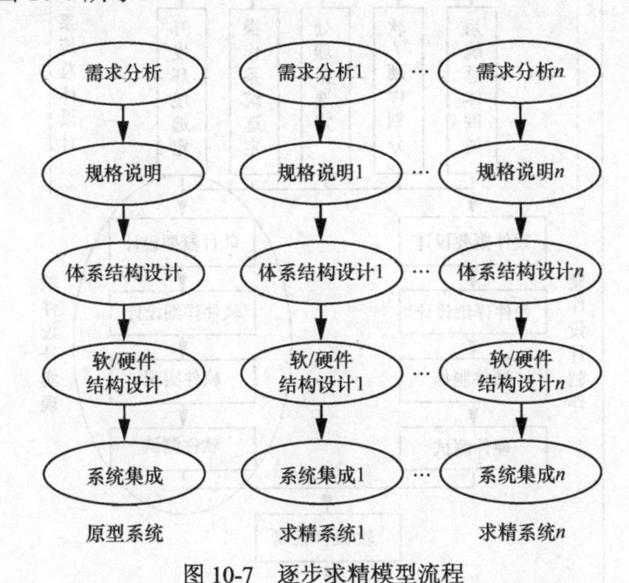

图 10-7　逐步求精模型流程

（4）层次模型

一个完整的嵌入式系统由多种软件构件、硬件构件组成，这些构件又由许多更小的部件组成，因此设计的流程随着系统抽象层次的变化而变化，从最高抽象层次的整体设计到中间抽象层次的详细设计，再到每个具体模块的设计，需要逐层展开。每个流程都需要由单个设计人员或设计小组来承担，而且每个小组有可能依靠其他小组的结果，各个小组从上级小组获得要求，同时上级小组依赖于各个分组设计的质量和性能，流程的每个实现阶段都是一个从规格说明到测试的完整流程。

10.2.3　嵌入式系统开发过程

嵌入式系统软件的开发过程可以分为系统定义、可行性分析、需求分析、系统总体设计、软/硬件详细设计、程序建立、下载、调试、固化、测试及运行等几个阶段，嵌入式系统开发流程如图 10-8 所示。

系统定义、可行性分析、需求分析、系统总体设计及软/硬件详细设计等几个阶段，与通用软件的开发过程基本一致，都可按照软件工程方法进行，如采用原型化方法、结构化方法等。

需求分析需将客户的描述转化为专业术语的表达，然后整理成正式的规格说明，一般包括功能部分和非功能部分。功能部分指系统需要实现的功能，非功能需求包括性能、价格、物理尺寸、功耗等。

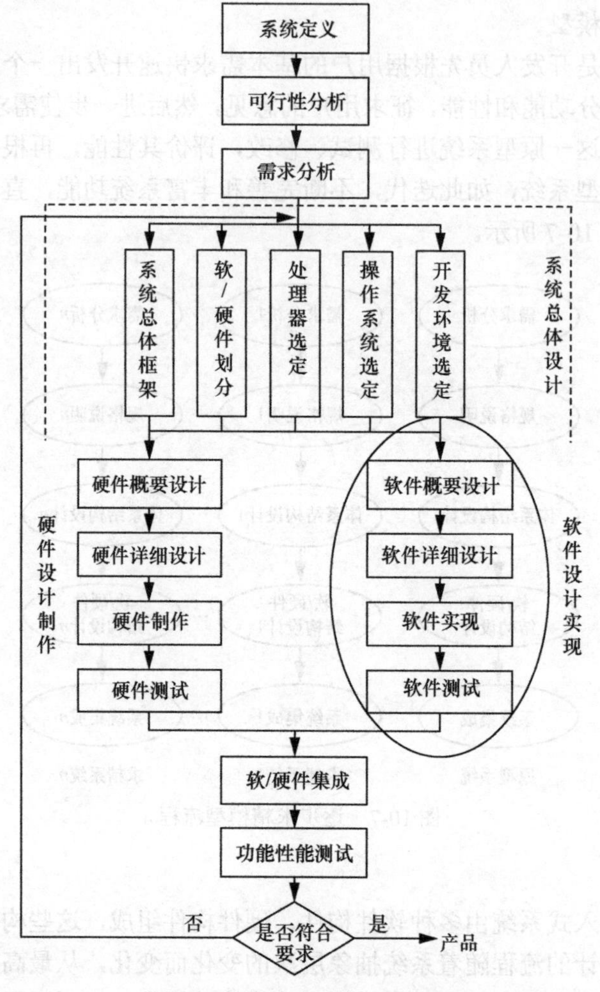

图 10-8 嵌入式系统开发流程

由于嵌入式系统与硬件有较强的依赖关系，某些需求只能通过特定的硬件才能实现，因此需要进行硬件选型，以更好地满足产品的需求。另外，开发环境的选择对于嵌入式系统的开发也有很大的影响。这里的开发环境包括嵌入式操作系统的选择以及开发工具的选择等，例如，对开发成本和进度限制较大的产品可以选择嵌入式 Linux，对实时性要求非常高的产品可以选择 VxWorks 等。

嵌入式系统的软件设计不同于传统的软件设计，其具体实现过程如图 10-9 所示，包含硬件设计和软件设计。由于嵌入式软件的运行和开发环境不同，开发工作需交叉进行，其中前端活动—系统规范，需要同时考虑硬件和软件两个方面。

编写程序的工作根据软/硬件详细设计阶段产生的系统规范文档进行。这一阶段的工作主要是并发任务管理、高层变换、软/硬件功能划分、架构设计、源码编写、编译、链接等几个子过程，这些工作在宿主机进行。之后就分别为软/硬件设计，编译为交叉编译，指在一个平台上生成可以在另一个平台上执行的代码，交叉编译与不同的 CPU 相关，一般有对应的编译器。由于编译的过程包括编译、链接等阶段，因此，嵌入式的交叉编译也包括交叉编译、交叉链接等过程，通常采用的 ARM 交叉编译器为 arm-elf-gcc、

arm-linux-gcc 等，对应的交叉链接器为 arm-elf-id、arm-linux-ld 等。

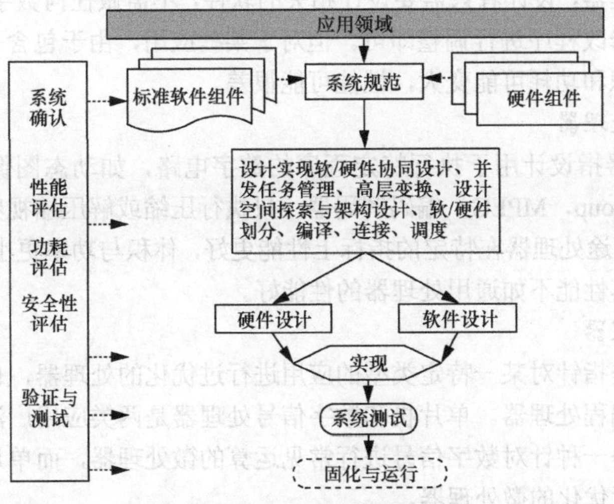

图 10-9 嵌入式系统的软件设计

产生应用程序的可执行文件后，需要在交叉开发环境下进行调试，调试器运行在宿主机的通用操作系统之上，被调试的进程运行在基于特定硬件平台的嵌入式操作系统中，调试器和被调试进程通过串口或者网络进行通信。调试器可以控制、访问被调试进程，读取被调试进程的当前状态，并能够改变被调试进程的运行状态。

硬件调试通过硬件调试器进行。硬件调试器的基本原理是通过仿真硬件的执行过程，让开发者在调试时可以随时了解系统的当前执行情况，应用较多的硬件调试器主要有 ROM monitor、ROM Emulator、In-Circuit Emulator 和 In-Circuit Debugger。目前，采用边界扫描技术的联合测试工作组（Joint Test Action Group，JTAG）接口成为了 IEEE 1149.1 标准，通过 JTAG 接口可以方便地对目标系统进行测试，同时，还可以实现 Flash 编程。大部分高档微处理器都带有 JTAG 接口，包括 ARM7、ARM9、StrongARM、DSP 等。

最后，需要将经调试后正确无误的可执行程序固化到目标机上。根据嵌入式系统硬件配置的不同，选择不同的固化方式，可以固化在 EPROM 和 Flash 等存储器中，也可固化在 DOC（Disk on Chip）和 DOM（Disk on Module）等电子盘中。

由于嵌入式系统对安全性和可靠性的要求比通用计算机系统的要求要高，所以在对嵌入式系统进行白盒测试时，要求有更高的代码覆盖率。

在系统开发流程的各个阶段，分别要进行系统的确认和性能评估、安全性评估及风险性评价，并对系统的实现进行测试验证。

10.2.4 嵌入式系统设计的核心技术

在嵌入式开发领域，有 3 种核心技术与通用系统的开发存在巨大差异，分别为处理器技术、IC 技术、设计/验证技术。

1. 处理器技术

嵌入式开发可应用 3 类不同的处理器。

（1）通用处理器

应用这类处理器，设计者只需要设计相关的软件，不需做任何数字设计，灵活性高，功能的改变通过修改程序进行调整即可。但对于某些应用，由于包含了非必要的处理器硬件，系统的体积和功耗可能变大，性能可能很差。

（2）单用途处理器

单用途处理器指设计用于执行特定程序的数字电路，如动态图像专家组（Moving Picture Express Group，MPEG）编码解码器，只执行压缩或解压缩视频信息。在嵌入式系统中，使用单用途处理器在特定的指标上性能更好，体积与功率更小，但灵活性较差，对于某些应用，其性能不如通用处理器的性能好。

（3）专用处理器

专用处理器是指针对某一特定类型的应用进行过优化的处理器，也称为专用指令集处理器，属于可编程处理器。单片机和数字信号处理器是两类应用广泛的专用处理器，数字信号处理器是一种针对数字信号进行常见运算的微处理器，而单片机是一种针对嵌入式控制应用进行优化的微处理器。

2．IC 技术

IC 为集成电路技术，在嵌入式系统的硬件开发中应用的 IC 技术有 3 类，即全定制、半定制和可编程技术。

（1）全定制

全定制是指按照规定的功能与性能要求，先设计出满足功能的电路，然后对电路的布局与布线进行专门的优化设计，以达到芯片的最佳性能。适用于用量大或对性能要求严格的应用。

（2）半定制

半定制 IC 是一种约束型设计方法，包括门阵列设计法和标准单元设计法。它大量地复用标准单元，如 D 触发器、NAND、NOR、RAM、DSP 等，设计者只需要考虑电路的逻辑功能和各功能模块之间的合理连接即可。半定制方法灵活方便、性价比高，缩短了设计周期，提高了成品率。

（3）可编程

可编程是指基于 PLD 或现场可编程逻辑门阵列（Field Programmable Gate Array，FPGA）器件的 IC 设计模式，只需使用硬件描述语言编程即可开发，然后应用 EDA 工具写入芯片，实现功能。在设计完成后，不需要 IC 厂商参与，在实验室里即可烧制出设计的芯片，其特点是单位成本较高、功耗较大、速度较慢。

3．设计/验证技术

嵌入式系统的设计包括硬件设计技术和软件设计技术两大类。

硬件设计主要包括芯片级设计和电路板级设计。嵌入式系统中的芯片级设计体现在应用 EDA 技术实现上，主要由编译/综合、库/知识产权、测试/验证等进程组成。电路板级设计与常规设计没区别，实现具体的功能。

大多数嵌入式系统都是实时的反应式系统，在嵌入式系统的软件设计中，针对反应式系统的设计和描述，人们相继提出了多种描述语言和验证方法学。软件语言也从实现级、设计级、功能级逐渐向需求级语言发展过渡，以实现嵌入式系统多任务并发、时间

约束严格与可靠性高的特点。

嵌入式软件的最大特点是以控制为主，软件和硬件结合较多，功能性的操作较多，模块相互间调用较多，外部工作环境复杂，容易受到干扰或干扰别的设备，带来的后果不仅是数据容易出现错误而且有可能导致不可估量的灾难，对测试/验证技术提出了很高的要求，需要通过测试/验证技术确保每级功能正确，减少各级之间反复设计的成本。

10.2.5 嵌入式开发设计环境

嵌入式系统本身不具备自主开发能力，必须借助开发工具和环境才能进行开发，这些工具和环境一般需要基于通用计算机上的软/硬件设备以及各种逻辑分析仪、混合信号示波器等。而且有宿主机和目标机的概念，宿主机用于程序的开发，目标机为执行机，开发时需要两者交替结合进行。因此，嵌入式系统的开发要在 3 个环境中进行，包括系统移植环境、开发的具体软件和硬件环境、开发中使用的交叉编译工具环境。

嵌入式系统的开发环境种类很多，大体可以把它们分为如下几类。

（1）与嵌入式操作系统配套的开发环境，常见的有 Linux、VxWorks、Windows CE、μC/OS-II，还有 Nucleus、OSE、PalmOS、THOS 等，特别是商业嵌入式操作系统都有与之配套的、功能齐全的开发环境。

（2）与处理器芯片配套的开发环境，这类开发环境一般由处理器厂商提供，微控制器芯片的嵌入式系统开发工具包便是这一类型的开发环境，如 EPSON 公司的 S1C33 系列微控制器芯片的工具包就是专为嵌入式系统开发设计的开发环境。

（3）与具体应用平台配套的开发环境，这类开发环境针对性较强，如高通公司的 BREW SDK 等。

（4）其他类的开发环境，这类开发环境主要指一些嵌入式系统供应商在 GNU 开源工具的基础上开发或定制的、较为通用的开发环境。这类工具可以免费获得，而且支持的处理器类型繁多功能齐全，但在技术支持方面比专业化商业工具略逊一些。

10.2.6 系统设计

1. 系统架构设计

描述系统如何实现规格说明中定义的功能，这是大部分系统架构设计的主要目的。但在设计嵌入式系统的结构时，很难将软件和硬件完全分开，通常的处理方法是先考虑系统的软件架构，然后再考虑其硬件实现。系统架构的描述必须符合功能上和非功能上的需求，不仅需体现所要求的功能，而且也要满足成本、速度、功耗等非功能约束。

2. 硬件子系统设计

（1）嵌入式处理器选择

根据用户的需求和项目的需要，选择合适的嵌入式处理器。处理器的性能需满足系统的需求，并有一定的余量。需要考虑的方面包括技术指标，系统所要求的一些硬件单元（例如，DMA 控制器、内存管理器、中断控制器、串行设备、时钟等），能否不需要过多的组合逻辑就可以连接到处理器上；处理器是否具有相关软件支持工具，例如，完善的嵌入式操作系统、编程语言和开发工具的支持，处理器 I/O 功能是否满足系统的需求，处理器是否集成了调试功能，例如，是否支持 JTAG、BDM 等调试方式都需要考虑。

最后尽可能选熟悉的处理器。

（2）电路模块化

选择好处理器后，下一步就是将电路模块化，将硬件划分为部件或模块，并绘制部件或模块连接框图。对每个模块进行细化，把系统分成多个可管理、可实现的小块。通常，系统的某些功能既可用软件实现也可用硬件实现，设计者可以根据约束清单进行软/硬件的功能分配。在设计软件和硬件之间的接口时，需要硬件设计者和软件设计者协同工作才能完成，良好的接口设计可以保证硬件简洁、易于编程。

（3）注意事项

规划 I/O 端口，需列出硬件的所有端口、端口地址、端口属性、使用的命令和序列的意义、端口的不同状态及意义。硬件寄存器，需设计每个寄存器的地址、寄存器的位地址及每个位所表示的意义，同时对寄存器的读写、使用该寄存器的要求和时序进行说明。内存，需规划共享内存和内存映射 I/O 的地址，说明每个 I/O 操作的读/写序列、地址分配。硬件中断设计，需列出所使用的硬件中断号和分配的硬件事件。规划存储器空间分配，需列出系统中程序和数据占用的空间大小、位置以及存储器的类型和访问方式等。同时，硬件设计人员应该给软件设计者更多、更详细的信息，便于软件设计和开发。

3．软件子系统设计

（1）操作系统的选择

操作系统对嵌入式的开发和所要实现的功能影响很大，需要考虑多种因素。

① 操作系统的功能。需根据项目需要选择操作系统，例如，是否支持文件系统和人机界面、是实时系统还是分时系统及系统是否可裁剪等因素。

② 配套的开发工具。操作系统有对应的编译器、调试器等，有些实时操作系统只支持使用该系统供应商的开发工具，有些实时操作系统有第三方工具可用。

③ 移植的难易程度。操作系统到硬件平台的移植是项目开发中的难点之一，最好选择那些可移植性高的操作系统，加快软件的开发进度。

④ 操作系统的内存需求。操作系统对内存的要求与目标实现紧密相关，常规开发一般按应用需求分配所需的资源，不需考虑为操作系统分配资源，而操作系统需均衡考虑是否需要额外 RAM 或 EEPROM 来满足对内存的较高要求。

⑤ 操作系统的附加功能。是否包含所需的功能软件，例如，网络协议栈、文件系统、各种常用外部设备的驱动等。

⑥ 操作系统的实时性。实时性分为软实时和硬实时，需根据应用需要选择。如 Windows CE 是 32 位可伸缩实时操作系统，其性能可以满足大部分嵌入式和非嵌入式应用的需要，但实时性不够强，属于软实时嵌入式操作系统。

⑦ 操作系统的灵活性。需考虑操作系统能否根据实际需要进行系统功能的裁剪。不同操作系统的差别很大，例如，嵌入式 Linux、tornado/VxWorks 的可裁剪性就很强。

（2）编程语言的选择

在选择编程语言时，需要从多方面作考虑。

① 通用性。不同种类的微处理器有自身专用的汇编语言，使得系统编程较困难，软件重用无法实现；而高级语言一般和具体的硬件结构联系较少，通用性较好。

② 可移植性。汇编语言与具体的微处理器密切相关，移植性差；高级语言一般可在

不同的微处理器上运行，可移植性较好。

③ 执行效率。一般来说，越是高级的语言，其编译器和开销就越大。但采用低级语言，又会带来编程复杂、开发周期长等问题。因此，需要在开发时间和运行性能之间权衡。

④ 可维护性。低级语言的可维护性不高，而高级语言程序往往是模块化设计，当系统出现问题时，可以很快地定位问题，此外，模块化设计也便于系统功能的扩充和升级。

⑤ 基本性能。在嵌入式系统开发过程中，可使用的高级编程语言有很多，使用较多的编程语言有 Ada、C/C++、Modula-2 和 Java 等。Ada 语言定义严格，易读易懂，有较丰富的库程序支持，在国防、航空、航天等相关领域应用比较广泛。C 语言具有广泛的库程序支持，是嵌入式系统中应用最广泛的编程语言。Modula-2 语言是一种高功效的通用系统程序设计语言，其设计的宗旨之一是为多处理机系统的程序设计服务。Java 有面向对象、可移植、高性能的特性，它使用 Unicode 作为其标准字符，具有平台无关性。

4．系统测试

随着嵌入式系统的复杂性和集成度不断提高，对测试技术提出了更高的要求。而且嵌入式系统的专用程度较高，对其可靠性的要求也比较高，为了保证系统的稳定性，避免由于可能出现的失效而导致灾难性的后果，要求对嵌入式系统包括嵌入式硬件、软件、功能单元 3 个部分，进行严格的测试、确认和验证。

系统的硬件测试一般包括可靠性测试和电磁兼容性测试。硬件可靠性是指在给定的操作环境与条件下，硬件在一段规定的时间内能正确执行所需功能的能力，有些与应用紧密相关，如手机有跌落测试的要求。电磁兼容性测试则有强制性的国内和国际标准。

嵌入式系统的软件部分在整个系统中所占的比例越来越大，而且经常需要实现部分硬件的功能，软件自身还存在如实时性、内存不充裕、I/O 端口不足、开发工具价格昂贵的不足。传统的软件测试理论不能直接用于嵌入式软件测试，嵌入式软件测试面临如下难点。

① 软/硬件紧密相关，快速定位软/硬件的错误较困难。

② 强壮性测试、可知性测试很难用编码实现。

③ 交叉测试平台的测试用例、测试结果上传困难。

④ 基于消息系统测试的复杂性较高，包括线程、任务、子系统之间的交互以及并发、容错和对时间的要求。

⑤ 整体性能测试困难。

⑥ 实施自动化测试困难。

大量统计数据表明，软件测试的工作量往往占软件开发总工作量的 40%以上，特别在测试涉及生命安全的嵌入式软件时所花费的成本，可能相当于软件工程其他开发步骤总成本的 3～5 倍。在嵌入式软件测试中，既要考虑软件本身的性能要求，还要考虑软件与硬件平台以及操作系统的集成，同时还有条件苛刻的时间约束和实时要求。

10.3　嵌入式系统的开发工具

10.3.1　开发工具的组成

开发嵌入式系统一般要做 3 个方面的工作。

1. 嵌入式系统的硬件设计

嵌入式系统的硬件设计包括选择嵌入式核心芯片、设计存储器系统及外部接口。

（1）嵌入式核心芯片指嵌入式微处理器、嵌入式微控制器、嵌入式数字信号处理器、嵌入式 SoC、嵌入式可编程 SoC。

（2）嵌入式系统的存储器系统，包括程序存储器（ROM、EPROM、Flash）、数据存储器（随机存储器）、参数存储器（目前一般使用 EEPROM）和非易失性随机访问存储器等。

（3）嵌入式系统的外部接口。嵌入式处理器上已集成了许多接口，有一些接口不能直连，需要外围电路进行转换。例如，大多数嵌入式通信控制器集成了以太网接口，但是收发器需要外围电路组成。

2. 嵌入式系统的软件设计

嵌入式系统的软件主要包括两大部分，即嵌入式操作系统和应用软件。

目前使用的嵌入式操作系统有几十种，但常用的只有几种，如 VRTX、PSOs、μC/OS-I/II、VxWorks、Windows CE、EPOC、Linux、Palm、OS9、Java ChorusOS、QNX、NAVIO 等。嵌入式系统软件开发的最大特点是与硬件相关，需软件和硬件协同并行开发，而且微处理器的类型多种多样，实时嵌入式操作系统多种多性。这些给嵌入式系统的开发带来了困难，需要对操作系统进行有针对性的移植。

嵌入式应用软件种类非常多，不同的嵌入式系统需要完全不同的嵌入式应用软件，但这一部分的开发与其他系统没有太大区别。

3. 嵌入式开发系统

嵌入式系统的硬件和软件均属于嵌入式产品，开发工具则独立于嵌入式产品之外，嵌入式开发工具如图 10-10 所示。嵌入式开发工具包括嵌入式软件和嵌入式硬件，嵌入式软件一般安装在主机上（例如，语言编译器、连接定位器、调试软件等），嵌入式硬件有调试器、写片机等，这些工具构成了嵌入式系统的开发系统。具体如下。

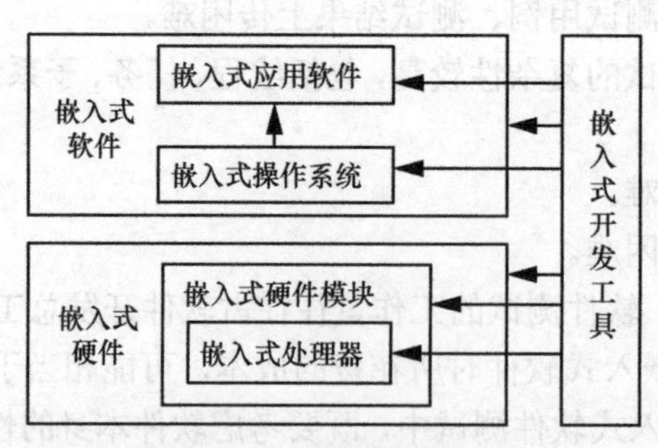

图 10-10　嵌入式开发工具

（1）编辑器

程序文本编辑器是开始创建嵌入式系统的第一个工具，可以用来写 C 和 C++源码，保存为文本格式。Geany 编辑器是众多编辑器中一款功能强大的文本编辑器，内置支持 50 多种编程语言，是程序员编译代码的有力工具之一。它不仅内存占用少而且轻量级，支持 C、Java、PHP、HTML、Python、Perl、Pascal 和其他文件类型，其基础功能有语

法高亮、代码折叠、自动补全、自动关闭 XML 和 HTML 标记代码定位。

（2）编译器

对于使用高级语言写的源码，编译器用来将高级语言代码翻译成机器能理解的低级语言代码。Keil C51 是一个非常受欢迎的编译器，可用它创建 8051 单片机的应用、翻译用 C 语言写的源码。

（3）汇编器

汇编器的功能是将代码转换成机器语言，与直接翻译的编译器相比，汇编器先将源码转换成对象码，最后再转换为机器语言。GAS（GNU Assembler）是广泛应用于 Linux 操作系统的汇编器，可以在苹果电脑工具包（Macintosh Tools Package）中找到。

（4）调试器

调试器是一个重要的测试工具，它可以指出错误出现的行数，方便开发者迅速地进行定位。IDA Pro 是可以运行在主流操作系统上的调试器，广受开发者的欢迎。

（5）链接器

几乎所有的代码都是分片、分模块写的，链接器通过将这些分散的代码片连接起来，创建一个可运行的程序。GNU Id 是其中一个链接器。

（6）仿真器

仿真器是目标系统的替代品，它具有与目标系统相同的功能和组件。该工具用来模拟软件性能，查看代码的实际工作情况。开发者可以通过有序地改变参数值来达到理想的代码性能。

10.3.2 集成的 IDE 工具

创建嵌入式软件需要第 10.3.1 节提及的所有工具，如果分开使用它们会很不方便，将增加项目构建的复杂度。IDE 就是将一系列的开发工具进行打包来为开发者提供开发服务的集成环境，目前常见的 IDE 软件如下。

（1）Visual Studio

Visual Studio 是一个微软开发平台，它不仅可以被用来构建计算机程序和移动应用程序，还可以构建嵌入式软件程序。Visual C++使得开发者可以在 Windows、微处理器或者远程 Linux 机器上调试本地 C/C++代码。使用 IoTVisual Studio，可以构建、编辑、调试运行 Linux 操作系统的设备。Visual GDB 的嵌入式 ARM GCC 工具链，可用于在 Visual Studio 上开发调试 STM32 等嵌入式单片机的固件，使得单片机固件的开发可以使用 Visual Studio 强大的代码编辑功能。

（2）Eclipse

Eclipse 最早被用于 Java 应用程序的开发，现在已成为 Java 编程人员使用最广泛的 IDE 软件。Eclipse 可以通过插件形式支持其他编程语言，例如，Ada、ABAP、C、C++、C#、Python、PHP 等。Eclipse 本身只是一个框架平台，但是众多插件的支持使得 Eclipse 拥有非常好的灵活性。许多软件开发商以 Eclipse 为框架开发自己的 IDE。

（3）NetBeans

NetBeans 是一个针对 Java 8 开发的 IDE 软件，免费且开源，被很多社区开发者和用户支持。NetBeans 包括 PHP 和 C/C++工具，可以使用 CSS、JavaScript 以及 HTML 编程语言开发程序。其特点包括小而快的代码编辑，简单有效的项目管理，快速的UI开发和调试，多语言支持，跨平台，插件丰富。

（4）MATLAB

MATLAB是一系列工具的集合，不同领域的开发者都可使用MATLAB创建用户接口、实现算法。MATLAB编程语言不仅被用于数字运算，还能用其数据块、图表和功能进行工作，可以用C、C++、C#、Java、Python及其他语言编写的程序与之交互。MATLAB中的Simulink模块是一种可视化仿真工具，被广泛应用于线性系统、非线性系统、数字控制及数字信号处理的建模和仿真中。由于该模块允许设计、编写从原型到生产的嵌入式系统，因此，它对嵌入式软件开发非常有用。

（5）Arduino

Arduino是一款开源的IDE软件，专用于Arduino微处理器，其丰富的特性和库使得嵌入式开发更简单。其优点主要有带完整组件的开发板，带实例代码的库，容易上手，开源、可扩展的软/硬件，跨平台，社区活跃。

（6）ARM Keil

ARM Keil开发工具为基于ARM的设备创建嵌入式应用程序提供了完整的环境。ARM Keil软件包涵盖了C/C++编译器、模拟模块、调试器、链接器、汇编器以及中间件库。此外，ARM Keil为基于Cortex、ARM处理器的设备提供了模拟板。其优点在于容易上手，接口丰富，整合了第三方库，有项目示例，技术支持好，适合初学者和专业者。

（7）PyCharm

PyCharm支持在3种主流操作系统上的JavaScript、CoffeeScript、TypeScript开发，也支持Cython、SQL、HTML/CSS、AngularJS、Node.js、模板语言以及其他编程语言的开发，非常适合做跨平台的开发。其特点包括智能代码补全，错误高亮及修复，自动代码重构，简单的项目切换，集成测试，虚拟机远程开发，支持网页开发框架。PyCharm有社区版、专业版以及教育版3种版本供用户选择，被认为是针对不同编程意图的完美工具。

（8）MPLAB X

MPLAB X是美国Microchip Tecnology公司开发的一个IDE软件，是MPLAB的最新版本。该软件基于NetBeans开源平台开发，为不同类型的PIC微控制器和数字信号处理器构建应用程序。其主要优点有使用简单，自动编译，标记呈现，动态语法检查，板上调试，仪表盘窗口。

（9）Proteus

Proteus是英国著名的EDA工具（仿真软件），其功能涵盖了从原理图绘制、代码调试到单片机与外围电路协同仿真、PCB设计，真正实现了从概念到产品的完整设计。Proteus支持多种经典处理器模型，例如，51系列、PIC系列、AVR、ARM、8086等以及Cortex和DSP系列处理器，支持IAR、Keil和MATLAB等多种编译器。

（10）Altium Designer

Altium Designer是原Protel软件开发商Altium公司推出的、一体化的电子产品开发系统，运行于Windows操作系统。Altium Designer将原理图设计、电路仿真、PCB绘制编辑、拓扑逻辑自动布线、信号完整性分析和设计输出等技术进行完美融合，除了经典

的 3D PCB 设计、封装库设计以外，Altium Designer 新版本还支持 FPGA 的开发。

还有很多各具特点的开发工具，很难说应该选择哪一款工具进行嵌入式软件开发，工具的选择应取决于开发者的技能、喜好以及项目需要。当然，上述工具都能帮助开发者加速嵌入式系统的开发。

10.4 嵌入式系统的调试方法

调试是所有系统开发过程中必不可少的环节之一，但嵌入式系统的调试环境存在明显的不同。在通常的桌面操作系统中，调试器与被调试的程序常常位于同一台计算机上，使用同一种操作系统。在嵌入式操作系统中，主机和目标机的开发处于不同的机器中，程序在主机上进行开发（例如，编辑、交叉编译、连接定位等），然后下载到目标机（嵌入式系统）进行运行和调试，即远程调试。也可以说，调试器程序运行在桌面操作系统，而被调试的程序运行于嵌入式操作系统，这一特点将带来一系列问题，例如，位于不同操作系统之上的调试器与被调试程序之间如何通信、被调试程序若出现异常现象将如何告知调试器、调试器如何控制和访问被调试程序等。

10.4.1 基于主机的调试

嵌入式系统的最终调试需要桌面计算机和目标机配合完成，但在实际开发过程中，为了加快项目进度、减少开发工具的费用，大量采用了基于主机的调试方法。

基于 C 语言的可移植性原理，在计算机上开发和调试部分适合的程序模块。对于汇编语言代码部分，在桌面系统上使用指令集模拟器（指令集模拟器是一个软件）运行它们，这一过程可持续到需要测试的代码与目标系统的特殊硬件之间实时交互操作时为止。

在基于主机的调试中，调试实际外部设备的运行时会产生大量问题，但最大的问题是两种计算机体系结构特征即字长与字节的排序不同。字长的兼容性可以通过定义可移植的数据类型来解决。字节排序问题主要指的是大开端和小开端问题，如果桌面计算机不支持大、小开端的配置，那么需要在软件移植到目标系统上之后，再调试大、小开端问题。

基于主机的调试方法有很多应用案例，例如，ATI 公司的 MNT，在该仿真开发平台上，用户可以在基于 Windows 操作系统的计算机上开发和调试基于 Nucleus Plus 的应用，等待目标硬件调试完成后，直接移植到目标机上运行。通过这种方法，嵌入式软件和硬件可以并行开发。

基于主机开发调试的另一个案例是 μC/OS-II 的应用开发，μC/OS-II 是一个著名的源码公开的嵌入式实时多任务操作系统。基于 μC/OS-II 的应用开发可以通过计算机进行，而且该操作系统提供了可移植的数据类型定义。在并开发完成后，只需要修改少量的移植代码就可以把应用软件移植到目标系统中，而且该操作系统兼顾了大、小开端问题。

10.4.2 远程调试器与调试内核

嵌入式系统的目标开发平台一般缺少支持完整特性调试器所需的资源，一般通过分离资源来避开这种限制。调试器的大部分留在主机中，其余部分留在目标系统中，留在目标系统中的部分主要是调试代理，有时称为monitor。主机部分和目标机部分通过串口或以太网端口信道相互通信，留在主机上的部分有时称为调试器前端或GUI。

典型的嵌入式调试器系统有VxWorks和Tomado WDB，调试器除了能提供一定范围的运行控制功能外，一般还具有下面的功能。

① 设置断点。

② 从主机中加载程序。

③ 显示或修改内存与处理器的寄存器等。

④ 从某地址开始运行。

⑤ 单步执行处理器。

⑥ 多任务调试功能。

⑦ 资源查看功能（资源包括多任务的信箱、信号量、队列、任务状态等）。

在调试时，对调试器最重要的需求是远程调试内核功能与调试工具的用户界面能紧密配合。

调试代理需要两种目标系统资源，一种是中断向量，另一种是软件中断。调试代理以ISR的方式提供，中断源一般设置为高优先级中断，并且来自于像串口一样的设备（如果使用串口调试），同样，如果使用以太网口调试，那么调试代理将使用以太网通信控制器的中断。调试人员的主机则用于控制中断是否发生，这种中断一般设置为高优先级中断，有时与NMI同一级别，这样就能保证调试器访问中断时总能被处理。目前，一些嵌入式处理器的制造商提供了调试代理的协议，有些提供了调试代理的部分代码。例如，VRTX86操作系统的monitor提供了调试代理生成器，生成的monitor可以被用户修改，以适应用户板的需求。ARM公司提供了称为angel的调试代理，用户在开发嵌入式系统时可以省去使用价格昂贵的JTAG仿真器。

10.4.3 ROM仿真器

1. ROM仿真器概述

在开发MCS-51系列单片机时，需将用户编好的程序写到EPROM或Flash等只读存储器中运行，如果运行时出现问题，就要修改程序。因此，离线编程器和擦除器（与EPROM对应）在开发中是必不可少的，但这是一个费时间的工作，而ROM仿真器可以解决这一问题。

ROM仿真器就是仿真ROM，它是由RAM及相关附加电路构成的，通过一条线缆连接到开发系统或主机的串行口上，通过另一条电缆连接到目标系统的ROM插座上，目标系统认为它在访问ROM，而它实际访问的是ROM仿真器中的RAM，该RAM中含有用户下载的、用于测试的程序。

ROM仿真器的用途是为程序开发（编辑、编译、下载、调试）过程节省时间。在更新ROM中的程序时，一般的过程是取下旧的EPROM或Flash，将其用紫外线照射擦除后放到EPROM编程器中，写入新的程序。然后，再插回到目标系统运行，并根据程序运行的过程对主机上的程序作修改，最后进行下载。

ROM仿真器包括以下元件。

① 用于匹配目标系统 ROM 芯片接口的电缆设备和接口插座。

② 用于代替目标系统中 ROM 的快速 RAM。

③ 本地控制处理器。

④ 连接到主机的通信端口。

⑤ 附加特性，例如，跟踪存储器、闪存编程算法等。

2．ROM 仿真器的功能

嵌入式系统程序调试的直接方法是把程序写到 Flash 或 EPROM 中调试运行，但该方法带来一些限制，例如，调试速度、不方便等，ROM 仿真器与其相比具有下面的独特功能。

（1）可以缩短调试周期。ROM 仿真器可在目标系统中快速下载新的目标代码映像运行，大幅度缩减调试周期。即使目标系统使用 Flash，因为不必对 Flash 重新编程，也可节约大量时间。需要注意的是，在嵌入式系统开发中，ROM 仿真器不是必备条件。例如，目标系统有 JTAG 端口或者目标系统的调试采用 monitor 方式时，则不需要 ROM 仿真器，因为 JTAG、monitor 本身有下载程序功能。

（2）可以灵活地设置断点。在一般情况下，写到 ROM 中的程序去掉了调试信息，难以设置断点，给程序调试带来困难，而 ROM 仿真器可以使用两种方法设置断点。ROM 仿真器可以通过仿真器来控制目标处理器，而不是由运行调试内核的目标处理器进行代码替换。

（3）可以仿真多种接口。使用 monitor 方式调试嵌入式系统时，必须使用串行端口或以太网端口作为调试通道，如果目标系统的这些端口被占用，则不能进行调试，而 ROM 仿真器没这个问题。

当然，ROM 仿真器也有一些限制。例如，有的嵌入式系统不是从 ROM 中运行程序，而是从 RAM 中运行程序，这样的系统在启动后，首先把代码从 ROM 中复制到 RAM 中，然后再运行（作为启动过程的部分工作），可能根本就不需要 ROM 仿真器提供的特性，而且当内存系统接口不可靠时，如调试内核本身一样，ROM 仿真器也不适用。

10.4.4 ICE

1．ICE 概述

在线仿真是最直接的仿真调试办法，在线仿真器（In-Circuit Emulatior，ICE）提供自身的处理器和存储器，不再依赖目标系统的处理器和内存。通过电缆或特殊的连接器使 ICE 的处理器能代替目标系统的处理器，ICE 的处理器一般与目标处理器的处理器相同。简单地说，ICE 和目标系统通过连接器组合在一起，在对目标系统调试时使用 ICE 的处理器和存储器、目标板上的 I/O 接口。在完成调试后，再使用目标板上的处理器和存储器实时运行应用代码。

目标系统程序留在目标内存中，而调试代理存放在 ICE 的存储器中。当目标系统处于正常运行状态时，ICE 处理器从目标内存中读取指令。然而，当调试代理控制目标系统时，ICE 从自身的本地存储器中读取指令，这种安排确保 ICE 能始终保持对系统运行的控制，甚至在目标系统崩溃后也是如此，并且可以保护调试代理不受目标系统错误的破坏。

2. ICE 的实时跟踪功能

将 ICE 连接到所需的处理器地址总线、数据总线及控制/状态总线上，将逻辑分析仪与目标系统连接就可以使用运行控制和跟踪两项功能。

实时跟踪功能通过加入逻辑分析仪可以显示目标系统的功能。将地址总线、数据总线及控制/状态总线连接到实时跟踪存储器及跟踪触发系统，跟踪触发系统决定实时跟踪存储器何时开始捕捉跟踪记录及何时停止捕捉跟踪记录，跟踪触发系统也能连接到 NMI 控制逻辑，可定义独立于跟踪触发系统的触发条件。

3. ICE 与目标系统的连接方法

ICE 的连接器与目标系统的处理器引脚完全对应，ICE 与目标系统完成连接后，ICE 中的处理器将替代目标系统的处理器。因此，ICE 的控制电路必须插入处理器引脚与目标系统之间，可以采取以下两种方法。

（1）直接连接适用于 ICE 的插座很容易地插入目标系统的情况。例如，在常用的 MCS-51 系列单片机开发模式中，ICE 的插座引脚设计与微处理器的引脚设计相匹配，直接使用插座替换即可。

（2）间接连接适用于 ICE 的插座不能轻易插入目标系统的情况。该方法不取走目标处理器，而是将其所有引脚设置为开路状态（三态）。对于某些带有专用输入引脚的处理器，则需调试人员将带有仿真器信号的连接器作为覆盖物插入。

4. ICE 的缺点

ICE 的优点较多，但将其用于高速处理器系统的开发时，由于高速时钟和信号对 ICE 的连接器提出了异常高的要求，因而 ICE 的价格较贵。所以 ICE 一般用在低速和中速系统中，例如，常用的 MCS-51 系列的单片机 ICE。

10.4.5 JTAG

JTAG 仿真器包括硬件和软件两部分。硬件有两个接口，一个是连接到计算机上的接口，有串行接口、并行接口、网络接口、USB 等；另一个是与 JTAG 引脚相连的接口。调试命令和数据通过仿真器发送到目标处理器中，然后接受目标处理器的状态信息，通过软件分析状态信息，可以了解目标处理器的工作情况。通过 JTAG 命令，用户可以控制目标处理器的运行，例如，单步、断点、检查寄存器等。JTAG 调试采用串行方式传输数据，因此占用 CPU 的引脚较少。

JTAG（IEEE 1149.1）协议来自计算机板测试行业，它是一种与传统电路板测试方式完全不同的方式。计算机主板在配备密集接触点阵列（称为钉床）的机器上进行测试，也称钉床测试，这些触点连接到主板上的不同节点，节点是主板上不同部件的相互连接点。例如，一个时钟发生器的输出，可能是主板上 5～6 个设备的输入，这称为计算机主板上的一个节点。从电路板测试仪连接一个引脚到该节点上，测试仪就能确定该点是否能正确运行，如果不能正确运行，测试仪还能查明这个节点是否与电源或地线短路、开路，或者是否错误地连接到电路中的其他节点上。钉床测试是一种用硬件方法测试复杂电路板连接可靠性的方法。

JTAG 的功能等效于它将计算机主板上所有的节点用一个很长的移位寄存器表示，然后采用二进制位值进行测试，每个二进制位表示电路中的一个节点，JTAG 仿真器的

软件通过分析移位寄存器的输出数据判断电路板的状态。为了使 JTAG 能正常工作，在设计中使用的集成电路器件（处理器或 PLD）必须符合 JTAG 标准，即电路部件的每个 I/O 引脚应包含一个电路元件，此元件的接口能连接到 JTAG 上。在进行测试时，每个引脚的状态都被 JTAG 单元采样。因此，如果以正确的顺序适当地重构串行二进制位流，一次就能采样整个电路的状态。

JTAG 命令独立于处理器的指令系统，可以完全控制处理器的运行，因此，JTAG 调试方式是目前最有效的调试方式，比 ICE 的成本低，比 monitor 的功能强大，局限性小。

目前，大多数嵌入式处理器厂商在其处理器上集成了标准 JTAG 接口，例如，ARM 系列处理器，不管其内核来自哪个厂商，JTAG 接口都能兼容。通过 JTAG 仿真器，用户能采样并修改寄存器组值、存取内存以及做标准调试器所能做的任何事情。

由于 JTAG 采用串行协议，只需要相对较少的微处理器 I/O 引脚就可以与调试器连接，优点明显。目前，大量厂商也开始使用 JTAG 协议或类 JTAG 协议，将它们应用到自身的调试核心中，使用 JTAG 的器件有处理器、DSP、可编程器件等。

JTAG 接口是个开放标准，许多处理器都可以使用它。然而，JTAG 标准仅定义了与处理器一起使用的通信协议，而 JTAG 循环如何连接到核心元件以及作为运行控制或观察元件的命令集做什么，都由特定厂商决定。

10.5 嵌入式系统的应用

嵌入式系统广泛应用于人们生活、工作中的各个方面。特别是随着移动物联网的发展，嵌入式系统的应用场景的数量不断增长。主要体现在以下几个方面。

（1）消费类电子产品

消费类嵌入式产品有很多，例如，电动玩具、空调、冰箱、微波炉、CD 播放器、MP3、MP4 播放器、数码照相机、摄像机、智能手机（如 iPhone）、掌上电脑、电视机、机顶盒等都属于消费类产品。具备网络功能的电视机等消费类电子产品是具有不同处理能力和存储器需求的嵌入式系统，这些产品都使用了不同的嵌入式处理器。

（2）办公自动化产品

目前，大部分办公自动化产品都嵌入了一个或多个处理器，成为复杂的嵌入式系统设备，例如，激光打印机、传真机、扫描仪、复印机和液晶显示器（Liguid Crystal Display，LCD）投影仪等，更先进的产品则嵌入了通信协议栈（典型 TCP/IP），实现了网络功能。

（3）控制系统与工业自动化

在工业生产流水线中应用嵌入式系统非常普遍，例如，智能控制设备、智能仪表、现场总线设备、数字控制机床等。当前发展最热门的工业机器人就是非常复杂的嵌入式设备，它包含多个嵌入式处理器，各个处理器之间通过总线或网络进行连接。

（4）生物医学系统

近年来，医疗设备发展很快。各种检验设备如 X 光机的控制部件、脑电波和心电图设备、电子计算机断层扫描、超声检测设备、核磁共振设备等都有嵌入式系统的应用。此外，各种嵌入式保健设备也在不断涌现，例如，家用的心电监测设备、可用于家庭远程诊断的嵌入式设备。

（5）现场仪器

现场仪器包括传统的测量仪器（例如，测量温度、湿度、电压、电流、功率、频率、频谱等），还包括一些协议分析器、各种虚拟仪器等。在这些仪器中嵌入微处理器，就可发展为智能仪器，例如，传统的示波器发展为数字示波器，具有信号分析等功能。

（6）网络通信设备

网络通信设备包括调制解调器、数据通信基础设备、IP 网上的多媒体设备、协议转换器（例如，网关、路由器等）、加密/解密设备、全球定位系统（Global Positioning System，GPS）设备/接收机、交换机、网络接入盒等。当前，网络已成为嵌入式系统发展的催化剂。

（7）电信基础设备

电信基础设备是嵌入式系统应用的主要对象，包括网络部件如电话交换机、传送回路、综合业务数字网的网络终端、终端适配器、异步传输模式交换机、帧中继和无线寻呼基站。移动通信的组成部分包括手机、基站、移动交换中心，还包括地面站控制器、星载处理元件、遥测和遥感系统这样的卫星通信设备、用户级交换机控制单元和有线电视基础设施的网络元件。

思 考 题

1. 什么是嵌入式系统?它由哪几部分组成?有何特点?写出你所想到的嵌入式系统。
2. ARM 的英文原意是什么?它是一个怎样的公司?其处理器有何特点?
3. 单片机系统、嵌入式系统和 SOC 系统三者有何区别和联系?
4. 什么是实时系统?它有哪些特征?如何分类?
5. 嵌入式系统有哪几种调试方式?现在最流行的调制方式是哪种?使用什么接口?

第 11 章　单片机基础与 C 语言开发技术

11.1　MCS-51 系列单片机

11.1.1　单片机简介

单片机是单片微型计算机的简称，它是将 CPU、RAM、ROM、I/O 接口以及定时器/计数器等通过大规模集成电路制备技术封装在一起，构成一个较小且功能较完善的微型计算机系统。现在的单片机还可能包含模数转换器、脉宽调制电路以及显示驱动电路等，一些新型高端单片机甚至将图像、声音、网络以及复杂的输入输出系统都集成在一块芯片上。

单片机从功能和形态上来讲是应控制领域的需求而诞生和发展的，在单片机诞生初期，单片微型计算机是一个准确的称谓，但是随着单片机的结构以及技术的不断发展，单片机已经突破了传统微型计算机的内容，因此国际上逐渐把单片机称为 MCU。单片机在应用过程中，通常是嵌入系统中的，因此单片机也被称为 EMCU。国内因为习惯问题，通常还沿用单片机这一称谓。

现在单片机的种类有上千种，从通用性角度来看可以将其分为通用型单片机和专用型单片机。专用型单片机是针对某一具体应用或者某一特定产品而专门设计开发的单片机，其硬件和软件都是经过裁剪优化为特定应用场合服务的，因此其用途比较单一，例如，家用电器中的控制器、游戏机以及通信设备等。在大规模使用时，专用型单片机具有可靠性高以及成本低等优势。通用型单片机的内部资源比较丰富，通用性很强，可通过扩展不同的外部设备以及编程覆盖不同的应用场合，因此其应用范围更广，本书中介绍的 MCS-51 系列单片机就属于通用型单片机。

11.1.2　单片机的发展史

单片机诞生于 20 世纪 70 年代末，经过多年的发展和改进，现已经发展出上百个系列近千个种类。单片机的发展大致可以分为以下 4 个阶段。

（1）单片机探索阶段（1974—1978 年）

1971 年，Intel 公司研制出了世界上第一款 4 位微处理器 Intel 4004，同年，也研制成功了 EPROM，微处理器与 EPROM 相结合的潜力也开始展现。1975 年，美国德州仪器公司（TI 公司）首次推出 4 位单片机 TMS-1000，标志着单片机的诞生。1974 年，Intel

公司开始致力于开发其首款单片机即 MCS-48 系列单片机，并于 1976 年研制成功。MCS-48 系列单片机是现代单片机的雏形，在 MCS-48 系列单片机上外接附加外围芯片就可以构成完整的微型计算机，其主要的功能特征包括如下方面。

① 8 位 CPU。

② 64 B RAM，1 KB 掩模 ROM。

③ 所有指令为 1～2 个机器周期。

④ 96 条指令，大部分为单字节指令。

⑤ 2 个工作寄存器。

⑥ 2 个 8 位可编程定时器/计数器。

⑦ 没有串行通信接口。

MCS-48 系列单片机大获成功，其中的一款产品 8048 单片机迅速成为行业标准，并且被广泛应用于交通灯、洗衣机、加油枪和许多设备中。在单片机探索阶段，参与单片机开发探索的还包括美国 Motorola 公司和 Zilog 公司等，这些公司都开发出了各自的产品。

（2）单片机形成阶段（1978—1983 年）

这个阶段是单片机的完善阶段，典型产品是 1980 年 Intel 公司在 MCS-48 系列单片机的基础上推出的 MCS-51 系列单片机。与 MCS-48 系列单片机相比，MCS-51 系列单片机结构更先进、功能更强，增加了串行通信接口电路，定时器/计数器的位数从 8 位增加到 16 位，具有多级中断系统，RAM 的容量从 64 B 增加到 128 B，ROM 容量从 1 KB 增加到 4 KB，指令从 96 条增加到 111 条。MCS-51 系列单片机因为可靠性高、简单实用、性价比高而深受欢迎，成为了最经典的单片机。

MCS-51 系列单片机包括多个品种，例如，8031、8051、8751、8032、8052、8752 等单片机，其中，8051 单片机是最经典的产品，甚至成了 MCS-51 系列单片机的代名词，直到如今，人们也习惯于使用 8051 单片机来称呼整个 MCS-51 系列单片机，其他类型的产品都是在 8051 单片机的基础上进行增减及改变而得到的。

（3）向微控制器发展阶段（1983—1990 年）

这一阶段以 Intel 公司推出的 16 位单片机 MCS-96 为典型代表。相比于 8 位单片机，16 位单片机的数据宽度增加了一倍，而且通常主频更高、集成度更高。这一阶段的产品通常还将模数转换器、脉宽调制电路以及程序运行监视器等集成到单片机中，因此控制能力更强。

（4）全面发展阶段（1990 年至今）

这一阶段的单片机进入全面发展阶段，大量 16 位甚至 32 位高速单片机开始涌现。美国 Microchip 公司发布了一种完全不兼容 MCS-51 系列单片机的 PIC 系列单片机，其采用 RISC 结构，只有 33 条指令，且采用双指令流水线结构，大部分指令只需一个时钟周期，因此运行速度快。PIC 系列单片机一经推出，引起了业界的广泛关注并获得了快速的发展，在业界中占有一席之地。

11.1.3 MCS-51 系列单片机分类

MCS-51 系列单片机是 Intel 公司在 MCS-48 系列单片机的基础上开发出来的产品，

MCS-51 系列单片机包含很多种不同性能的单片机，MCS-51 系列单片机分类见表 11-1。

1．根据单片机内部存储器的容量分类

根据单片机内部存储器的容量不同，将 MCS-51 系列单片机可以分为如下方面。

（1）基本型。此类型的芯片型号名称的末位数字为 1，因此也被称为 51 系列单片机，典型产品包括 8031、8051 以及 8751 等单片机。

（2）增强型。此类型的芯片型号名称的末位数字为 2，因此也被称为 52 系列单片机，典型产品包括 8032、8052 以及 8752 等单片机。

增强型 MCS-51 系列单片机在基本型 MCS-51 系列单片机的基础上，其片内 RAM 从 128 B 增加到 256 B，片内 ROM（仅指 8052、8752、8952 和 8032 无片内 ROM）从 4 KB 增加到 8 KB。此外，增强型 MCS-51 系列单片机的定时器/计数器从 2 个增加到 3 个，对应中断源也从 5 个增加到 6 个。

2．根据单片机内部程序存储器的配置分类

根据单片机内部程序存储器的配置不同，将 MCS-51 系列单片机可以分为如下方面。

（1）无片内 ROM 包括 8031、8032、80C31、80C32 等单片机。

（2）带掩模 ROM 包括 8051、8052、80C51、80C52 等单片机。

（3）带 EPROM 包括 8751、8752、87C51、87C52 等单片机。

（4）带 EEPROM 包括 8951、8952、89C51、89C52 等单片机。

3．根据芯片的制造工艺分类

根据芯片的制造工艺不同，将 MCS-51 系列单片机可以分为如下方面。

（1）采用 HMOS 工艺。此类型的芯片型号名称中不含 C，例如，8031、8051、8032、8052 等单片机。

（2）采用 CHMOS 工艺。此类型的芯片型号名称中含 C，例如，80C31、80C51、80C32、80C52 等单片机。

表 11-1　MCS-51 系列单片机分类

<table>
<tr><th rowspan="2">系列</th><th rowspan="2">单片机型号</th><th colspan="2">片内存储器</th><th colspan="2">片外存储器</th><th colspan="2">I/O 接口/个</th><th rowspan="2">中断源</th><th rowspan="2">定时器</th></tr>
<tr><th>ROM</th><th>RAM</th><th>ROM</th><th>RAM</th><th>并行</th><th>串行</th></tr>
<tr><td rowspan="4">51 子系列</td><td>8031、80C31</td><td>无</td><td rowspan="4">128 B</td><td rowspan="8">64 KB</td><td rowspan="8">64 KB</td><td rowspan="8">4</td><td rowspan="8">1</td><td rowspan="4">5</td><td rowspan="4">2 个 16 位</td></tr>
<tr><td>8051、80C51</td><td>4 KB ROM</td></tr>
<tr><td>8751、87C51</td><td>4 KB EPROM</td></tr>
<tr><td>8951、89C51</td><td>4 KB EEPROM</td></tr>
<tr><td rowspan="4">52 子系列</td><td>8032、80C32</td><td>无</td><td rowspan="4">256 B</td><td rowspan="4">6</td><td rowspan="4">3 个 16 位</td></tr>
<tr><td>8052、80C52</td><td>8 KB ROM</td></tr>
<tr><td>8752、87C52</td><td>8 KB EPROM</td></tr>
<tr><td>8952、89C52</td><td>8 KB EEPROM</td></tr>
</table>

11.1.4　51 内核单片机

20 世纪 80 年代中期以后，Intel 公司将其主要精力放在了高档微处理器芯片的开发上，所以其将 MCS-51 系列单片机中的 80C51 单片机的内核技术以专利互换或出售的形式转让给了许多半导体芯片设计及生产厂商，例如，Atmel、Philips、Maxim、Dallas、

ADI、Siemens 以及 Winbond 等公司。这些公司生产出与 MCS-51 指令系统完全兼容的 80C51 内核单片机，通常把这些具有 MCS-51 指令系统的单片机统称为 51 内核单片机，与 MCS-51 兼容的主要产品见表 11-2。

表 11-2 与 MCS-51 兼容的主要产品

生产厂商	单片机型号
Atmel	AT89 系列
Philips	80C51、8xC552 系列
Winbond	W78C51、W77C51 系列
ADI	ADμC8XX 系列
Maxim	DS89C420 系列
宏晶	STC89C51 系列

在表 11-2 的兼容单片机中，我国常见的是 Atmel 公司生产的 AT89 系列单片机和深圳市宏晶科技有限公司生产的 STC 系列单片机。

1. AT89 系列单片机

AT89 系列单片机是 Atmel 公司推出的 51 内核单片机，其指令系统、引脚分布与 80C51 单片机完全相同，但是其内部 ROM 为 Flash 存储器，整体擦除时间仅为 10 ms 左右，且可重复擦写 1 000 次以上，性价比很高。

AT89 系列单片机的型号名称由前缀、型号和后缀 3 部分构成，通常格式为 AT89CXXXX-XXXX。

（1）前缀为字母 AT，代表该产品由 Atmel 公司生产。

（2）型号为 89C（或者 LV、S）XXXX，其中 9 代表其内部 ROM 为 Flash 存储器，C 代表为 CMOS 产品。LV（Low Voltage）代表其是低电压产品，S 代表支持 ISP（In-System Programmable）系统内可编程功能，XXXX 代表器件型号，可以是 51、1051 以及 8252 等。

（3）后缀为 XXXX 4 个参数，每个参数代表不同的含义，后缀与型号之间通常用“-”隔开。

前两个 X 参数为数字，代表速度。例如，X=12 代表速度为 12 MHz。第三个 X 参数为字母，代表封装方式。X=P 表示 DIP 封装方式；X=J 表示 PLCC （Plastic Leaded Chip Carrier）封装方式；X=Q 表示 PQFP （Plastic Quad Flat Package）封装方式；X=A 表示 TQFP（Thin Quad Flat Package）封装方式；X=S 表示 SOIC 封装方式；X=D 表示陶瓷封装；X=W 表示裸片。第四个 X 参数为字母，代表使用的温度范围。X=C 代表使用的温度范围是 0～+70℃，通常用在商业产品上；X=I 代表使用的温度范围是−40～+85℃，通常用在工业用品上；X=A 代表使用的温度范围是−40～+125℃，通常用在汽车用品上；X=M 代表使用的温度范围是−55～+125℃，通常用在军用用品上。例如，某一单片机的型号为 AT89S51-20PC，则表示其为 Atmel 公司生产的单片机，其内部 ROM 为 Flash 存储器、支持 ISP 在线下载、DIP 封装，主要用在商业领域。

2. STC 系列单片机

STC 系列单片机是由深圳市宏晶科技有限公司生产的单片机，其产品线包括 STC89/90 系列、STC10/11 系列、STC12 系列以及 STC15 系列等几百个不同性能的产品。

其中，STC89 系列单片机完全兼容 AT89 系列单片机，但是其性能更好、运算速度更快。STC 系列单片机具有以下几个特点。

（1）执行效率高。STC 系列单片机改进了传统的 51 单片机的指令执行效率，其早期产品的机器周期可以通过编程设置为 6 T（80C51 单片机的机器周期为 12 T），因此执行速度可以提高 1 倍。后期的 STC10/11/12 系列单片机，所有的指令实现方式重新设计，机器周期缩短为 1 T，因此平均执行速度比 80C51 单片机的提高了 8～12 倍。

（2）具有完全的中国本土独立知识产权。

（3）具有系统内可编程功能。

（4）保密性能好。STC90 系列单片机采用了第七代加密技术，STC15 系列单片机更是升级到了第九代加密技术。

（5）性能优越。抗干扰能力强，支持低功耗工作。

（6）有详细的中文资料。

11.1.5 MCS-51 系列单片机的结构及引脚功能

1. MCS-51 系列单片机的逻辑结构

Intel 公司的 MCS-51 系列单片机将 CPU、存储器、定时器/计数器和多个 I/O 接口集成到同一块芯片上。MCS-51 系列单片机采用哈佛结构，因此其程序存储器和数据存储器是分开的。MCS-51 系列单片机系统结构如图 11-1 所示。

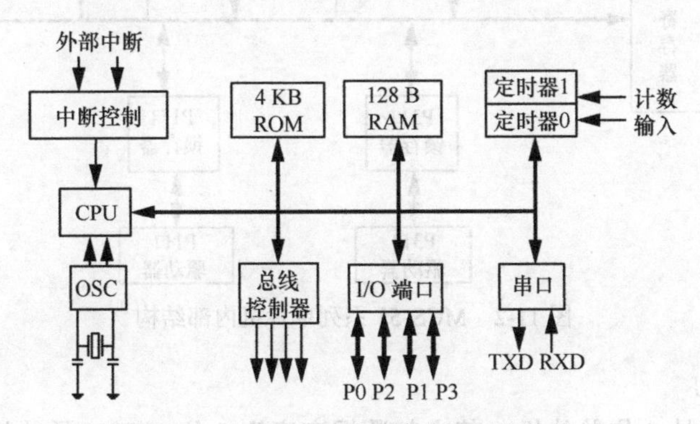

图 11-1 MCS-51 系列单片机系统结构

从图 11-1 可以看出，MCS-51 系列单片机的内部主要包括如下方面。

① 8 位 CPU。

② 4 KB 片内程序存储器，最多可扩展到 64 KB。

③ 128 B 片内数据存储器，最多可扩展到 64 KB。

④ 2 个 16 位定时器/计数器。

⑤ 1 个全双工串行通信口。

⑥ 5 个中断源，其中包括 3 个内部中断和两个外部中断。

⑦ 4 个 8 位 I/O 端口。

⑧ 1 个时钟电路。

2．MCS-51 系列单片机的内部结构

MCS-51 系列单片机内部结构如图 11-2 所示，可以看出 MCS-51 系列单片机内部主要包含如下方面。

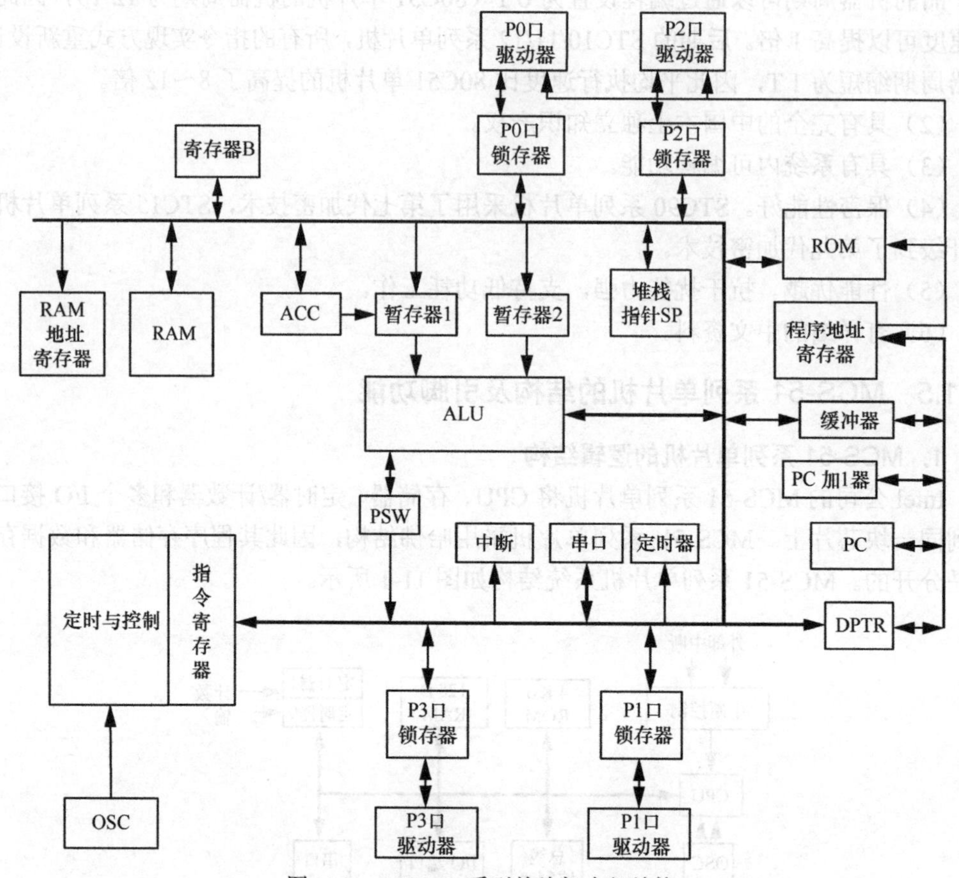

图 11-2　MCS-51 系列单片机内部结构

（1）8 位 CPU

MCS-51 系列是 8 位单片机，其内部数据宽度为 8 位。CPU 是单片机的指挥中心和执行机构，其主要由运算器和控制器两部分组成。8 位 ALU 是运算器的核心，ALU 的本质是一个全加器，它可以实现对二进制数据的算数运算（包括加、减、乘、除、加 1、减 1 以及十进制调制等）、逻辑运算（包括与、或、非、异或以及清零等）以及位操作（位与、位或、置位、清零以及取反等）。ALU 中还包括累加器（ACC）、寄存器 B、程序状态字寄存器（PSW）等，这些寄存器在第 11.2.2 节进行详细介绍。

控制器主要识别指令，并根据指令的译码结果，完成对单片机内部各个部件的定时和逻辑控制，其主要功能包括指令的读取、译码和执行。控制器内部还包含程序计数器、指令寄存器、数据指针寄存器（DPTR）、堆栈指针寄存器（SP）、指令译码器、PC 加 1 器以及定时控制逻辑等部分。

（2）片内振荡器及时钟电路

通过外接晶体振荡器，可以产生系统工作所需要的时钟信号。

（3）RAM

MCS-51 系列单片机有一个 128 B 的 RAM 以及对应的 RAM 地址寄存器，RAM 主要用来存放数据以及一些中间结果等。

（4）只读存储器

MCS-51 系列单片机内部包含一个 4 KB 的片上只读存储器，用来存放程序以及一些数据表格等。

（5）定时器/计数器

MCS-51 系列单片机包含 2 个 16 位的、可编程的定时器/计数器，可以工作在定时或计数方式下，实现内部定时或外部计数。

（6）串行通信口

MCS-51 系列单片机包含一个可编程的全双工通信口，可以用来做异步通信收发器或者同步移位寄存器。

（7）输入/输出端口

MCS-51 系列单片机包含 4 个 8 位输入/输出端口（P0、P1、P2、P3），每一个端口都包含一个驱动器及锁存器。MCS-51 系列单片机输入/输出端口是可以位寻址和双向传输数据的。

（8）定时器/计数器

MCS-51 系列单片机有两个 16 位定时器/计数器。

3. MCS-51 系列单片机的引脚功能

MCS-51 系列单片机有多种封装方式。较常用的封装方式是 40 引脚 DIP 封装方式，另外常见的封装类型是 44 引脚 PLCC 封装方式和 TQFP 封装方式。80C51 单片机的引脚方向也会因为封装方式的不同而不同。如果是 44 引脚封装方式，通常有 4 个引脚是没有定义的。常见的 40 引脚 DIP 封装方式时 80C51 单片机引脚配置如图 11-3 所示。

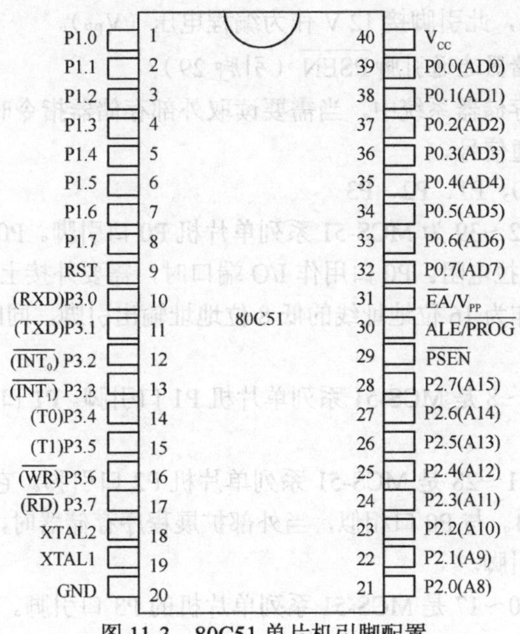

图 11-3　80C51 单片机引脚配置

下面介绍 MCS-51 系列单片机每个引脚的功能。

（1）电源引脚 V_{CC}（引脚 40）及接地引脚 GND（引脚 20）

V_{CC} 为电源引脚，接电源电压（+5V）。

GND 为接地引脚，接电源的负极端（0）。

（2）时钟电路引脚 XTAL1（引脚 19）和 XTAL2（引脚 18）

在使用内部时钟时，XTAL1 和 XTAL2 接外部晶体振荡器的两端，XTAL1 是单片机内部倒相放大器的输入端，XTAL2 是倒相放大器的输出端。

（3）复位引脚 RST（引脚 9）

RST 是单片机的复位引脚，复位引脚是一个高电平有效引脚，如果 RST 在至少两个机器周期（24 个振荡周期）内都处于高电平，MCS-51 系列单片机将被复位。复位电路的实现方法参照第 11.3.3 节。

（4）地址锁存使能引脚 ALE/$\overline{PROG}$（引脚 30）

ALE/$\overline{PROG}$ 是地址锁存使能引脚。在系统扩展的时候，数据和低位地址引脚是分时复用的（都是 P0 口）。因此当单片机的 P0 口输出低位地址信息时，ALE 输出高电平，控制地址锁存器锁存低位地址信息，从而实现低位地址和数据线的分时复用。当单片机上电时，ALE 以时钟频率的 1/6 向外输出正脉冲信号。

在 Flash 编程期间，该引脚充当编程脉冲输入引脚。

（5）外部存储器访问使能引脚 $\overline{EA}/V_{PP}$（引脚 31）

$\overline{EA}$ 是外部存储器访问使能引脚。当扩展外部程序存储器时，若 $\overline{EA}$ 为低电平，CPU 只执行扩展程序存储器指令，忽略内部程序存储器。若 $\overline{EA}$ 为高电平，CPU 执行内部程序存储器指令，但是当地址超过 0FFFH 时，CPU 会转向执行外部程序存储器指令。对于没有片内存储器的单片机，$\overline{EA}$ 必须为低电平。对于没有扩展外部程序存储器的系统，$\overline{EA}$ 通常接高电平。

在 Flash 编程期间，此引脚接 12 V 作为编程电压（V_{PP}）。

（6）外部程序存储器选通引脚 $\overline{PSEN}$（引脚 29）

在扩展外部程序存储器系统中，当需要读取外部存储器指令时，$\overline{PSEN}$ 为低电平，作为外部存储器的选通信号。

（7）I/O 口引脚 P0、P1、P2、P3

① P0 口。引脚 32～39 为 MCS-51 系列单片机 P0 口引脚。P0 口是漏极开路准双向 I/O 端口，内部没有上拉电阻。P0 口用作 I/O 端口时，需要外接上拉电阻。P0 口在扩展外部程序存储器时，作为 16 位地址线的低 8 位地址输出引脚，同时也作为数据信号 I/O 引脚。

② P1 口。引脚 1～8 是 MCS-51 系列单片机 P1 口引脚。P1 口为 8 位双向 I/O 端口，内部带上拉电阻。

③ P2 口。引脚 21～28 是 MCS-51 系列单片机 P2 口引脚。它是一个内部带上拉电阻的 8 位准双向 I/O 口。与 P0 口相似，当外部扩展程序存储器时，P2 口作为 16 位地址线的高 8 位地址输出引脚。

④ P3 口。引脚 10～17 是 MCS-51 系列单片机的 P3 口引脚。P3 口是带内部上拉电

阻的双向 I/O 端口。此外，P3 口的所有引脚都有第二功能，P3 口的第二功能将在第 11.4 节介绍。

11.1.6　单片机的应用

单片机具有集成度高、体积小、应用灵活、控制功能强、容易嵌入到各种系统中、可扩展性好以及功耗低等优点，被广泛应用于各个领域。

（1）工业控制

单片机在工业领域被广泛使用，它能构成多种工业过程控制、工业测量、工业现场数据采集、信号检测、无人感知系统等。例如，数控车床、生产流水线的智能化管理、各种报警系统、数据显示系统以及工业机器人等，这些都可以使用单片机作为控制器件。

（2）智能仪器仪表

利用单片机可以构成一些智能化的仪器设备，实现仪器设备的智能化、数字化、多功能化以及综合化等。通过扩展不同的传感器，可以实现对电压、电流、功率、光照、湿度、温度、流量、速度、厚度、长度以及压力等物理量的测量。这种智能仪器仪表具有自动化程度高、功耗小、抗干扰能力强等优点。

（3）家用电器

单片机以其控制功能强、可靠性高以及体积小等优势在家用电器中得到了广泛应用。现在的家用电器正逐渐用单片机代替传统的机械控制部件，使得家用电器走向智能化。电视机、洗衣机、电冰箱、空调、电饭煲和家用电子秤等都广泛采用了单片机控制。特别是近几年，随着智能家居概念的提出和智能家居行业的迅速发展，智能家居已经是家庭信息化和社会信息化的重要组成部分，一些基于单片机开发的智能家居设备也越来越普及。

（4）汽车电子

单片机在汽车电子设备中的应用也非常广泛，汽车上一般配备了 40 多片单片机，包括汽车发动机控制、变速箱控制、防抱死制动系统、安全气囊、GPS 导航系统、制动系统以及胎压监测等。

（5）通信设备

目前的单片机都具备各种串行/并行通信接口，可以方便地与其他通信设备以及计算机进行数据通信。现在的通信设备基本已经实现了单片机智能控制，从家用的固定电话、移动电话、无线对讲机、楼宇对讲门禁系统到集群移动通信、程控交换机以及各种通信基站，都应用了单片机控制。

（6）医用领域

医用领域也是单片机应用较广泛的领域之一，例如，医用呼吸机、电子血压计、分析仪、各种电子监护仪、超声波诊断设备以及病床呼叫系统等。

（7）航空航天以及国防

航空航天以及国防的武器装备中也大量使用了单片机。

（8）办公设备

现代办公室中大量的办公设备使用了单片机控制，例如，打印机、复印机、传真机、考勤设备以及办公电脑的键盘等。

此外，单片机在商业、科研、教育等领域也有广泛应用。

11.2　MCS-51 系列单片机的存储器结构

MCS-51 系列单片机是基于复杂指令集的微控制器，内部集成有一定容量的程序存储器和数据存储器，其存储结构的特点之一是将程序存储器和数据存储器分开，并有各自的寻址机构和寻址方式，这种结构的单片微型计算机称为哈佛型结构单片微型计算机。

11.2.1　MCS-51 系列单片机存储器空间

MCS-51 系列单片机在物理上有 4 个存储器空间，片内程序存储器和片外程序存储器以及片内数据存储器和片外数据存储器。从逻辑上划分有 3 个存储器地址空间，片内、外统一编址的 64 KB 程序存储器地址空间，内部 256 B 或 384 B（对 52 子系列）数据存储器地址空间和外部 64 KB 的数据存储器地址空间。在访问这 3 个不同的逻辑空间时，应选用不同形式的指令。

1. MCS-51 系列单片机的程序存储器

在 MCS-51 系列单片机中，要执行的指令存储在程序存储器中。最初的 MCS-51 系列单片机内部有 4 KB 的内部只读存储器，但是 MCS-51 系列单片机最大支持 64 KB 大小的程序存储器（16 位地址线最大寻址 64 KB）。因此，如果有需要，可以扩展一个最大 60 KB 大小的外部存储器，MCS-51 系列单片机的程序存储器配置如图 11-4 所示。MCS-51 系列单片机的一些产品如 8031 和 8032 系列，没有内部程序存储器，必须扩展外部程序存储器。目前的 MCS-51 系列单片机如 8052 系列，通常都有 8 KB 的 Flash 内部程序存储器，并且可以对存储器进行重新编程。

对于 4 KB 的内部只读程序存储器，地址空间为 0000～0FFFH。为了能读取内部程序存储器，外部引脚 $\overline{\text{EA}}$ 必须拉高。当 $\overline{\text{EA}}$ 引脚为高电平时，CPU 首先从内部程序存储器中读取地址为 0000H～0FFFH 的指令；如果存储器地址超过 0FFFH，则从外部只读存储器中读取指令，也就是外部程序存储器的地址范围为 1000H～FFFFH。

在扩展外部存储器时，也可以直接忽略内部只读存储器，只从外部程序存储器获取所有指令。在这种情况下，$\overline{\text{EA}}$ 引脚连接到低电平，此时外部只读存储器的地址将为 0000H～FFFFH。

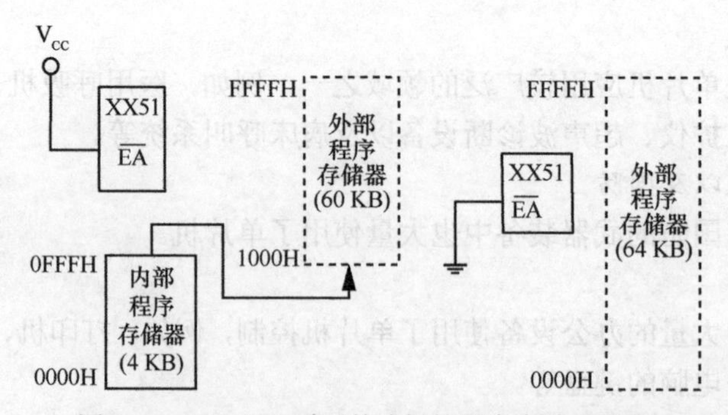

图 11-4　MCS-51 系列单片机的程序存储器配置

2. MCS-51 系列单片机的数据存储器

MCS-51 系列单片机的数据存储器是用来存储 CPU 正常运行期间产生和使用的临时数据和中间结果。现在的 MCS-51 系列单片机通常有 256 B RAM。这 256 字节的低 128 字节，即地址为 00H～7FH 的数据存储器空间被分成工作寄存器区（寄存器组）、位寻址区和通用 RAM 区（也称为暂存区）。高 128 字节为特殊功能寄存器（Special Function Register，SFR）区。MCS-51 系列单片机的数据存储器配置如图 11-5 所示。

（1）工作寄存器区（00H ~ 1FH）

RAM 的最低 32 字节（00H～1FH）是工作寄存器区，这 32 个寄存器又分成 4 组，组 0、组 1、组 2 和组 3。每一组包含 8 个 8 位的寄存器，分别被命名为 R0，R1，…，R7。在使用的时候同一时间只能使用其中一个寄存器组，这个时候可以使用 R0，R1，…，R7 访问这一组 8 个寄存器。例如，当使用组 1 时，R1 代表的是字节地址为 09H 的寄存器。相似的，当使用组 0 时，R1 代表的是字节地址为 01H 的寄存器，其他寄存器组的寄存器可以通过直接寻址来访问。寄存器组的选择可以通过修改 PSW 的 RS0 和 RS1 位（RS0 和 RS1 分别是 PSW 寄存器的第 3 和第 4 位）来改变。当单片机复位时，默认选择寄存器组 0（复位后，RS0=0，RS1=0）。

（2）位寻址区（20H ~ 2FH）

MCS-51 系列单片机的位寻址区通常用于存储位变量。位寻址区既可以字节操作，也可以对每一位进行操作。当作字节操作时，字节地址为 20H～2FH（16 字节）；当作位操作时，位地址为 00H～7FH（16×8=128 位）。例如，位地址 32H 是内部 RAM 字节地址为 26H 存储单元的位 2。位寻址区主要用于存储应用程序中的位变量，例如，发光二极管或电机（开/关）等输出设备的状态。我们只需要一个位来存储这个状态，如果使用一个完整的字节来存储这个状态则是非常糟糕的编程实践。

（3）暂存区（30H ~ 7FH）

暂存区是用于通用存储的 80 个字节。暂存区地址为 30H～7FH，一般把堆栈也设置在这个区域，上述低 128 字节数据存储区可以直接或间接寻址。

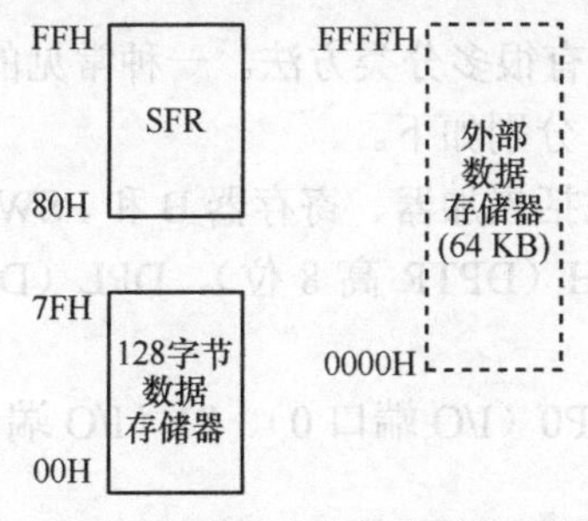

图 11-5　MCS-51 系列单片机的数据存储器配置

11.2.2　特殊功能寄存器

内部 RAM 的高 128 字节（80H～FFH）分配给了特殊功能寄存器，特殊功能寄存器充当控制 MCS-51 系列单片机运行方式的控制表。在 128 个字节中，只有 21 个字节实际分配给了 SFR，每个 SFR 都有一个字节地址和一个指定其用途的唯一名称。与低 128 字节 RAM 不一样的是，特殊功能寄存器只能直接寻址。在一些单片机中，有一个额外的 128 字节的 RAM，它与特殊功能寄存器共享存储器地址，即 80H～FFH，但是这个额外的存储块只能通过间接寻址来访问。

MCS-51 系列单片机的 21 个特殊功能寄存器符号、名称及其内部 RAM 地址见表 11-3。

表 11-3　21 个特殊功能寄存器一览表

寄存器符号	寄存器名称	内部 RAM 地址（十六进制）
ACC	累加器	E0H
B	寄存器 B	F0H
DPH	DPTR 高 8 位	83H
DPL	DPTR 低 8 位	82H
IE	中断允许控制寄存器	A8H
IP	中断优先级控制寄存器	B8H
P0	I/O 端口 0	80H
P1	I/O 端口 1	90H
P2	I/O 端口 2	A0H
P3	I/O 端口 3	B0H
PCON	电源控制及波特率选择寄存器	87H
PSW	程序状态字寄存器	D0H
SCON	串口控制寄存器	98H
SBUF	串口数据缓冲器	99H
SP	堆栈指针寄存器	81H
TMOD	定时器方式选择寄存器	89H
TCON	定时器控制寄存器	88H
TL0	定时器 0 低 8 位	8AH
TH0	定时器 0 高 8 位	8CH
TL1	定时器 1 低 8 位	8BH
TH1	定时器 1 高 8 位	8DH

1．特殊功能寄存器分类

这 21 个特殊功能寄存器有很多分类方法。一种常见的方法是把 8051 单片机的 21 个特殊功能寄存器分为 7 组，分别如下。

（1）算数运算寄存器组包括累加器、寄存器 B 和 PSW。

（2）指针寄存器包括 DPH（DPTR 高 8 位）、DPL（DPTR 低 8 位）和 SP（堆栈指针寄存器）。

（3）I/O 端口寄存器包括 P0（I/O 端口 0）、P1（I/O 端口 1）、P2（I/O 端口 2）和 P3（I/O 端口 3）。

（4）中断寄存器包括 IE（中断允许控制寄存器）和 IP（中断优先级控制寄存器）。

（5）定时计数寄存器包括 TL0（定时器 0 低 8 位）、TH0（定时器 0 高 8 位）、TL1（定时器 1 低 8 位）、TH1（定时器 1 高 8 位）、TMOD（定时器方式选择寄存器）和 TCON（定时器控制寄存器）。

（6）串行口寄存器包括 SCON（串口控制寄存器）和 SBUF（串口数据缓冲器）。

（7）电源寄存器包括 PCON（电源控制及波特率选择寄存器）。

2．特殊功能寄存器功能介绍

（1）累加器

累加器是 MCS-51 系列单片机中最重要、最常用也是最繁忙的一个寄存器，其字节地址为 E0H。累加器这个名字来源于这个寄存器用于累加（或保存）所有算术运算和大多数逻辑运算的结果。累加器是 ALU 单元的输入之一，很多运算都是通过累加器提供操作数，多数运算的结果也是保存到累加器中。

使用累加器的操作包括如下方面。

① 算术运算包括加法、减法、乘法等。例如，加法算数，其中加数通常来自于累加器，将和也放在累加器中。

② 逻辑运算包括与、或、非、异或、清 0 等。例如，清 0 指令，就是完成对累加器的清 0。

③ 移位运算包括循环左移、循环右移、带进位的循环左移以及带进位的循环右移等。例如，循环左移操作，就是完成对累加器数据的循环移位。

④ 数据传送累加器相当于一个数据中转站，CPU 中的大部分数据传送都需要通过累加器，如从外部数据存储器读入数据，也是先读入累加器的。

（2）寄存器 B

寄存器的字节地址为 F0H，主要用于乘法和除法运算。

① 乘法运算，累加器和寄存器 B 一起构成乘法运算的两个操作数，乘法运算结果（16 位）的高 8 位存储在寄存器 B 中，低 8 位存储在累加器中。

② 除法运算，累加器存储被除数，寄存器 B 存储除数。除法运算的结果即商存储在累加器中，而余数存储在寄存器 B 中。

寄存器 B 也可以用作通用寄存器，用于存储临时结果。

（3）PSW

PSW 也称为标志寄存器，其字节地址为 D0H。PSW 主要用来存储指示程序运行过程中的一些状态信息，也作为程序运行过程中的指示判断信息，例如，某些位控制转移类指令，可以根据进借位标志位来判断程序的跳转位置。如作十进制调整时，需要根据辅助进借位标志位的值来完成调整操作。PSW 的格式见表 11-4。

表 11-4　PSW 的格式

位	符号	标志位名称			说明
7	C 或者 CY	进借位标志位			用于算数、逻辑以及布尔运算
6	AC	辅助进借位标志位			用于 BCD 码调制指令
5	F0	用户自定义标志位			—
4	RS1	工作寄存器组选择标志位 1			—
3	RS0	工作寄存器组选择标志位 0			—
		RS1	RS0	寄存器组	—
		0	0	寄存器组 0	—
		0	1	寄存器组 1	—
		1	0	寄存器组 2	—
		1	1	寄存器组 3	—
2	OV	溢出标志位			用于算数运算
1	--	未定义			—
0	P	奇偶标志位			用于累加器中 1 的个数奇偶性

① C 或者 CY 是进借位标志位，通常用于保存数学以及移位等运算的状态。在数学运算中，如果在运算过程中有进位或者借位时，该位由硬件自动置逻辑 1。在带进位的循环移位操作中，移出的位移入 CY。CY 也作为某些控制转移类指令的条件。

② AC 是辅助进借位标志位。在数学运算中，如果低四位向高四位进位或者借位，该位由硬件自动置逻辑 1，BCD 码加/减法运算的十进制调整中需要使用这一标志位。

③ F0 是用户自定义标志位。F0 是留给用户使用的标志位，由用户通过软件置 1 或者清 0。

④ RS1 和 RS0 是工作寄存器组选择标志位，用于选择当前的工作寄存器组。用户可以通过软件修改 RS1、RS0 的值来切换当前的工作寄存器组。当单片机复位时，RS1=00，RS0=00，表示使用工作寄存器组 0，此时 R0～R7 表示字节地址为 00H～07H 的 RAM 单元。若将 RS1、RS0 修改为 01，则切换到工作寄存器组 1，R0～R7 表示字节地址为 08H～0FH 的 RAM 单元。通过切换工作寄存器组，可以方便地实现现场保护。

⑤ OV 是溢出标志位，表示结果是否溢出。加法、减法、乘法以及除法运算会影响这个标志位。

在加法（减法）运算时，溢出的判断采用双进位法，即当最高位和次高位都有进位（借位）或者都没有进位（借位）时，表示结果没有溢出，OV 位清 0。当最高位和次高位中有一个进位（借位），而另一个没有进位（借位）时，OV 位置 1。

在乘法运算中，如果乘积超过 8 位（大于 255）时，OV 位置 1，表示乘积的结果只存在于累加器中。反之 OV 位置 0。

在除法运算中，当除数为 0 时， OV 位置 1。反之 OV 位置 0。

⑥ P 是奇偶标志位，当累加器中 1 的个数为偶数个时，奇偶标志位被硬件自动置 1。反之，奇偶标志位被自动清 0。在串行通信中，可以通过奇偶标志位完成奇偶校验，提高数据传输的可靠性。

（4）DPTR

DPTR 是一个 16 位寄存器，物理上是由 2 个 8 位的寄存器，即 DPTR 低 8 位和 DPTR 高 8 位组成的。DPTR 没有字节地址，但是 DPTR 低 8 位和 DPTR 高 8 位有单独的字节地址，DPTR 低 8 位地址为 82H，DPTR 高 8 位地址为 83H。DPTR 主要用来寻址外部存储器，当 CPU 访问外部全部 64 KB 数据存储器（或者 I/O 端口）时，需要将 16 位的地址数据放入 DPTR，然后使用 MOVX 指令实现对外部 RAM（或者 I/O 端口）的读写。同样地，当 CPU 需要对程序存储器进行查表操作时，可以使用 DPTR 作为基址寄存器，然后使用读操作指令（查表指令）MOVC 进行读取。

（5）I/O 端口寄存器

MCS-51 系列单片机有 4 个并行端口，可用于输入和输出。这 4 个端口分别是 P0、P1、P2 和 P3，每个端口都有一个同名的端口寄存器分别为 P0、P1、P2 和 P3，4 个端口寄存器的地址分别为 80H、90H、A0H 和 B0H。这些端口寄存器的每一位对应 MCS-51 系列单片机中的一个物理引脚，这些端口寄存器都是可位寻址和字节寻址的。在端口寄存器某一位写入 1 或 0，将在相应的物理引脚上反映为适当的电压（5 V 和 0）。

（6）堆栈指针寄存器

在 MCS-51 系列单片机中，堆栈是片内 RAM 中一个特殊的存储区，这里的特殊指

的是堆栈中的数据存/取方式跟一般的存储区的数据存/取方式不同，堆栈区是按照先进后出以及后进先出的原则存/取数据的。在堆栈使用前，需要先给堆栈指针寄存器赋值，规定堆栈的栈底位置。80C51 单片机的堆栈是向上生长型的，栈底对应的是堆栈区地址最小的存储单元。当将新数据字节写入堆栈时，SP 自动递增 1，新数据写入地址为 SP+1 的存储区。当从堆栈中读取数据时，先从 SP 指向的存储器地址中读取数据，之后 SP 将自动减 1。因此，堆栈指针寄存器指向堆栈访问的下一个数据，也就是堆栈的栈顶。当开辟新堆栈区时，栈顶和栈底是重合的。入栈、出栈、调用和返回指令会影响堆栈指针寄存器中的数据。

当 MCS-51 系列单片机复位后，堆栈指针寄存器的值为 07H。但是要注意的是，在片内 RAM 区中，地址 07H 指向的是工作寄存器组 1 的 R0，因此要使用堆栈就必须修改 SP 的值，并且由于 RAM 区中字节地址为 00H～2FH 的区域都被赋予了特殊的功能（工作寄存器组区和字寻址区），因此堆栈区一般设置在字节地址在 30H 以后的 RAM 区域。

（7）电源控制寄存器

电源控制寄存器（Power Control Register，PCON）用于控制 MCS-51 系列单片机的电源模式，其字节地址为 87H，这是一个只能字节寻址不能位寻址的寄存器，PCON 的格式如图 11-6 所示。使用 PCON 的低两位 IDL、PD，可以将 80C51 单片机设置为待机模式或掉电模式。

① 待机模式，IDL=1，单片机将停止向 ALU（CPU）提供时钟信号，但会向定时器、串行、中断等外部设备提供时钟信号，使用中断或硬件复位可以退出待机模式。

② 掉电模式，PD=1，单片机内的振荡器将会停止工作，电源将降至 2 V。若要终止掉电模式，必须使用硬件复位。

除了这两项之外，PCON 的 D7 位 SMOD 用于控制串行通信的波特率，被称为波特率倍增位。PCON 的 D2、D3 位分别为 GF0、GF1，是供用户使用的通用标志位。

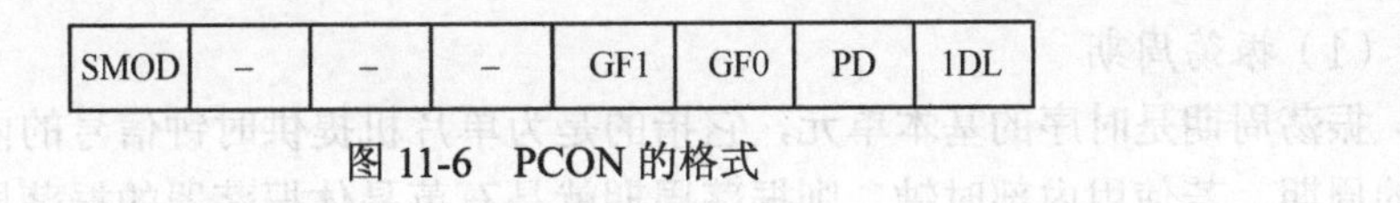

SMOD	–	–	–	GF1	GF0	PD	IDL

图 11-6　PCON 的格式

11.3　时钟电路与时序

11.3.1　时钟电路

单片机的各个部件都是在时钟信号的控制下有条不紊地进行工作，时钟电路控制着单片机的工作节奏，也直接影响了单片机的运行速度。单片机的取指、译码以及执行都是以时钟信号作为基准。时钟信号频率的上限和下限与单片机的型号有关，80C51 单片机允许的最高时钟频率为 33 MHz。单片机常使用的时钟电路包括内部时钟方式和外部时钟方式两种，时钟电路如图 11-7 所示。

（1）内部时钟方式

内部时钟方式指的是使用单片机的内部电路产生时钟信号，80C51 单片机内部有一个高增益的反向放大器，通过在单片机的 XTAL1 和 XTAL2 两个引脚之间跨接石英晶体振荡器，就可以形成自激振荡电路，产生供单片机内部使用的时钟信号。使用内部时钟方式的电路连接如图 11-7（a）所示，其中电容对单片机内部时钟频率起微调作用，其容量一般约为 30 pF。电容的容量大小和温度稳定性会影响内部振荡电路的稳定性、起振速度等。在内部时钟方式下，产生的时钟信号频率就是晶体振荡器的固有频率。常用的晶体振荡器的频率是 6 MHz 和 12 MHz，但是如果涉及串行通信，则使用 11.059 2 MHz 的石英晶体振荡器。内部时钟方式的电路简单，大部分单片机应用系统采用内部时钟方式。

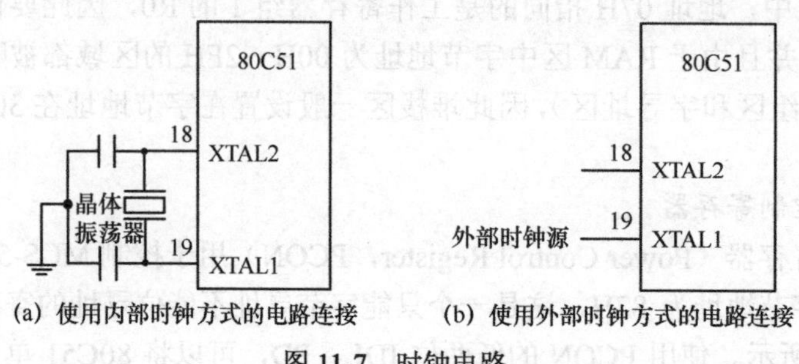

图 11-7　时钟电路

（2）外部时钟方式

外部时钟方式指的是使用外部时钟电路产生的时钟信号作为单片机的时钟信号源。在由多个单片机构成的复杂系统中，为了保证单片机之间的时钟信号同步，通常采用外部时钟方式。对于 80C51 单片机而言，若外部时钟信号来自 CMOS 时钟源，则接到 XTAL1 引脚，XTAL2 引脚悬空。使用外部时钟方式的电路连接如图 11-7（b）所示。

11.3.2 时序

（1）振荡周期

振荡周期是时序的基本单元，它指的是为单片机提供时钟信号的内部或者外部振荡源的周期。若使用内部时钟，则振荡周期就是石英晶体振荡器的振荡周期，例如，晶体振荡器的频率为 12 MHz，则振荡周期为 $\frac{1}{12\text{MHz}}$ =0.083 μs。单片机的振荡周期、机器周期如图 11-8 所示，振荡周期用 P 表示。

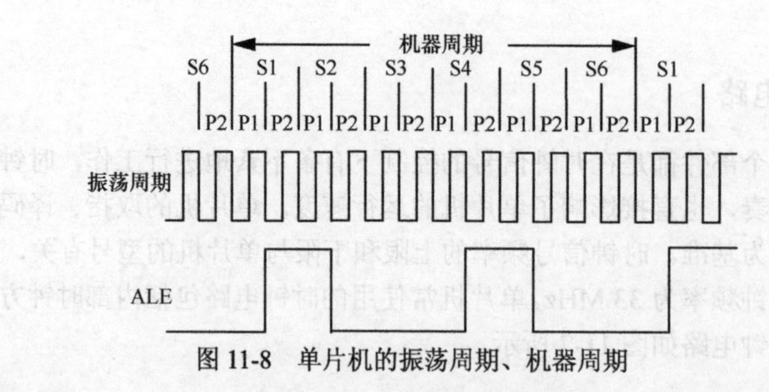

图 11-8　单片机的振荡周期、机器周期

（2）状态周期

两个振荡周期为一个状态周期，在图 11-8 中，状态周期用 S 表示。

（3）机器周期

单片机完成一个基本操作（包括取指令、取操作数、保存结果等）所需要的时间称为机器周期。在 MCS-51 系列单片机中，一个机器周期包含 6 个状态周期（12 个振荡周期），这 6 个状态周期分别用 S1～S6 表示。对于 12 MHz 的时钟信号，机器周期为 1 μs。

（4）指令周期

单片机完成一条指令所需要的时间称为指令周期，完成不同的指令所需要的时间也不同。MCS-51 系列单片机完成一条指令需要 1 个、2 个或者 4 个机器周期，在单片机的 111 条指令中，大部分是单周期或者双周期指令，乘法和除法指令则需要 4 个机器周期。

ALE 引脚以振荡频率的 $\frac{1}{6}$ 向外发送周期信号，在一个机器周期内有两个 ALE 脉冲，第一个脉冲的上升沿发生在 S1P2；下降沿发生在 S2P1；第二个脉冲上升沿发生在 S4P2，下降沿发生在 S5P1。

11.3.3　复位电路

复位能够完成对单片机的初始化，只需要在单片机的 RESET 引脚上加 2 个机器周期以上的高电平，就能完成对单片机的复位。常见的复位方式包括上电自动复位和手动按键复位，这两种复位方式的电路如图 11-9 所示。当采用上电自动复位时，电源通过由电容和电阻构成的串联回路给电容充电，随着充电的进行，电阻两端的电压逐渐降低。合理地选择电容的电容值和电阻阻值的大小，可以保证高电平的持续时间大于 2 个机器周期。在 12 MHz 时钟频率单片机系统中，电阻的取值通常是 1 kΩ，电容的电容值通常为 22 μF。

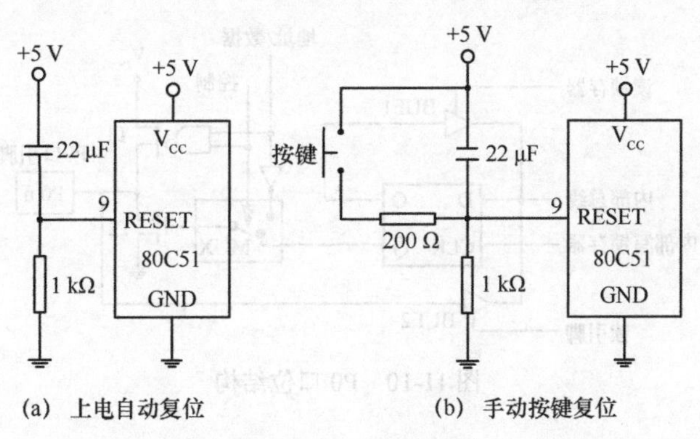

(a)　上电自动复位　　(b)　手动按键复位

图 11-9　常见复位电路

在单片机复位期间，ALE 不产生脉冲信号，在复位完成后，部分特殊功能寄存器复位状态见表 11-5。其中，SP 值为 07H，P0～P3 口的值都为 0FFH。

表 11-5　部分特殊功能寄存器复位状态

特殊功能寄存器	复位初始值	特殊功能寄存器	复位初始值
ACC	00H	B	00H
PSW	00H	SP	07H
DPH	00H	TH0	00H
DPL	00H	TL0	00H
IP	XXX00000B	TH1	00H
IE	0XX00000B	TL1	00H
TMOD	00H	TCON	00H
SCON	00H	SBUF	不确定
P0～P3	0FFH	PCON	0XXX0000B

11.4　并行 I/O 端口结构

MCS-51 系列单片机有 4 个 8 位的并行双向 I/O 端口（P0～P3），每个 I/O 端口都有一个对应的专用寄存器，专用寄存器既可以按字节方式寻址，也可以按位寻址。每个 I/O 端口在功能和结构上有一些差异。

1. P0 口

（1）地址。字节地址为 80H，位地址为 80H～87H。

（2）引脚。引脚为 32～39。

（3）结构。P0 口位结构如图 11-10 所示，P0 口由一个锁存器、两个三态单向输入缓冲器（BUF1 和 BUF2）、一个多路复用开关（MUX）、一个反相器、一个与门、两个场效应晶体管（T1 和 T2）以及相应的控制和驱动电路构成。

（4）功能。P0 口有两个主要功能，即访问外部存储器时作为地址/数据复用线和普通 I/O 端口。

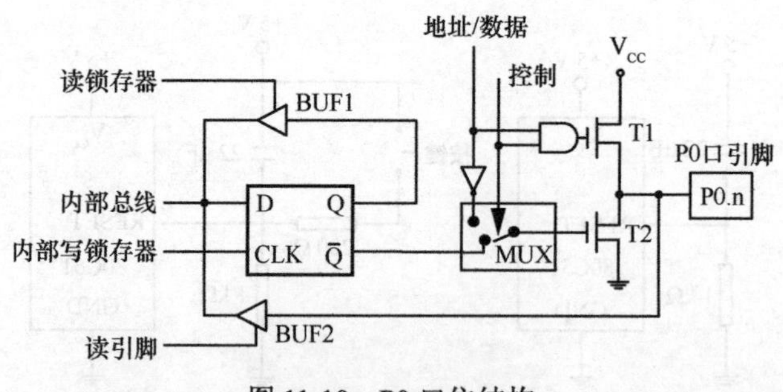

图 11-10　P0 口位结构

P0 口的工作过程分析如下。

（1）地址/数据复用线

当 MCS-51 系列单片机需要访问外部数据及程序存储器时，16 位存储器地址从 P0 口和 P2 口引脚输出，用 ALE 脉冲实现将地址锁存到外部总线。从存储器中读取的数据

经 P0 口传送到内部数据总线，当 P0 口作为地址/数据复用线时，P0 口内部的控制信号为高电平，控制多路复用开关，将场效应晶体管 T2 与反相器输出端相连，反相器的输入端为地址/数据信号。由于控制信号为高电平，与门的输出逻辑与地址/数据信号逻辑电平一致。当单片机输出地址/数据信息时，有如下情况。

① 若地址/数据信息为 1，经反相后使场效应晶体管 T2 截止。与门输出 1，场效应晶体管 T1 导通。P0.n 输出逻辑 1。

② 若地址/数据信息为 0，则场效应晶体管 T2 导通，场效应晶体管 T1 截止。P0.n 输出逻辑 0。

P0 口作为地址/数据复用线使用时，是一个双向口，可以直接与外部存储器或者 I/O 端口相连。

（2）普通 I/O 端口

当 P0 口作为普通 I/O 端口使用时，内部的控制信号为低电平，控制多路复用开关将场效应晶体管 T2 与锁存器的反相端相连。同时与门的输出固定为低电平，场效应晶体管 T1 始终处于截止状态，因此当 P0 口作为普通 I/O 端口时，输出是开漏电路，需要外接上拉电阻。当单片机向端口输出数据时，有如下情况。

① 如果输出数据为 1，内部数据总线上为高电平，在写脉冲信号到达锁存器的时钟线 CLK 后，锁存器的反相端输出 0，场效应晶体管 T2 截止。若外部接上拉电阻，输出为高电平。

② 如果输出数据为 0，内部数据总线上为低电平，锁存器的反相端输出 1，场效应晶体管 T2 导通，输出为低电平。

当作为 I/O 端口输入时，内部的两个三态单向输入缓冲器用于读操作。需要注意的是，读操作分为读引脚和读锁存器两种。

① 对于一般的端口输入指令，读的是引脚电平。此时，三态单向输入缓冲器打开，外部引脚数据经三态单向输入缓冲器 BUF2 输入内部数据总线，完成读引脚操作。需要注意的是，如果此时场效应晶体管 T2 是导通的（如刚向 P0 口某引脚输出过 0），则会将引脚上的电平“钳制”在逻辑 0。因此，为了能够正确地读取引脚电平，需要先向锁存器写入 1，使场效应晶体管 T1 和 T2 都处于截止状态，引脚处于悬浮状态，用于高阻抗输入。

② 对于某些指令，读的是锁存器而不是引脚电平，例如，逻辑与、或等指令。读锁存器指令通常完成读—修改—写操作，也就是先读取锁存器数据，再根据指令对数据进行修改，最后写入端口。在读锁存器时，读锁存器控制信号线使三态单向输入缓冲器BUF1打开，锁存器输出的 Q 端数据经过三态单向输入缓冲器输入内部数据总线。

2．P1 口

（1）地址。字节地址为 90H，位地址为 90H～97H。

（2）引脚。引脚为 1～8。

（3）结构。P1 口位结构如图 11-11 所示，P1 口包含一个锁存器、两个三态单向输入缓冲器（BUF1 和 BUF2），一个场效应晶体管（T），每个引脚有一个内部上拉电阻。

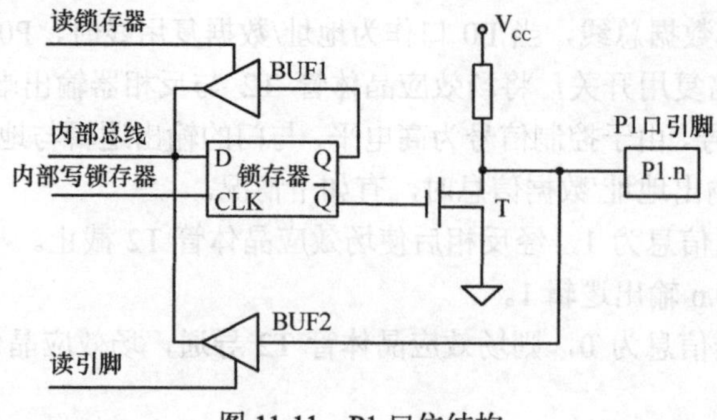

图 11-11　P1 口位结构

（4）功能。P1 口的主要功能为普通 I/O 端口。

普通 I/O 端口的用法同 P0 口一样。当 P1 口作为输入端口时，分为读引脚和读锁存器两种情况。在读引脚时，要先向 P1 口的端口地址写 FFH，使内部场效应晶体管截止。P0 口内部带有上拉电阻，没有高阻抗输入状态，是 8 位准双向口。

3．P2 口

（1）地址。字节地址为 A0H，位地址为 A0H～A7H。

（2）引脚。引脚为 21～28。

（3）结构。P2 口位结构如图 11-12 所示，P2 口包含一个锁存器、一个多路复用开关 MUX、两个三态单向输入缓冲器 BUF1 和 BUF2、一个场效应晶体管 T 以及一个内部上拉电阻。

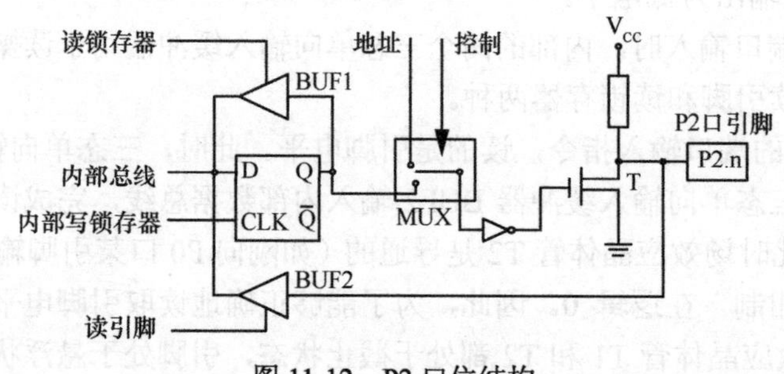

图 11-12　P2 口位结构

（4）功能。P2 口的主要功能跟 P0 口类似。主要用作 I/O 端口以及访问外部存储器时作为高位地址线（地址线为 A8～A15），与 P0 口构成 16 位地址线。

① 普通 I/O 端口

普通 I/O 端口的用法与 P0 口相似。控制信号将多路复用开关 MUX 与锁存器的输出 Q 端相连，在输出时，输出信号经锁存器、反相器后控制场效应晶体管 T 的导通和截止。

② 扩展存储器访问高位地址线

当 P2 作为高位地址线时，控制信号将多路复用开关 MUX 与内部地址线相连。P2 口与 P0 口一起用于生成访问外部存储器所需的 16 位地址。

4．P3 口

（1）地址。字节地址为 B0H，位地址为 B0H～B7H。

（2）引脚。引脚为 10～17。

（3）结构。P3 口位结构如图 11-13 所示，P3 口包含一个锁存器、两个单向输入缓冲器、带内部上拉电阻的场效应晶体管 T、一个与非门以及控制逻辑模块。

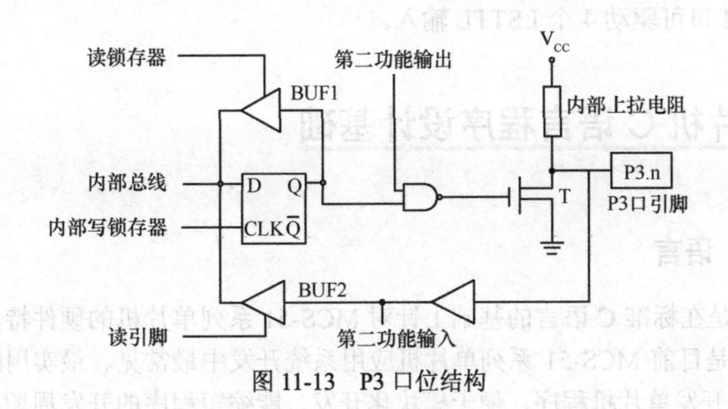

图 11-13　P3 口位结构

（4）功能。P3 口有两个主要功能，即普通 I/O 端口功能和第二功能。

① 普通 I/O 端口

P3 口可以用作普通 I/O 端口，是准双向口，其基本原理和使用方法与 P2 口相似。

② 第二功能

P3 口作为第二功能输出时，锁存器输出逻辑 1。若第二功能输出逻辑 1，与非门输出逻辑 0，场效应晶体管截止，对应引脚上为高电平；若第二功能输出逻辑 0，对应引脚上为低电平。第二功能输入时，通过三态单向输入缓冲器 BUF2 输入至内部数据总线。

P3 口作为第二功能时引脚的功能定义见表 11-6。

表 11-6　P3 口作为第二功能时引脚的功能定义

引脚	特殊功能	名称
P3.0	RXD	串行输入口
P3.1	TXD	串行输出口
P3.2	$\overline{INT0}$	外部中断 0 输入口
P3.3	$\overline{INT1}$	外部中断 1 输入口
P3.4	T0	定时器 0 外部输入口
P3.5	T1	定时器 1 外部输入口
P3.6	$\overline{RD}$	写选通输出口
P3.7	$\overline{WR}$	读选通输出口

5. P0～P3 口应用小结

（1）P0～P3 口作为通用双向 I/O 口使用时，输入操作是读引脚状态。输出操作是对锁存器进行写入操作，锁存器的状态最后反映到引脚上。

（2）P1～P3 口内部带有上拉电阻，因此 P1～P3 口在作为输出口时，不需要外接上拉电阻。而 P0 口内部没有上拉电阻，其作为输出口时，需要外接上拉电阻。

（3）P0～P3 口作为通用的输入口时，必须先向内部锁存器写入逻辑 1。

（4）P0 口、P2 口、P3 口的复用功能可以自动识别。无论是 P0 口、P2 口的地址（数据）复用功能，还是 P3 口的第二功能复用，单片机都会自动选择。

（5）两种读端口的方式。

（6）P0 口可驱动 8 个低功耗 TTL（Low-Power Schottky TTL，LSTTL）输入，而 P1 口、P2 口、P3 口可驱动 4 个 LSTTL 输入。

11.5 单片机 C 语言程序设计基础

11.5.1 C51 语言

C51 语言是在标准 C 语言的基础上针对 MCS-51 系列单片机的硬件特点开发的高级编程语言，它是目前 MCS-51 系列单片机应用系统开发中最常见、最实用的开发语言。采用 C51 语言开发单片机程序，便于模块化开发，能缩短程序的开发周期、增强程序可移植性以及可读性，在可维护性上也有明显的优势。但是 C51 语言与标准的 C 语言之间存在很大的区别，这些区别包括如下。

（1）C51 语言中定义的库函数与标准 C 语言定义的库函数不同。标准 C 语言库函数是针对通用微型计算机系统定义的，而 C51 语言需要根据 MCS-51 系列单片机的硬件特点定义相应的库函数。在 C51 语言中，删除了部分不适用于单片机开发系统的库函数，例如，字符屏幕与图形函数等。

（2）C51 语言中的数据类型和标准 C 语言中的数据类型不同。在标准 C 语言数据类型的基础上，C51 语言增加了 bit、sbit、sfr、sfr16 这 4 种 MCS-51 系列单片机特有的数据类型。

（3）C51 语言中变量的存储模式与标准 C 语言中变量的存储模式不同。C51 语言中变量的存储模式与单片机的数据存储器和程序存储器相关，也与数据的寻址方式相关。

（4）C51 语言与标准 C 语言的输入/输出库函数不同。

（5）C51 语言与标准 C 语言在函数使用方面有一定的区别。C51 语言中有专门的中断函数。

（6）C51 语言的程序结构与标准 C 语言也有区别。C51 语言不允许大量程序嵌套，也不支持标准 C 语言中的递归特性。

11.5.2 C51 数据类型

在给单片机编写程序时，经常需要声明变量，声明变量实际上代表了在单片机存储器中开辟一个存储单元。对变量的任何操作实际上就是对该存储单元进行操作，例如，给某个变量赋值，实际上就是把该数值存入该存储单元。但是不能给一个变量赋任意的值，因为变量是需要占用存储空间的，变量的大小不同所需要的存储空间字节数也不同。而单片机的存储空间是有限的，不可能给每个变量赋予最大的存储字节数。因此，需要根据自身的需求给变量声明合适的数据类型，然后编译器根据设定的数据类型从单片机中分配相应的存储空间给变量。因此，C 语言在定义变量的同时需要声明该变量的数据类型，以便系统根据数据类型为变量分配相应的存储空间。C51 语言中变量的数据类型与通用 C 语言基本相同，C51 语言支持的基本数据类型见表 11-7。

表 11-7　C51 语言支持的基本数据类型

关键词	数据类型	数据长度	取值范围
unsigned char	无符号字符型	8 位	0～255
signed char	有符号字符型	8 位	-128～127
unsigned int	无符号整数型	16 位	0～65 536
signed int	有符号整数型	16 位	-32 768～32 767
unsigned long	无符号长整数型	32 位	0～4 294 967 295
signed long	有符号长整数型	32 位	-2 147 483 648～2 147 483 647
float	浮点数	32 位	-3.4e-38～3.4e38
bit	位类型	1 位	0 或 1
sbit	特殊功能寄存器位	1 位	0 或 1
sfr	特殊功能寄存器	8 位	0～255
sfr16	16 位特殊功能寄存器	16 位	0～65 536

在表 11-7 的数据类型中，char、int、long 以及 float 为标准 C 语言中所规定的数据类型。在标准 C 语言中，还包括 short 以及 double 数据类型。在 C51 语言中，int 与 short 相同，float 与 double 相同，因此，在 C51 语言中实际只有 4 种标准数据类型。另外，在单片机中，包含很多特殊功能寄存器，这些寄存器都有一个唯一的字节地址。在使用这些特殊功能寄存器时，通常是使用一个特定的名称对其进行访问，这就需要将这些特殊功能寄存器的地址赋给这个名称，系统才能将某个名称与某个特殊功能寄存器对应起来。在 C51 语言中，使用 sfr 和 sfr16 声明名称与特殊功能寄存器字节地址之间的对应关系。同样地，对于单片机中能位寻址的存储单元而言，使用 bit 和 sbit 声明名称和位地址之间的对应关系。bit、sbit、sfr 以及 sfr16 是单片机特有的数据类型，是标准 C 语言中所没有的。下面简单介绍一些 C51 语言中的基本数据类型。

（1）char 类型

字符（char）型，占一个字节的存储空间，字符型分为无符号字符（unsigned char）型和有符号字符（signed char）型，若只写 char 则表示是有符号字符型。无符号字符型表示的数据范围为 0～255。有符号字符型用最高位来表示数据的符号，0 表示正数，1 表示负数，数据用补码表示，因此有符号字符型表示的数据范围为-128～+127。字符型变量是单片机使用过程中最常见的数据类型，这主要是由于 MCS-51 系列单片机是 8 位单片机，内部寄存器大部分也是 8 位。

（2）int 类型

整数（int）型，占两个字节的存储空间。整数型分为无符号整数（unsigned int）型和有符号整数（signed int）型，默认为有符号整数型。无符号整数型表示的数据范围为 0～65 535，有符号整数型表示的数据范围为-32 768～+32 767。

（3）long 类型

长整数（long）型，占 4 个字节的存储空间。长整数型分为无符号长整数（unsigned long）型和有符号长整数（signed long）型。无符号长整数型表示的数据范围为 0～4 294 967 295，有符号长整数型表示的数据范围为-2 147 483 648～+2 147 483 647。

（4）float 类型

浮点（float）型，指的是符合 IEEE-754 标准的单精度浮点型数据，一个单精度浮点型数据占 4 个字节的存储空间。单精度浮点型数据表示的范围为$\pm 3.402\ 82\times 10^{38}$。

【例 11-1】 数据类型应用举例。

unsigned int a=0x00 //声明变量 a，其数据类型是无符号整数型，初始值为 00

unsigned char LED //定义一个无符号字符型变量

LED = 0xff //给该变量赋值

（5）sfr 和 sfr16 类型

sfr 和 sfr16 是 C51 语言中的一种扩充数据类型，利用它可以访问 80C51 单片机内部的所有特殊功能寄存器。

【例 11-2】 sfr 和 sfr16 应用举例。

sfr SCON = 0x98//声明名称 SCON 与地址 98H 对应，实际上 SCON 的字节地址就是 98H

sfr DPL = 0x82//声明名称 DPL 与地址 82H 对应

sfr16 DPTR = 0x82//声明名称 DPTR 指向一个 16 位寄存器，地址为 82H

（6）bit 和 sbit 类型

bit 和 sbit 是 C51 语言中的一种扩充数据类型，利用它可以访问 80C51 单片机内部的、可以位寻址的存储单元。

【例 11-3】 bit 和 sbit16 应用举例。

sbit CY = 0xD7//声明名称 CY 与位地址 D7H 对应，D7H 为 PSW 中进借位标志位地址

sbit P0_2= P0^2//声明名称 P0_2 对应 P0 口的 D2 位，但是在使用前，必须先使用 sfr //P0=0x80 声明 P0

bit flag//声明一个位变量 flag

11.5.3 C51 数据存储类型

由于单片机系统中包括 RAM 和 ROM 两个存储区，甚至还可能包括片外 RAM 和片外 ROM，对存储单元的访问包括直接寻址、间接寻址等多种方式。因此对于一个变量，除了要声明其数据类型以外，还需要声明变量的存储类型。C51 语言支持 6 种存储类型包括 data、bdata、idata、pdata、xdata、CODE，其中 data、bdata、idata 用来访问片内数据存储区，pdata、xdata 用来访问片外数据存储区，CODE 用来访问 ROM。如果没有声明，则按编译模式采用默认存储方式。C51 数据存储类型见表 11-8。

表 11-8 C51 数据存储类型

存储类型	存储空间	特点	取值范围
data	直接寻址片内数据存储区	访问速度快	0~255
bdata	可位寻址片内数据存储区	允许位与字节混合访问	0 或 1
idata	间接寻址片内数据存储区	可寻址全部 RAM 空间	0~255
pdata	外部数据存储区低 256 字节	用 @Ri 间接访问	0~255
xdata	全部 64 KB 外部数据存储区	用 @DPTR 间接访问	0~65 536
CODE	程序储存器		0~65 536

【例 11-4】 数据存储类型举例。

char data a1//变量 a1 的数据类型为有符号字符型，存储位置为片内数据存储器低//128 字节，直接寻址

unsigned int idata a2//定义无符号整数型变量 a2，存储位置为片内数据存储器，间接//寻址

unsigned char CODE a3//在 ROM 区定义无符号字符型变量 a3

11.5.4 C51 运算符、表达式及规则

C51 语言的运算符与标准 C 语言的运算符类似，主要包括赋值运算符、算数运算符、关系运算符、逻辑运算符、位运算符、复合赋值运算符、逗号运算符以及条件运算符等。C51 语言的运算符可以分为单目运算符、双目运算符以及三目运算符。单目运算符只有一个运算对象，双目运算符包含两个运算对象，三目运算符则有 3 个运算对象。表达式是由运算符及其运算对象所构成的式子。

1．赋值运算符及其表达式

在 C51 语言中，赋值运算符“=”是指给一个变量赋值。赋值运算的格式为

变量=表达式

它是将右边的表达式赋值给左边的变量，变量可以是多个，按照自右向左的顺序依次赋值，举例如下。

a=3+5; //计算出 3+5，然后赋值给变量 a

a=b=7; //将常数 7 赋值给变量 a 和 b

2．算术运算符及其表达式

C51 语言中支持的算术运算符包括+、-、 *、/、 % 、++、- -，C51 算数运算符见表 11-9。算数运算的格式为

表达式 1 算数运算符 表达式 2

表 11-9 C51 算数运算符

算数运算符	说明	算数运算符	说明
+	加法运算符	-	减法运算符
*	乘法运算符	/	除法运算符
%	取余运算符	++	自增一
--	自减一		

对于除法运算，如果相除的两个数都为浮点数，则相除的结果也为浮点数。如果相除的两个数都为整数，则相除的结果也为整数。例如，30.0/20.0，结果为 1.5；而 35/30，结果为 1。

取余运算则要求参加运算的两个数必须为整数，运算结果为它们的余数。例如，x=5%3，结果 x 的值为 2。

3．关系运算符及其表达式

C51 语言支持的关系运算符包括>、<、>=、<=、==、!=，关系运算符用于对两个数的关系进行比较，其结果为逻辑量，C51 关系运算符见表 11-10。当关系成立时，返回结

果为 1；当关系不成立时，返回结果为 0。关系运算的格式为

表达式 1 关系运算符 表达式 2

设 a=6，b=8，则 a>b 的返回结果为 1，a==b 的返回结果为 0。

需要注意的是，关系运算的结果为逻辑量，其返回结果可以参与逻辑运算。

表 11-10 C51 关系运算符

关系运算符	说明	关系运算符	说明
>	大于	<	小于
>=	大于等于	<=	小于等于
==	等于	!=	不等于

4．逻辑运算符及其表达式

C51 语言包含 3 种逻辑运算符，即‖、&&、!，逻辑运算操作的返回结果是逻辑量，C51 逻辑运算符见表 11-11。逻辑运算的格式为

条件式 1 逻辑运算符（条件式 2）

表 11-11 C51 逻辑运算符

逻辑运算符	说明
&&	逻辑与，当条件式 1 和条件式 2 都为真时，返回结果为真
||	逻辑或，当条件式 1 和条件式 2 都为假时，返回结果为假
!	逻辑非，当条件式 1 为假时，返回结果为真，反之为假

5．位运算符及其表达式

C51 语言包含 6 种位运算符，即&、|、^、~、<<、>>，位运算符是对整数按位进行运算，C51 位运算符见表 11-12。位运算的格式为

表达式 1 位运算符 表达式 2

表 11-12 C51 位运算符

位运算符	说明	位运算符	说明
&	按位与	|	按位或
^	按位异或	~	按位取反
<<	左移	>>	右移

6．复合赋值运算符及其表达式

C51 语言中支持在赋值运算符“=”的前面加上其他运算符，组成复合赋值运算符，C51 复合赋值运算符见表 11-13。可以使用的运算符包括算数运算符和位运算符。使用复合赋值运算符可以简化程序，复合赋值运算的格式为

变量 复合赋值运算符 表达式

表 11-13 C51 复合赋值运算符

复合赋值运算符算	说明	复合赋值运算符算	说明
+=	加法赋值	-+	减法赋值
*=	乘法赋值	/=	除法赋值

（续表）

复合赋值运算符算	说明	复合赋值运算符算	说明
%=	取模赋值	&=	逻辑与赋值
|=	逻辑或赋值	^=	逻辑异或赋值
~=	逻辑非赋值	>>=	右移位赋值
<<=	左移位赋值		

在使用复合赋值运算符时，先将变量与后面的表达式进行运算，再将运算的结果赋给前面的变量。例如，a+=3，相当于 a=a+3；x>>=4 相当于 x=x>>4。

7．逗号运算符及其表达式

在 C51 语言中，逗号“,”是一个特殊的运算符，它将两个或者两个以上表达式连接起来。逗号运算的格式为

表达式 1, 表达式 2, …, 表达式 *n*

在程序执行时，按照从左至右的顺序依次计算出每个表达式的值，而逗号运算符的返回值是最右边表达式的值。举例如下。

a=(x=4, 5*3)//结果 a 的值为 5*3=15。

8．条件运算符及其表达式

在 C51 语言中，条件运算符“?:”是唯一的一个三目运算符。条件运算符可以将 3 个表达式连接在一起构成一个条件表达式。条件运算的格式为

逻辑表达式?表达式 1:表达式 2

在程序执行时，首先计算逻辑表达式的值，若逻辑表达式的值为真（非 0 值）时，则将表达式 1 的值作为整个条件表达式的值；当逻辑表达式的值为假（0 值）时，则将表达式 2 的值作为整个条件表达式的值。举例如下。

例如，max=（a>b）?a:b//首先判断 a 和 b 的大小，若 a>b，则 max=a；反之，max=b。

11.5.5　C51 流程控制语句

与标准 C 语言一样，C51 语言也是一种结构化的程序设计语言。通常的 C51 语言程序由若干个模块组成，每个模块中包含若干个基本结构，而每个基本结构中可以有若干条语句。每一个模块中，都只有一个出口和一个入口。C51 程序有 3 种基本结构，顺序结构、选择结构和循环结构。

1．顺序结构

顺序结构是一种最基本、最简单的程序结构，在这种结构中，程序中的语句按照编写的顺序执行。顺序结构示意如图 11-14 所示，程序先执行完模块 A，再执行模块 B。

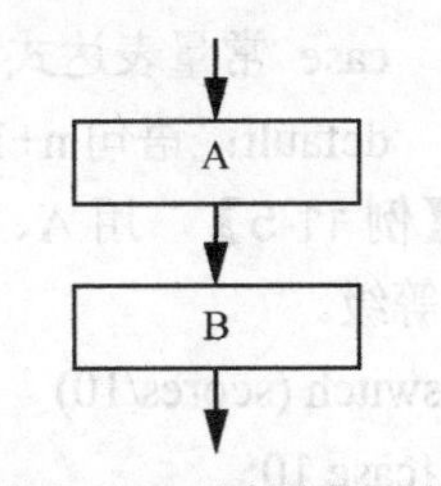

图 11-14　顺序结构示意

2．选择结构

选择结构指的是程序要根据不同的条件，有选择性地执行不同的模块。选择结构通常分为二选一选择结构和多选一选择结构。二选一选择结构存在一个条件判断语句，当条件为真时，程序执行模块 A；当条件为假时，程序执行模块 B（或者不执行任何语句）。在 C51 语言中，实现二选一的语句为 if 语句，if 语句包含以下 3 种基本形式。

（1）if (表达式)

{语句;}

例如，if (a>1)

{b=4;}

（2）if (表达式)

{语句 1;}

else

{语句 2;}

例如，if (a>1)

{b=4;}

else

{b=5;}

（3）if (表达式 1){语句 1;}

else if (表达式 2){语句 2;}

else if (表达式 3){语句 3;}

…

else if (表达式 n){语句 n;}

else {语句 n+1;}

例如，if (a>4) b=4;

else if (a>3) b=5;

else if (a>2) b=6;

else if (a>1) b=7;

else b=8;

在 C51 语言中，另一种选择结构是多选一选择结构，switch 多选一选择结构示意如图 11-15 所示，根据表达式的值选择不同的程序模块。实现多选一的语句为 switch-case 语句，格式为

switch (表达式)//表达式只能是整数或字符

{case 常量表达式 1: 语句 1; break;

case 常量表达式 2: 语句 2; break;

…

case 常量表达式 n: 语句 n; break;

default: 语句 n+1;}

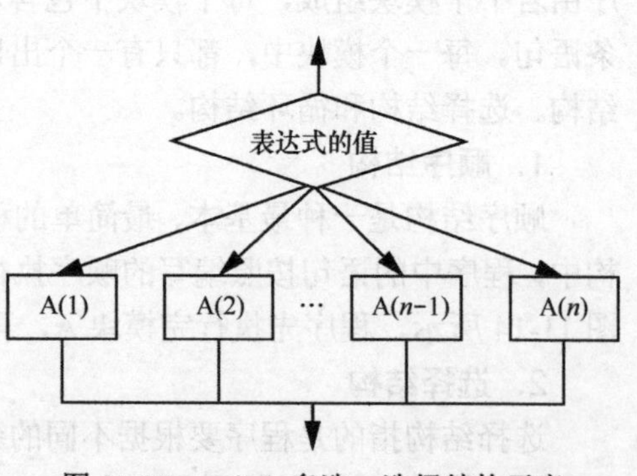

图 11-15 switch 多选一选择结构示意

【例 11-5】 用 A、B、C、D、E 表示分数的等级。

switch (scores/10)

{case 10:

case 9: grade=‘A’; break;

case 8: grade=‘B’; break;

case 7: grade=‘C’; break;

```
    case 6: grade='D'; break;
    default: grade='E';
}
```

3．循环结构

当 C51 语言程序设计中，经常会碰到需要将某段程序重复执行多次的需求，这就需要用到循环语句。循环结构分为两种，先判断后执行以及先执行后判断。在 C51 语言中，采用 for 以及 while 语句实现先判断后执行循环结构，采用 do-while 语句实现先执行后判断循环结构。循环结构一般包含循环体和循环终止条件。循环体就是被重复执行的语句，循环终止条件决定了是否需要再继续执行循环体语句。

（1）for 循环语句

for 循环语句是 C51 语言中应用最多的循环控制语句，for 循环语句的形式为

```
for (表达式 1; 表达式 2; 表达式 3)
{循环体;}
```

for 循环语句的执行过程如下。

① 求解表达式 1 的值。

② 判断表达式 2 是否满足循环条件，若满足循环条件，则执行循环体中的语句；若不满足循环条件，则跳出循环。

③ 若满足循环条件，则在执行完循环语句后求解表达式 3，然后回到第 2 步。

④ 退出 for 循环。

【例 11-6】 用 for 循环实现 1+2+…+50。

```
void main ( )
  {int a, sum=0;
    for (a=0; a<51; a++)
      sum+=a;
}
```

（2）while 循环语句

while 循环语句是一种先判断后执行循环语句，while 语句的一般形式为

```
while (表达式)
  {循环体;}
```

while 循环先判断表达式是否成立，若成立，则执行循环体程序。在循环体中有改变表示式的语句，在执行完循环体后再次判断表达式是否成立，若表达式成立，继续执行循环体；若表达式不成立，跳出循环。while 循环结构示意如图 11-16 所示。

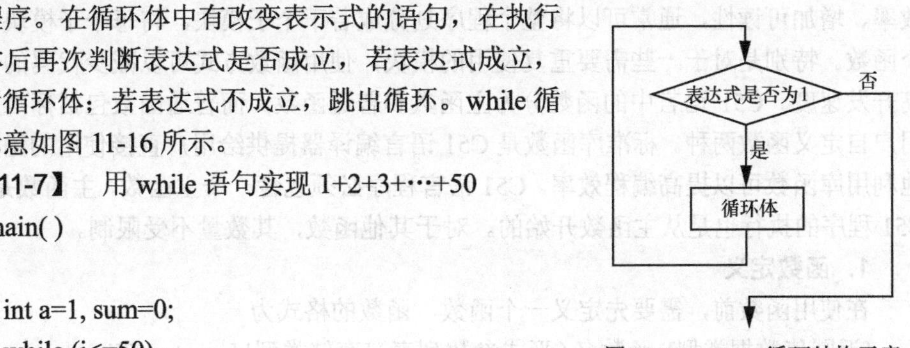

图 11-16 while 循环结构示意

【例 11-7】 用 while 语句实现 1+2+3+…+50

```
int main( )
{
    int a=1, sum=0;
    while (i<=50)
```

```
    {
        sum+=a;
        a++;
    }
}
```

（3）do-while 循环语句

do-while 循环语句是一种先执行后判断循环语句，do-while 循环语句的一般形式为

```
do
{循环体;}
while (表达式)
```

do-while 循环语句是先执行循环体程序，再判断表达式是否成立，若表达式成立，则继续执行循环体；若表达式不成立，跳出循环。因此，do-while 循环语句的循环体程序至少会被执行一次。do-while 循环结构示意如图 11-17 所示。

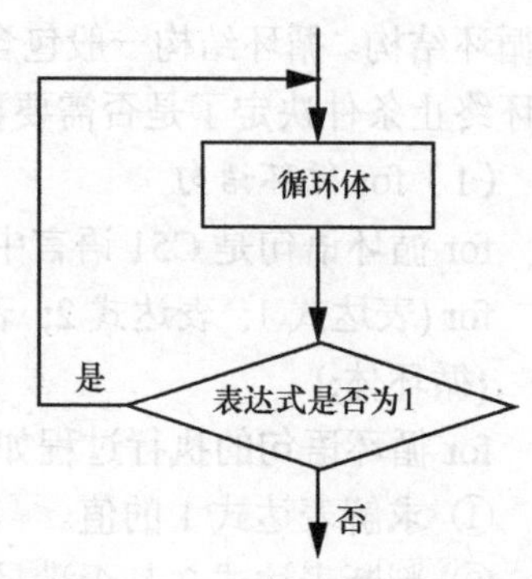

图 11-17　do-while 循环结构示意

【例 11-8】　用 do-while 语句实现 1+2+3+…+50。

```
int main( )
{
    int a=1, sum=0;
    do
    {
        sum+=a;
        a++;
    } while (a<=50);
}
```

11.5.6　C51 函数

C51 语言中的函数指的是实现某一特定功能的程序段，类似于汇编程序中的子程序和过程。在一个复杂的单片机应用系统中，其程序通常也较复杂。为了提高程序的编写效率、增加可读性，通常可以将整个程序划分成若干个子模块，将每个子模块定义成一个函数。特别是对于一些需要重复使用的模块，使用函数方式可以减少代码的重复，提高开发速度。C51 语言中的函数分为主函数和普通函数，而普通函数包括标准库函数和用户自定义函数两种。标准库函数是 C51 语言编译器提供给用户直接使用的函数，合理地利用库函数可以提高编程效率。C51 语言程序必须包含一个主函数，主函数是唯一的，C51 程序的执行也是从主函数开始的。对于其他函数，其数量不受限制。

1．函数定义

在使用函数前，需要先定义一个函数，函数的格式为

[返回值数据类型] 函数名（形式参数列表）[存储类型] [reentrant][interrupt n][using n]

```
{
        函数体语句;
}
```

其中，[]包含的内容是可以省略的。

（1）函数可以有返回值，程序结束时由 return 语句获得。当函数存在返回值时，必须指定返回值的数据类型，返回值的数据类型可以是 int、char、float、double 等基本数据类型，也可以是指针类型。当定义语句中没有指定返回值的数据类型时，默认采用 int 类型。当然，函数也可以不存在返回值，使用 void 进行说明。

（2）函数名。函数名尽量采用与函数功能有关的、易于理解的标识符，如延时函数，可以采用 Delay 作为函数名。需要注意的是，C51 语言的函数名是区分大/小写的，Delay 和 delay 会被编译器当做两个不同的函数。

（3）形式参数列表声明了函数的形式参数列表以及类型。形式参数列表用来描述调用函数和被调用函数之间传递的数据类型，形式参数的目的是用来接收调用该函数时传入的实际参数。多个形式参数用逗号“,”分隔。

（4）存储类型用于说明函数的存储模式。C51 语言有 3 种存储模式，包括 small、compact 和 large。在 small 存储模式下，所有变量都默认存储在内部 RAM 中，相当于指定了 data 数据存储类型。在 compact 存储模式下，所有变量都默认存储在外部数据存储器的一页中，相当于指定了 pdata 数据类型。在 large 存储模式下，所有变量都默认存储在外部数据存储器中，相当于指定了 xdata 数据类型。Keil 编译环境的目标选项卡中可以设置默认存储模式，若函数定义中没有设定存储模式，则采用程序设定的默认存储模式。

（5）reentrant 表明该函数为可重入函数，也就是该函数是允许递归的。在标准 C 语言中，由于个人计算机的堆栈区可以很大，因此函数默认是允许重入的。但是单片机的堆栈区很小，通常最多只有 128 B 或者 256 B，因此在 C51 语言中，默认函数是不可重入的。但是如果要求某个函数是允许重入的，则需要用 reentrant 说明。

（6）interrupt n 表明该函数是中断函数，其中断类型码为 n。n 不允许是表达式，n 的范围与单片机的内部中断资源有关。

2．函数声明

函数声明实际就是告诉编译器将使用这个函数，函数声明的格式为

[返回值数据类型] 函数名（形式参数列表）;

函数声明语句实际就是去掉函数体后的函数定义语句，但是必须在后面加上分号“;”，而这个分号在函数定义语句中是不允许存在的。函数声明实际就是告诉编译器某函数的存在以及其存在的形式，函数的存在形式指的是函数名、返回值类型、形式参数列表等与函数相关的信息。如果作了函数声明，即使函数没有被定义（可能在被调用语句之后或者在其他文件中定义），编译器在编译过程中遇到该函数的调用语句时，也能知道该函数如何去使用。

using n，n 为 0、1、2、3，该选项指明函数使用工作寄存器组 n。

3．函数调用

函数调用是指在程序的某个位置调用已经定义或者声明的函数，函数定义后只有在被调用时才会真正地被执行。函数调用的格式为

函数名(实际参数列表);

函数名是已经定义或者声明的函数的名称。实际参数可以是常数、变量、表达式等，多个实际参数之间用逗号“,”分隔。

4．标准库函数

标准库函数是C51语言编译器提供给用户的、可直接调用的函数，熟悉和灵活使用库函数可以简化编程工作、使程序代码简单、易于调试和维护。在标准库函数相应的头文件中给出了标准库函数的函数声明，用户如果需要使用标准库函数，需要在程序开头使用“#include”指令将相应头文件包含进来。C51语言的标准库函数包括本征库函数、数学计算库函数、输入/输出库函数、字符串处理库函数以及类型转换及内存分配库函数等，对应的头文件分别为intrins.h、math.h、stdio.h、ctype.h、string.h以及stdlib.h，此外，C51语言还包括reg51.h、reg52.h等头文件。

（1）本征库函数

C51语言编译器的本征库函数包含9个函数，C51本征库函数见表11-14。在使用本征库函数时，程序中必须包含预处理命令“#include <intrins.h>”。

表 11-14　C51 本征库函数

函数名及定义	函数功能说明
unsigned int _irol_(unsigned int val,unsigned charn)	整数型数据val循环左移n位
unsigned char _crol_(unsigned char val,unsigned char n)	字符型数据val循环左移n位
unsigned long _lrol_(unsigned long val,unsigned char n)	长整数型数据val循环左移n位
unsigned char _cror_(unsigned char val,unsigned char n)	字符型数据val循环右移n位
unsigned int _iror_(unsigned int val,unsigned char n)	整数型数据val循环右移n位
unsigned long _lror_(unsigned long val,unsigned char n)	长整数型数据val循环右移n位
bit _testbit_（bit x)	测试某位并跳转
unsigned char _chkfloat_(float ual)	测试并返回浮点型数据状态
void _nop_(void)	产生一个机器周期延时

（2）数学计算库函数

数学计算库函数主要完成数学计算，部分C51数学计算库函数见表11-15，数学计算库函数的原型声明包含在头文件math.h中。

表 11-15　部分 C51 数学计算库函数

函数名及定义	函数功能说明
int abs(int val)	计算整数型参数val的绝对值
float exp(float x)	计算浮点型数据x的指数函数
float log(float x)	计算浮点型数据x的自然对数
float log10(float x)	计算浮点型数据x以10为底的对数
float sqrt(float x)	计算x的正平方根
float cos(float x)	计算x的余弦值
float sin（float x）	计算x的正弦值
float tan（float x）	计算x的正切值
float ceil（float x）	计算一个不小于x的最小整数
float floor（float x）	计算一个不大于x的最小整数

（3）输入/输出库函数

输入/输出库函数的原型声明在头文件 stdio.h 中定义，部分 C51 输入/输出库函数见表 11-16，通过 8051 的串行口工作。

表 11-16　部分 C51 输入/输出库函数

函数名及定义	函数功能说明
char _getkey(void)	等待从 8051 的串行口读入一个字符并返回读入的字符
char putchar(char c)	通过 8051 的串行口输出字符

（4）字符串处理库函数

字符串处理库函数是与字符串相关的库函数，字符串处理库函数的原型声明包含在头文件 string.h 中，部分 C51 字符串处理库函数见表 11-17。字符串包括两个或多个字符，字符串的结尾以空字符表示。

表 11-17　部分 C51 字符串处理库函数

函数名及定义	函数功能说明
void *strcat(char *s1, char *s2)	将字符串 s2 复制到 s1 的尾部
char *strncat(char *s1, char *s2, int n)	复制字符串 s2 中的 n 个字符到 s1 的尾部
char strcmp(char *s1, char *s2)	比较字符串 s1 和 s2，如果两者相等则返回 0；如果 s1<s2，则返回一个负数；如果 s1>s2，则返回一个正数
char strncmp(char *s1, char *s2, int n)	比较字符串 s1 和 s2 中的前 n 个字符，返回值同 strcmp 库函数
char *strcpy(char *s1, char *s2)	将字符串 s2 复制到 s1 中
char *strncpy(char *s1, char *s2, int n)	与 strcpy 库函数相似，但它只复制 n 个字符。如果字符串 s2 的长度小于 n，则字符串 s1 以 0 补齐到长度 n
int strlen(char *s1)	返回字符串 s1 中的字符个数，不包括结尾的空字符

（5）类型转换及内存分配库函数

类型转换及内存分配库函数可以完成数据类型转换以及存储器分配操作，其原型声明包含在头文件 stdlib.h 中，部分类型转换及内存分配库函数见表 11-18。

表 11-18　部分类型转换及内存分配库函数

函数名及定义	函数功能说明
int rand()	返回一个 0～32 767 的伪随机数，对 rand 的相继调用将产生相同序列的随机数
void srand(int n)	用来将随机数发生器初始化成一个已知（或期望）值

思　考　题

1. 单片机主要应用在哪些领域？
2. 个人计算机和单片机都是微型机，两者有什么区别？
3. MCS-51 系列单片机的 I/O 口有什么特点？
4. MCS-51 系列单片机在片内集成了哪些主要逻辑功能部件？各个逻辑部件的主要

功能是什么?

5. 8051 单片机的存储器组织采用什么结构?存储器地址空间如何划分?各地址空间的地址范围和容量如何?在使用上有何特点?

6. 8051 单片机有多少个特殊功能寄存器?这些特殊功能寄存器能够完成什么功能?特殊功能寄存器中的哪些寄存器可以进行位寻址?

7. 在开机复位后，CPU 使用的是哪组工作寄存器?它们的地址是什么? CPU 如何确定和改变当前工作寄存器组?

8. 8051 片内 RAM 低 128 单元划分为哪 3 个主要部分?各部分的主要功能是什么?

9. MCS-51 系列单片机的时钟周期、机器周期、指令周期是如何定义的?当主频为 12 MHz 时，一个机器周期是多长时间?执行一条最长的指令需要多长时间?

10. 在 8051 单片机复位后，各寄存器的初始状态如何?复位方法有几种?

第 12 章　单片机应用基础

典型的微型计算机的各种功能电路往往由专用的集成芯片提供，而 MCS-51 系列单片机打破了典型微型计算机按逻辑功能划分集成芯片的体系结构，把定时/计数、中断、总线扩展、接口功能集成到单片机内部，充分体现了单片微型计算机的结构特点。

12.1　定时器/计数器

在日常生活中，应用计数的场景随处可见，例如，家居中的电度表、水表，加油站的油表，汽车上的里程表等这些计数设备与生活息息相关。同样，定时也是日常生活中不可缺少的功能，例如，上/下课铃声、企业上/下班打卡、空调定时开/关等都建立在定时器的基础上。

定时器/计数器是单片机的重要功能模块之一，在检测、控制领域有广泛应用。定时器常用作定时时钟，实现定时检测、定时响应、定时控制，并且可以产生毫秒级宽的脉冲信号，驱动步进电机。定时和计数功能最终通过计数脉冲和计数方式实现，若计数的事件源是周期固定的脉冲，则可实现定时功能，因此定时和计数功能可以都由一个部件实现。

12.1.1　定时器/计数器的结构和功能

大部分 51 系列单片机设有两个 16 位的可编程定时器/计数器，可编程的意思是指其功能（例如，工作方式、定时时间、量程、启动方式等）均可由指令来确定和改变。定时器/计数器的实质是加 1 计数器（16 位），由高 8 位和低 8 位两个寄存器组成，定时器/计数器的内部结构如图 12-1 所示。定时器/计数器 T0 和 T1 分别由两个 8 位的特殊功能寄存器组成，即定时器/计数器 T0 由 TH0 和 TL0 组成，T1 由 TH1 和 TL1 组成。此外，其内部还有两个 8 位的特殊功能寄存器，即工作模式控制寄存器（TMOD）与定时器/计数器控制寄存器（TCON），TMOD 负责控制和确定 T0 和 T1 的功能和工作模式，TCON 用来控制 T0 和 T1 启动或停止计数，同时 TCON 包含定时器/计数器的状态。

两个定时器/计数器（T1, T0）的结构一致，两者都是加 1 计数器，都有定时、计数两种工作模式。当工作在计数模式下时，脉冲信号来源于 P3.4（T0）、P3.5（T1）；当工作在定时模式下时，脉冲信号来源于单片机系统时钟信号 12 分频后的内部脉冲。CPU 在每个机器周期的 S5P2 节拍对外来脉冲信号进行采样，若为有效计数脉冲，则在下一个周期的S3P1节拍进行计数。由此可见，对外部事件计一次数至少需要两个机器周期，所以在应用时必须注意外来脉冲信号的频率不能大于振荡脉冲频率的$\frac{1}{24}$。定时功能也通过计数器的计数实现，只是计数脉冲与计数方式不同，定时是将单片机的每个机器周期作为计数脉冲，也就是每过一个机器周期，计数器进行加1计数。由于一个机器周期固定等于12个振荡脉冲周期，即在定时方式下，计数频率为振荡脉冲频率的$\frac{1}{12}$。

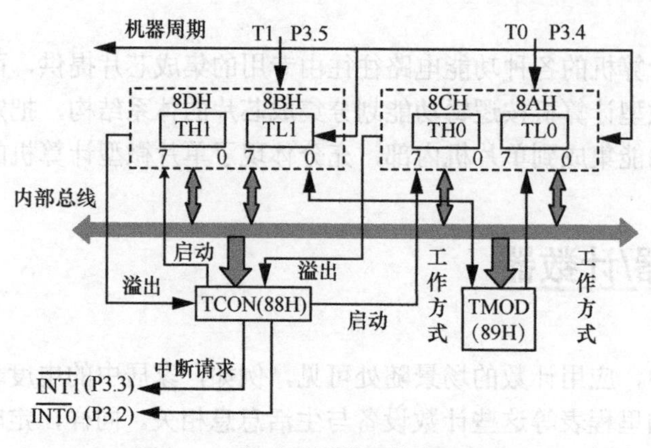

图12-1 定时器/计数器的内部结构

T0和T1工作在定时器模式和计数器模式下都不会影响CPU的正常运行，当计数溢出产生中断请求时，CPU才会停下来执行定时器/计数器的中断服务程序，可以认为定时器/计数器与CPU并行工作。

初值的加载在定时器/计数器的应用中是关键问题之一，由于加法计数器是加1计数并且计数溢出时才申请中断，所以在给计数器赋初值时不能直接输入所需的计数值，而应输入计数器计数的最大值与所需的计数值之间的差值。设最大计数值为M，所需的计数值为N，初值设为X，X的计算方法如下。

- 定时工作模式时的初值为$X=M-\frac{\text{定时时间}}{T}$，其中，$T$=12×振荡周期。
- 计数工作模式时的初值为$X=M-N$。

12.1.2 方式寄存器和控制寄存器

80C51单片机用两个特殊功能寄存器（TMOD和TCON）定义定时器/计数器的工作模式及其控制功能的实现。每执行一条改变上述特殊功能寄存器内容的指令，其改变的内容将锁存于特殊功能寄存器中，在下一条指令的第一个机器周期的S1P1节拍生效。

1. 工作模式控制寄存器

工作模式控制寄存器（TMOD）用于定义定时器/计数器的操作方式及工作模式，其字节地址为89H，不能位寻址。TMOD位定义见表12-1。

表 12-1　TMOD 位定义

D7	D6	D5	D4	D3	D2	D1	D0
GATE	C/T*	M1	M0	GATE	C/T*	M1	M0

8 位标志位分为两组，高 4 位控制 T1，低 4 位控制 T0。4 个标志位含义如下。

（1）GATE 为门控位，当 GATE=0 时，通过运行控制位 TRX（X=0, 1）来启动定时器/计数器；当 GATE=1 时，通过外部中断引脚 INT0 或 INT1 上的高电平来启动定时器计数器。

（2）M1、M0 为工作方式选择位，对应的 4 种工作方式说明见表 12-2。

表 12-2　工作方式说明

M0	M1	工作方式	方式说明
0	0	0	13 位定时器/计数器
0	1	1	16 位定时器/计数器
1	0	2	8 位自动重置定时器/计数器
1	1	3	两个 8 位定时器/计数器（只有 T0 有）

（3）$C/\overline{T}$ 为定时器/计数器模式选择位，当 $C/\overline{T}=0$ 时，选择定时器模式；当 $C/\overline{T}=1$ 时，选择计数器模式，对计数器外部输入引脚 T0（P3.4）或 T1（P3.5）的负跳变脉冲计数。

2．定时器/计数器控制寄存器

定时器/计数器控制寄存器（TCON）的字节地址为 88H，可位寻址，位地址为 88H～8FH，TCON 位定义见表 12-3。

表 12-3　TCON 位定义

TCON	D7	D6	D5	D4	D3	D2	D1	D0
标志位	TF1	TR1	TF0	TR0	IE1	IT1	IE0	IT0
位地址	8FH	8EH	8DH	8CH	8BH	8BH	89H	88H

低 4 位与中断有关，这里只介绍涉及定时/计数的高 4 位。

（1）TF1/TF0 为计数溢出标志位，计数溢出时置 1。当使用查询方式时，此位作为状态位供 CPU 查询（查询有效后应及时清零）；当使用中断方式时，此位作为中断请求标志位，进入中断服务程序后硬件自动清零。

（2）TR1/TR0 为计数运行控制位，当其值为 1 时，定时器/计数器启动工作；当为 0 时，定时器/计数器停止工作。

12.1.3　定时器/计数器的工作方式

本节介绍定时器/计数器的 4 种工作方式。

1．方式 0

方式 0 为 13 位计数，由 TLx 的低 5 位（高 3 位未用）和 THx 的 8 位组成，方式 0 的内部结构如图 12-2 所示。TLx 的低 5 位溢出时向 THx 进位，当 THx 溢出时，置位 TCON 中的 TFx 标志，向 CPU 发出中断请求。

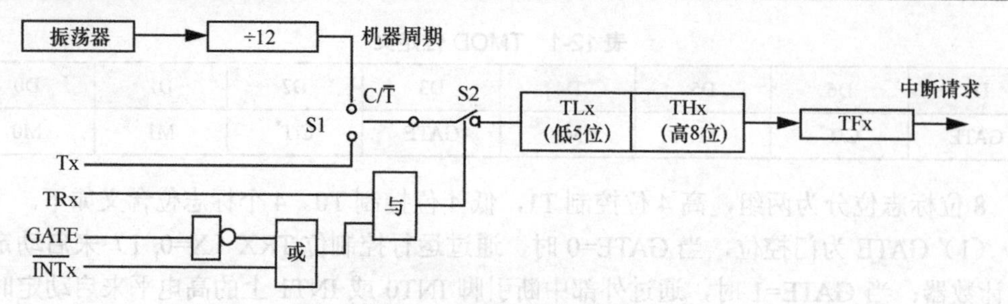

图 12-2　方式 0 的内部结构

在图 12-2 中，当 C / $\overline{T}$ =0 时，控制开关接通振荡器 12 分频输出端，定时器/计数器 Tx 对机器周期计数，即这时定时器/计数器 Tx 工作在定时方式。其定时时间为

$$t=(2^{13}-\text{Tx 的初始值})\times\text{振荡周期}\times 12 \tag{12-1}$$

当 C / $\overline{T}$ =1 时，内部控制开关使外部引脚 P3.4 (T0)与 13 位计数器相连，外部计数脉冲由引脚 P3.4 (T0)输入，当外部信号电平发生由 1 到 0 的跳变时，计数器加 1。此时，Tx 工作在对外部事件计数方式，其计数最大值为 2^{13}=8 192 个外部脉冲。方式 0 与两个寄存器的关系如图 12-3 所示。

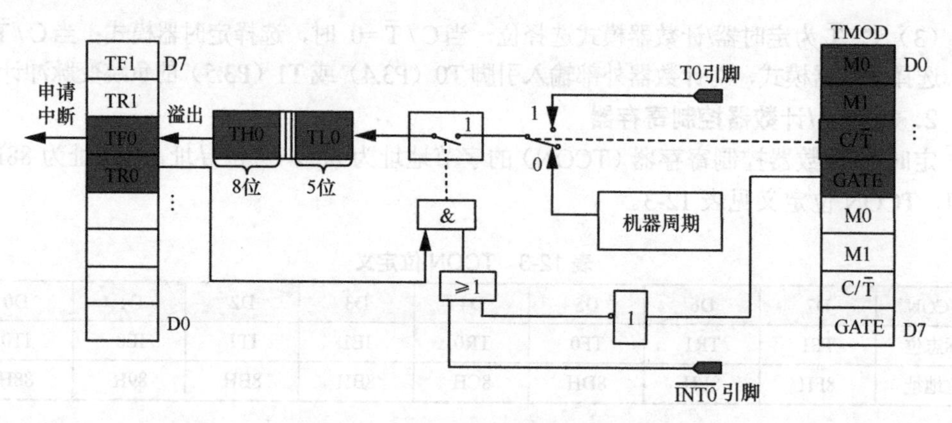

图 12-3　方式 0 与两个寄存器的关系

门控位有特殊的作用。如图 12-3 所示，当 GATE=0 时，经过反相后使或门输出为 1，这时仅由 TR0 控制与门的开启，当与门输出 1 时，计数开始。当 GATE=1 时，由外部中断引脚控制或门的输出，这时由 TR0 和外部中断引脚一同控制与门的输出。当 TR0=1 时，外部中断引脚为高电平，计数开始。当外部中断引脚为低电平时，计数结束。

2．方式 1

方式 1 的结构与方式 0 的结构基本相同，方式 1 与两个寄存器的关系如图 12-4 所示，与方式 0 结构不同的是方式 1 为 16 位计数。51 单片机的模式 1 能完成模式 0 的所有工作，保留模式 0 是向下（MCS-48 单片机）兼容的考虑，因为 MCS-48 单片机的定时器/计数器是 13 位的。方式 1 的最大计数值（满值）为 2^{16}=65 536。

当模式 1 用于定时工作时，定时时间为

$$t=(2^{16}-\text{Tx 的初始值})\times\text{振荡周期}\times 12 \tag{12-2}$$

当模式 1 用于计数工作时，计数最大长度为 2^{16}=65 536 个外部脉冲。如计数值为 N，

则置入的初值 x 为 x=65 536−N

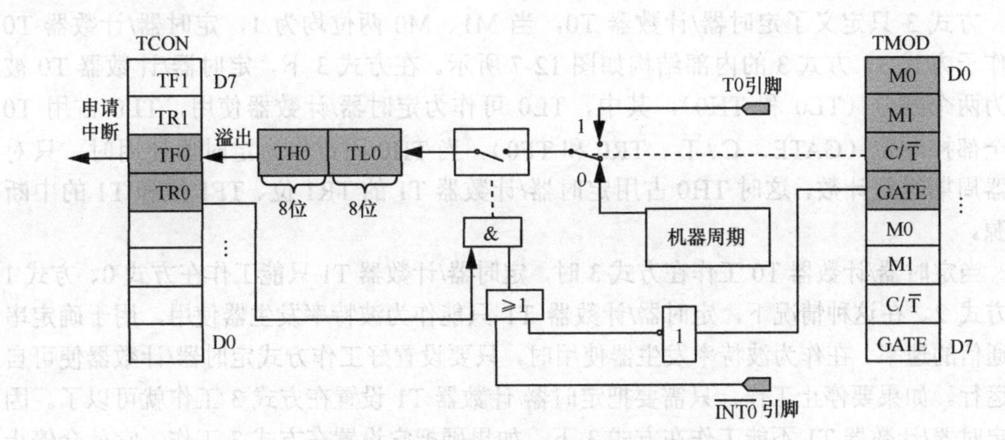

图 12-4　方式 1 与两个寄存器的关系

3. 方式 2

方式 2 的内部结构如图 12-5 所示，方式 2 与两个寄存器的关系如图 12-6 所示，16 位的计数器只用了 8 位计数，用 TLx 计数，用 THx 保存初值。当 TLx 计满时溢出，一方面使 TFx 置位，另一方面溢出信号又会触发开关，将 THx 的值自动装入 TLx。

由于方式 2 是 8 位的定时/计数方式，因而最大计数值（满值）为 2^8=256。如计数值为 N，则置入的初值 x 为 x=256−N

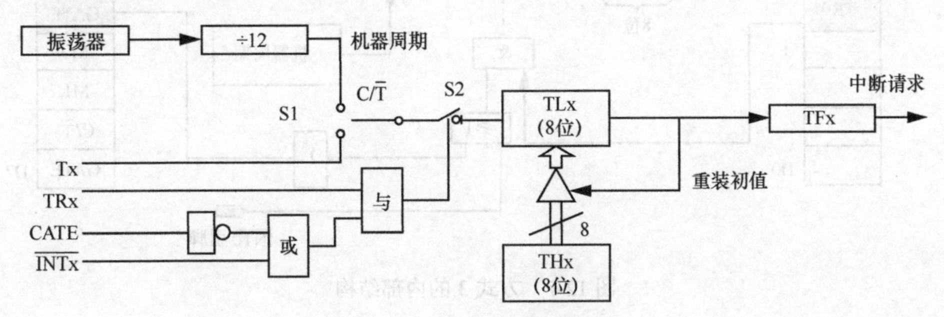

图 12-5　方式 2 的内部结构

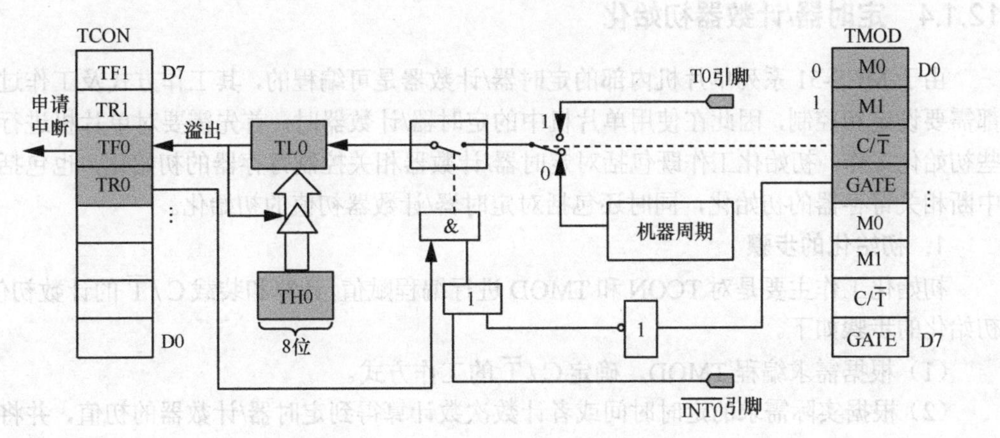

图 12-6　方式 2 与两个寄存器的关系

4．方式 3

方式 3 只定义了定时器/计数器 T0，当 M1、M0 两位均为 1，定时器/计数器 T0 工作于方式 3，方式 3 的内部结构如图 12-7 所示。在方式 3 下，定时器/计数器 T0 被分为两个部分（TL0 和 TH0），其中，TL0 可作为定时器/计数器使用，TL0 占用 T0 的全部控制位（GATE、$C/\overline{T}$、TR0 和 TF0）。当 TH0 固定作为定时器使用时，只对机器周期进行计数，这时 TH0 占用定时器/计数器 T1 的 TR1 位、TF1 位和 T1 的中断资源。

当定时器/计数器 T0 工作在方式 3 时，定时器/计数器 T1 只能工作在方式 0、方式 1 和方式 2。在这种情况下，定时器/计数器 T1 只能作为波特率发生器使用，用于确定串行通信的速率。在作为波特率发生器使用时，只要设置好工作方式定时器/计数器便可自动运行。如果要停止工作，只需要把定时器/计数器 T1 设置在方式 3 工作就可以了。因为定时器/计数器 T1 不能工作在方式 3 下，如果硬把它设置在方式 3 工作，它就会停止工作。

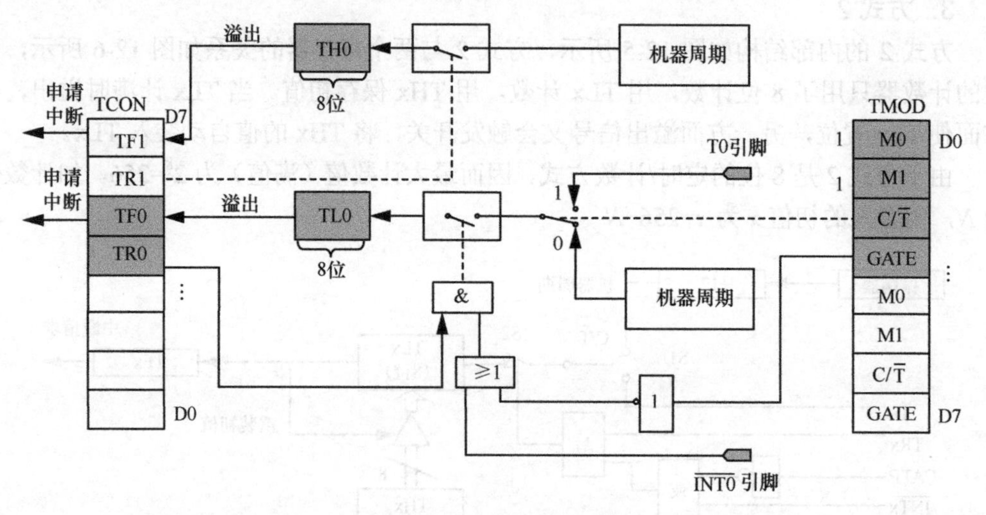

图 12-7　方式 3 的内部结构

12.1.4　定时器/计数器初始化

由于 MCS-51 系列单片机内部的定时器/计数器是可编程的，其工作方式及工作过程都需要设定和控制，因此在使用单片机中的定时器/计数器时，首先需要对单片机进行一些初始化工作。初始化工作既包括对定时器/计数器相关控制寄存器的初始化，也包括对中断相关寄存器的初始化，同时还包括对定时器/计数器初值的初始化。

1．初始化的步骤

初始化工作主要是对 TCON 和 TMOD 进行编程赋值，计算和装载 $C/\overline{T}$ 的计数初值，初始化的步骤如下。

（1）根据需求编程 TMOD，确定 $C/\overline{T}$ 的工作方式。

（2）根据实际需求的定时时间或者计数次数计算得到定时器/计数器的初值，并将初值送入 THx 和 TLx 中。

（3）根据需要考虑是否采用中断方式，在使用中断方式时，向中断允许寄存器（IE）选送中断控制字，并向中断优先级寄存器（IP）选送中断优先级字，开放响应中断和中断优先级。

（4）启动定时器/计数器，编程 TCON 中的 TRi 位，即把 TRi 位置 1。当 GATE 设置为 0 时，SETB TRi 指令执行后，定时器/计数器即可开始工作。当 GATE 设置为 1 时，还必须由引脚 INTi 共同控制，只有当 $\overline{\text{WR}}$ 引脚为高电平时，SETBTRi 指令执行后定时器/计数器方可启动工作。

2．计数器初值的计算

（1）定时器的计数初值

在定时器方式下，$C/\overline{T}$ 对机器周期脉冲进行计数，故计数值应为定时时间对应的机器周期个数。因此，应首先将定时时间转换为所需要记录的机器周期个数（计数值）。其转换式为

$$\text{机器周期个数（计数值）}=\frac{T_c}{T_p} \tag{12-3}$$

其中，T_c 为定时时间，$T_p=12/f_{osc}$ 为机器周期，f_{osc} 为机器时钟（振荡器）的振荡频率。

故定时器的计数初值 X 的计算式为

$$X=M-\text{计数值}=M-\frac{T_c}{T_p}=M-\left(T_c\times f_{osc}\right)/12 \tag{12-4}$$

其中，M 为满计数值。

（2）计数器的计数初值

计数器的工作方式不同，满计数值 M 的取值也不同。

① 方式 0，13 位计数寄存器满计数值为 2^{13}。

② 方式 1，16 位计数寄存器满计数值为 2^{16}。

③ 方式 2、方式 3，8 位计数寄存器满计数值为 2^8。

由于计数器的工作原理是计数超过一定值发生溢出后请求中断，因此为了得到需要的计数次数，需要送入的计数初值 T_C 为满计数次数 M 与需计数次数 C 之差，T_C 的计算式为

$$T_C=M-C \tag{12-5}$$

12.1.5　定时器/计数器综合应用案例

【例 12-1】　要求在 P1.0 引脚输出周期为 400 μs 的脉冲方波，已知 f_{osc}= 12 MHz，试分别用 T1 的方式 0、方式 1、方式 2 编制程序。

解：若要输出周期为 400 μs 的方波，只需要在 P1.0 引脚每隔 200 μs 交替输出高、低电平即可，因此定时时间为 200 μs。

（1）方式 0

计算定时初值为

$$2^{13}-\frac{200\ \mu\text{s}}{1\ \mu\text{s}}=8\ 192-200=7\ 992=\text{IF38H}$$

1F38H=0001111100111000B

TH1=F9H，TL1=38H

设置 TMOD 为

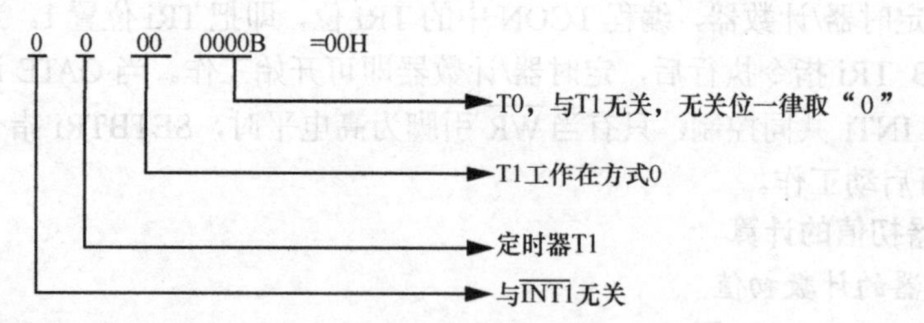

编写程序为

```
ORG 0000H
LJMP MAIN; 转向主程序
ORG 001BH
LJMP IT1; 转向 T1 中断服务程序
ORG 0100H
MAIN: MOV TMOD, #0000 0000B; 定时器 T1 工作在方式 0
      MOV TH1, #0F9H; 置定时初值
      MOV TL1, 38H
      MOV IP, #00001000B; 置 T1 为高优先级
      MOV IE, #0FFHH; 全部开中断
      SETB TR1; T1 运行
      SJMP $; 等待 T1 中断
ORG 0200H
IT1: CPL P1.0; 输出波形，取反
     MOV TH1, #0F9H; 重置 T1 的初值
     MOV TL1, #38H
     RETI; 中断返回
     END
```

（2）方式 1

设置 TMOD 为

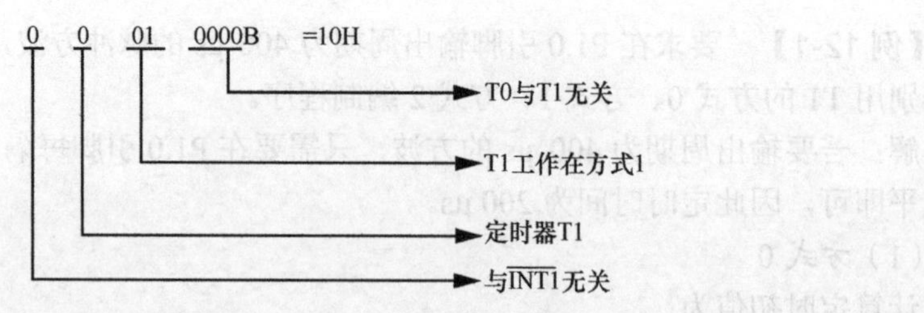

计算定时初值为 $2^{16}-\dfrac{200\ \mu s}{1\ \mu s}$=65 536−200 = 65 336= FF38H

TH1=FFH，TL1=38H

编写程序为

```
ORG 0000H
LIMP MAIN; 转向主程序
ORG 001BH
LJMP IT1; 转向 T1 中断服务程序
ORG 0100H
MAIN: MOV TMOD, #0001 0000B; 定时器 T1 工作在方式 1
      MOV TH1, #0FFH; 置定时初值
      MOV TL1, #38H
      MOV IP, #00001000B; 置 T1 为高优先级
      MOV IE, #0FFH; 全部开中断
      SETB TR1; T1 运行
      SJMP $; 等待 T1 中断
ORG 0200H
IT1: CPL P1.0; 输出波形，取反
      MOV TH1, #0FFH; 重置 T1 的初值
      MOV TL1, #38H
      RETI; 中断返回
      END
```

（3）方式 2

计算定时初值为

$$2^8-\frac{200\ \mu s}{1\ \mu s}=256-200=56=38H$$

TH1=38H, TL1 =38H

设置 TMOD 为

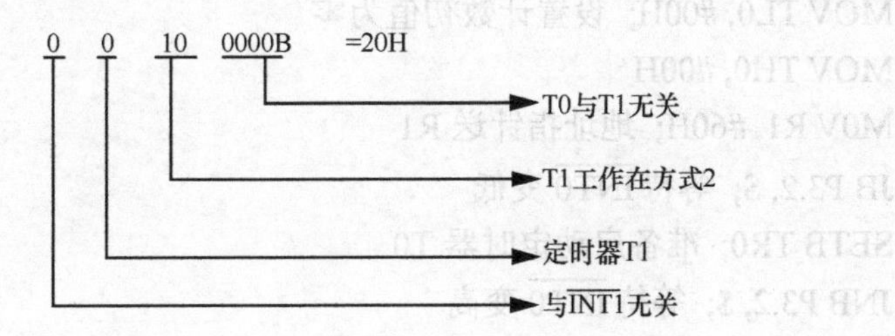

编写程序为

```
ORG 0000H
LJMP MAIN; 转向主程序
ORG 001BH
CPL P1.0; 输出波形，取反
RETI; 中断返回
```

```
ORG 0100H
MAIN: MOV TMOD, #00100000B; 置定时器/计数定时器为方式 2
      MOV TL1, #38H; 置定时初值
      MOV TH1, #38H; 置定时初值备份
      MOV IP, #00001000B; 置 T1 为高优先级
      MOV IE, #0FFH; 全部开中断
      SETB TR1; T1 运行
      SJMP $; 等待 T1 中断
END
```

【例 12-2】 请利用 T0 的门控位 GATE 编程实现 $\overline{\text{INT0}}$ (P3.2)对外部输入脉冲宽度的检测。

分析：外部脉冲由 $\overline{\text{INT0}}$ (P3.2)输入，其宽度为 T_p，利用 GATE 检测脉冲宽度示意如图 12-8 所示。定时器/计数器 T0 工作于定时方式 1。在测试时，应在 $\overline{\text{INT0}}$ 为低电平时设置 TR0=1，当 $\overline{\text{INT0}}$ 变为高电平时启动计数，当 $\overline{\text{INT0}}$ 再次变低时停止计数。此时，使 TR0=0，读出 TH0、TL0 的计数值并保存，此计数值乘以定时脉冲周期（即机器周期），就得到被检测正脉冲的宽度 T_p。

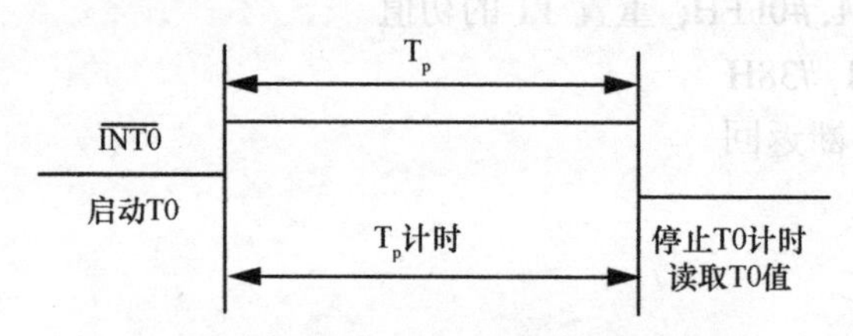

图 12-8　利用 GATE 检测脉冲宽度示意

下面是有关的程序，该程序把计数结果存放在内部 RAM60H 和 61H 两个单元。

```
ORG 0200H
MAIN: MOV TMOD, #09H; 设 T0 为定时器，处于方式 1，GATE=1
      MOV TL0, #00H; 设置计数初值为零
      MOV TH0, #00H
      M0V R1, #60H; 地址指针送 R1
      JB P3.2, $; 等待 INT0 变低
      SETB TR0; 准备启动定时器 T0
      JNB P3.2, $; 等待 INT0 变高
      JB P3.2, $; 启动计数，并等待 INT0 再次变低
      CLR TR0; 停止计数
      MOV @R1, TL0; 读取计数值
      INC R1
      MOV @R1, TH0
      SJMP $
      END
```

设 f_{osc}=12 MHz，则这种方案的最大被测脉冲宽度为 65 536 μs，由于靠软件启动和停止计数，所以结果有一定的测量误差，其最大可能的误差由有关指令的时序确定。

12.1.6　定时器/计数器使用注意事项

定时器模式的计数信号是内部时钟脉冲，每个机器周期使计数器加 1，因此定时器输入脉冲的周期与机器周期一样，此时定时的精度取决于输入脉冲的周期。当需要高分辨率的定时时，应尽量选择频率较高的晶体。

计数器的计数信号来自相应外部输入引脚 $\overline{\text{INT0}}$ 和 $\overline{\text{INT1}}$ 的负跳变。在连续的两个周期采样，若第一次采样为高电平而第二次采样为低电平，则表示发生了负跳变，计数器加 1。由于确认一次跳变需要两个机器周期，即 24 个振荡周期，因此外部输入的计数脉冲最高频率为系统晶体振荡频率的 $\frac{1}{24}$，若采用 6 MHz 晶体振荡器，则允许输入的脉冲频率为 $\frac{6\text{ MHz}}{24}$=250 kHz。此外，为了保证某一给定电平在变化前能被采样一次，这一电平至少要保持一个机器周期。

不论是定时器还是计数器工作方式，定时器 T0 和 T1 均不占用 CPU 的时间。若定时器/计数器 T0 和 T1 溢出，可能引起 CPU 中断转而去执行中断处理程序，所以定时器/计数器是单片机中效率高且工作灵活的部件之一。

12.2　MCS-51 系列单片机中断系统

12.2.1　中断的概念

正在处理一件事情时被其他突发事件意外打断，这种现象称为中断。在日常生活和工作过程中经常会遇到中断的情况，例如，正在进行的交谈被来人打断、正在生产的机器突然停电等。中断系统是单片机中非常重要的组成部分之一，它是为了使单片机能够对外部或内部随机发生的事件实时处理而设置的。中断功能的存在，在很大程度上提高了单片机实时处理能力，是单片机很重要的功能之一。

产生中断的请求源被称为中断源。中断源向 CPU 提出处理的请求被称为中断请求；发生中断时被暂时中断执行的暂停点被称为断点；CPU 暂停现行程序而响应中断请求的行为被称为中断响应；处理中断源的程序被称为中断处理程序；CPU 执行的中断处理过程被称为中断处理；返回断点的过程被称为中断返回。

单片机中的中断是指当计算机执行正常程序时，系统中出现某些急需处理的异常情况和特殊请求，这时 CPU 暂时中止正在执行的程序，转去对随机发生的、更紧迫的事件进行处理。当处理完毕后，CPU 自动返回原来的程序继续执行，这个过程被称为中断。解决中断问题的硬件装置和处理程序被称为中断系统，当中断发生时，单片机通过硬件改变程序流向，再通过执行中断服务子程序处理急需解决的问题。在单片机中，硬件必须与软件相结合，才能实现中断功能。

12.2.2 MCS-51 系列单片机中断系统

（1）中断系统结构

MCS-51 系列单片机的中断系统由中断请求标志（TCON 和 SCON 中）、中断允许控制寄存器（IE）、中断优先级控制寄存器（IP）及顺序查询逻辑电路等组成。MCS-51 系列单片机中断结构如图 12-9 所示，MCS-51 中断系统包括 5 个中断源，分别如下。

① 外部中断 0，由 $\overline{\text{INT0}}$ (P3.2)输入。可由 IT0 选择其触发方式，当 CPU 检测到 $\overline{\text{INT0}}$ (P3.2)引脚上出现有效中断信号时，中断标志 IE0 置位，并向 CPU 申请中断。

② 外部中断 1，由 $\overline{\text{INT1}}$ (P3.3)输入。可由 IT1 选择其触发方式，当 CPU 检测到 $\overline{\text{INT1}}$ (P3.3)引脚上出现有效中断信号时，中断标志 IE1 置位，并向 CPU 申请中断。

③ 片内定时器/计数器 T0 溢出中断。当片内定时器/计数器 T0 发生溢出时，置位 TF0，并向 CPU 申请中断。

④ 片内定时器/计数器 T1 溢出中断。当片内定时器/计数器 T1 发生溢出时，置位 TF1，并向 CPU 申请中断。

⑤ 片内串行口发送/接收中断。当串行口发送完一帧串行数据时置位 TI，或者当串行口接收完一帧串行数据时置位 RI，并向 CPU 申请中断。

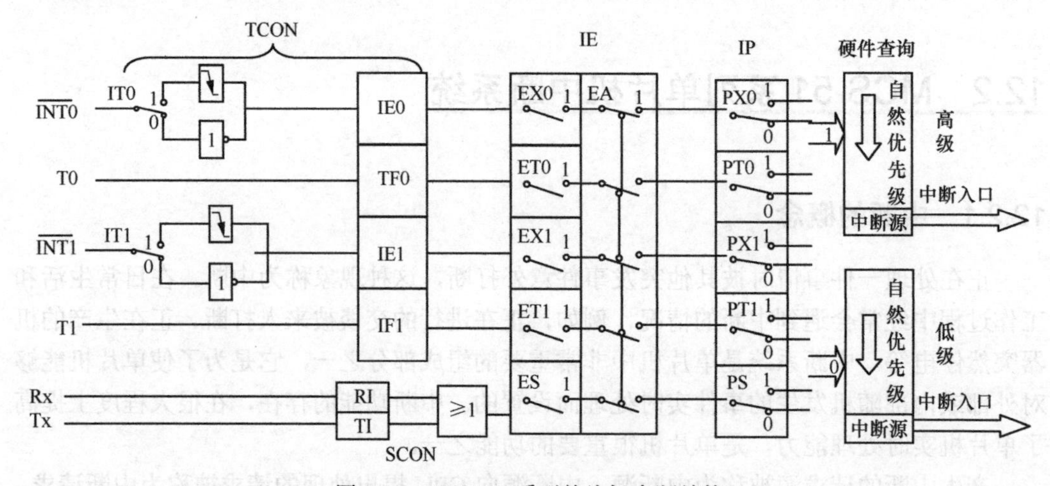

图 12-9 MCS-51 系列单片机中断结构

（2）中断请求标志位

为了确定中断源是否产生中断请求，中断系统对应设置了多个中断请求触发器（标志位）来实现记忆。这些中断源请求标志位分别由特殊功能寄存器 TCON 和 SCON 的相应位进行锁存。

① 定时器/计数器控制寄存器 TCON(88H)

TCON 锁存定时器/计数器 T0 与 T1 的溢出中断标志以及外部中断 0 与 1 的中断标志，与中断有关的各位内容如图 12-10 所示。

TF1		TF0		IE1	IT1	IE0	IT0

图 12-10 与中断有关的各位内容

IT0、IT1 为外部中断 0、1 触发方式选择位，由软件设置。1 表示下降沿触发方式，$\overline{INT0}$ / $\overline{INT1}$ 引脚上由高到低的负跳变可引起中断；0 表示电平触发方式，$\overline{INT0}$ / $\overline{INT1}$ 引脚为低电平时可引起中断。

IE0、IE1 为外部中断 0、1 请求标志位。当外部中断 0、1 依据的触发方式满足条件时，产生中断请求时由硬件置位（IE0/IE1=1），当 CPU 响应中断时由硬件清除（IE0/IE1=0）。

TF0、TF1 为定时器/计数器 T0、T1 溢出中断请求标志。当 T0、T1 计数溢出时，由硬件置位（TF0/TF1=1）；当 CPU 响应中断时，由硬件清除（TF0/TF1=0）。

② 串行口控制寄存器 SCON(98H)

串行口控制寄存器 SCON 的各位内容如图 12-11 所示。

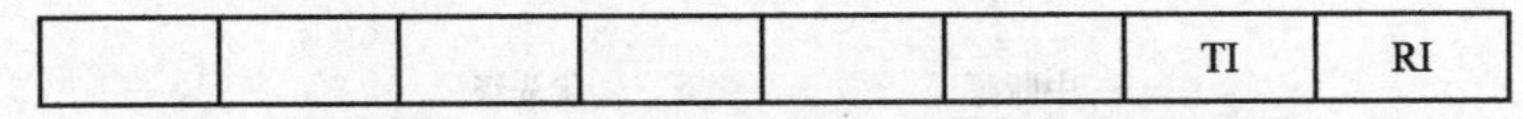

						TI	RI

图 12-11 串行口控制寄存器 SCON 的各位内容

RI 为串行口接收中断请求标志位。当串行口接收完一帧数据后请求中断，由硬件置位（RI=1），RI 必须由软件清零。

TI 为串行口发送中断请求标志位。当串行口发送完一帧数据后请求中断，由硬件置位（TI=1），TI 必须由软件清零。

（3）中断的控制

中断的控制主要实现中断的开/关管理和中断优先级的管理，这个管理主要通过对特殊功能寄存器 IE 和 IP 的编程来实现。

① 中断允许寄存器 IE(A8H)

在中断系统中，总中断以及某个分中断源的允许和屏蔽都是由中断允许寄存器 IE 来控制的，IE 的状态可由软件设定。当某位设定为 1 时，相应的中断源被允许；当某位设定为 0 时，相应的中断源被屏蔽。当 CPU 复位时，IE 各位清零，所有中断被禁止。特殊功能寄存器 IE 的各位内容如图 12-12 所示。

EA	—	—	ES	ET1	EX1	ET0	EX0

图 12-12 特殊功能寄存器 IE 的各位内容

EX0、EX1 为外部中断 0、1 的中断允许位。1 表示外部中断 0、1 开中断，0 表示外部中断 0、1 关中断。

ET0、ET1 为定时器/计数器 0、1 溢出中断允许位。1 表示 T0、T1 开中断，0 表示 T0、T1 关中断。

ES 为串行口中断允许位。1 表示串行口开中断，0 表示串行口关中断。

EA 为 CPU 开/关中断控制位。1 表示 CPU 开中断，0 表示 CPU 关中断。

当 8051 复位时，IE 被清零，此时 CPU 关中断，各中断源的中断也被屏蔽。

② 中断优先级寄存器 IP(B8H)

当系统中多个中断源同时发出请求中断时，CPU 将按照中断源的优先级别，按由高到低的顺序分别响应。特殊功能寄存器 IP 的各位内容如图 12-13 所示。

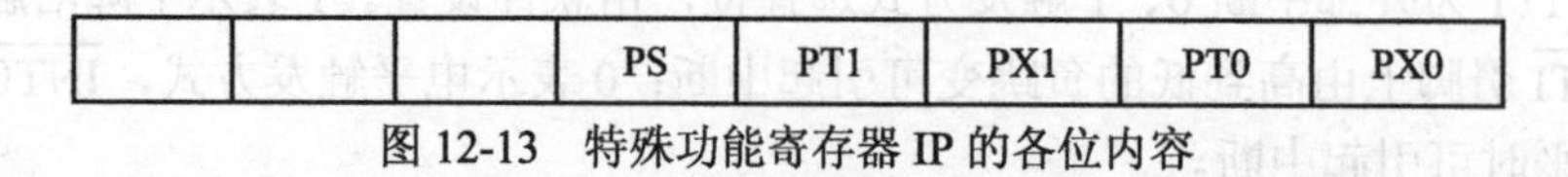

			PS	PT1	PX1	PT0	PX0

图 12-13 特殊功能寄存器 IP 的各位内容

PX0、PX1 为外部中断 0、1 中断优先级控制位。1 表示高优先级，0 表示低优先级。

PT0、PT1 为定时器/计数器 0、1 中断优先级控制位。1 表示高优先级，0 表示低优先级。

PS 为串行口中断优先级控制位。1 表示高优先级，0 表示低优先级。

当 8051 复位时，IP 被强制清零，5 个中断源都为同一优先级。此时，如果其中几个中断源同时产生中断请求，那么 CPU 将会按照片内硬件优先级的顺序，遵循由高到低的原则按顺序响应中断。中断源优先级排列顺序如图 12-14 所示。

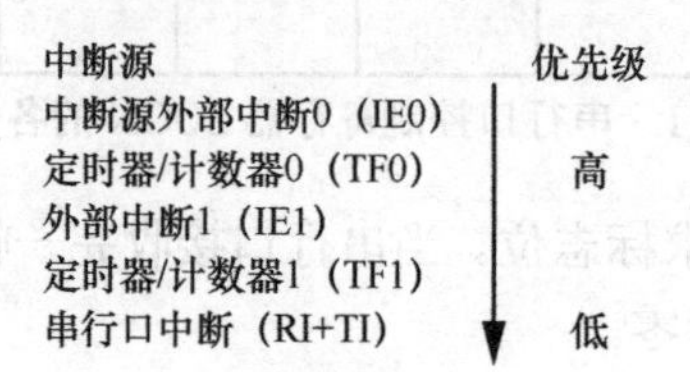

图 12-14 中断源优先级排列顺序

12.2.3 中断的处理过程

中断的处理过程包括中断响应、中断服务和中断返回 3 个阶段。

（1）中断响应

MCS-51 系列单片机响应中断有 4 个条件，一是中断源有请求；二是寄存器 IE 的总允许位 EA=1，且 IE 相应的中断允许位为 1；三是无同级或高级中断正在服务；四是现行指令执行完最后一个机器周期。一般情况下，若这 4 个条件同时得到满足，单片机就响应中断。但是，若当前正在执行的指令是返回指令（RETI）或访问 IP、IE 寄存器的指令，则 CPU 至少要再执行一条指令才会响应中断。

（2）中断响应过程

当 CPU 响应中断时，首先把当前指令的下一条指令（中断返回后将要执行的指令）的地址送入堆栈。然后根据中断标志，将相应的中断入口地址送入程序指针（PC）。CPU 取指令需要根据程序指针中的值去取指令，程序指针中是什么值，CPU 就会到什么地方去取指令，所以程序就会转到中断入口处继续执行，这些工作都由硬件来完成。

MCS-51 系列单片机有 5 个中断源，对应 5 个中断向量地址。各中断源及对应中断向量地址见表 12-4。

取中断向量是指 CPU 将对应的中断向量地址装入程序计数器，使程序转向该中断向量单元。此单元中往往存放一条无条件转移指令 LJMP，转去执行中断服务程序。这样，中断服务程序便可灵活地安排在 64 KB 程序存储器内的任何位置。

表 12-4　各中断源及对应中断向量地址

中断源	中断向量地址
外部中断 0（$\overline{INT0}$）	003H
定时器 T0 中断	00BH
外部中断 1（$\overline{INT1}$）	0013H
定时器 T1 中断	001BH
串口中断	0023H

（3）执行中断服务程序及中断返回

中断服务程序首先要保护现场，然后进行中断处理、恢复现场和中断返回。

① 保护现场是将中断服务程序所使用的有关寄存器的内容保存起来。因为中断服务程序的执行，可能会改变这些寄存器原有的内容。

② 中断处理是根据中断源的要求，进行具体的服务操作。

③ 恢复现场是恢复发生中断时断点处寄存器的内容，使原程序能够正确地继续执行。

④ 中断返回由一条中断返回指令 RETI 完成。它将堆栈中保护的断点地址反弹给程序指针，这样便可从中断服务程序返回到原有程序的断点处，继续执行原来的程序。同时，将相应的优先级状态触发器清 0。原来的程序被称为主程序，中断发生时转去执行的程序被称为中断服务程序。

（4）响应中断后各中断标志位的清除

CPU 在响应中断后，会自动清除一些中断标志位，能自动清除定时器溢出标志位 TF0 和 TF1、边沿触发下的外部中断标志 IE0 和 IE1。但串行口的发送、接收中断标志 TI 和 RI，在中断响应后不会自动清除，只能由用户利用软件清除。对于电平触发方式下的外部中断标志位 IE0 和 IE1，CPU 无法直接干预，需要在引脚处外加硬件电路（如 D 触发器），才能撤销外部中断请求。

12.2.4　中断系统应用

中断系统应用的主要问题是应用程序的编写，编写应用程序大致包括两大部分，即中断初始化和中断服务程序。

（1）中断初始化

中断初始化用于设置堆栈位置、定义触发方式、IE 和 IP 赋值以及需要由主程序完成的其他功能。中断初始化通常在产生中断请求前完成，放在主程序中，与主程序的其他初始化内容一起完成设置。

① 设置堆栈指针 SP

由于中断涉及保护断点程序指针地址和保护现场数据，而且要用堆栈实现保护，因此要设置适宜的堆栈深度。通常可设置 SP = 60H 或 50H，堆栈深度分别为 32 B 或 48 B。

② 定义中断优先级

根据中断源的轻重次序，可以划分高优先级和低优先级。使用“MOV IP, #xxH”或“SETB x”指令即可设置优先级。

③ 定义外部中断触发方式

在一般情况下，外部中断触发方式最好定义为边沿触发方式。如果外部中断信号无法适用边沿触发方式必须采用电平触发方式时，应该在硬件电路上和中断服务程序中撤除中断请求信号。

④ 开放中断

开放中断要同时置位 EA 和需要开放中断的中断允许控制位。可以用“MOV IE, #xxH”指令设置，或者可以用“SETB EA”和“SETB xx”位操作指令设置。

（2）中断服务程序

中断源的入口地址为 0003H～002BH（002BH 是 52 系列单片机定时器/计数器 T2 的入口地址），每两个入口地址之间只有 8 B 的空间，中断服务程序只要超过这个长度，就无法被容纳，所以主程序和中断服务子程序的起始地址都要以一条跳转指令定义到合适的地方中断，中断服务程序内容如下。

① 在中断服务入口地址设置一条跳转指令，最好使用 LJMP 指令，这样可以很方便地将中断服务程序不受限制地安排在 64 KB 程序存储器的任何位置。

② 根据需要来保护现场。保护现场不是中断服务程序的必需部分，它保护累加器、PSW 和 DPTR 等特殊功能寄存器的内容。在这里需要注意的是，保护现场的数据越少越好，数据保护越多，堆栈负担越重，堆栈深度越深。

③ 中断源请求的中断服务运行是中断服务程序的主体。

④ 如果是外部中断电平触发方式，应有中断信号撤除操作。如果是串行中断，应有对 RI、TI 清零的指令。

⑤ 中断源恢复现场。与保护现场相对应，注意先进后出、后进先出的操作顺序。

⑥ 在中断返回时，最后一条指令必须是 RETI 指令。

【例 12-3】 $\overline{\text{INT0}}$ 实验电路如图 12-15 所示，在此电路中，当主程序正常执行时，P2 所连接的 8 个 LED 将闪烁。若按 $\overline{\text{INT0}}$ 按钮开关，则进入中断状态，P2 所连接的 8 个 LED 将变成单灯左移，左移 3 圈后恢复中断前的状态，程序将继续执行 8 灯闪烁的功能。

程序流程如图 12-16 所示。

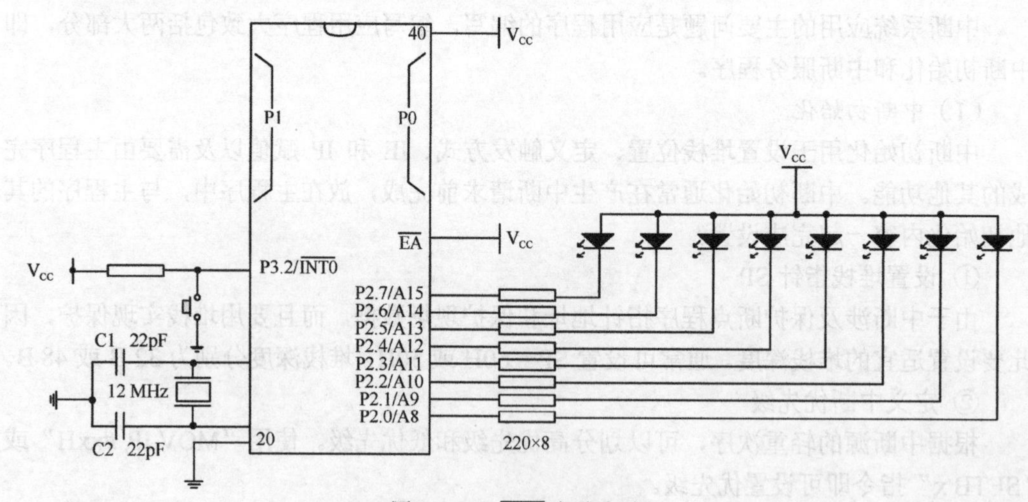

图 12-15 $\overline{\text{INT0}}$ 实验电路

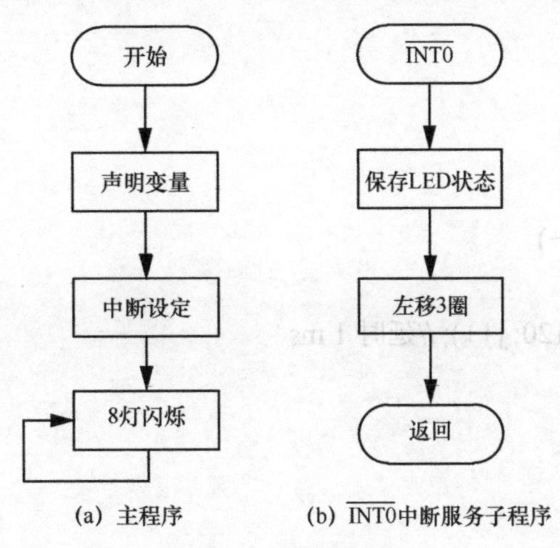

图 12-16　程序流程

外部中断 0 实验如下。

```
#include<reg51.h> //包含进 MCS-51 系列单片机的头文件
#define LED P2 //定义 LED 接至 P2 口
void delay (int); //声明延时函数
void left (in); //声明单灯左移函数
//-----主程序-----
main ( )
{
    IE=0x81; //允许中断 INT0 请求中断
    TCON=0x01; //都设为负边沿触发
    LED=0xff; //灯全灭
    while (1)
    {
        delay (250); //延时 0.25 s
        LED=~LED; //灯全亮
    }
}
//-----外部中断 0 子函数-----
void my_ int0 (void) interrupt 0 //中断服务子程序单灯左移
{
   unsigned char saveLED=LED; //存终端前 LED 灯状态
   EA=0; //关总中断
   left (3); //左移 3 圈
   EA=1; //开总中断
   LED saveLED; //恢复 LED 中断之前状态
}
```

```
//-----延时函数-----
void delay (int x)
{
        int    i, j;
        for (i=0; <x; i++)
      {
            for (j=1; j<120; j++); //延时 1 ms
      }
}
//-----左移函数-----
void left (int x)
{
    int i, j;
    for (i=0; i<x; i++) //左移 x 圈
        {
          LED=0xfe;
          for (j=0; j<8; j++)
              {
                delay (250);
                LED=(LED<<1)0x01; //左移后最低位补 1
              }
        }
}
```

12.3 单片机系统扩展

单片机芯片内部集成了 CPU、ROM、RAM、定时器/计数器和并行 I/O 接口，已经具备了作为计算机的基本结构。但是，单片机内部的 ROM 和 RAM 的容量、定时器、I/O 接口和中断源的资源有限，不能满足实际需要。为了扩大单片机的应用范围，常需要将单片机最小系统扩展，以实现更强大的功能。所谓扩展就是在以 CPU 为核心的单片机外围连接具有各种功能的芯片，包括 ROM 和 RAM 扩展芯片、并行口扩展芯片、中断扩展芯片、定时器/计数器扩展芯片等。

具体来说，系统扩展可以解决以下几方面问题。

（1）可以扩展单片机系统的资源

单片机的资源是有限的，例如，8051 单片机片内只有容量为 4 KB 的程序存储器，而 8031 系列单片机无内部 ROM，本身就不是完整的计算机，必须经扩展后才能使用。通过扩展，可以扩大 ROM、RAM 的容量，还可以使中断源超过 5 个、定时器超过 2 个等。

（2）可以驱动更多种类的外部设备

能直接由单片机驱动的外部设备很少，只有极少的外部设备如 LED、低功率小喇叭等可直接由单片机驱动，而大多数外部设备在与单片机匹配时除了功率需放大外还存在以下问题。

① 信号形式不同

单片机信号为数字信号，而外部设备既有数字信号，也有模拟信号。当外部设备的信号为模拟信号时，必须由 D/A 或 A/D 转换接口连接单片机与外部设备。

② 信号电平不同

由于信号电平不同，必须经电平转换后才能实现单片机与外部设备的通信。

③ 运行速度差异大

单片机运行速度快，一般外部设备运行速度较慢，如开关、继电器、机械传感器等。由于单片机无法以一个固定的时序与它们同步工作，必须经速度协调后才能实现控制。

单片机系统扩展包括程序存储器、数据存储器、I/O 接口、定时器/计数器和中断资源的扩展等内容，但程序存储器和数据存储器的扩展应用最广泛。

12.3.1　单片机的片外总线结构

为了便于单片机与各种芯片相连接，应把单片机外部连线变为一般微机所具有的三总线结构形式，三总线即地址总线、数据总线、控制总线。MCS-51 系列单片机构成的三总线结构如图 12-17 所示，所有外围芯片都将通过三总线进行扩展。

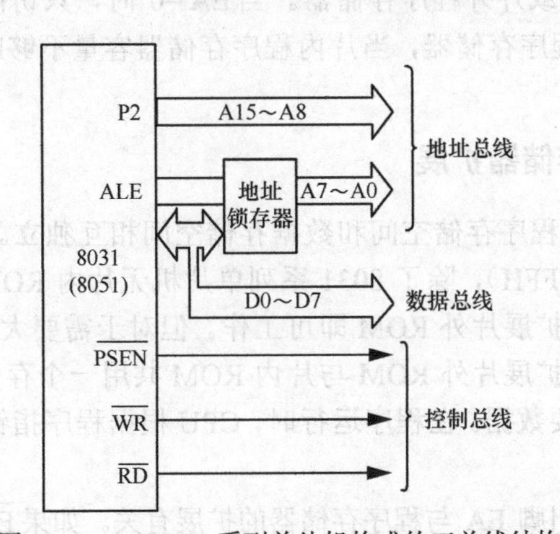

图 12-17　MCS-51 系列单片机构成的三总线结构

（1）数据总线

数据总线（DB）由 P0 口提供，其宽度为一个字节（8 位）。该口是三态双向口，它不仅传送数据信息，而且还与控制信号配合传送低位字节地址信息。数据总线要连到多个外围芯片上，在某一时刻，只有端口地址与单片机发出的地址相符的芯片才能与 P0 口通信。

（2）地址总线

地址总线（AB）由 P0 口和 P2 口提供，其宽度为 2 个字节，可寻址空间大小为 2^{16}=64 KB

（即地址范围为 0000H～FFFFH）。其中，地址总线的低 8 位 A7～A0 由 P0 口经地址锁存器提供，高 8 位 A15～A8 由 P2 口直接提供。由于 P0 口是数据、地址分时复用口，P0 口先输出低 8 位地址信息，待地址信息稳定并可靠锁存后，P0 口再作为数据总线使用。所以 P0 口输出的低 8 位地址必须用锁存器锁存。

P0 口、P2 口在系统扩展时用作地址线后，就不能再作为一般 I/O 口使用。

（3）控制总线

控制总线（CB）包括片外系统扩展用控制线和片外信号对单片机的控制线。片外系统扩展用控制线包括 $\overline{WR}$、$\overline{RD}$、$\overline{PSEN}$、$\overline{EA}$ 和 ALE。

① $\overline{WR}$、$\overline{RD}$

$\overline{WR}$、$\overline{RD}$ 用于片外数据存储器的读/写控制。当执行 MOVX 指令时，这两个信号分别自动生成。

② $\overline{PSEN}$

$\overline{PSEN}$ 用于片外程序存储器的读控制。当执行片外程序存储器 MOVC 指令时（$\overline{EA}$=0），该信号自动生成。

③ ALE

ALE 用于锁存 P0 口输出的低 8 位地址的控制线。ALE 在 P0 口输出地址期间，用下降沿控制锁存器对地址进行锁存。

④ $\overline{EA}$

$\overline{EA}$ 用于选择片内或片外程序存储器。当 $\overline{EA}$=0 时，只访问片外程序存储器；当 $\overline{EA}$=1 时，访问片内程序存储器，当片内程序存储器容量不够时，才会访问片外程序存储器。

12.3.2 外部程序存储器扩展

51 系列单片机的程序存储空间和数据存储空间相互独立。程序存储器寻址空间为 64 KB（0000H～FFFFH），除了 8031 系列单片机无片内 ROM，其他子系列单片机有片内 ROM，可不必扩展片外 ROM 即可工作。但对于需要大容量 ROM 的系统，都必须扩展片外 ROM。扩展片外 ROM 与片内 ROM 共用一个存储空间，统一编址，用于存放程序代码和重要数据。在程序运行时，CPU 根据程序指针内容自动寻址 ROM，读出代码。

51 系列单片机的引脚 EA 与程序存储器的扩展有关。如果 $\overline{EA}$ 接低电平，则不使用片内程序存储器，片外程序存储器地址范围为 0000H～FFFFH；如果 $\overline{EA}$ 接高电平，那么片内程序存储器和片外程序存储器的总容量为 64 KB。

用 EEPROM 作为单片机外部程序存储器是目前较常用的程序存储器扩展方法。当 EEPROM 作为程序存储器使用时，CPU 读取 EEPROM 数据的操作同读取一般 EPROM 的操作相同。当程序存储器扩展时，一般扩展容量大于 256 B。因此，除了由 P0 口提供低 8 位地址线外，还需要由 P2 口提供若干条高位地址线。EEPROM 所需的地址线数量取决于其容量的大小。常用的 EEPROM 芯片有 Intel 2816、2817 和 2864 等，其引脚如图 12-18 所示。

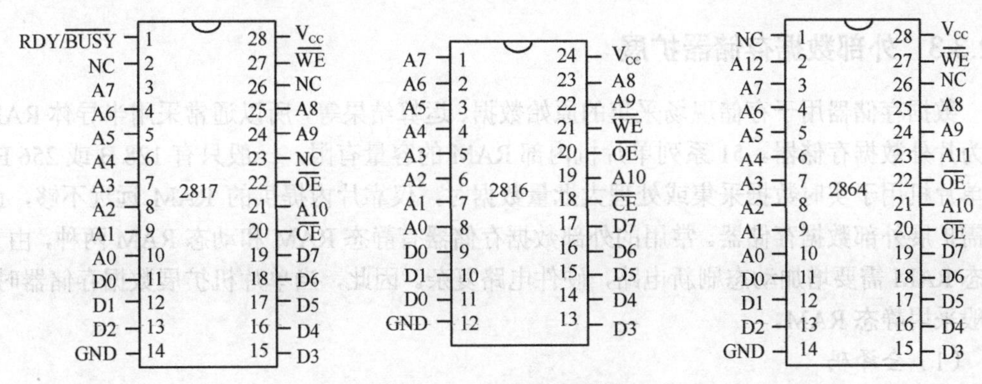

图 12-18　EEPROM 引脚

EEPROM 程序存储器基本扩展电路如图 12-19 所示，如果系统中只扩展一片 EEPROM，不需要控制片选信号，EEPROM 的片选端 CE 接地即可。如图 12-19（a）所示，AN 为最高地址位，若扩展容量为 2 KB，AN=A10；若扩展容量为 4 KB，AN=A11；若扩展 8 KB，AN=A12。

如果系统扩展两片 EEPROM，可以用 P2 口的剩余接口线直接连接 EEPROM（1）的片选端 CE，经过反相器后再接到 EEPROM（2）的片选端 CE 上，如图 12-19（b）所示。

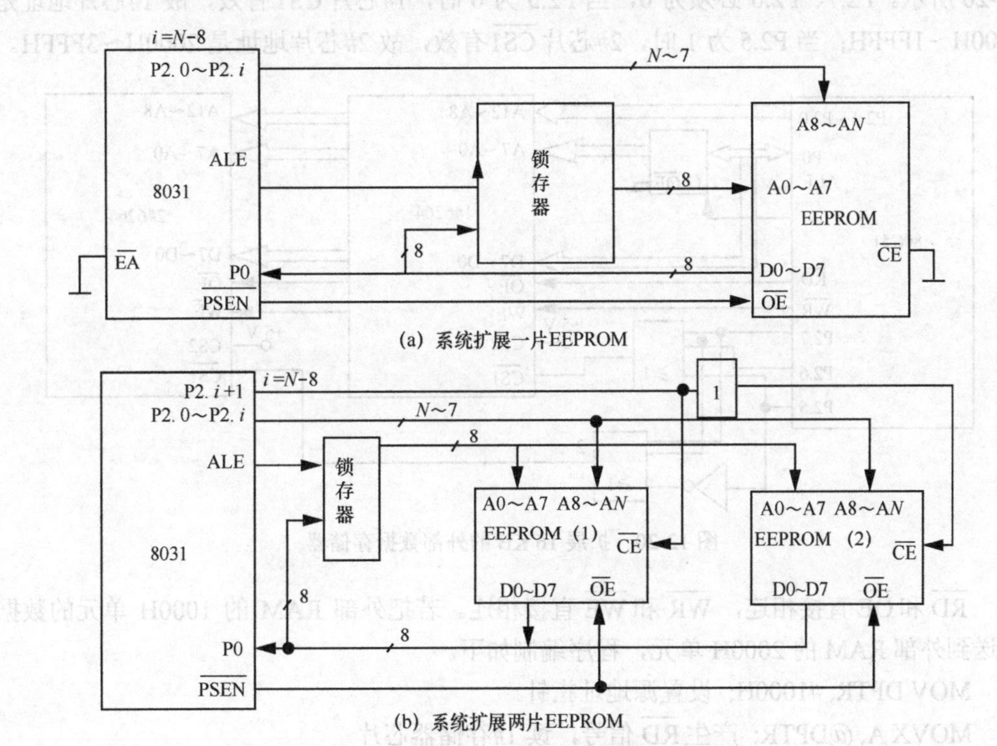

(a) 系统扩展一片EEPROM

(b) 系统扩展两片EEPROM

图 12-19　EEPROM 程序存储器基本扩展电路

在基本扩展电路中，需要用到地址锁存器。这是因为 P0 口分时提供低 8 位地址和数据信息，所以必须用地址锁存器锁存地址。地址锁存器可使用带三态缓冲输出的 8D 锁存器 74LS373 或 8282。

12.3.3 外部数据存储器扩展

数据存储器用于存储现场采集的原始数据、运算结果等，所以通常采用半导体 RAM 作为片外数据存储器。51 系列单片机内部 RAM 的容量有限，一般只有 128 B 或 256 B。当单片机用于实时数据采集或处理大批量数据时，仅靠片内提供的 RAM 远远不够，此时需扩展外部数据存储器。常用的外部数据存储器有静态 RAM 和动态 RAM 两种，由于动态 RAM 需要增加动态刷新电路，硬件电路复杂。因此，当单片机扩展数据存储器时，一般采用静态 RAM。

（1）全译码

全译码是用全部的高位地址信号作为译码电路的输入信号进行译码。其特点是地址与存储单元一一对应，也就是说 1 个存储单元只占用 1 个唯一的地址，地址空间的利用率高，要求存储器容量大的系统一般使用这种译码方法。

【例 12-4】 利用全译码为 80C51 单片机扩展 16 KB 的外部数据存储器，存储器芯片选用 SRAM6264，要求外部数据存储器占用从 0000H 开始的连续地址空间。

解：确定需要使用 2 片 6264 芯片，1#芯片地址是 0000H～1FFFH，2#芯片地址是 2000H～3FFFH。根据地址译码关系画出原理电路，扩展 16 KB 的外部数据存储器如图 12-20 所示。P2.7、P2.6 必须为 0，当 P2.5 为 0 时，1#芯片 $\overline{CS1}$ 有效，故 1#芯片地址是 0000H～1FFFH；当 P2.5 为 1 时，2#芯片 $\overline{CS1}$ 有效，故 2#芯片地址是 2000H～3FFFH。

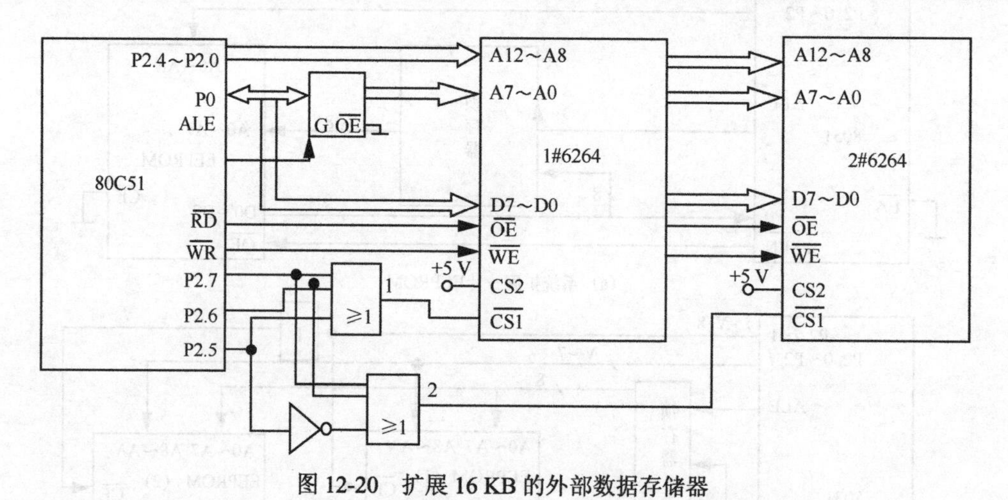

图 12-20 扩展 16 KB 的外部数据存储器

$\overline{RD}$ 和 $\overline{OE}$ 直接相连，$\overline{WR}$ 和 $\overline{WE}$ 直接相连。若把外部 RAM 的 1000H 单元的数据传送到外部 RAM 的 2000H 单元，程序编制如下。

MOV DPTR, #1000H; 设置源地址指针

MOVX A, @DPTR; 产生 $\overline{RD}$ 信号，读 1#存储器芯片

MOV DPTR, #2000H; 设置目的地址指针

MOVX @DPTR, A; 产生 $\overline{WR}$ 信号，写 2#存储器芯片

该例采用的是全译码，故 1#和 2#存储器芯片的每个存储单元各占用 1 个唯一的地址，每个芯片的存储容量为 8 KB，扩展的外部数据存储器总容量为 16 KB，地址范围为

000H～3FFFH。

（2）部分译码

部分译码法与全译码法相似，两者的区别仅在于在部分译码电路中，有些地址线不参与译码，用部分高位地址信号作为译码电路的输入信号进行译码。部分译码的特点是地址与存储单元不是一一对应的，而是 1 个存储单元占用多个地址。把不参与译码的地址线称为无关项，若 n 条地址线不参与译码，则 1 个单元占用 2^n 个地址，n 为无关项的个数。部分译码会造成地址空间的浪费，但译码电路简单，当所需的外部存储器容量较小时，这一缺点并不突出。

【例 12-5】　数据存储器扩展 1 如图 12-21 所示，分析图 12-21 中的译码方法，写出存储器芯片 SRAM 6264 占用的地址范围。

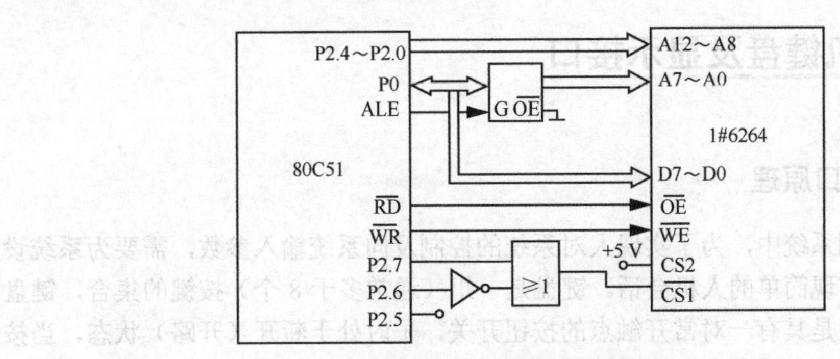

图 12-21　数据存储器扩展 1

解：从图 12-21 中可以看出，当 P2.7=0、P2.6=1 时，才能使 CS1 有效。P2.5 是无关位，故存储器芯片 6264 的地址为 01x00000 00000000B～01x11111 11111111B。

当无关位为 0 时，存储器芯片 6264 占用的空间为 4000H～5FFFH；当无关位为 1 时，存储器芯片 6264 占用的空间为 6000H～7FFFH。这使得 4000H 和 6000H 两个地址指向同一单元，4001H 和 6001H 两个地址指向同一单元，以此类推。一个 8 KB 的存储器占用了 16 KB 的地址空间，其实际存储容量只有 8 KB。把无关位为 0 时的地址称为基本地址，把无关位为 1 时的地址称为重叠地址，编程时一般使用基本地址访问芯片，而重叠地址空着不用。

（3）线选法

线选法是利用系统的某一条地址线作为芯片的片选信号。当系统实际需要的存储器容量较小时，为了简化电路，也可以直接将单片机的高位地址线作为存储器芯片的片选信号。

【例 12-6】　数据存储器扩展 2 如图 12-22 所示，分析图 12-22 中的译码方法，写出各存储器芯片 SRAM 6264 占用的地址范围。

解：图 12-22 中直接把地址线 A15、A14 和 A13 作为芯片的片选信号，故 1#6264 的地址就是 C000H～DFFFH，2#6264 的地址就是 A000H～BFFFH，3#6264 的地址就是 6000H～7FFFH。

线选法的优点是硬件简单，不需要译码器；缺点是各存储器芯片的地址范围不连续，给程序设计带来不便。在单片机应用系统中，当要扩展的芯片数目较少时，广泛使用线选法作为芯片的片选信号，尤其在 I/O 端口扩展中应用较多。

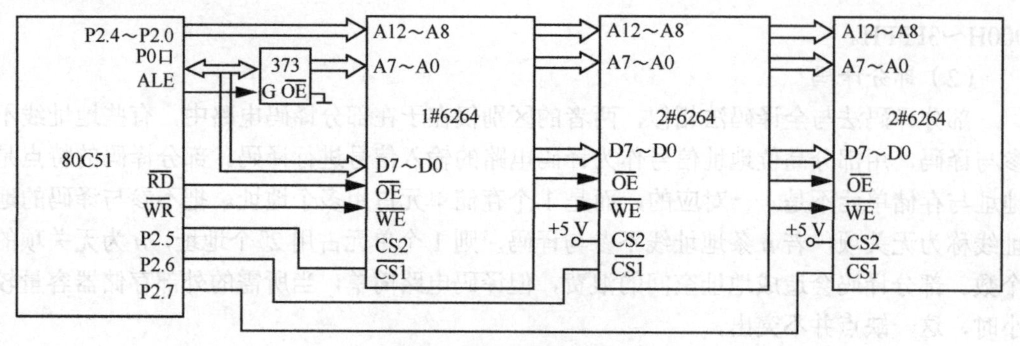

图 12-22 数据存储器扩展 2

12.4 单片机键盘及显示接口

12.4.1 键盘接口原理

在单片机控制系统中，为了实现人对系统的控制及向系统输入参数，需要为系统设置按键或键盘，实现简单的人机会话。键盘是一组（通常多于 8 个）按键的集合，键盘所使用的按键一般是具有一对常开触点的按钮开关，平时处于断开（开路）状态，当按下按键时，触点才处于闭合（短路）状态；按键被松开后，触点又处于断开状态。

根据键盘上闭合键的识别方法划分，键盘可分为非编码键盘和编码键盘两种。在非编码键盘上，闭合键的识别采用软件实现；在编码键盘上，闭合键的识别则由专门的硬件译码器产生按键编号（即键码），并产生一个脉冲信号通知 CPU 接收键码。编码键盘使用较方便，易于编程，但硬件电路较复杂，因此在单片机控制系统中应用较少，而非编码键盘几乎不需要附加硬件电路，因此在实际单片机控制系统中使用较多。

根据键盘结构来划分，键盘可分为独立式和矩阵式两类。当系统操作较简单、所需按键较少时，采用独立式非编码键盘；当系统操作较复杂、需要数量较多的按键时，采用矩阵式非编码键盘。

（1）按键的状态输入及消抖方式

当弹性按键开关按下时，开关闭合；当弹性按键开关松开时，开关断开。贴片式按键开关与弹性按键开关的原理相同，只是封装方式不同。当按键被按下或释放时，单片机引脚上的电平将发生变化，按键的抖动如图 12-23 所示，电平的变化有一个抖动的过程，这是由于键的按下与释放是通过机械触点的闭合与断开来实现的，由于机械触点的弹性作用，可能出现多次抖动，一般时间为 5～10 ms。这个抖动会使得 CPU 在检测时产生误判，因此必须消除抖动，才能准确地判断按键的状态。常用的消抖方式有硬件消抖和软件消抖两种。硬件消抖是使用 RS 触发器消抖电路，需要增加硬件成本，且设计较复杂，硬件消抖电路如图 12-24 所示，在按键数较少时，采用该方法较多。采用软件延时的消抖方式，即程序检测到按键被按下时，延时 10 ms 后再次检测，若延时前、后两次的状态一致，则确定为一次有效的按下，否则就是无效。

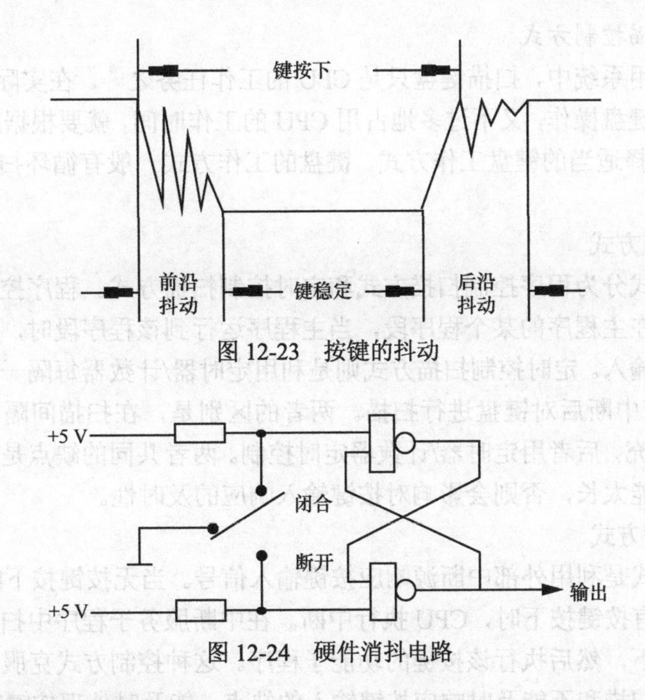

图 12-23 按键的抖动

图 12-24 硬件消抖电路

（2）键盘与 CPU 的连接方式

键盘与 CPU 的连接方式有两大类，一类是独立式，另一类为矩阵式。独立式键盘的每个按键都有一根信号线与单片机电路相连，所有按键有一个公共地或公共正端，每个按键相互独立且互不影响，独立式键盘如图 12-25 所示。独立式按键电路配置灵活、软件结构简单，但每个按键必须占用一根 I/O 端线，在按键数量较多时，I/O 端线耗费较多，且电路结构繁杂，故这种形式适用于按键数量较少的场景。

矩阵式键盘的按键触点接于由行、列母线构成的矩阵电路的交叉处，当一个按键按下时将通过该键相应的行、列母线连通。若在行、列母线中把行母线逐行置 0（一种扫描方式），那么列母线就用来作信号输入线。矩阵式键盘如图 12-26 所示。

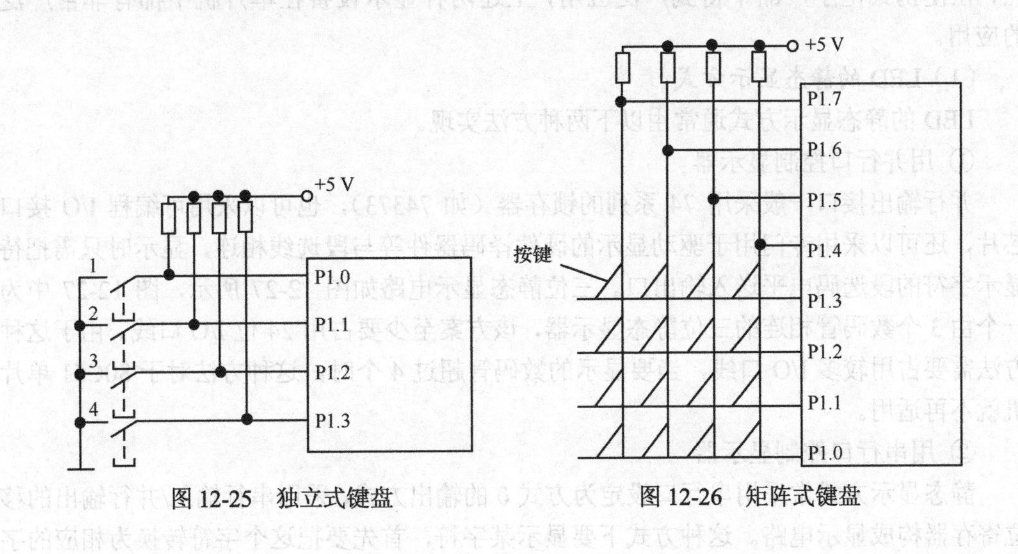

图 12-25 独立式键盘　　图 12-26 矩阵式键盘

（3）键盘扫描控制方式

在单片机应用系统中，扫描键盘只是CPU的工作任务之一。在实际应用中，若要实现既能及时响应键盘操作，又不过多地占用CPU的工作时间，就要根据应用系统中CPU的忙/闲情况，选择适当的键盘工作方式。键盘的工作方式一般有循环扫描方式和中断控制方式两种。

① 循环扫描方式

循环扫描方式分为程序控制扫描方式和定时控制扫描方式。程序控制扫描方式的按键处理程序固定在主程序的某个程序段，当主程序运行到该程序段时，依次扫描键盘，判断是否有按键输入。定时控制扫描方式则是利用定时器/计数器每隔一段时间产生定时中断，CPU 响应中断后对键盘进行扫描。两者的区别是，在扫描间隔时间内，前者用CPU工作程序填充，后者用定时器/计数器定时控制。两者共同的缺点是键盘处理程序的运行间隔周期不能太长，否则会影响对按键输入响应的及时性。

② 中断控制方式

中断控制方式是利用外部中断源响应按键输入信号。当无按键按下时，CPU执行正常工作程序；当有按键按下时，CPU执行中断。在中断服务子程序中扫描键盘，判断是哪一个按键被按下，然后执行该按键的功能子程序。这种控制方式克服了前两种控制方式可能产生的空扫描和不能及时响应按键输入的缺点，能及时处理按键输入，提高CPU运行效率，但需要占用一个中断资源。

12.4.2 显示接口原理

为了方便观察和监视单片机的运行情况，通常需要用一种显示部件作为单片机的输出设备，用来显示单片机的键输入值、中间信息及运算结果等。在单片机应用系统中，常用的显示器主要有LED显示器和LCD。LED显示器具有显示清晰、亮度高、寿命长、结构简单、价格低廉等优点，除了能显示红色、绿色、黄色，还能显示蓝色与白色，使用非常广泛。LCD具有体积小、功耗低、显示内容丰富、可靠性高等特点，在便携式电子产品中得到广泛应用，上述两种显示设备在单片机中都有非常广泛的应用。

（1）LED的静态显示方式

LED的静态显示方式通常由以下两种方法实现。

① 用并行口控制显示器

并行输出接口一般采用74系列的锁存器（如74373），也可以采用可编程I/O接口芯片，还可以采用专门用于驱动显示的硬件译码器件等与段选线相连，显示时只需把待显示字符的段选码电平送入输出口。三位静态显示电路如图12-27所示，图12-27中为一个由3个数码管相连的三位静态显示器，该方案至少要占用24位I/O口线。由于这种方法需要占用较多I/O口线，当要显示的数码管超过4个时，这种方法对于80C51单片机就不再适用。

② 用串行口控制显示器

静态显示方式常采用串行口设定为方式0的输出方式，采用串行输入/并行输出的移位寄存器构成显示电路。这种方式下要显示某字符，首先要把这个字符转换为相应的字

形码，然后再通过串行口发送到串行输入/并行输出的移位寄存器中，例如，采用 74HC164 芯片，4 个数码管需要一片 74HC164。74HC164 把串行口接收的数转换为并行输出，并加到数码管上。这种方式虽然节约了 I/O 口线，却增加了电路的复杂程度和移位寄存器芯片，在位数较多时，字符更新速度慢。

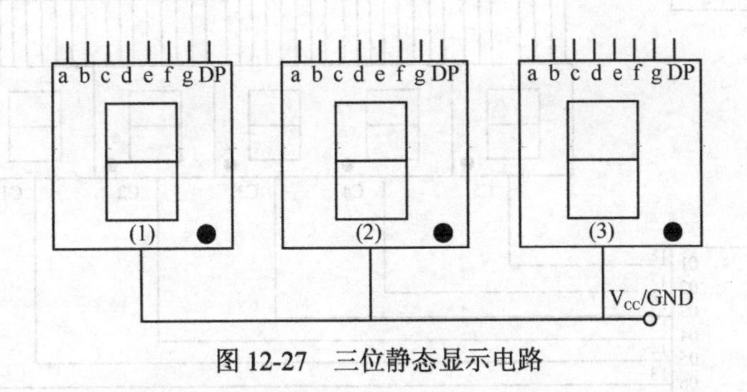

图 12-27　三位静态显示电路

通常静态显示方式亮度较高，软件编程较简单。但由于需要占用较多 I/O 口线或者需要较多的芯片，线路较复杂，所以在位数较多时常采用动态显示方式。

（2）LED 的动态扫描显示方式

动态扫描显示是单片机应用系统中使用较广泛的显示方式之一。其接口电路是把多个 LED 数码管的 8 个笔画段（a～h）同名端连在一起，公用一个接口（一般称为段输出口），而每个数码管的公共端（com）各自独立地受其他 I/O 线（一般称为位输出口）控制。当单片机的 CPU 向段输出口送出字形码时，所有数码管都接收相同的字形码，哪个数码管亮，则取决于数码管的公共端状态。动态扫描指采用分时的方法，轮流控制各个数码管的公共端，使各个显示器轮流点亮。在轮流点亮数码管的扫描过程中，每位数码管的点亮时间极短暂（为 1～2 ms），但由于人的视觉暂留现象及数码管的余辉效应，尽管实际上各位数码管并非同时点亮，但只要扫描的频率足够高，给人的印象就是多位数码管同时稳定地显示字符，感觉不出闪烁。

与静态显示方式相比，动态扫描显示方式在显示较多位数时有明显的优势，可以节省 I/O 接口，降低硬件成本。

单片机应用系统中的一种动态扫描显示方式电路如图 12-28 所示。其中，P1 口输出与选通的数码管相对应的字形码信号，P2 口的 6 位端口作为位选信号，每次仅有一路输出为 1 电平，其余输出为 0。

采用动态扫描显示字形码输出及位选信号输出时，单片机应经驱动后再与数码管相连。图 12-28 中字形驱动选用 8 路三态同相缓冲器 74HC244，位选驱动使用 ULN2803 反相驱动芯片。采用 8 段共阴极数码管，发光时字形驱动输出 1 有效，位选驱动输出 0 有效。由于 8 路段选线都由 P1 口控制，因此，每个要显示的字符都会同时加到这 6 个数码管上。要想让每位显示不同的字符，就必须分时轮流选通数码管的公共端，使得各数码管轮流导通，即各数码管由脉冲电流导通（循环扫描一次的时间一般为 10 ms）。当所有数码管依次显示一遍后，软件控制循环，使每位显示器分时点亮。例如，若要显示“123DEF”，则 6 位动态扫描显示内容见表 12-5。

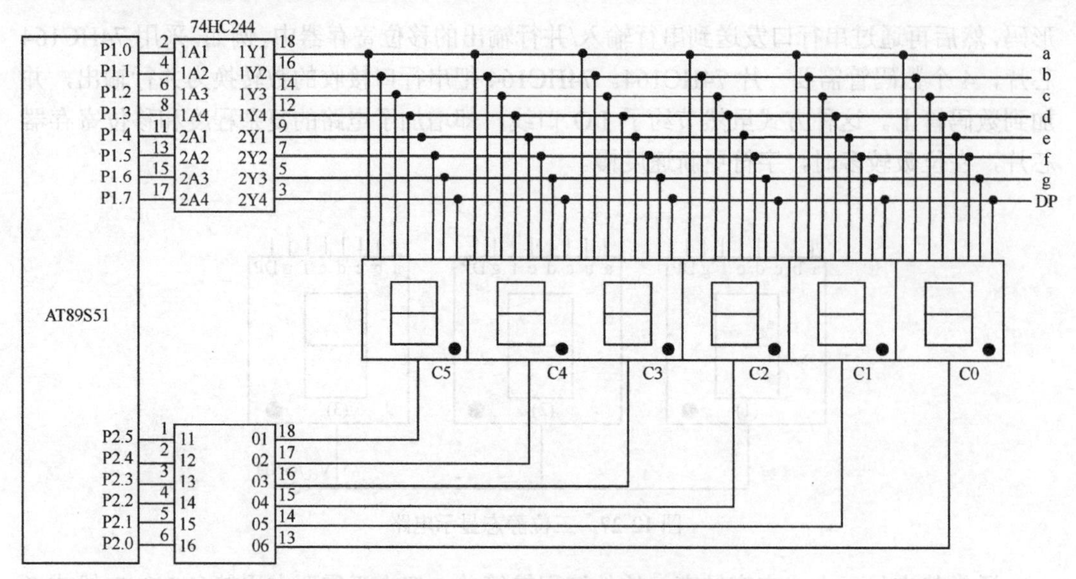

图 12-28　动态扫描显示方式电路

表 12-5　6 位动态扫描显示内容

段选码	位选码	显示器显示内容					
06H	20H	1					
5BH	10H		2				
4FH	08H			3			
5EH	04H				D		
79H	02H					E	
71H	01H						F

【例 12-7】 按照图 12-28 所示电路编写一段 6 位数码管的显示子程序。设 DIS0～DIS5 是片内显示缓冲区，共 6 个单元，对应 6 个数码管的显示内容。程序中，先取 DIS5 中的数据，对应选中图 12-23 所示动态扫描显示方式电路中最左边的数码管，其余以此类推。

汇编语言程序清单如下。

```
DIR:PUSH ACC
    PUSH DPH
    PUSH DPL
    MOV R0, #DIS5; 指向显示缓冲区首单元
    MOV R6, #20H; 选中最左边的数码管
    MOV R7, #00H; 设定显示时间
    MOV DPTR, #TAB1; 指向字形表首地址
DIR1:MOV A, #00H
    MOV P2, A; 关断显示
    MOVC A, @R0; 取要显示的数据
    MOVC A, @A+DPTR; 查表得字形码
    MOV P1, A; 送字形码
    MOV A, R6; 取位选字
```

```
    MOV P2, A; 送位选字
HERE:DJNZ R7, HERE; 延时
    INC R0; 更新显示缓冲单元
    CLR C
    MOV A, R6
    RRC A; 位选字右移
    MOV R6, A
    JNZ DIR1; 未扫描完，继续循环
    POP DPL
    POP DPH
    POP ACC; 恢复现场
    RET
TAB1:DB 3FH, 06, 5BH, 4FH 66H, 6DH, 7DH, 07; 0H～7H
    DB 7FH, 6FH, 77H, 7CH, 39H, 5EH, 79H, 71H; 8H～0FH
```

（3）LCD

单片机系统中一般用到的液晶显示模块，由 LCD 显示面板、驱动和控制电路组成。液晶显示模块通常分为段式、字符式、点阵式等，其中，字符型点阵式 LCD 的应用最广。目前常用的字符型点阵式 LCD 有 1602、1604 等，这类 LCD 按照显示字符的个数和行数来命名，例如，1602 表示液晶显示模块中每行可显示 16 个字符，一共可以显示两行。

LCD1602 字符型液晶显示模块是市场上符合相同或类似规范的产品总称，其外形类似，但控制器不同，具体型号之间存在外部尺寸大小、颜色等方面的差异。目前使用最广泛的控制器为 HITACHI 公司的 HD44780，HD44780 控制器集驱动器与控制器于一体，是专用于字符显示的液晶显示控制驱动集成电路。市面上的字符型液晶显示屏通常有 14 引脚和 16 引脚两种，16 引脚中多出来的两条线是背光电源线和地线。LCD1602 的实物外形及引脚分布如图 12-29 所示。

(a) 实物外形

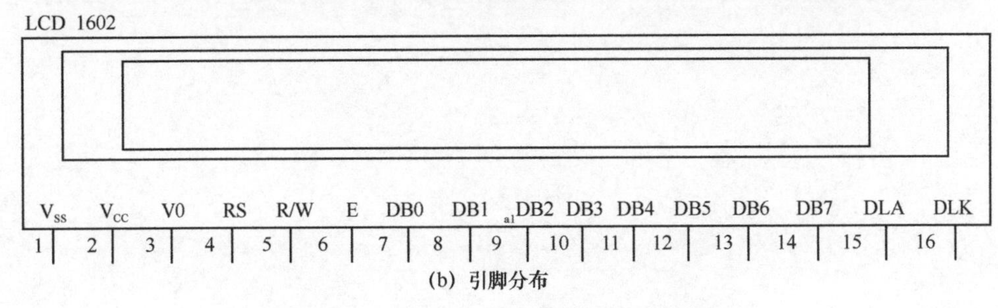

(b) 引脚分布

图 12-29　LCD1602 的实物外形及引脚分布

LCD1602 采用的是标准 16 引脚接口，LCD1602 液晶显示模块的引脚功能见表 12-6。

表 12-6　LCD1602 液晶显示模块的引脚功能

引脚号	符号	功能
1	V_{SS}	地电源
2	V_{CC}	供电电源，5 V
3	V_0	对比度调整，外接 0～5 V，接电源时对比度最弱，接地时对比度最强
4	RS	寄存器选择位，RS=1 选择数据寄存器；RS=0 选择指令寄存器
5	R/W	读/写信号线，R/W=1 为读操作，R/W=0 为写操作
6	E(或 EN)	使能信号线，高电平时读取信息，负跳变时执行指令
7～14	DB0～DB7	DB0～DB7 为 8 位双向数据端
15～16	DLA/DLK	15 引脚背光正极+5 V，16 引脚背光负极 0

LCD1602 液晶显示模块有 11 个控制指令，单片机通过向 LCD1602 发送相应的指令控制液晶显示。

思　考　题

1. 8051 单片机内部有几个定时器/计数器?它们是由哪些特殊功能寄存器组成的?

2. 定时器/计数器的 4 种工作方式各有何特点?如何选择、设定?

3. 若 MCS-51 系列单片机的 f_{osc}=6 MHz，请利用定时器 T0 定时中断的方法，使 P1.0 输出占空比为 75%的矩形脉冲。

4. 简述 MCS-51 系列单片机的中断过程。

5. MCS-51 系列单片机中断的中断响应条件是什么?

6. 若用 1 024×1 bit 的 RAM 芯片组成 16×1 024×8 bit 的存储器，需要多少片芯片?若设系统地址总线为 16 位，则在地址线中有多少位参与片内寻址?多少位用作芯片组选择信号?

7. 试用 4×1 024×8 bit 的 EPROM 芯片 2732、8×1 024×8 bit 的 SRAM 芯片 6264 及 74LS138 译码器，构成一个 ROM 为 8 KB、RAM 为 32 KB 的存储器系统。要求设计存储器扩展电路，并指出每片存储芯片的地址范围。